普通高等教育"十三五"规划教材

U0376928

动物源食品原料生产学

王宝维　主编

化学工业出版社

·北京·

本教材内容共 20 章,详细介绍了 90 多种畜禽和水生动物源食品原料的生产及实验环节,基本覆盖了动物源食品原料生产的全部内容。通过教材中各个板块的知识点学习,学生可系统地了解动物源食品产业链中原料生产过程、质量安全控制和追溯方法。为了使学生能更好地掌握各种动物源产品各个生产环节工艺和质量控制程序的重点,增加了重点提示,并增加了一些图片和复习思考题。另外,为了加深对授课内容的理解,教材还附有实验实习指导。

本教材内容范围广,深浅适宜,知识板块清晰、系统性强,适宜作为农业院校、综合性大学、理工科院校、师范院校、农业技术院校等高等院校食品质量与安全、食品科学与工程等相关专业本科教材和参考书籍。

图书在版编目(CIP)数据

动物源食品原料生产学/王宝维主编. —北京:化学工业出版社,2015.5(2024.11重印)
普通高等教育"十三五"规划教材
ISBN 978-7-122-23467-4

Ⅰ.①动… Ⅱ.①王… Ⅲ.①动物性食品-原料-生产工艺-教材 Ⅳ.①TS251

中国版本图书馆 CIP 数据核字(2015)第 062290 号

责任编辑:赵玉清   文字编辑:魏 巍
责任校对:边 涛   装帧设计:关 飞

出版发行:化学工业出版社(北京市东城区青年湖南街 13 号 邮政编码 100011)
印 装:北京七彩京通数码快印有限公司
787mm×1092mm 1/16 印张 19¾ 字数 509 千字 2024 年 11 月北京第 1 版第 7 次印刷

购书咨询:010-64518888   售后服务:010-64518899
网 址:http://www.cip.com.cn
凡购买本书,如有缺损质量问题,本社销售中心负责调换。

定 价:55.00 元

本书编写人员

主　编　王宝维
副主编　孙京新　雷　敏

编　者　王宝维　青岛农业大学食品科学与工程学院
　　　　孙京新　青岛农业大学食品科学与工程学院
　　　　赵改名　河南农业大学食品科学技术学院
　　　　王加启　中国农业科学院北京畜牧兽医研究所
　　　　雷　敏　青岛农业大学食品科学与工程学院
　　　　韩荣伟　青岛农业大学食品科学与工程学院
　　　　罗　欣　山东农业大学食品科学与工程
　　　　牛乐宝　山东农业大学食品科学与工程
　　　　王　琦　武汉轻工大学食品科学与工程学院
　　　　师希雄　甘肃农业大学食品科学与工程学院
　　　　王富强　山东省畜牧兽医职业学院食品与药品科技系
　　　　黄　河　山东新希望六和集团有限公司

前　言

食品安全已经得到全球人的普遍关注，而食品安全问题的解决在很大程度上依赖于食品原料生产过程中的质量安全控制。食品原料生产被称为食品加工的第一车间，是食品加工的基础。食品原料安全的影响因素存在于从种植、养殖、加工、贮藏到餐桌整个食品链条中的每个环节，其中种植、养殖环节是源头，离开这一环节谈食品质量安全将事倍功半。

由于疫病和环境污染的影响，种植、养殖的源头污染对食品安全的危害越来越严重，农兽药滥用，造成食品中农药残留量过高；环境污染物、霉菌毒素和动物疫病疫情等问题较为突出。从产业发展和社会人才需求的趋势分析，食品领域教学知识结构与方法的改革迫在眉睫。学生通过对目前食品原料安全现状及问题进行系统学习，并进一步探讨食品原料安全生产的措施和对策，可以对食品原料安全控制理念有一个系统的认识。针对目前我国动物源食品原料生产现状与存在的问题，本教材首次提出在食品专业领域教学中增设"动物源食品原料生产学"课程，通过动物源食品原料生产知识板块的教学，拓宽学生的产业链过程中食品质量安全全程观察视角；结合多年工作及教学经验，精选了许多相关研究材料，完成了本教材的编写。

本教材为普通高等教育"十二五"规划教材。依据理论性、科学性、应用性和实践性相结合的原则，以能够指导实践为基准，坚持理论够用、突出实践应用的宗旨，使教材更适合于食品质量与安全、食品科学与工程、餐饮服务专业、营养膳食专业教学及相关岗位培训使用。

本教材编写分工情况是，孙京新、罗欣、韩荣伟、牛乐宝负责第二章的编写；王宝维、王富强、王加启、黄河负责第一章、第四章至第十一章的编写；王宝维、赵改名、师希雄负责第十五章、第十六章、第十八章、第十九章的编写；雷敏、王琦负责第三章、第十二章至第十四章的编写；韩荣伟负责第十七章的编写；孙京新、雷敏、韩荣伟和王宝维负责第二十章的编写。本教材由王宝维担任主编，孙京新、雷敏担任副主编，编写完成后编写组成员共同对全书进行了审校和修订。

为了使编写的教材具有广泛的适用性，编写组由青岛农业大学、河南农业大学、山东农业大学、武汉轻工大学、甘肃农业大学、中国农业科学院北京畜牧兽医研究所、山东省畜牧兽医职业学院和山东新希望六和集团有限公司8个单位组成。在编写过程中力求文字简练，通俗易懂，科学性、先进性和实用性兼顾，更注重面向生产，讲求实用，同时也尽力收集一些国内外的新思路、新技术和新法规。编写的教材以应用技术为主，并附有复习思考题。

《动物源食品原料生产学》在编写过程中，参阅了国内同行有关教材和资料，既总结了笔者多年来从事动物生产和食品质量安全科研、教学和生产的经验，又吸纳了国内外最新的研究成果，也参考借用了同行们撰写的教材和著作一些宝贵资料，在此谨向为本教材的编写提供帮助的人们表示由衷地感谢！另外，本书部分参考了网上记载的有关技术论述，由于无法查证原作者名称，有些资料来源有可能未能列入参考文献，在此对原作者表示歉意！同时向从事本领域教学的各位老师以及出版社的相关人员表示衷心的感谢！

鉴于笔者的水平，书中疏漏和欠妥之处，敬请读者批评指正。

编者

2015 年 2 月

目 录

第九章　乳原料生产 /104

第十章　禽蛋原料生产 /120

第十一章　其他动物产品原料生产 /138

第十二章　鱼类产品生产 /150

第十三章　贝类产品生产 /177

第十四章　甲壳类产品生产 /193

第十五章　投入品与动物产品质量安全 /203

第二十章　实验实习 /282

参考文献 /299

第一章 绪 论

　　动物源食品主要指包括各种可以食用的畜禽产品及水产品等在内的食品，它是人类摄取营养，提供优良蛋白质的最重要来源。动物源食品安全既影响动物源食品企业的生存和发展，更关系到人民群众的切身利益。随着人民生活水平的不断提高，人们对动物源性食品的需求正从追求数量向讲求质量安全转变。近几年发生的"瘦肉精猪肉"、"红心蛋"、"三聚氰胺婴幼儿奶粉"、"注水牛肉"等事件触目惊心，动物源性食品安全已成为当今影响广泛而深远的社会问题，已引起全社会的普遍关注，它不仅是我国保障人类健康，促进畜牧业可持续发展和对外贸易的需要，也是农民增产增收和国家政治经济社会稳定的需要。

　　随着社会的发展，新技术和化学品的广泛使用，食品安全事件频频发生，造成了巨大的经济损失和社会影响。相当多的食品安全事件是食品原料生产过程中污染所制，如兽药、农药、激素等有毒有害物质造成了广泛的食品污染。为此，加强食品原料生产过程的管理，从源头上控制对动物源食品安全存在隐患的因素，对生产放心食品具有重要意义。

一、动物源食品原料学研究内容

　　动物源食品原料生产学是食品科学与工程和食品质量安全专业的一门重要的综合性应用课程，是研究和解决动物性食品生产方法、质量安全控制等问题的科学。动物源食品原料生产学课程共分为八大知识板块内容，即动物源食品原料质量控制原理、畜禽食品原料生产、水产食品原料生产、动物福利与原料质量、投入品与动物产品质量安全、动物源食品原料可追溯体系、动物养殖过程中质量体系建立、人畜共患病与食品原料卫生安全。通过学习能够使学生全面掌握肉、禽、蛋、乳、鱼等动物性食品原料生产工艺与质量安全控制的方法，了解动物源食品原料生产过程、方法和质量控制体系，防止人畜共患病和其他动物源性疾病的传播，保障人民身体健康，促进畜牧和水产加工业健康发展。它的主要任务在于保证动物性食品的质量和卫生安全，为消费者提供新鲜、无病、无害、无污染符合卫生要求的动物性食品，以确保消费者的食用安全。另外，还具有防止畜禽疫病的传播，促进畜禽生产健康发展和维护出口食品信誉的作用。

二、动物源食品原料生产学与相关学科关系

　　食品安全学主要阐述影响食品安全性的生物因素、化学因素等危害因子在食品中的来源以及通过食品对人体健康的影响和预防控制措施，以及食品质量安全监管与保障体系；动物生产学和水产养殖学是研究畜禽和水生动物优良品种的选择和利用、适宜的营养水平、科学的饲养管理技术、良好的环境控制，以达到以最低投入获取数量最大、品质优良和安全卫生的动物产品。而动物源食品原料生产学是以动物生产学、水产养殖学和食品安全学理论为基础，系统阐述动物源食品原料生产工艺、环境要求、投入品和动物福利对产品质量的影响和产品质量控制方法，内容更侧重于畜禽和水产品原料生产质量安全控制知识板块的传授，注重全程食品质量安全控制与追溯体系知识构成的系统性；能够全面涵盖动物源食品原料生

产、加工与质量安全全程控制的关键技术，更符合动物源食品质量安全生产的实际，对动物源食品质量安全控制更具有针对性。通过教材内容的讲授，让生产者能够有计划性的从源头上对动物原料生产进行质量安全控制，并规避动物源食品安全生产的风险。

三、影响动物源食品原料质量安全的因素

（一）养殖业投入品不规范

1. 饲料原料受到化学性污染

饲料饲草中的农药残留是个很严重的问题，主要包括有机氯农药、有机磷农药等。农药残毒是指在环境和食品中、饲料中残留的农药对人和动物所引起的毒效应，包括农药本身以及它的衍生物、代谢产物、降解产物以及它在环境、食品、饲料中的其他反应产物的毒性。食品、饲料中如果存在农药残留物，可随食品、饲料进入人、畜机体，危害人体健康和降低家畜的生产性能。

2. 饲料发生霉变或受到微生物污染

饲料霉变或受到污染直接影响动物健康、间接影响人类安全。引起饲料霉变的霉菌主要有黄曲霉菌、赭曲霉菌、禾谷镰刀菌、扩展青霉菌等，它在生长繁殖过程中能产生大量毒素，危害动物正常的繁殖与健康。人通过食用残留霉菌毒素的肉乳蛋等畜产品而引发霉菌病。黄曲霉素 B_1 对人类的危害是相当严重的，食入极少量即可致癌。饲料污染还可能有其他致病性细菌（如链球菌、沙门氏菌）、病毒和寄生虫等。很多病原微生物可以通过排泄物、水、空气等污染饲料，这些污染饲料进入动物体内后通过其产品转移给人类。

3. 超标使用微量元素引起重金属污染和中毒

饲料中添加一定量铜、有机砷制剂有助于动物的生长。但在现实饲料生产销售过程中，一些不法生产及经销商，为达到快速生长效果，谋求市场空间及高额利润，大剂量使用这些微量元素。加上广大养殖农户文化水平低，科学养殖意识不强，只知道使用配合饲料或饲料添加剂效果好、效益高，就盲目使用大量的微量元素，却不知饲料中过量添加的微量元素，积聚在动物体内，通过其产品传递给人类而影响人体健康。

4. 滥用或过量使用兽药造成药物残留

在疾病治疗过程中，不按规定剂量、范围、配伍和停药期使用兽药，过多地使用兽药。部分个体兽医从业人员，不管遇到什么疾病，都大剂量使用青霉素类、磺胺类、喹诺酮类等抗菌药，甚至使用激素类药物。这样不仅不利于动物疾病的治疗，反而会导致动物产生耐药性和动物产品中的药物高残留。另外，在饲料中添加药物，不执行休药期规定，也是造成药物残留超标的重要原因。

5. 养殖环节使用违禁药物或添加剂

虽然农业部发布了《食品动物禁用的兽药及其他化合物清单》《禁止饲料和动物饮水中使用的药物品种目录》等一系列的规定，但个别养殖业主或饲料生产商，为了追求非法利润，私自添加违禁药物，从而导致违禁药物残留在动物产品内，经食物链进入人体，对人的生命健康安全造成严重威胁。例如，激素会扰乱人体的正常生理机能，其残留会导致性早熟并致癌。瘦肉精属于肾上腺类神经兴奋剂，包括盐酸克伦特罗、莱克多巴胺、沙丁胺醇和硫酸特布他林等。人们食用含有"瘦肉精"的肉，就会产生有恶心、头晕、四肢无力、手颤等中毒症状。动物饲料中果铜、砷制剂添加过量就会不可避免地对环境造成污染，并经食物链而危害人体健康。另一方面，饲料中某些元素缺乏或过量都会影响肉品的品质，如缺乏维生素 E、硒造成白肌病，饲喂胡萝卜过多会造成黄脂肉。一些饲料添加剂在使用以后，常常造成残留，也会影响动物源食品安全。

(二) 有机物、微生物和环境污染

有机物污染包括二噁英、生物毒素、氯丙醇、氯化联苯及雌激素等，它们均可通过植物或动物进入食物链，并引起人类的疾病或健康问题。动物源食品安全问题中微生物污染占有很大比重，危害也较大。污染动物食物的微生物包括细菌及其毒素、真菌及其毒素、病毒、寄生虫等等。重金属铅和砷在少量甚至微量的接触条件下就可在动物身上发生明显的毒性作用，重金属通过食物链最终对人类造成危害。另外，工业污染对畜禽的生长环境都造成严重污染，严重影响动物体的生理机能，对人体健康形成巨大的威胁。放射性物质的开采、冶炼，在国防、生产活动和科学实验中使用放射性核素时，其废物的不合理排放及意外性的泄露也会造成动物生长环境的污染，从而影响人类健康。譬如，从食源性疾病影响来看，目前世界各国的发生均呈上升趋势，发达国家每年约有30%的人深受其害；美国每年有7600万人患食源性疾病。

另外，畜禽感染病原微生物或寄生虫后，人食用了被病原微生物感染的畜禽肉品后，可感染给食用者。随着社会的发展，人类对自然界的过度开发，造成环境的不断恶化，导致生物群内生态链的破坏，物种之间固有的保护屏障被打破，一些病毒发生变异，加大了疾病控制的难度。像高致病性禽流感、结核杆菌病、口蹄疫、狂犬病等危害动物和人类健康的烈性传染病，它们既可在动物与动物之间和人与人之间传播，又可在动物与人之间传播。

(三) 加工和流通环节不规范

动物源性食品质量安全问题不仅在畜禽饲养过程中表现十分突出，而且在加工、运输、销售过程中由于动物防疫条件和卫生条件不达标，操作不规范导致的二次污染也非常严重。主要表现在以下几个方面。

(1) 加工场地条件不能达标

目前我国很大一部分地区的屠宰场由于规模小，受场地设施设备的限制，屠宰、贮藏等条件欠佳，加工后的废弃物、污水、粪便等不能及时处理造成二次污染。

(2) 屠宰与检疫方式不规范

尤其是牛羊等大家畜无定点屠宰场，因为体积大、毛多，人们的劳动量大等原因，往往并不能将家畜清洗的很干净，脱毛也经常存在不净等问题。一些肉品上市后才检疫，而头、蹄、内脏多未检疫，卫生条件无法保障。

(3) 原料采购法律意识不强

一些商家在动物源食品生产中为降低成本，采购在加工过程中的卫生防护不当而污染病毒或细菌的原料；还有很多企业对食品安全的相关规则制度没有落实到位，表现在操作过程中生熟食不分、存放或使用过期食品（原料）和无标识食品、包装间不按规定定时进行消毒；一些商家用不卫生、不密封的运输工具运输肉品，造成肉类、奶类产品的污染等，严重损害人们健康。

(4) 运输条件不合格

在运输过程中没有采用专门的冷藏运输工具，如敞开式运输不仅污染了环境，同时可能受到外界不洁环境的污染，也可能因气温条件影响发生肉品腐败变质。

(5) 掺假原料现象屡禁不止

动物源性食品掺杂掺假现象严重，如假奶粉、注水肉、加工病害畜禽、公母猪肉冒充商品猪肉等现象在各地屡禁不止。

(四) 动物类食品中的天然毒素

家畜肉，如猪、牛、羊等肉是人类普遍食用的动物性食品。在正常情况下，它们的肌肉

是无毒的，可安全食用。但其体内的某些可用于提取医用药物的腺体、脏器，如摄食过量，可扰乱人体正常代谢。譬如，牲畜腺体所分泌的激素，其性质和功能和人体内的腺体大致相同，所以，可作为医药治疗疾病。但如摄入过量，就会引起中毒。在世界各地普遍用作食物的猪肝并不含足够数量的胆酸，因而不会产生毒作用，但是当大量摄入动物肝，特别是处理不当时，可能会引起中毒症状。研究还发现，胆酸的代谢物-脱氧胆酸对人类的肠道上皮细胞癌如结肠、直肠癌有促进作用。实际上，人类肠道内的微生物菌丛可将胆酸代谢为脱氧胆酸。另外，大约80种河豚鱼已知含有或怀疑含有河豚毒素。在大多数河豚鱼的品种中，毒素的浓度由高到低依次为卵巢、鱼卵、肝脏、肾脏、眼睛和皮肤，肌肉和血液中含量较少。由于鱼的肌肉部分河豚毒素的含量很低，所以，中毒大多数是由于可食部分受到卵巢或肝脏的污染，或是直接进食了这些内脏器官引起的。

（五）人畜共患病对食品安全带来的威胁

据统计全球已知道的300多种动物传染病和寄生虫病中，有100多种为人畜共患病，如：禽流感、口蹄疫、猪链球菌病、疯牛病、旋毛虫病等可直接侵害人体。即使动物所固有的非人畜共患病，如猪瘟、鸡新城疫等不直接感染人，其分解的毒素也会引起人的食物中毒。在现实生活中，一些不法商贩为了谋求暴利，把患有疾病的畜禽私自宰杀后上市销售，这不仅危害了畜牧业的健康发展，也严重危害了人们的身体健康。

四、提高动物源食品原料质量安全的对策

（一）完善产品认证制度，明确产地认定职责

实行无公害畜产品的产地认定和产品认证是解决"餐桌污染"的有效途径，应推行"标准化生产，投入品监管，关键点控制，安全性保障"的技术性制度，从产地环境、生产过程和畜产品质量等环节控制危害因素含量，对于未经认定认证的畜产品不允许进入流通环节和市场销售，保障畜产品从生产到餐桌的质量安全。

（二）加强对投入品的监管，确保畜产品原料质量安全

我国在动物产品卫生安全上，已经建立了多种法律法规，不能说无法可依，问题的关键在于执行。要保证动物产品的质量安全，必须要加大执法力度，严格执法，对那些有法不依、故意违法的行为要严厉惩处。兽药管理部门加大监管力度，对于不按规定使用兽药的单位和个人必须严厉查处。坚决查处经营、使用禁用兽药的行为，有效控制畜产品中药物的残留，确保畜产品的质量安全。同时要强化对饲料添加剂的监管，加强对饲料和饲料中添加成分和微量元素使用量的监督和控制，杜绝"垃圾猪"、"注水肉"等，保证畜产品安全放心工程的顺利实施。

（三）强化防疫和卫生检疫，严格控制有害畜产品流通

搞好动物防疫，是保证畜产品安全的基础和前提。要贯彻落实"预防为主，综合防治"的方针。检疫既是控制动物疫病的重要环节，也是确保上市畜产品安全最直接的关口。动物卫生监督部门要实现对畜禽饲养产地、屠宰、加工、流通、销售等各个环节的全过程监督、检测，有效控制有害畜产品进入流通。

（四）强化宣传工作，提高公民安全意识

要向社会宣传加强畜产品安全管理的重要性和必要性，同时，开展多种形式的安全畜产品知识及识别宣传活动，让更多的消费者了解、识别、食用安全的畜产品，真正保障消费者的身心健康。通过宣传，形成一个人人知法、懂法、守法的良好外部环境，形成有关部门分

工协作，齐抓共管的良好执法环境，使加强畜产品质量安全逐步成为社会共识。

（五）加强新闻媒体监督作用，建立全民举报制度

新闻媒体作为社会舆论监督部分，其作用非同寻常。新闻媒体要从畜产品的生产源头、流通渠道、加工制作等各个环节进行跟踪报道，各种制假、坑害消费者的内幕曝光于光天化日之下，使违法分子得到应有的惩罚，也对失职甚至渎职人员的工作起到监督作用。随着人民对安全畜产品认识的不断关注，新闻媒体应当对畜产品的质量安全问题予以充分的重视。另外，建立举报制度，实施全民监督食品安全。

（六）完善产业协作组织，明确安全生产责任义务

要高度重视农业经营体制，特别是产业组织的改革和创新。我国目前农户普遍为小规模、分散经营，农产品生产的专业化、组织化程度低，缺乏专业合作经济组织的统一规划、有效指导和质量控制。为此，完善动物源食品原料产业组织，构建安全生产长效机制，对动物源食品原料安全生产具有重要作用。我们要建立广泛的动物源食品行业协会组织，充分发挥行业协会在促进动物源食品原料生产的指导作用。

（七）学习国外先进管理经验，加快标准与国际接轨

全球化背景下，我国动物源食品的安全管理与国际接轨势在必行。要认真学习发达国家先进的食品安全管理理念，引进其先进技术，不断提高我国的动物源食品安全管理水平。要系统研究和全面了解国际标准，要注重引进与创新并举，开展标准技术创新研究。

总之，畜产品质量安全问题，是涉及千家万户国计民生的问题，必须要引起政府和有关部门的高度重视，形成全社会共同关注的良好氛围，只有这样，才能全力打造出无疫病、无污染、无药残的无公害畜产品，以维护人类的身体健康，适应世界经济一体化的发展趋势。

复习思考题

1. 动物源食品原料生产学研究内容是什么？
2. 简述养殖业投入品对动物源食品原料质量安全的影响因素。

第二章 畜禽产品原料质量控制原理

重点提示： 本章重点掌握畜禽肌肉组织和脂肪组织生长发育规律、畜禽肉食用品质、不同畜禽品种肉的品质差异、畜禽屠宰分割与肉的食用品质、畜禽肉成熟与保鲜对食用品质的影响、乳形成原理、乳主要成分及其性质、禽蛋组成与加工特性等内容。通过本章的学习，能够基本掌握肉、乳、蛋原料质量控制原理。

第一节 肉类原料质量控制原理

一、畜禽肌肉和脂肪组织生长发育规律

畜禽生长是指其重量和体积的增大，它是以细胞增生和细胞肥大为基础的量变过程，一般生长初期以细胞增生为主，而生长后期则主要是细胞肥大。发育是畜禽继续生长的结果，是细胞分裂增生出现的质的变化，逐渐形成新的组织与器官。畜禽肉生产主要是其肌肉组织、脂肪组织等生长发育的结果。

（一）肌肉组织

畜禽肌肉组织主要指其骨骼肌，是从受精卵发育成的囊胚期中胚层细胞（即成肌细胞与成纤维细胞）分化而形成的。在畜禽生长期，骨骼肌肌细胞（又称肌纤维）内核数目在增加，肌原纤维增生性连续生长使肌肉组织肥大。畜禽种类、品种、性别、年龄、营养水平以及其生理活动等因素都会影响肌肉组织中肌纤维的直径大小，如小的畜禽肌纤维直径比大的畜禽的小，雄性畜禽肌纤维通常比雌性或阉割的大，一般地，肌纤维直径是随年龄、营养充足供给以及生理活动的增加而增加。

（二）脂肪组织

畜禽脂肪组织由中胚层间质细胞转化形成。间质细胞可转化为成纤维细胞，亦可转化为成脂肪细胞，一旦间质细胞开始脂肪蓄积，它就向后者转化，并随着胞内脂肪的增加，最终发育成脂肪细胞。成熟的脂肪细胞直径很大，约在 $120\mu m$ 以上，而原始成脂肪细胞的直径只有 $1\sim2\mu m$。脂肪组织在畜禽出生后整个生长期和成年期都将继续增长，这主要是因为摄入的饲料营养过剩。在畜禽生长发育早期，脂肪组织的生长以细胞增生为主，随着年龄的增长，则主要是以细胞肥大为主；不同部位脂肪细胞的生长发育速率显著不同，导致不同部位脂肪沉积量存在差异。幼年动物的脂肪沉积常出现在内脏与肾脏周围，随年龄增大，逐渐沉积在皮下、肌肉间、最后在肌纤维间沉积少量脂肪形成大理石纹。在生长肥育期，脂肪组织的化学变化主要是脂质百分比在增加，水分、蛋白质和其他成分的比例呈下降趋势。脂肪组织是畜禽体中变化较大的一个组织，在畜禽一生中往往随其健康状况、营养状况等的改变而

变化。

二、畜禽肉食用品质

食用品质是畜禽肉重要的产肉性能之一。评定畜禽肉食用品质的指标很多，主要包括肉色、嫩度、保水性、风味等。

(一) 肉色

对肉类工业和消费者来说，肉色是一个很重要的质量指标。肉的颜色是由许多因素决定的：如血色素的浓度，尤其是肌红蛋白的浓度；肉的物理特性；以及血色素所处的化学状态。肌肉深部或处于真空状态下的肉表面所呈现的紫色是还原态（或脱氧）肌红蛋白的颜色；当肉暴露于空气中，肌红蛋白结合氧形成氧合肌红蛋白，呈亮红色，这种颜色往往表示肉是新鲜的，对消费者有吸引力；随着时间的延长，肌红蛋白或氧合肌红蛋白被氧化为氧化态，即高铁肌红蛋白，呈棕褐色，这种颜色消费者是不喜欢的。肉色主要决定于三种肌红蛋白状态的相对含量。肉色常用感官评定和不同仪器测定，感官评定可用日本标准比色板（1～5级），1级较浅，3或4级正常，5级太深；也可用仪器色度计测定 L 值、a 值、b 值，L 值表示亮度、a 值表示红色度、b 值表示黄色度。用 Lab 系统测定和表示肉色已证明是比较适合的、准确的，尤其 a 值与肉的感官特性相关性大。

肉色的变化受许多内在因子（如 pH 值、动物种类、年龄、品种、性别、饲料等），外在因子（如温度、光照、表面微生物、包装方式等）以及这些因子相互组合的影响。肉在贮存过程中因为肌红蛋白被氧化生成褐色的高铁肌红蛋白，使肉色变暗，品质下降。当高肌红蛋白≤20%时肉仍然呈鲜红色，达30%时就显示出稍暗的颜色，在50%时肉就呈褐红色，达到70%时肉就变成褐色，所以防止和减少高铁肌红蛋白的形成是保持肉色的关键。采取真空包装、气调包装、低温存贮、抑菌和添加抗氧化剂等措施可达到以上目的。

(二) 嫩度

嫩度是畜禽肉的主要食用品质之一，它是消费者评判肉质优劣的最常用指标。肉的嫩度指肉在食用时口感的老嫩，反映了肉的质地。影响畜禽肉嫩度的宰前因素主要有畜禽种类、品种、屠宰年龄和性别以及动物肌肉部位等。这些因素导致畜禽肉的肌纤维粗细、结缔组织质量和数量、肌内脂肪含量（大理石纹）等有着明显的差异，而肌纤维及结缔组织的特征是影响肉嫩度的主要内在因素。一般来说，畜禽体格越大其肌纤维越粗大，肉亦愈老；同等情况下，一般公畜的肌肉较母畜粗糙，肉也较老。动物年龄越小，肌纤维越细，结缔组织的交联越少，肉也越嫩。一般来说运动越多，负荷越大的部位肉质较老，如腿部肌肉嫩度小于腰部肌肉。肉嫩度通常是用沃-布剪切仪进行客观评定，用一定钝度的刀切断一定粗细的肉所需的力量，以 kg 为单位。一般来说如剪切力值大于 4kg 的肉就比较老了，难以被消费者接受。我国研制的 C-LM 肌肉嫩度计在国内使用普遍。

影响畜禽肉嫩度的宰后因素主要有胴体冷却速度、电刺激、吊挂方式、成熟等。僵直期的肌肉处于收缩状态，嫩度变差。对牛肉来说，通常电刺激和成熟会有利于嫩度改善。

(三) 保水性

畜禽肉保水性是一项重要的食用品质性状，它不仅影响肉的色香味、营养成分、多汁性、嫩度等食用品质，而且有着重要的经济价值。如果畜禽肉保水性差，那么从畜禽屠宰后到肉被烹调前这一段过程中，会因失水而减重，造成经济损失。美国八十年代因部分猪肉保水性较差（如 PSE 肉）而造成每年几十亿美元的损失，我国 2014 年肉类总产量约为 8540 万吨，若因保水性能不良而损失 1% 的话，那么全国当年就损失 85.4 万吨生鲜肉。

畜禽肉的保水性常用系水力来衡量，指当肉受到外力作用时，其保持原有水分与添加水分的能力。所谓的外力指压力、切碎、冷冻、解冻、贮存加工等。肉中的水分以三种状态存在：结合水、不易流动水和自由水。其中以不易流动水为主，占总水分的 80%。肉的保持性主要取决于肌原纤维蛋白质的网状结构及蛋白质所带静电荷多少。保水性的测定方法一般有滴水法（不施加任何外力）、加压法或离心法（施加外力）等。

影响保水性的因素很多，屠宰前后的各种条件、品种、年龄、身体、脂肪厚度，肌肉部位，宰前运输，困禁和饥饿，屠宰工艺，尸僵开始时间，成熟程度，贮存条件与时间，冷冻、解冻与否等，而最主要的是 pH 值（乳酸含量）、ATP（能量水平）。

（四）风味

畜禽肉的风味也是其重要的食用品质性状之一，大都通过烹调后产生，生肉一般只有咸味、金属味和血腥味。当肉加热后，前体物质反应生成各种呈味物质，赋予肉以滋味和芳香味。这些物质主要是通过美拉德（Maillard）反应、脂质氧化和一些物质的热降解这三种途径形成。不同来源的肉还有其独特的风味，如牛、羊、猪、禽肉有明显的不同。风味的差异主要来自于脂肪的氧化，这是因为不同种动物脂肪酸组成明显不同，由此造成氧化产物及风味的差异。另一些异味物质如羊膻味和公猪腥味分别来自于脂肪酸和激素代谢产物。

肉的风味由滋味和香味组合而成，滋味的呈味物质是非挥发性的，主要靠人的味蕾感觉。香味的呈味物质主要是挥发性的芳香物质，主要靠人的嗅觉细胞感受。如果是异味物，则会产生厌恶感和臭味的感觉。风味主要通过动态顶空、吹扫捕集、固相微萃取手段先提取风味成分，再用高分辨率气相色谱、高压液相色谱、气-质谱联用以及电子鼻、电子舌等技术进行测定。

影响畜禽肉风味的因素主要有年龄、种类、性别、饲料、脂肪氧化、腌制以及微生物繁殖等。一般年龄愈大，风味愈浓；饲料中的鱼粉腥味、牧草味，均可带入肉中；抑制脂肪氧化，可有利于保持肉的原味；若腐败菌生长超标，则产生腐败味。

三、不同畜禽品种肉的品质差异

（一）不同品种猪

松辽黑猪由杜洛克猪（引进）、丹长白猪（引进）和东北民猪（本地）三个品种杂交育成。张树敏比较了这些品种猪产肉的食用品质。松辽黑猪和东北民猪肉色、大理石纹、嫩度显著优于杜洛克猪和长白猪。松辽黑猪肉肌内脂肪及其不饱和脂肪酸适中，必需氨基酸总量和风味氨基酸总量也最高；东北民猪则肌内脂肪含量过高，而杜洛克、丹长白猪则肌内脂肪含量过低（风味不足），且饱和脂肪酸偏高。实验证明，土洋杂交猪食用品质最好。其他培育的品种还有欧德莱（由鲁莱黑猪、长白、杜洛克杂交而成）、苏淮猪（淮猪、大约克夏、大白杂交而成）等品种猪产肉也具有类似的特点。

（二）不同品种鸡

目前，我国饲养的肉鸡品种主要分为快大型白羽肉鸡（一般称之为肉鸡）和优质型黄羽肉鸡（一般称之为黄鸡或优质肉鸡）两种。快大型白羽肉鸡的胸肉率和腿肉率高、嫩度和保水性高，但鸡肉风味不如优质型黄羽肉鸡好，后者受到我国（尤其是南方地区）和东南亚地区消费者的广泛欢迎。肉杂鸡未经国家畜禽品种审定委员会审批，严格意义不能称为一个肉鸡品种，但相对于快大型白羽肉鸡其食用品质符合我国传统的肉鸡消费习惯，有一定的消费市场，除此之外，淘汰蛋鸡也是提供鸡肉原料的重要来源。王志祥报道，优质肉鸡（地方鸡种固始鸡）与引进的快大型肉鸡（艾维茵肉鸡）相比，前者具有较低的胸肌 pH 值和较高的腿肌 pH 值；具有良好的肌肉保水性；由于其具有较低的生长速度，表现出较细的肌纤维直径，具有较低的羟脯氨酸含量和较高的肌肉嫩度；固始鸡较低的生长速度可能是其具有较高肌肉品质的原因之一。

四、畜禽屠宰、分割与肉的食用品质

畜禽适宜屠宰期的确定、屠宰工艺、分割部位对其肉的食用品质具有较大的影响。畜禽屠宰工艺一般包括宰前管理、致昏、放血、热烫、脱毛（羽）、开膛、去内脏、胴体冷却、分割等主要工序，牛、羊有时还在宰后进行电刺激。

（一）适宜屠宰期的确定

畜禽肥育结束后适宜屠宰期的确定，要取决于多种因素。屠宰太早，生长尚未充分，肉质不香，也不经济；屠宰太晚，饲料消耗多且肉质不良，消费者不欢迎。适宜的屠宰期应当兼顾生产者与消费者的利益，此外，应因地因时制宜选择出栏屠宰体重。

1. 肉猪

猪的生长发育规律是前期增重慢，中期增重快，后期增重又转慢。一般达到 100kg 左右时增重停留在一定的水平上，超过 100kg 时，日增重开始下降，当达到 150kg 以后很少增重。从胴体品质看，我国的地方早熟品种在体重 75kg 左右时屠宰最适宜，这时的肉质好，屠宰率也高；以本地猪为母本、外来瘦肉型猪为父本的二元或三元杂交猪，体重达 90～100kg 时屠宰最适宜。

2. 肉牛

犊牛在出生后的前 6～8 个月肌肉生长最快，以后随着体重的增加和年龄的增长，肌肉生长变慢，饲料的利用率逐渐下降。因此，肉牛的适宜屠宰期以 1.5～2 岁为好，此时经济效益最佳，食用品质也好。

3. 肉羊

根据"夏饱、秋肥、冬瘦、春乏"的体质变化特点，杂种羔羊在每年 9 月份增重最快。绵羊的体重在 40kg 左右，山羊的体重在 25kg 左右，适宜屠宰期在 9 月底或 10 月初。若冬季能采取补喂精料、舍饲等措施以保证肉羊的生长需要，也可在每年的 1 月份或 2 月份（春节前后）屠宰。

4. 肉鸡

现代肉鸡的特点是早期生长速度快，母鸡在 7 周龄、公鸡在 9 周龄时增重速度达到高峰，以后增重速度逐渐减慢。随着日龄的增加，肉鸡每公斤增重耗料量也随之增加，出栏日龄推迟，饲料转化率降低，经济上不合算。目前我国快大型白羽肉鸡生产大都采用全进全出的饲养模式，加之应用了先进的饲养技术，肉鸡在 6～7 周龄、体重在 2.5～3.0kg 时屠宰最适宜。

5. 肉鸭

肉鸭一般 6～7 周龄体重达 3.0kg 左右屠宰最适宜。若以分割肉出售或出口，肉鸭以 7～8 周龄、胸肌达到丰满时屠宰为佳。适宜屠宰期的选择要根据市场消费需要来定，一般在 10 周龄左右必须出栏屠宰，否则将增加养殖成本，并降低食用品质。

6. 肉鹅

影响生产成本主要因素是屠宰日龄。肉鹅生产收入主要包括胴体和鹅绒两部分的收入，因此，在确定屠宰日龄时两者均要兼顾。研究表明，在无牧草肉仔鹅全程饲喂配合料条件下，大、中型肉仔鹅 56 日龄上市屠宰最佳；以胸部肌肉和翅膀最大产肉量衡量屠宰日龄时，需要 70 日龄才适宜上市屠宰；以主、副翼羽发育成熟和产肉量衡量适宜屠宰日龄时，需要75～85 日龄才能上市屠宰；小型的籽鹅或五龙鹅（豁眼鹅）商品鹅饲养 90 天出栏平均每只体重只有 3～3.25kg，体重很少超过 3.5kg，屠宰期更长。

7. 肉兔

肉兔养到 3 月龄、体重达到 2～2.5kg 时屠宰最为适宜，肥育时间过长会影响经济效益和食用品质。

（二）屠宰

为了获得优质耐存的畜禽原料肉，必须做好畜禽的宰前管理，主要包括休息、禁食、禁水等。经长途运输的家畜，宰前一般休息 24～48h；家禽一般几小时到 24h 不等；猪的宰前禁食时间一般为 12h，牛、羊为 24h；禁水时间一般为宰前 1～3h。宰前管理的主要目是减少运输应激，以更好保证肉的食用品质。

宰前短时间应激是导致 PSE（灰白、松软、汁液渗出）猪肉和类 PSE 鸡肉产生的根本原因，这种肉宰后新陈代谢加快，体温升高，糖分解代谢加快，致使 pH 值急剧下降，某些蛋白因高温也随之变性，这种联合作用使保水性下降。高含量的汁液渗出至表面使光的反射率更高，这种肉看起来比较灰白；同时蛋白质相互作用的弱化导致肉质更软。猪肉一般发生在背最长肌和股二头肌，鸡肉则易发生在胸肌和腿肌。宰前长时间应激（如运输时间长、温度极高或极低、长时间禁食等）将会减少屠宰时肌糖原的供给，肉的 pH 值下降较正常速率慢，肉的最终 pH 值比正常情况下高（pH＞6.0），肉的颜色变深，质构紧，保水性更高，肉表面自由湿度小，这种深色、硬实和干燥的肉称为 DFD 肉，一般在牛肉中易发生。这些异常肉的发生使商品价值降低，均会造成产业上较大的经济损失。

致昏操作对宰后肉的食用品质影响也较大。对不同畜禽采用不同的致昏方式和条件，会刺激其屠宰前的应激或放血过程中影响血液排出，从而影响肉的质量。致昏方式通常有机械致昏法、电致昏法、CO_2 麻醉致昏法三种。牛一般采用机械致昏法，羊、猪、鸡一般采用电致昏法，CO_2 麻醉致昏法也开始在猪屠宰中使用。为保证宰后肉的食用品质，电致昏法应注意控制不同畜禽采用合适的电流、频率和时间以及电极放置部位，CO_2 麻醉致昏法应控制 CO_2 的浓度（如 65%～70%）。电致昏会增加出血斑点，两个电极放在头部比一个电极放在头部、另一个电极放在背部或腿部所造成的出血斑点多，宰后糖酵解速率加快，肉的汁液渗出增加，肉色灰白。不论采用何种致昏方法，之后都应尽快放血。欧盟调查了采用各种致昏方法对肉质的影响，发现对牛来说，锤击式机械致昏最有效；羊宜采用枪式机械致昏，猪宜采用电致昏或 CO_2 麻醉致昏。当猪采用三种致昏方法时，枪式机械致昏会导致宰后糖酵解速率最快、保水性最差（滴水损失最大）；CO_2 麻醉致昏后糖酵解速率最慢、保水性最好；而电致昏的效果介于两者之间。

对新鲜畜禽胴体进行电刺激来提高肉的食用品质特别是嫩度已经在牛、羊、火鸡甚至肉鸭上得到产业化应用。胴体电刺激会加速宰后肌肉 pH 值的下降，缩短尸僵时间，促进解僵和成熟。电刺激可采用的电压从 30～600V 不等，300V 以上为高压电刺激，100V 以下为低压电刺激，低压操作比较安全，但比高压效果差些。大多数电刺激方式是通过胸部接入电流，从跟腱处电流接入地面。电刺激可避免牛、羊胴体快速冷却导致的冷收缩，肉能很快达到最终 pH 值，改善其嫩度、风味和肉色。高压电刺激比低压电刺激使牛、羊肉的嫩度大大提高。电刺激一般不用于易受应激而产生 PSE 肉的猪或鸡胴体。牛胴体宰后 30min 以内电刺激最好。通常情况下，电刺激后迅速冻结胴体，不会发生僵直前冻结及解冻僵直。但由于肌肉仍处于僵直前阶段，虽不会发生冷收缩，但有可能出现解冻僵直。为保证获得最佳嫩度，胴体电刺激后宜采取盆骨吊挂，之后在 30min 之内进行冷却。如果采用快速冻结，最好在电刺激 6h 后进行。

（三）分割

畜禽胴体分割是指以满足市场需求为目的，以胴体部位肉形态、食用品质、烹饪加工用途等质量特性为依据，对畜禽卫生检疫检验合格的胴体加以规范、精细分割的加工过程。分割加工是活畜禽转向商品（食品）、实现快速增值的必备条件，是生产优质安全肉不可缺少的重要环节，最终使畜禽饲养户养殖效益得以体现。胴体初级分割主要依据胴体的体况（肥瘦），不同部位肉的物理状态（形状、大小、肉块之间的纹理），不同部位肉食用品质的优劣等进行划分。胴体再次分割是在初级分割的基础上参照解剖学和肌肉学原理，将原来品质不一的混合肉块再分割成品质均一，价值更高的单一小分割肉。

1.猪胴体初级分割部位

如图 2-1 所示，整个胴体分为后蹄肉、腿部肉、肋腹肉、肋排肉、肩肉、前蹄肉、颊肉、肩胛肉、通脊肉 9 个部分。

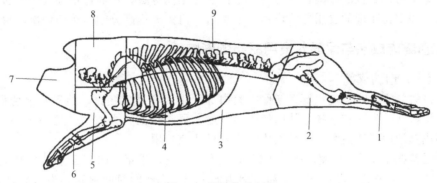

图 2-1　猪胴体分割图

1—后蹄肉；2—腿部肉；3—肋腹肉；4—肋排肉；5—肩肉；6—前蹄肉；7—颊肉；8—肩胛肉；9—通脊肉

2.牛胴体初级分割部位

以美国牛胴体分割为例，如图 2-2 所示，整个牛胴体分为后腿肉、臀部肉、后腰肉、前腰肉、肋部肉、肩颈肉、前腿肉、胸部肉、腹部肉 9 个部分。

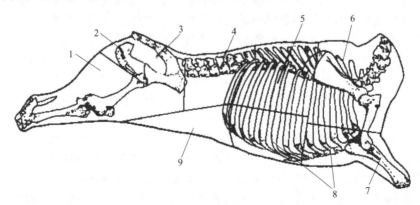

图 2-2　美国牛胴体的分割图

1—后腿肉；2—臀部肉；3—后腰肉；4—前腰肉；5—肋部肉；6—肩颈肉；7—前腿肉；8—胸部肉；9—腹部肉

3.胴体再次分割肉块与食用品质

以牛胴体为例，其再次分割肉块（适于零售）有里脊、外脊、眼肉、上脑、胸肉、嫩肩肉、臀肉、大米龙、小米龙、膝圆、腰肉、腱子肉、腹肉等。国外对再次分割做了大量的研究，尤其是占胴体比例较大的肩颈肉、前腿肉、后腿肉、臀部肉等。结果表明，膝圆上的股直肌和股外侧肌末端肉嫩度与腰肉相近，因此再次分割时可将两者归于腰肉部分，从而增加胴体价值；后腿肉和臀部肉中半腱肌、半膜肌、股二头肌、股收肌的嫩度是有差异的，这为再次分割提供依据；不同牛以及同一牛不同肉块之间肌肉的嫩度是有差别的，并且组成混合肉块的肌肉之间嫩度也不同，如股部肌肉群（股中间肌、股直肌、股外侧肌），肌肉间的嫩度不同，利用这些特点，企业可进行再次分割肉块的研发；脊部肉和肩肉的再次分割方法，无论是传统的在第5、6肋间分割还是其他的分割如在第4、5肋间或第6、7肋间，从肉的剪切力值和消费者的接受度来看，都没有差别，但是6、7肋间分割可以产出高档肉（眼肉），4、5肋间的分割可以每使胴体多出4块2.5cm厚的眼肉排，显然后两种分割方法都可以提高牛肉价值，实际中到底该如何分割还应根据市场的需要来定。通过再次分割，缩小产品包装，并赋予相应产品合理的价格给消费者更大的选择空间。另外，再次分割产出的肉块，由于食用品质唯一，厨师能更好地为消费者烹饪出可口的菜肴。通过把食用品质相同的肉块分割出来，低温排酸，并对每块牛肉评定不同等级，再经过精细处理销售，并将研制的针对不同部位牛肉的食用方法出示给消费者，可大大提高分割肉块的档次和价值。

五、畜禽肉成熟与保鲜对食用品质的影响

（一）肉的成熟

畜禽屠宰后，经过尸僵、解僵，肉内部发生了一系列变化，结果使肉变得柔软、多汁，并产生特殊的滋味和气味，从而使肉的嫩度、风味得到很大改善。这一过程称为肉的成熟。这种成熟的肉汤清亮醇香，易消化吸收，最适宜食用。

通常在1℃下，要使肉的硬度经成熟降低80%，成年牛肉需5~10d，猪肉需4~6d，马肉需3~5d，鸡需1/2~1d，羊和兔肉需8~9d。成熟的时间愈长，肉愈柔软，但风味并不相应地增强。牛肉以1℃、11d成熟为最佳；猪肉由于不饱和脂肪酸较多，时间长易氧化使风味变劣。羊肉因自然硬度（结缔组织含量）小，通常采用2~3d成熟。下面介绍促进肉成熟的措施。

成熟极大地影响肉中蛋白质和小分子物质的数量和性质。成熟期间，肌肉蛋白质发生变性，水解是其主要变化。肌原纤维蛋白质和肌浆蛋白质都发生不同程度的变性，其中肌浆蛋白最易发生变化，致使其溶解性和保水性降低，肌浆蛋白中肌红蛋白的变性加速了其卟啉铁的氧化，生成高铁肌红蛋白，肉色褐变。变性蛋白质更易被蛋白酶水解，成熟过程中嫩度的增加和可溶性氮的增加有关，这些可溶性氮来自蛋白质降解产生的肽和氨基酸。宰后成熟过程中，β-葡萄糖醛酸酶的浓度上升，其作用于基质中的黏多糖或胶原蛋白的碳水化合物部分，肉成熟过程中碳水化合物和肽的联结被打断，从而提高肉的嫩度。肌原纤维蛋白所发生的某些变化是由于畜禽宰后内质网释放 Ca^{2+}，激活蛋白水解酶所致，该酶称为钙激活酶。钙激活酶不能作用于肌动蛋白或者肌球蛋白本身，只能作用于肌节上的 Z 线。研究发现，背最长肌在 0~4℃下成熟14d，将发生肌原纤维的小片化（肌原纤维小片化指数可作为肉成熟度的指标）。肉在 3~15℃下成熟过程中，其嫩度的增加和肌钙蛋白 T 的水解有关。电刺激加快肉的嫩化，主要因为其促进了肌钙蛋白 T 的降解。在肉成熟过程中，还存在溶酶体组织蛋白酶的作用。牛肉成熟过程中次黄嘌呤含量达到 1.5~2.0μmol/g 时，食用品质最佳；在 0℃时 10~13d，10℃时 4~5d，20℃时 30~40h，可以达到相同的嫩化效果。成熟过程中蛋白质和脂肪分解产生 H_2S、氨、乙醛、丙酮、二乙酰等物质，也有助于风味的形成。虽然成熟在一定程度上增加了蛋白质的保水性，但蛋白质变性和 pH 值下降引起的汁液流失

仍占主导地位。

（二）肉的保鲜

肉中含有丰富的蛋白质等营养成分，易于微生物生长繁殖而造成腐败。为了保证肉的食用品质和安全性需要对肉进行保鲜处理，目前在肉品行业中的保鲜方法有低温保藏法、真空包装与气调包装法、辐照法、超高压法等。

1. 低温保藏法

低温保藏的主要原理是在低温条件下抑制引起肉腐败变质的微生物及肉中酶类的活性，从而延长其货架期。低温保藏的优势还在于低温条件下不会引起肉的食用品质的根本性变化。常用的方法有冷藏法和冷冻法。

（1）冷藏法

此方法主要是将屠宰分割的肉迅速降低到 $0 \sim 4$℃，并在此条件下保存和流通。在冷却间保存过程中，应将湿度控制在 $90\% \sim 95\%$，风速在 $0.5 \sim 1.5 m/s$。

（2）冷冻法

此方法是将肉的中心温度迅速降低到 -18℃以下进行保存，最好为快速冷冻，相对于缓慢冷冻可形成更小的冰晶体，减少解冻时的汁液损失，提高肉的食用品质和经济价值。冷冻效果及解冻后的肉色、汁液损失等指标主要与设备有关。

2. 真空包装与气调包装法

真空包装与气调包装都是通过改变肉所处环境的气体条件，对肉中微生物和脂肪氧化进行抑制，以最大限度保护食用品质的保藏方法。

（1）真空包装

主要通过真空后造成缺氧环境，破坏或抑制了好氧性微生物的生长繁殖，但是抑菌程度有限，在货架期内会影响肉色，造成汁液损失大等问题。

（2）气调包装

指用高阻隔性的包装材料将肉品密封于不同气体比例（O_2、N_2、CO_2 和 CO 等）的环境中，以改善肉色、抑制微生物生长并延缓酶促反应，从而延长产品货架期的一种方法。

3. 辐照法

主要是利用放射性物质产生的射线或利用电子加速器产生的电子束或射线杀灭肉中的微生物或抑制肉中对保鲜不利的生物活性物质，从而延长肉品货架期的方法。优点是该法为冷杀菌，操作简单，在要求的辐射剂量内无任何有害物质残留，缺点是易引起食用品质的变化。常用的辐射源有 ^{60}Co、^{137}Cs 和电子加速器。辐射法多用于包装后肉品的杀菌保鲜。

4. 超高压法

将包装好的肉放入到液体介质中，在 $100 \sim 1000 MPa$ 的压力下对肉中微生物和酶进行杀灭或抑制，从而达到延长货架期的目的。超高压法具有抑菌效果好，风味、营养物质损失少，可改善肉的嫩度和凝胶特性等优点。但是生产成本非常大，工业化应用还较少。

第二节　乳原料质量控制原理

一、乳的形成原理

乳是所有雌性哺乳类动物乳腺组织分泌的一类液体，其重要的功能是能够完全满足新生婴儿或动物幼仔的营养需要。

奶牛经过长期的遗传选育后,其乳腺成为一个高效的生物合成反应器,在单个哺乳周期其产乳量可达 7000~8000kg。乳的分泌是一个复杂的乳腺活动过程,会受到内分泌和神经系统的调节。

(一)泌乳部位

哺乳动物的乳房内主要有两种组织:一种是有乳腺腺泡和导管系统构成的腺体组织或实质;另一种是保护和支持腺体的组织间质,由结缔组织和脂肪组织构成。乳汁由乳腺腺泡所分泌,腺泡上皮细胞附着在含有毛细血管网的基质上,血液供给腺泡合成乳汁所需要的各种营养物质;导管系统是乳腺中乳汁排出的管道系统,包括终末导管、小叶内导管、小叶间导管、中等乳导管和大乳导管,乳腺腺泡分泌的乳汁可以经过导管系统在乳池中储存和排出体外;间质包含有血管、淋巴管、神经和韧带等组织,乳腺外含有丰富的血管和淋巴管,这些血管和淋巴管为乳腺泡运输营养与合成牛乳所需的各种物质。

(二)泌乳过程及调节机制

泌乳分为两个过程:腺泡等分泌细胞以血液中的各种营养物质为原料生成乳汁后,分泌到腺泡腔中的过程,叫做乳汁的分泌;腺泡腔中乳汁通过各级导管系统逐渐汇集起来,最后经乳腺导管和乳头管流向体外,这一过程叫做排乳。

乳分泌包括泌乳启动和泌乳维持两个过程。泌乳启动是指乳腺上皮细胞在妊娠后期以及分娩时由未分泌状态转为分泌状态所经历的过程。妊娠后期,乳腺开始分泌少量乳汁特有成分,而分娩后,乳腺开始大量分泌乳汁。泌乳启动后,乳腺能在相当长的一段时间内持续进行神经反射的调节。此外,婴儿或动物幼仔的吮吸或挤奶等动作排空乳腺也是维持泌乳所必需的。

妊娠期内母体内高水平的孕酮对乳腺细胞上的促乳素和催产素受体有抑制作用,所以妊娠期乳腺虽发育完善,但并不泌乳。婴儿或动物幼仔吸吮乳头或挤奶时,冲动传入丘脑,反射性的刺激垂体后叶分泌催产素。催产素经血液流到乳腺引起环绕腺泡的肌上皮细胞收缩。这使得腔中乳汁从腺泡排出进入导管流出腺体,最终完成物理排乳。同时来自乳头的神经冲动能抑制下丘脑中催乳素释放抑制因子的分泌,引起促肾上腺皮质激素释放因子的释放,使催乳素和促肾上腺皮质激素分泌增加,从而诱导乳的分泌。因此,泌乳的维持是一系列神经体液调节的结果。

乳汁分泌在奶畜泌乳期间是连续不断的。挤奶导致乳房内压降低,乳汁分泌快。随着乳汁的分泌,乳池、各级导管和腺泡腔中被乳汁不断充满,乳房内压升高,乳汁分泌逐渐减慢。乳房内压的继续升高会刺激交感神经,降低乳腺外周的血流量。血流量的减少就会导致泌乳相关激素和泌乳所需营养物质减少,最后乳汁分泌趋于停止。如果能及时挤奶,排除乳房内积存的乳汁,使乳房内压下降,乳汁分泌便重新加快,这是一种泌乳物理反馈调节过程。同时乳汁积累时,腺泡腔内泌乳反馈抑制素浓度增大,抑制乳汁的进一步合成和分泌。

(三)乳成分合成

乳汁的生成是在乳腺腺泡和细小乳导管的分泌上皮细胞内进行的。生成过程包括新物质的合成和由血液中吸收两个过程。例如奶牛的乳腺可从血液中吸收球蛋白、激素、维生素和无机盐等,直接转为乳汁成分。乳中的球蛋白、酶、激素、维生素和无机盐类,是乳腺分泌上皮细胞对血浆进行选择性吸收和浓缩的结果。由乳腺系合成的物质有蛋白质、乳糖和乳脂。

1. 乳糖的合成和分泌

乳糖是决定乳汁渗透压的主要因素,因此也是控制乳汁体积的关键,与产奶量有很大关系。合成乳糖所需要的葡萄糖来自肝脏的糖异生作用,葡萄糖被乳腺所吸收以后,60%~

70%将用于合成乳糖。葡萄糖由特殊的运输机制经基底外侧膜进入细胞，一些葡萄糖被转化为半乳糖，高尔基体将葡萄糖和半乳糖反应合成乳糖，最终形成乳的一部分。高尔基体与乳蛋白的处理、乳糖合成和水的渗透有关。高尔基体对脱脂乳成分的合成十分重要，乳糖经分泌囊泡随同乳蛋白一起分泌。乳糖合成酶有α乳白蛋白和半乳糖转移酶两种蛋白质组成。因此，α乳白蛋白的遗传力变化情况可以预测其产奶量潜力。

2. 乳蛋白的合成和分泌

乳中蛋白质有多个来源。肝脏合成的白蛋白和脾脏、淋巴结合成的免疫球蛋白由血液直接输送到乳腺上皮细胞内。在泌乳初期，血液中抗体 IgG 会经乳腺分泌至初乳中，随着泌乳期的延长，这些抗体的含量会下降。胎儿发育期间，由于胎盘的屏障作用，胎儿并不能获得母体的免疫保护，但是在出生后48h内，犊牛消化道可以完整的吸收这些抗体，从而获得母体的被动免疫，这对于幼龄动物的生长有非常重要的生物学意义。

乳腺分泌细胞合成的特异蛋白包括酪蛋白和乳清蛋白。乳蛋白的合成部位位于粗面内质网。乳蛋白的合成前体物氨基酸经过相应转运系统通过细胞的基底膜被吸收。氨基酸在粗面内质网由核糖体通过共价键合成蛋白质。粗面内质网合成的蛋白质包括分泌蛋白（如乳蛋白中的酪蛋白、β乳球蛋白、α乳白蛋白）和膜结合蛋白（如与细胞间接触有关的蛋白质和与膜结合的酶）。然后，大多数乳蛋白以囊泡形式"胞吐"至腺泡腔内。这些分泌囊泡转移到顶膜的运输机制与负责构建细胞骨架，支持细胞结构的微管有关。可能受到细胞极性的影响，分泌囊泡不能转移到基底外侧膜。分泌囊泡包装时，单体酪蛋白聚集成酪蛋白胶束，并且酪蛋白胶束在囊泡运输过程中会进一步聚集成熟。酪蛋白、酶、结构蛋白等其他蛋白质都在高尔基体经历翻译后处理。α乳白蛋白在高尔基体被糖基化，在运输过程中与半乳糖苷酶结合。通常认为在被保留在细胞中的蛋白质由胞质中的核糖体合成。因此，在无疾病和外伤的情况下，存在于乳中的大多数蛋白质由吸收自血液的游离氨基酸或肽合成得到。

3. 乳脂的合成和分泌

乳脂合成的前体经基底外侧膜被腺泡上皮细胞吸收。对于奶牛而言，牛乳中的乳脂只有一半来自奶牛日粮，其余的乳脂来自乳腺细胞直接合成。来自日粮的游离脂肪酸主要是长链脂肪酸，可以从血液中直接进入乳腺细胞。而牛乳中脂肪中少于 16 个碳原子的中短链脂肪酸是直接由乳腺细胞合成的。乙酸和 β-羟丁酸是其脂肪酸合成的前体，这些前体是通过基底外侧膜被吸收的。此外，脂肪酸、甘油和甘油单酯也是通过基底外侧膜进入腺泡上皮细胞。所有这些成分都被用于合成乳汁中甘油三酯。甘油三酯在光滑内质网形成小脂滴，逐渐滴融合扩大并向顶膜移动，胞质蛋白指导这种细胞内移动，大脂滴与顶膜融合后被排入腺泡腔内。因此，乳脂球膜的部分源于顶膜的部分细胞膜。在细胞内脂质不是与膜结合的，称为脂质小滴，然而分泌至腔后，乳脂肪球被膜包裹。乳脂主要以膜结合的小球形式存在，直径 $0.1 \sim 1.5 \mu m$。

4. 乳中盐和矿物质的吸收和分泌

虽然牛乳中含有多种微量元素，主要经过乳腺上皮细胞转运的是那些能够支持新生小牛在哺乳期骨骼生长发育的矿物质。而涉及骨骼生长的矿物质主要是钙和磷，其次是镁。这几种元素在牛乳中的含量显著高于血液中含量，这是由于钙和镁离子在牛乳中可以和酪蛋白中的某些氨基酸结合在一起的缘故。

二、乳的组成与化学性质

（一）生乳的定义及技术要求

生乳是指从符合国家有关要求的健康奶畜乳房中挤出的无任何成分改变的常乳。产犊后七天的初乳、应用抗生素期间和休药期间的乳汁，变质乳不应用作生乳。世界年产生乳量大约是 6 亿吨，其中牛乳约 85%，水牛乳 11%，绵羊乳和山羊乳各 2%，还有少量的骆驼乳、马乳、鹿乳和牦牛乳。按照我国《食品安全国家标准生乳》（GB 19301—2010）的要求，生乳的感官和理化指标应符合表 2-1 和表 2-2 的规定。

表 2-1　生乳感官要求

项　目	要　　求
色泽	呈乳白色或微黄色
滋味、气味	具有乳固有的香味，无异味
组织状态	呈均匀一致液体、无凝块、无沉淀、无正常视力可见异物

表 2-2　生乳理化指标要求

项　　目	要求	项　　目	要求
冰点[①,②]/℃	$-0.560 \sim -0.500$	非脂乳固体/(g/100g)	$\geqslant 8.1$
相对密度/(20℃/4℃)	$\geqslant 1.027$	酸度/(°T)	
蛋白质/(g/100g)	$\geqslant 2.8$	牛乳[②]	$12 \sim 18$
脂肪/(g/100g)	$\geqslant 3.1$	羊乳	$6 \sim 13$
杂质度/(mg/100g)	$\leqslant 4.0$		

① 挤出 3h 后检测。
② 仅适用于荷斯坦奶牛。

生乳营养成分的高低反映了生乳的营养水平，是评价生乳品质的主要指标。各种奶畜生乳中含有相同的化学成分，主要为水分、蛋白质、脂肪、乳糖、矿物质等，但含量不尽相同，详见表 2-3。

表 2-3　不同奶畜生乳中的化学成分含量比较 （g/100g）

种类	蛋白质	脂肪	乳糖	矿物质	水分
奶牛	3.3	3.9	4.7	0.7	87.4
牦牛	5.3	6.5	4.6	0.9	82.7
水牛	4.2	8.0	4.9	0.8	82.1
山羊	3.5	4.5	4.6	0.6	87.0
绵羊	5.6	7.5	4.4	0.9	81.6
马	2.6	1.9	6.2	0.5	88.8
驴	1.8	1.5	6.3	0.4	90.0
骆驼	3.7	4.2	4.1	0.9	87.1
猪	5.2	4.6	3.1	1.1	84.0
人	5.2	4.6	3.1	1.1	84.0

生乳的组成决定了它的营养性、作为食品原料的价值和其他性质。如牛乳的概略组成见表 2-4，牛乳的主要组分是指在牛乳中浓度较高的组分，但它们并不一定在每一方面起到决定作用。

表 2-4　牛乳的概略组成 （g/100g）

组分	平均组成	组成范围	组分	平均组成	组成范围
水	87.3	$85.5 \sim 88.7$	酪蛋白	2.6	$1.7 \sim 3.5$
非脂乳固体	8.8	$7.9 \sim 10.0$	矿物质	0.65	$0.53 \sim 0.80$
乳糖	4.6	$3.8 \sim 5.3$	有机酸	0.18	$0.13 \sim 0.22$
脂肪	3.9	$2.4 \sim 5.5$	其他	0.14	—
蛋白质	3.25	$2.3 \sim 4.4$			

注：数据来源于郭本恒主编的《乳品化学》（2010 年）.

（二）生乳主要成分及其理化性质（以牛乳为例）

1. 蛋白质

乳蛋白质是生乳最重要的组成成分，也是人类膳食蛋白质的主要来源，主要由酪蛋白和乳清蛋白组成，分别占乳中总氮的 78％和 22％。其中，酪蛋白包括 4 种特异性蛋白：α s1-酪蛋白、α s2-酪蛋白、β-酪蛋白和 κ-酪蛋白，含量分别占总酪蛋白的 38％、10％、36％和15％；乳清蛋白包括 2 种特异性乳清蛋白：β-乳球蛋白和 α-乳白蛋白，分别占总乳清蛋白的40％和 20％，此外，乳清中还含有多种次要蛋白质，如来源于牛血液的牛血清蛋白和免疫球蛋白，在成熟牛乳中分别占乳清蛋白总量的 10％，其余 10％是非蛋白氮和少量的多种蛋白，包括近 60 种酶。

酪蛋白（casein）是指脱脂牛乳在 20℃、pH 值调至 4.6 时沉淀的一类蛋白质的总称，呈酸性，是一种含磷的结合蛋白质，与磷酸钙形成"酪蛋白-磷酸钙复合体"，以胶束状态存在。酪蛋白的性质主要体现在酪蛋白胶粒的稳定性和酪蛋白的凝固特性。酪蛋白胶粒对热处理极为稳定，中性 pH 值下，140℃处理 15～20min 不会凝固；酪蛋白胶粒对挤压稳定，经过超速离心后的酪蛋白沉淀物经充分搅拌即可恢复分散；酪蛋白对均质处理和温度变化稳定，一般低于 500MPa 的均质过程不会发生变化，冷却或巴氏杀菌处理后，胶粒变化也不明显。酪蛋白的凝固性质，主要体现在三方面：一是酸凝固，当生乳中加入酸时，酪蛋白酸钙的钙被酸夺取，逐渐生成游离酪蛋白，当达到等电点、pH4.6 时，钙被完全分离，游离的酪蛋白凝固而沉淀；二是皱胃酶凝固，犊牛第四胃中的皱胃酶会使乳汁凝固，并发生收缩而排出乳清；三是钙凝固，当乳汁中加入氯化钙后，能破坏乳汁中钙和磷的平衡状态，导致生乳在加热时酪蛋白发生凝固。

乳清蛋白是指生乳在 pH4.6 等电点处沉淀酪蛋白后，所剩余的蛋白质。乳清蛋白水合能力强，分散度高，在生乳中呈典型的高分子溶液状态，在等电点时仍能保持分散状态。其性质主要表现在对热稳定和对热不稳定两方面。乳白蛋白中的 α-乳白蛋白、血清白蛋白以及乳球蛋白中的 β-乳球蛋白、免疫球蛋白，在乳清煮沸 20min，pH 值为 4.6～4.7 时发生沉淀。属于对热不稳定的乳清蛋白，约占乳清蛋白的 81％；其他小分子蛋白和胨类属于热稳定性乳清蛋白，约占乳清蛋白的 19％。

2. 乳脂肪

乳中的脂类物质，约 97％～99％的成分是乳脂肪，其余约 1％的成分是磷脂、甾醇、游离脂肪酸、脂溶性维生素等。乳脂肪是由一个分子的甘油和三个分子的脂肪酸组成的甘油三酸酯的混合物，属于中性脂肪，不溶于水，主要以脂肪球状态分散于乳浆中。

乳脂肪的组成与结构决定了乳脂肪的理化特性，其理化常数中有四项常数比较重要，即溶解性挥发脂肪酸值、皂化值、碘值和波伦斯克值等。其特点是水溶性脂肪酸值高，碘值低，挥发性脂肪酸较其他脂肪多，不饱和脂肪酸少，皂化值比一般脂肪高。乳脂肪的理化常数见表 2-5。

表 2-5 乳脂肪的理化常数

项　目	指　标	项　目	指　标
比重(d15)	0.935～0.943	碘值	26～36
熔点/℃	28～38	赖克特-迈斯尔值	22～36
凝固点/℃	15～25	波伦斯克值	1.3～3.5
折射率(n_D^{25})	1.4590～1.4620	酸值	0.4～3.5
皂化值	218～235	丁酸值	16～24

在乳脂肪中，过冷度达到 5℃就可使催化结晶杂质引起结晶作用，一旦脂肪结晶体

形成，即可作为其他甘油三酸酯的催化结晶杂质。此外，电离辐射产生的单线态氧、多价金属离子（如铜离子）或光敏剂（如核黄素）等存在时，会催化脂肪发生氧化还原反应，导致乳制品酸败。乳脂肪在脂肪酶的作用下还会发生水解，也会使牛乳发生酸败。

3. 乳糖

乳糖属于双糖，是使乳产生甜味的主要物质，其甜度约为蔗糖的 1/6，在乳中全部呈溶解状态。乳糖主要以三种形态存在：α-乳糖水合物、α-乳糖无水物和 β-乳糖。

乳糖的溶解度比蔗糖小，随温度升高而增高，且存在三种溶解度。将乳糖投入水中，即刻有部分乳糖溶解，达到饱和状态时，此为 α-乳糖的溶解度，也是最初溶解度，约为 8.6g/100mL 水；将此饱和乳糖溶解液振荡或搅拌，α-乳糖可转变为 β-乳糖，再加入乳糖，仍可溶解，再次达到的饱和点即为乳糖的最终溶解度，也是 α-乳糖和 β-乳糖平衡时的溶解度，约为 21.6g/100mL 水；将饱和乳糖溶液于饱和温度下冷却时，将成为过饱和溶液，如操作缓慢，则结晶不会析出，而形成过饱和状态，此称为过饱和溶解度。

乳糖的结晶作用在过饱和状态下非常缓慢。在低浓度的过饱和溶液中，乳糖晶核的形成速度很慢；高浓度的过饱和溶液中，由于溶液黏度很高，导致晶核的形成速度也十分缓慢。

乳糖被酸水解的作用比蔗糖及葡萄糖稳定，一般在乳糖中加入 2% 的硫酸溶液 7mL，或每克糖加 10% 硫酸溶液 100mL，加热 0.5～1h，或在室温下加浓盐酸才能完全水解成 1 分子葡萄糖和 1 分子半乳糖。乳糖酶则能使乳糖快速分解成单糖。

4. 酶类

生乳中约含 60 多种酶，主要来自于乳腺和微生物的代谢产物，在乳蛋白体系中比例小，但作用重大。与乳制品生产密切相关的主要有水解酶和氧化还原酶。水解酶包括脂酶、蛋白酶、磷酸酶、淀粉酶、半乳糖酶、溶菌酶；氧化还原酶包括过氧化氢酶、过氧化物酶、黄嘌呤氧化酶及醛缩酶等。

5. 维生素

生乳中含有人体营养所必需的各种维生素，主要有脂溶性的维生素 A、维生素 D、维生素 E、维生素 K 和水溶性的维生素 B_1、维生素 B_{12}、维生素 B_6、叶酸、维生素 B_{12} 和维生素 C 等两大类。乳中的维生素含量受多种因素影响，包括营养、遗传、哺乳阶段、季节和加工，其中营养因素是最主要的，即维生素主要是从饲料中转移而来。维生素受热的稳定性也不同，维生素 A、维生素 D、维生素 B_2、维生素 B_{12}、维生素 B_6 等对热稳定，维生素 C、维生素 B_1 热稳定性较差，在加工过程中会遭受一定程度的损失而破坏。酸乳在发酵过程中由于微生物的生物合成，能使一些维生素含量升高。

6. 矿物质

生乳中的矿物质主要有磷、钙、镁、氯、硫、铁、钠、钾等，主要以无机磷酸盐和有机柠檬酸盐的形式存在，也有部分以不溶性胶体状态分散于乳中或以蛋白质状态存在。乳中的盐类对乳的热稳定性、凝乳酶的凝固型、乳制品品质及贮藏影响很大。

第三节　禽蛋原料质量控制原理

禽蛋主要由蛋壳、蛋白和蛋黄三部分组成，但其结构的比例，则因家禽的年龄、产蛋季节、蛋禽饲养管理及产蛋量的不同而有差异。

一、禽蛋的生成原理

禽蛋是在成熟的母禽生殖器官内形成而排出体外的。母禽的生殖器官主要由一对成结节状的卵巢和一对输卵管构成，包括喇叭部（伞部）、蛋白分泌部（膨大部）、峡部、子宫部及阴道部。右侧卵巢和输卵管在孵化的第7～9d即停止发育，只有左侧卵巢和输卵管正常发育，具有繁殖机能。

一个卵巢有数百万枚卵泡，但其中仅有少数能成熟排卵。每个卵泡含有一个卵母细胞（或生殖细胞）。未受精的蛋，生殖细胞在蛋形成过程中，一般不再分裂，打开禽蛋后蛋黄表面有一白点，叫胚珠。卵泡上有许多血管，自卵巢上送来营养供卵子成长发育。卵巢上每一个卵泡包含一个卵子，卵子在成长过程中，因卵黄累积而逐渐增大，其中较大的卵泡会迅速生长，在排卵前，经9～10d达到成熟。卵泡成熟后，自卵泡缝痕破裂排出卵子，排出的卵子在未形成蛋前叫卵黄，形成蛋后叫蛋黄。

卵泡成熟排出卵黄后，立即被输卵管喇叭部纳入，并在此处与进入输卵管的精子受精形成受精卵。约经30min，进入蛋白分泌部，这里有很多腺体，分泌蛋白，包围卵黄。由于输卵管蠕动作用，推动卵黄在输卵管内旋转前进。在蛋白分泌部，因机械旋转，引起这层浓蛋白扭转而形成系带；然后分泌稀蛋白，形成内稀蛋白层，再分泌浓蛋白形成浓蛋白层；最后再包上稀蛋白，形成外稀蛋白层。卵在蛋白分泌部停留约3h，在这里形成浓厚黏稠状蛋白。蛋白分泌部的蠕动，促使包有蛋白的卵进入峡部，在此处分泌形成内外蛋壳膜。卵进入子宫部，约存留18～20h，由于渗入子宫液，使蛋白的重量增加一倍，同时使蛋壳膜鼓胀而形成蛋的形状。以碳酸钙为主要成分的硬质蛋壳和壳上胶护膜都是在离开子宫前形成。卵在子宫部已形成完整的禽蛋。蛋到达阴道部，约存留20～30min，在神经和激素的调节作用下，子宫肌肉收缩，使禽蛋自阴道产出。以上就是禽蛋形成的简单原理。

二、禽蛋组成与影响因素

（一）蛋壳

1.壳外膜

即蛋壳表面的一层无定形可溶性胶体。其成分为黏蛋白质。

2.蛋壳

即包裹在鲜蛋内容物外面的一层硬壳，具有固定形状并起保护蛋白、蛋黄的作用。

3.壳内膜及蛋白膜

蛋壳内有一层膜分内外两层，外层紧贴蛋壳，称壳内膜。内层紧贴蛋白，称蛋白膜。

4.气室

壳内膜和蛋白膜在蛋的钝端分离而形成气室。气室的大小与蛋的新鲜程度有关，是鉴别蛋新鲜度的主要标志之一。

蛋壳的厚度依禽蛋种类而不同。一般来说，鸡蛋壳最薄，鸭蛋壳较厚，鹅蛋壳最厚。由于品种、饲料等不同，蛋壳的厚度也有差别，如来航鸡蛋比浦东鸡蛋的蛋壳薄，褐壳鸡蛋比白壳鸡蛋的蛋壳厚。另外，土（笨）鸡蛋的蛋壳比洋鸡蛋的蛋壳表面光滑平整、色浅。

（二）蛋清

1.蛋白

蛋白位于蛋白膜的内层，系白色透明的半流动体，并呈不同浓度层分布于蛋内：最外层

（稀薄层）占全蛋的 20%～55%，次层占全蛋的 27%～57%，是较浓厚的蛋白层，最内层又呈稀薄层，占全蛋的 11%～36%。蛋白中含量最多的浓厚蛋白与蛋的质量、贮藏、蛋品加工关系密切。浓厚蛋白含量约占全部蛋白的 50%～60%，它是一种纤维状结构，主要由黏蛋白和类黏蛋白组成，并含有特有成分溶菌酶。溶菌酶含量越多，蛋的质量越好且耐贮藏。而随外界温度的升高、存放时间的延长，蛋白会发生一系列变化。首先是浓厚蛋白被蛋白中的蛋白酶迅速分解变为稀薄蛋白，其中的溶菌酶也随之被破坏，失去杀菌能力，使蛋的耐贮性大为降低。

不同品种的禽蛋蛋白会有差异，如土鸡蛋的蛋清清澈、浓稠、黏度大；而洋鸡蛋的蛋清相对稀薄，水分多。

2. 系带

在蛋黄的两边各有一条浓厚的带状物，其重量为蛋白的 1%～2%，约占全蛋的 0.7%。系带的作用为固定蛋黄。新鲜蛋系带上附着溶菌酶，其含量是蛋白中溶菌酶含量的 2～3 倍。系带状况也是鉴别蛋的新鲜程度的重要标志之一。

（三）蛋黄

蛋黄位于蛋的中央，呈球形，由蛋黄膜、蛋黄组成。

1. 蛋黄膜

即包在蛋黄液周围的一层很薄且具有韧性的薄膜，重量为蛋黄重的 2%～3%。因为蛋黄膜有弹性，蛋黄才能高高凸起呈圆球形。随着鲜蛋储存时间的延长，其弹力会逐渐下降，且蛋白水分的不断渗入，蛋黄高度会逐渐下降，体积增大。当超过到原体积的 19% 时，蛋黄内容物会因为蛋黄膜的破裂流出，形成散黄蛋。

2. 蛋黄

蛋黄内容物的中央为白色蛋黄层，周围则有互相交替着的深色蛋黄层和浅色蛋黄层所包围着。新鲜蛋打开以后，蛋黄凸出，陈蛋蛋黄则呈扁平。这是由于蛋白、蛋黄的水分和盐类浓度不平衡，两者之间形成渗透压差。蛋白中的水分不断向蛋黄中渗透，蛋黄中的盐类向相反方向渗透。

蛋黄色泽由叶黄素-二羟-α-胡萝卜素、β-胡萝卜素及黄体素三种色素组成。由于饲料中色素物质种类或含量不同，蛋黄颜色分别呈橘红、浅黄或浅绿，青饲料或黄色玉米均能增加蛋黄的色素，过量的亚麻籽粕粉使蛋黄呈绿色。冬季所产蛋的蛋黄色泽通常较淡，夏季所产蛋的蛋黄色泽则较深。正常情况下，土鸡蛋的蛋黄色泽金黄，洋鸡蛋的蛋黄则呈浅黄色；土鸡蛋的蛋黄体积比洋鸡蛋大，含的脂肪多，煮熟后口感香鲜、质嫩。

根据蛋黄的凸出程度，即所谓蛋黄指数（蛋黄高度/蛋黄直径）则可判断蛋的新鲜程度。蛋黄指数越小，蛋越陈旧。

三、异常禽蛋形成原理

1. 软壳蛋

又称薄壳蛋，这种蛋的蛋壳厚度较正常的薄，轻轻撞碰或弹压蛋会立即破裂。它的成因有如下几个方面。

（1）饲料中缺乏制造蛋壳的矿物质，主要是缺乏钙或维生素 D，或长期不断高产，饲料中钙质已不能满足禽体合成蛋壳的需要。

（2）饲料搅拌不匀，搭配不合标准，或钙磷不按 2：1 的比例配制，妨碍了钙的吸收。饲料中缺乏锰，影响钙磷的代谢。

（3）环境温度过高，禽食欲减退，采食量相对减少，摄入禽体内的钙质数量不能满足禽体形成蛋壳的需要。

（4）禽舍狭小、污秽、潮湿、禽群密度过大，母禽缺乏运动，致血管收缩，影响到局部的血液循环，使钙磷不能正常地输送到蛋壳组成部。

（5）卵壳腺的机能不正常，不能分泌充足的壳质。

（6）母禽在产蛋前受到惊吓，生殖系统神经机能受到干扰而发生紊乱，影响壳质的分泌。

（7）由于霉菌毒素中毒，引起生殖道机能错乱，卵巢机能丧失或退化，导致产软壳蛋，产蛋量降低或失去继续产蛋的能力。严重的禽群在清除这种毒素后也不能完全康复。

此外，发生疾病时，用药、接种疫苗后短期内也会产软壳蛋。

2. 无壳蛋

产出的蛋无壳，仅有软的卵膜包裹着，多发现于产蛋多的高产母禽，这种蛋的成因和软壳蛋差不多，主要是因为饲料中缺乏制造蛋壳的维生素 D 和钙质。禽蛋的蛋壳还没有形成，就提早产出；或是卵壳腺的机能不正常，不能分泌充足的壳质，也会发生无壳蛋。

3. 双壳蛋

又叫蛋中蛋，这是由于蛋已在子宫内形成硬壳后，忽受惊吓或生理反常，以致输卵管发生逆蠕动，使蛋前面的管壁忽向后退，蛋又从子宫退回到输卵管上部。当恢复正常后，蛋又沿输卵管下行，刺激输卵管黏膜又分泌一次蛋白，将蛋包在里面。当蛋第二次下行至子宫时，又刺激子管壁分泌一次钙质液，形成了第二层蛋壳，成为双壳蛋。

4. 皱壳蛋

即蛋壳带有雏纹的蛋，壳的表现皱缩、粗糙，这是因为蛋壳上有钙质沉淀，通常是传染性支气管炎的后遗症。

蛋壳上的钙沉淀可能由于吸收过量的钙，也可能由于输卵管收缩反常所致。

5. 无黄蛋

或称小型蛋、小蛋，蛋形很小。这种蛋与正常蛋大小相差很悬殊，只相当于鸽蛋、雀蛋那么大，约为一般蛋的1/10，开头有的过长或过圆，也有正常的，通常缺少蛋黄。

禽生这种蛋，是由于异物如脱落的黏膜组织、小的凝血块（由于排卵时卵泡出血所致），肠道中的蠕虫（有时也会偶然向上移行而达于输卵管）等落入输卵管内，刺激输卵管的蛋白分泌部和子宫，分泌出蛋白和蛋壳，包裹在异物的周围，于是形成了一个没卵黄的无黄蛋，这不是疾病而仅仅是偶然的巧合。

无黄蛋通常是小蛋，而小蛋不一定是无黄的，有时发现小蛋内蛋白包着一部分蛋黄，这种有蛋黄的小蛋是由于卵黄成熟脱落时，母禽受惊乱飞，以致成熟的卵黄一部分落于腹腔内，而另一部分落于输卵管，这样小量的卵子碎块也和正常的卵子一样，能够刺激输卵管分泌蛋白，从而形成了有少量蛋黄的小蛋。如果经常下这种蛋黄很少的异常蛋，可能是由于输卵管狭窄或阻塞的原因。

6. 双黄蛋和三黄蛋

在一个禽蛋中有两个蛋黄的叫双黄蛋，有三个蛋黄的叫三黄蛋。生双黄蛋很普遍，一只母禽有时会在同窝蛋内生下几个双黄蛋，不过禽群中一般只有很少母禽全生双黄蛋，三黄蛋则极少见。出现这种异常蛋的原因是卵巢的定时机能失常。

母禽一次排出两个或两个以上的卵子成熟时间过近，排卵后在输卵管内相遇被蛋白包在一起，因而形成双黄蛋或三黄蛋。初产母禽生双黄蛋的比率比经产母禽高一些，这是因为初产母禽体质强健，生活力旺盛，排卵能力强。在早产的小母禽中也容易产多黄蛋，因为小母禽性器官未完全成熟，不能完全控制正常排卵。

此外，喂给蛋白质饲料过多，卵巢内的卵子发育略快，有两个或三个蛋黄同时落入输卵管内也会形成多黄蛋。双黄蛋因较通常的蛋大一些，所以容易引起输卵管破裂、肛门撕裂、或引起啄蛋癖的发生。

7. 血斑蛋

禽蛋打开后，在蛋黄上有血块的叫血斑蛋，这是由于母禽的卵巢血管微破，血液流入蛋中，蛋黄上被染有血丝。血斑蛋也有是遗传性质的。饲料中如果缺乏维生素 K 也会发生。如果肛门出血，则所生蛋的蛋壳上附有血斑，有时蛋黄也有血株。

8. 肉斑蛋

禽蛋打开后，在蛋黄上有肉块的叫肉斑蛋。出现肉斑蛋的原因是在卵子进入输卵管时，输卵管的部分黏膜上皮组织脱落，随蛋黄一起被输卵管分泌出来的蛋白包围而形成的。

肉斑蛋和上述的血斑蛋有时发生于少数年轻母禽的低产期，但高产期很少发生。

9. 血圈蛋

胚珠在孵化发育时死亡，在灯光下察看，蛋内可见有血圈，称为血圈蛋。

10. 不定形蛋

有时母禽会生出一些奇形怪状的蛋，如球形、扁形、长形、两端尖形等，这些异常蛋的形成，主要决定于输卵管峡部的构造和输卵管的生理状态。

如峡部过粗则蛋形圆，峡部过细，则蛋形过长，输卵管收缩反常时，就会生两端尖形的或扁形的蛋。

四、禽蛋加工特性

禽蛋的加工特性有蛋的凝固性、乳化性和起泡性，在各种食品如蛋糕、饼干、再制蛋、蛋黄酱、冰淇淋及糖果等制造中得到广泛应用，是其他食品添加剂所不能代替的。

（一）蛋的凝固性

蛋的凝固性或称凝胶化。禽蛋蛋白受热、盐、酸或碱及机械作用则会发生凝固。蛋的凝固是一种蛋白质分子结构变化的结果，分为两个阶段：变性和结块。变性又分为可逆变性和不可逆变性。不可逆变性的蛋白质分子的肽链之间借助次级键相互缔合可形成较大的聚合物即为结块。

（二）蛋白的起泡性

起泡性被广泛用于食品加工生产中。当搅打蛋清时，空气进入并被包在蛋白液中形成气泡，逐渐由大变小，数目增多，最后失去流动性，通过加热使之固定。

（三）蛋黄的乳化性

蛋黄中含有丰富的卵磷脂，是一种天然的乳化剂，使蛋黄具有良好的乳化作用。蛋黄的乳化性对蛋黄酱、色拉调味料、起酥油面团等的制作有很大的意义。蛋黄酱是蛋黄、油、醋形成的水包油滴型乳状液。蛋黄黏稠的连续性能促进乳化液的稳定性。蛋黄的乳化性受加工方法和其他因素的影响，用水稀释蛋黄后，其乳化液的稳定性降低。向蛋黄中添加少量食盐、食糖等都可显著提高蛋黄乳化能力，蛋黄发酵后，其乳化能力增强，乳化液的热稳定性高（100℃，30min）；酸碱值、温度对蛋黄卵磷脂的乳化性也有影响。

1. 简述畜禽肌肉组织和脂肪组织生长发育规律。
2. 畜禽肉食用品质有哪些指标?
3. 举例说明不同畜禽品种产肉食用品质的特点。
4. 如何确定畜禽适宜的屠宰期?
5. 屠宰工艺对肉食用品质有哪些影响?
6. 简述分割肉块与食用品质的关系。
7. 畜禽肉成熟与保鲜对食用品质有哪些影响?
8. 生乳主要成分及其理化性质有哪些?

第三章 水产品原料质量控制原理

> **重点提示：** 本章重点掌握水产品原料的化学成分及特性、鱼贝类死后理化特性变化等内容。通过本章的学习，初步了解水产品质量原料控制原理，为生产优质安全的水产品奠定基础。

第一节　水产品原料的化学成分及特性

一、水产品的营养成分

（一）鱼贝类的营养成分

1. 鱼贝类的蛋白质

鱼类蛋白质含量一般为 $15\%\sim25\%$，易于消化吸收，其营养价值与畜肉、禽肉相似。氨基酸组成中，色氨酸偏低。鱼肉蛋白质由细胞内蛋白质与细胞外蛋白质组成。细胞内蛋白质包括肌原纤维蛋白质及肌浆蛋白；细胞外蛋白质包括肌基质蛋白质（结缔组织蛋白质）。肌原纤维蛋白由肌动蛋白、肌球蛋白、原肌球蛋白及肌钙蛋白组成。肌动蛋白与肌球蛋白结合成肌动球蛋白，在冻藏、加热过程中产生变性时，会导致 ATP 酶活性的降低或消失，同时肌球蛋白在盐类溶液中的溶解度降低。与肌肉的收缩和死后僵硬有关。肌浆蛋白是肌肉细胞肌浆中的水溶性（或稀盐类溶液中可溶的）各种蛋白的总称，种类复杂，其中很多是与代谢有关的酶蛋白，相对分子质量一般在 1 万～3 万之间。低温贮藏和加热处理较稳定，热凝温度较高。此外，色素蛋白的肌红蛋白亦存在于肌浆中。运动性强的洄游性鱼类和海兽等暗色肌或红色肌中的肌红蛋白含量高，是区分暗色肌与白色肌（普通肌）的主要标志。肌基质蛋白包括胶原蛋白与弹性蛋白，构成鱼贝类的结缔组织。

贝类肌肉蛋白质也包括肌浆蛋白、肌原纤维蛋白及基质蛋白；贝类体内存在着内源蛋白酶，它能将不溶性肌肉蛋白质如肌原纤维蛋白转变为水溶性蛋白。与鱼肉相比，贝类蛋白质缬氨酸、赖氨酸、色氨酸等含量略低。

2. 鱼贝类的脂质

鱼贝类中的脂肪酸大都是 $C_{14}\sim C_{20}$ 的脂肪酸，可分为饱和脂肪酸、单烯酸和多烯酸。脂肪酸的组成因动物种类、食性的不同而不同，也随季节、饲料、栖息环境、成熟度等而变化。

鱼贝类的脂质特征是富含 $n\text{-}3$ 系的多不饱和脂肪酸。鱼类脂肪含量一般为 $1\%\sim3\%$，范围在 $0.5\%\sim11\%$，鱼类脂肪主要分布在皮下和内脏周围。鱼类脂肪多由不饱和脂肪酸组成，占 80%，熔点低，消化吸收率达 95%。鱼类脂肪中的二十碳五烯酸（EPA）和二十二碳六烯酸（DHA）具有降血脂、防止动脉粥样硬化的作用。鱼类胆固醇含量一般为 100mg/100g，但鱼子含量高，约为 $354\sim934$mg/100g。

贝类肌肉或内脏也含有非极性脂肪（如甘油三酯、固醇、固醇脂等）和极性脂肪（如卵磷脂、鞘磷脂等），种类与含量也因种类不同而不同。翡翠贻贝 EPA 和 DHA 总量占总脂肪酸的 26.01%，具有较高的利用价值。胆固醇含量蚬类相对较高，一般贝类为 60～80mg/100g，与鱼肉接近。

3. 鱼贝类的碳水化合物

主要碳水化合物为糖原和黏多糖，糖原是贝类尤其是双壳贝的主要能量贮存物质，这与鱼类不同。一般来说，贝类肌肉的糖原含量高于鱼类肌肉，蛤蜊（*Dosinia japonica*）为 2%～6.5%、蚬为 5%～9%、牡蛎干为 20%～25%、扇贝为 7%，红海鞘（*Halocynthia roretzi*）超过 10%。贝类糖原的含量存在明显的季节性，一般与其肥满期相一致。

4. 鱼贝类的矿物质

鱼类矿物质含量为 1%～2%，稍高于肉类，磷、钙、钠、钾、镁、氯丰富，是钙的良好来源。虾皮中含钙量很高，为 991mg/g，且含碘丰富。

贝类 Ca 和 Fe 的含量较为丰富。如文蛤可食部分 Ca 含量达到 140μg/100g，是虾蟹类的 2 倍；Fe 含量以蛤蜊、文蛤和牡蛎为最高，分别达到 7.0μg/100g、5.1μg/00gg 和 3.6μg/100g。深海贝类 Cu 含量偏高，头足类的乌贼与章鱼和贝类的牡蛎与蛤蜊分别为 0.78～12.30μg/g 和 1.08～15.80μg/g，是鱼类和甲壳类肌肉的数倍到数十倍。这些 Cu 主要存在于血蓝蛋白。

5. 鱼贝类的维生素

鱼贝类是脂溶性维生素 A、D、E、K 的良好来源，如海鱼的肝脏是维生素 A 和维生素 D 富集的食物。贝类脂溶性维生素 A 和维生素 D 含量极低，但维生素 E 含量却较多，如蝾螺（*Turbo cornutus*）、巨虾夷扇贝（*Patinopecten yessoensis*）和赤贝（*Scapharca globosa*）分别含 1.44、0.51、0.38mg/100g，80%以上为 α-生育酚，且含各种水溶性维生素。

6. 鱼贝类的抽提物成分

将鱼贝类组织，用水或热水抽提可以溶出各种水溶性成分，除了蛋白、多糖类、色素、维生素、无机物以外的有机成分总称为提取物成分。广义上解释为除去高分子成分的水溶性成分。提取物在鱼贝肉中的比例不同，鱼类肌肉中 2%～5%，软体动物肌肉中 5%～6%。

含 N 成分是鱼贝类的抽提物的主要组成部分。游离氨基酸是鱼贝类提取物中最主要的含氮成分，此外还有核苷酸及其关联化合物，甜菜碱类，胍基化合物，冠瘿碱类（opin，音译为奥品）尿素，氧化三甲氨（trimethylamineoxide，TMAO）等。氧化三甲氨是广泛分布于海产动物组织中的含氮成分，白肉鱼类的含量比红肉鱼类多，淡水鱼中几乎未检出，即使存在也极微量。乌贼类富含 TMAO，虾、蟹中含量也稍多，在贝类中，有像扇贝闭壳肌那样含有大量 TMAO 的种类，也有像牡蛎、盘鲍那样几乎不含 TMAO 的种类。鱼贝类死后，TMAO 受细菌的 TMAO 还原酶还原而生成三甲氨（TMA），使之带有鱼腥味。某些鱼种的暗色肉也含有该还原酶，故暗色肉比普通肉更易带鱼腥味。

非含 N 成分主要是有机酸和糖类。鱼贝类提取物成分中的糖，有游离糖和磷酸糖。游离糖中主要成分是葡萄糖，鱼贝类死后在淀粉酶的作用下由糖原分解生成。此外游离糖中还检出微量的阿拉伯糖、半乳糖、果糖、肌醇等。

抽提物成分与鱼贝类的呈味相关。贝类抽提物的含量比鱼类的多，这是贝类更鲜美的主要原因。

（二）虾蟹类的营养成分

虾蟹类作为食品，不但风味独特，而且富有营养价值。其肉一般含水量 70%～80%，富含蛋白质，脂肪含量较低，矿物质和维生素含量较高。以对虾为例，虾肉含蛋白质20.6%，脂肪仅0.7%，并有多种维生素及人体必需的微量元素，是高级滋补品。

1. 蛋白质

大多数虾蟹类可食部分蛋白质含量为14%～21%。比较而言，蟹类的蛋白质含量略低于虾类，而虾类中对虾蛋白质含量高于其他虾类。

在蛋白质的组成氨基酸中，因种类的差异，色氨酸与精氨酸含量有较明显的差异，其余氨基酸含量的差异则不明显。与鱼类肌肉蛋白质相比，虾蟹类的缬氨酸含量明显不及鱼类的高，赖氨酸含量略低于鱼类，虾类的色氨酸含量明显低于鱼类，蟹类的色氨酸含量则明显高于鱼类。

2. 脂肪

虾蟹类的脂肪含量较低，一般都在6%以下。比较而言，蟹类的脂肪含量显著高于虾类，尤其是中华绒螯蟹高达5.9%，而虾类脂肪含量一般都在2%以下。

虾蟹类胆固醇含量较低，远低于鸡蛋蛋黄（1030mg/100g）。虾蟹相较，虾的胆固醇含量约是蟹的2倍，如短沟对虾（*Penaeus semisulcatus*）为156mg/100g、东方对虾（即中国对虾）为132mg/100g、日本对虾（*Penaeus japonicus*）为164mg/100g，蟹类一般为50～80mg/100g。

3. 碳水化合物

除中华绒螯蟹含量高达7.4%外，其他虾蟹类碳水化合物都在1%以下。在虾蟹类的壳中，含有丰富的甲壳质，其衍生物广泛应用于食品、医药、建筑等行业。

4. 维生素

与鱼类相比较，除中华绒螯蟹维生素A含量为389μg/100g外，虾蟹类脂溶性维生素A和维生素D的含量都极少。这与虾蟹类脂肪含量低有关，但维生素E的含量却与鱼类没有差异。

5. 矿物质

虾蟹类可食用部分Ca的含量都较高，为50～90μg/100g，远高于陆地动物肉。Fe的含量因种类不同而不同，一般为0.5～2.0μg/100g，与鱼类差别不大。虾蟹类Cu的含量较高，一般为1.3～4.8μg/100g，比鱼类高，主要因为血色素血蓝蛋白（hemocyanin）含Cu所致。

6. 抽提物成分

虾蟹类的抽提物量比鱼类的高，这是虾蟹类比鱼类味道更鲜美的主要原因之一。虾蟹类游离氨基酸含量比较高，尤其是甘氨酸、丙氨酸、脯氨酸、精氨酸，分别为600～1300mg/100g、40～190mg/100g、100～350mg/100g、70～950mg/100g。虾蟹类ATP的降解模式与鱼类是一致的，因此，降解产物IMP在其呈味方面也有重要影响。虾蟹类含有丰富的甘氨酸甜菜碱，一般为300～750mg/100g，还含有龙虾肌碱及偶砷甜菜碱等。此外，虾蟹类抽提物中还有葡萄糖，大约为3～32mg/100g。

（三）海藻类的营养成分

1. 蛋白质

大多数海藻粗蛋白约占干物质的10%～20%，紫菜的蛋白质含量最高，可达48%。海藻的蛋白质含量的多少因产地、采集时期和养殖方法的不同而有很大差异。一般而言，海藻蛋白质含量的高峰期出现的时间分别为：紫菜为12月至次年4月间的其中1月期或2月期内；浒苔（enteromorpha）为12月份，可达30%；石莼（ulvalactuca）为5月下旬；礁膜（monostromanitidum）为3～4月份。

海藻蛋白质的氨基酸组成因种类、季节、产地的不同而不同。与蔬菜相似，海藻蛋白的丙氨酸、天冬氨酸、谷氨酸、甘氨酸、脯氨酸等中性和酸性氨基酸含量较多；海藻蛋白组成氨基酸的特殊性表现在精氨酸含量比其他植物要高。海藻蛋白中含量较丰富的氨基酸分别是礁膜的谷氨酸、天冬氨酸和亮氨酸，海带的谷氨酸，羊栖菜（hizikia fusiformis）的谷氨酸和天冬氨酸，裙带菜的亮氨酸，甘紫菜（porphyra tenera）的丙氨酸、天冬氨酸和缬氨酸。

2. 脂肪

与蔬菜相比，海藻的脂肪含量较低，多数都在 4% 以下。相对而言，绿藻的石莼、浒苔脂肪含量偏低，为 0.3%；礁膜稍高，为 1.2%；褐藻中的海带为 1.3%、长海带（$L. angustatavar. longissima$）为 1.7%、狭叶海带（$L. angustata$）为 2.1%。

海藻脂肪中的脂肪酸构成因种类不同差异较大。绿藻饱和脂肪酸中软脂酸占绝大多数，约为 20%；不饱和脂肪酸中十八碳酸较多，约为 10%～30%，C_{20} 以上的高不饱和脂肪酸含量甚微。褐藻的软脂酸含量约为 10%；不饱和脂肪酸则以 EPA 含量最高，约为 30%，油酸、亚麻酸含量最低，约为 1%～4%。红藻软脂酸高达 20%～30%，不饱和脂肪酸的 EPA 含量也较高（尤其是紫菜），约为 26%～56%，因此，红藻在贮藏加工中脂肪容易氧化。

海藻的固醇含量较少。以干物质计算，绿藻为 0.05～0.2mg/g，大部分是 28-异岩藻固醇（28-lsofucosterol），而 β-谷固醇（β-sitosterol）、24-亚甲基胆固醇（24-methylenecholes-terol）以及胆固醇含量则较少；褐藻为 0.5～1.4mg/g，主要由岩藻固醇和 24-亚甲基胆固醇构成；红藻则主要由胆固醇和菜籽固醇（brassicasterol）构成。

3. 碳水化合物

海藻的碳水化合物包括支撑细胞壁的骨架多糖、细胞间质的黏多糖以及原生质的贮藏多糖，其中研究最多、应用最广泛的是黏多糖类，褐藻胶、琼胶、卡拉胶等都属于这一类型。

4. 维生素

海藻与蔬菜一样，也含有丰富的维生素，尤其是 B 族维生素。海藻收获后多数在陆地干燥，一般都作长时间的贮藏，致使海藻的维生素大量损失，这与陆地蔬菜有着很大的差别。

5. 无机质

海藻具有吸收和积蓄海水中矿物质的功能，因此，海藻含有多种金属和非金属元素。可以说，海藻几乎是所有微量元素的优良供给源。一般而言，羊栖菜、裙带菜富含钙，为 1100～1600mg/100g 干物质；羊栖菜、浒苔、紫菜含铁丰富，分别为 63.7mg/100g、13.0mg/100g 和 11.0mg/100g 干物质；海带、羊栖菜、裙带菜等褐藻富含碘，分别为 193mg/100g、40mg/100g、35mg/100g 干物质。

6. 特殊成分

（1）甜菜碱

海藻含有各种甜菜碱，具有降低血浆胆固醇的功效。如礁膜的丙氨酸甜菜碱、条斑紫菜的 γ-丁酸甜菜碱以及羊栖菜的偶砷基甜菜碱等。

（2）海带氨酸

海带氨酸（laminine）又称昆布宁，是防治高血压的有效成分。主要存在于海带、异索藻（Heterochordaria abientina）、幅叶藻（Patelonia fascia）、侧枝伊谷草（Ahnfeltia para-doxa）中。

（3）六元醇

海藻富含六元醇如甘露醇（mannitol）、山梨糖醇（sorbitol）、肌醇（inositol）。其中，甘露醇广泛存在于褐藻尤其是海带中，因此，干海带表面易析出白粉，是优质海带产品。

（4）砷

在海藻中，尤其是褐藻，一般砷的含量都较高，但毒性大的无机砷很少。海藻中的砷绝大部分以有机状态存在，如偶砷基甜菜碱。

二、水产原料中的生物活性物质

海洋中的生物为了生存繁衍，在自然竞争中取胜，便各自形成了特殊的结构和奇妙的生理功能，体内能够生成多种多样的化合物，这些化合物有的是具有对人体健康有益的生物活性物质，如牛磺酸等，有的是贵重的药材，有的可作为化工原料，有的虽有毒但却具有生物活性或药效作用。海洋中许多生物合成的产物是陆地上所没有的，如叉藻酸、琼胶酸等。本章主要介绍近年从海洋生物中发现的生物活性物质。

（一）活性肽

近年的研究表明，以数个氨基酸结合而成的低肽具有比氨基酸更好的消化吸收功能，其营养和生理效果更为优越。不仅如此，其中许多肽具有蛋白质或其组成氨基酸所没有的新功能。蛋白质的降解产物是氨基酸，共有 20 种氨基酸，肽类中的小肽则是由 2～3 个氨基酸构成，所以肽可以有几百种、上千种。目前已从天然蛋白质中获得多种功能性肽（functional peptides），如促钙吸收肽、降血压肽、降血脂肽、免疫调节肽等，但活性肽至今尚未达到低聚肽的工业化生产规模。这是因为功能肽的制备涉及酶的选择性、活力、酶解终点、酶解液中肽类的确认、混合物的近代分离技术（包括吸附分离、超滤等），最终是其功能性评价。因此，活性肽的研究开发周期长、投入大，在海洋生物中提取活性肽的研究主要见于日本。

1. 降血压肽

血管紧张素转化酶（angiotensin converting enzyme，ACE；EC3.4.15.1，称激肽酶 II）是一种膜结合的二肽羧基肽酶，ACE 分子是一种糖蛋白，含有维持其活性所必需的锌离子和氯离子。而降血压肽正是通过抑制 ACE 的活性来体现降血压功能的，因为 ACE 能使血管紧张素 X 转化为血管紧张素 Y，使末梢血管收缩而导致血压升高。Oshima 等最早报道由食品蛋白质源生的 ACE 抑制肽（ACEI 肽），其研究结果表明，除肽的序列外，肽的分子大小对其活性也是一个影响因素，可以从食品蛋白质中通过降解的方法获得抑制 ACE 的活性肽。由于这些活性肽通常由体内蛋白酶在温和条件下水解蛋白质而获得，食用安全性极高，而且，它们有一个突出优点是对血压正常的人无降血压作用。除降血压外，各种肽还有血小板凝集阻害、免疫增强作用等活性。

鱼贝类中已被证实具有降血压功能的活性肽有：来自沙丁鱼的 C_8 肽：Leu-Lys-Val-Gly-Val-Lys-Glu-Tyr 和 C_{11} 肽：Tyr-Lys-Ser-Phe-He-Lys-Pro-Val-Met，从南极磷虾脱脂蛋白中分离得到的 C_3 肽：Leu-Lys-Tyr，金枪鱼中得到 C_8 肽：Pro-Thr-His-He-Lys-Trp-Gly-Asp 等。此外日本北海道食品加工中心，研究成功了从大马哈鱼头部提取降血压的保健药品与食品，该活性肽相对分子质量达 300，也有人报道从鲤鱼中提取出二种降血压活性肽，具有很高的活性，ID_{50} 分别为 43μmol/L 和 1.7μmol/L。

2. 天然存在的活性肽

天然存在于鱼贝类组织中的肽类并不多见，仅三肽的谷胱甘肽和二肽的肌肽、鹅肌肽、鲸肌肽等。谷胱甘肽是一种非常特殊的氨基酸衍生物，又是含有巯基的三肽，在生物体内有着重要的生理功能。目前对水产品中谷胱甘肽的研究甚少，而肌肽、鹅肌肽等咪唑化合物也仅知在鱼类生理上是重要的缓冲物质，但其对人体有何生理功能还不甚了解，有待进一步的研究。

此外，近年来从黑斑海兔等数种海产腹足类动物中单离出了具有诱发产卵活性的$C_{7\sim9}$肽及$C_{27\sim34}$肽，并从海兔、海绵等中分离出具有强力抗肿瘤活性的肽，如截尾海兔肽（dolastatin）1-10，膜海鞘肽（didemnin）AE等。从海绵中提取出70多种肽类均具有显著的抗菌、抗癌活性，其中大部分为环肽与脂肽，分子中富含特殊氨基酸，如羧基氨基酸、α-酮基氨基酸及烯键、炔键等。从藻类中也发现了一些具有抗菌、抗癌活性的环肽、C_{18}肽等，从海洋生物中提取生物活性肽的研究方兴未艾。

（二）牛磺酸

1. 牛磺酸的生理功能

牛磺酸（taurine）又称α-氨基乙磺酸，最早由牛黄中分离出来，故得名，其分子式为$C_2H_5NO_3S$，相对分子质量125，熔点为$305\sim310℃$，是一种含硫的非蛋白氨基酸，在体内以游离状态存在。牛磺酸虽然不参与蛋白合成，但它却与胱氨酸、半胱氨酸的代谢密切相关。人体合成牛磺酸的半胱氨酸亚硫酸羧酶（CSAD）活性较低，主要依靠摄取食物中的牛磺酸来满足机体需要。

牛磺酸对维持人体正常生理功能具有的主要作用有：促进婴幼儿脑组织和智力发育、提高神经传导和视觉机能，防止心血管病、增强人体免疫力等，牛磺酸还是人体肠道内双歧杆菌的促生长因子，优化肠道内细菌群结构，还具有抗氧化作用。实验表明它能在细胞内预防次氯酸及其他氧化剂对细胞成分的氧化破坏，降低许多药物的毒副作用，如抗肿瘤药物（taumustine）、阿霉素、异丙肾上腺素等。

2. 牛磺酸在海洋生物中的分布及其应用

牛磺酸在海洋贝类、鱼类中含量丰富，如表3-1所示。

表3-1　鱼贝类的牛磺酸含量（mg/g）

品种	含量	品种	含量
竹笋鱼	2.06	蛤蜊	2.11
黄鳞	3.47	紫贻贝	4.40
鲱鱼	1.06	蝾螺	9.45
多春鱼	0.65	扇贝	1.16
绿鳍鱼	2.27	老蛤	5.71
远东多线鱼	2.16	海松贝	6.83
章鱼	5.93	牡蛎	8.00~12.00
红鱿鱼	1.60	马氏珠母贝	13.83
枪乌贼	3.42	翡翠贻贝	8.02
赤贝	4.27	日本对虾	1.99

据报道，马氏珠母贝肉、牡蛎及翡翠贻贝中的牛磺酸含量较高。据王顺年等人对珍珠药效成分的研究表明：牛磺酸是其主要药效成分，并在治疗病毒性肝炎和功能性子宫出血方面得到临床应用。日本学者报道用蛎肉提取液粉末（主含牛磺酸与锌的螯合物）治疗精神分裂症患者。在老年保健方面，海洋生物中富含的牛磺酸可作为一种抗智力衰退、抗疲劳、滋补强身的有效成分使用，其在食品、药品上的应用前景广阔，有待进一步的开发和利用。

（三）鲎试剂及其鲎素

鲎（hòu）的种类很少，全世界现存的只有三个属，5个种，其中美洲鲎属（*Limulus*）美洲鲎一种；东方鲎属（*Tachypleus gigas*）有3种；东方鲎（又叫中国鲎）（*Tachypleus tridentatus*）、南方鲎（*Tachypleus*）和黄鲎（*T. sp.*）；蝎鲎属（*Carcinoscorpius*）仅一种圆尾鲎（*Carcinoscorpius rotrndicauda*）。其地理分布狭隘，仅限于北美与东亚及东南亚一带，但其血液能提取鲎试剂，还可分离得到抗革兰氏阴性及阳性菌、真菌、流感病毒 A、口腔疱疹病毒、HIV-1 的鲎素类抗菌肽。圆尾鲎含有河豚毒素，中国鲎所含毒素尚不清楚，所以鲎是有待于进一步开发的珍贵海洋药用动物资源。

（四）n-3 多不饱和脂肪酸

1. EPA、DHA 的生理活性

鱼油中富含多不饱和脂肪酸 EPA、DHA。其在人体内的生理功能不仅局限于必需脂肪酸营养功能方面，而且在防治心血管病、抗炎症、抗癌、促进大脑发育等方面也具有功效，从而使海产品的身份倍增。近年来，有关 EPA、DHA 的生理活性及其应用的研究发展迅速，本节概括地介绍其内容。

2. EPA、DHA 在鱼贝类的分布

EPA、DHA 是由海水中的浮游生物、海藻类等合成，经食物链进入鱼贝类体内形成甘油三酯而蓄积的。EPA、DHA 在低温下呈液状，故一般冷水性鱼贝类中的含量较高，各种水产动物油脂中的 EPA 及 DHA 含量如表 3-2 所示。

表 3-2　各种鱼油的 EPA 及 DHA 的含量（％）

原料	EPA	DHA	原料	EPA	DHA
远东拟沙丁	16.8	10.2	鱿	11.7	33.7
鱼	8.5	18.2	乌贼	14.0	32.7
大马哈鱼	4.9	11.0	对虾	14.6	11.2
秋刀鱼	12.6	6.0	梭子蟹	15.6	12.2
狭鳕肝	5.1	26.5	马面鲀肝	8.7	20.4
黄鳍金枪鱼	8.7	18.8	鲨	5.1	22.5
黑鲔	3.9	37.0	牡蛎	25.8	14.8
大目金枪鱼	8.0	9.4	缢蛏	15.0	20.6
鲐鱼	12.8	7.4	扇贝	17.2	19.6
大西洋油鲱	8.4	31.1	毛蚶	23.1	13.5
马鲛	5.8	14.4	文蛤	19.2	15.8
带鱼	4.3	13.6	青蛤	18.4	11.3
鲷	4.1	16.5	螺旋藻	32.8	5.4
海鳗	5.3	16.3	小球藻	35.2	8.7

鱼类中除多获性鱼类沙丁鱼油和狭鳕肝油中的 EAP 含量高于 DHA 之外，其他鱼种一般是 DHA 含量高，且洄游性鱼类如金枪鱼类的 DHA 含量高达 20％～40％左右。贝类中除扇贝和缢蛏之外，EPA 含量均高于 DHA，而螺旋藻、小球藻 EPA 含量达 30％以上，远高于 DHA。

（五）甲壳质及其衍生物

甲壳质（chitin），又名几丁质、甲壳素等，是甲壳类、昆虫类、贝类等的甲壳及其菌类的细胞壁的主要成分，是一种储量十分丰富的天然多糖。甲壳胺（chitosan），又名水溶性甲壳素、壳聚糖，是甲壳质的脱乙酸衍生物。甲壳质和甲壳胺是天然多糖中少见的带正电荷的高分子物质，具有许多独特的性能，并可以通过酚化、醚化等反应制备多种衍生物。在食品、生化、医药、日用化妆品及其污水处理等许多领域具有广泛的用途。

（六）抗肿瘤活性物质

20 世纪 70 年代开始，最活跃的研究就是探索新的抗肿瘤活性物质。结果发现大多数生物中都存在细胞毒性或抗肿瘤活性，其中海绵动物无论从其活性的频度、强度，还是从活性成分的化学结构而言，都可谓是研究的最好对象。此外，包含海绵动物在内的无脊椎动物所含的大多数活性物质可能来源于共生（寄生）的微生物。因此，近来这些微生物的代谢产物也引起了研究者的注意。

1. 藻类

从冲绳产平虫的消化管中分离的鞭毛藻 *Amphidinium sp.* 的培养藻体中，分离得到数种命名为 amphidinolide 的大环内酯物（macrolide），其中 amphidinolid 对 L1210 白血病细胞显示出最强的细胞毒性，IC_{50} 为 0.14ng/mL，但毒性太强，体内实验效果不佳。

褐藻的海带、马尾藻、铜藻、半叶马尾藻提取的硫酸多糖或从绿藻的刺核藻提取的葡萄糖醛硫酸对肉瘤（sarcoma）及欧利希氏癌（Ehrlich carcinoma）的腹水，固形癌等移植癌有抑制效果，从狭叶海带、羽叶藻、海带等褐藻中提取的粗岩藻聚糖对患 L-1210 白血病的小鼠有延长生命 25％以上的效果。绿藻中的硫酸多糖、褐藻酸、κ-卡拉胶、λ-卡拉胶、紫菜聚糖经口服对欧利希氏固形癌也有抑制效果，并对 MethA 固形肿瘤有防治作用。

2. 海绵动物

近 20 多年的研究，在众多的海绵动物中，发现了许多抗肿瘤作用的活性物质。其中最引人注目的是从日本产软海绵属的冈田软海绵（Halichondria okadai）发现软海绵素类，其中软海绵素 B（halichondrin B），对 B16 细胞显示极其强的细胞毒性（$IC_{50} = 0.093$ng/mL），动物体内实验的活性十分显著，毒性也小，但因化学结构复杂，收率低（600kg 海绵只得 4.2mg）等因素，还尚未开发为抗癌剂。但同时得到的奥卡达酸（okadaic acid），显示出软海绵素的微生物由来的可能性。

从加勒比海产的居苔海绵（Tedania ignis）分离出的居苦海绵内酯（Tedanolide）对 P388 和 KB 细胞的 IC_{50} 分别为 0.016ng/mL 和 0.25ng/mL，具有很强的细胞毒性，动物体内实验中未能得到理想的结果，但伏谷等从宇和海产的 Mycale adhaerens 得到的在 13 位脱—OH 基的同类物质 13-deoxytedanolide，显示了同样的细胞毒性，并具抗肿瘤活性，仅差一个—OH 基，其活性即得到飞跃的改善，如实地反映了化学变换（化学修饰）的重要性。

从新西兰产冠海绵属（Latrunculia）的海绵及冲绳产海绵（Prianos melanos）分离出具有类似构造的两种亚胺醌化合物迪斯柯哈丁海绵素（discorhabdin C）及普里阿斯诺海绵素 A（Prianosin A）均显示了极强的抗肿瘤活性。前者对 L1210 肿瘤细胞显示 $ED_{50} <$ 100ng/mL，而后者对 L1210 及 L5178 两种白血病细胞（体外试验）分别显示了 IC_{50} 为 37ng/mL 和 14ng/mL。

从海绵动物中检出的具有细胞毒性的物质还有从日本产花萼国皮海绵中（Discodermia calyx）单离出的花萼海绵素，从沙倔海绵（Disidea arenaria）中提取出的沙倔海绵酮，从阶梯硬丝海绵（Cacospongia scalaris）中分离出的去乙酸阶梯海绵醇等，有望作为抗肿瘤和抗癌制剂而得到利用。

3. 腔肠动物

从集沙群海葵（Polythoa spp.）的雌性珊瑚虫（polyp）中分离出的沙海葵毒素（paly-toxin）对小白鼠的毒性为 LD_{50} 0.5μg/kg，相当于河鲀毒的约 20 倍，是除细菌以外来源于生物的最强毒素。在极低浓度下，即可显示出冠状动脉收缩作用（用狗作试验时为 25ng/kg），同时能引起末梢神经收缩，使细胞组织坏死。被认为具有很强的抗癌性的同时，似乎还具有癌的诱发作用。其末端氨基被乙酸化后，毒性可减少至 1/100，故有希望作为医药品使用。

从冲绳产的海鸡冠类的 Isis hippuris 中提取出被高度氧化了的甾类化合物希普里烷甾醇（hippuristanol）及 2α-羟基希普里烷甾醇（2α-hydroxyhippuristanol），两者都具有抗肿瘤活性。对 DBA/MC 纤维肉瘤细胞的 ED_{50} 分别为 $0.8\mu g/mL$ 及 $0.1\mu g/mL$。据报道这种烷甾醇对白血病细胞 P388 也有疗效。

从八放珊瑚（Telestoriisei）中提取出的普纳珊瑚腺素 3（punaglandin 3）对白血病细胞 L1210 的 IC_{50} 为 $0.02\mu g/mL$，显示了极强的细胞毒性。

4. 软体及外肛动物

软体动物中含有许多具有细胞毒性和抗肿瘤活性物质，这些物质被认为是从其饵料如海绵、腔肠动物、外肛动物或海藻中积蓄而来的。如印度洋产的耳状截尾海兔（Dolabella auricularia）分离出具有强力抗肿瘤活性的 10 种肽，即截尾海兔肽，被认为是来源于蓝藻的。其中活性最强的是第 10 种肽，化学结构虽然简单，但对 P388 细胞的 IC_{50} 为 $0.04ng/mL$ 具有非常强的细胞毒性。$1\sim 4\mu g/kg$ 的投喂对 P388 癌鼠的延命效果为 $169\%\sim 202\%$，而 $1.44\sim 11.1\mu g/kg$ 对 B16 接种显示出 $142\%\sim 238\%$ 的延命效果。

此外，从另一种海兔 Aplysia agasi 单离出的海兔素为一种含 Br 的倍半萜，显示有抗肿瘤活性。从黑斑海兔（Aplysia Kurodai）中还分离出选择毒性非常高的三种抗肿瘤性蛋白质——海兔蛋白 E、A、P（Aplysianin E，A，P）。

从外肛动物苔虫类的总合草苔虫（Bugula neritina）中得到一组命名为苔藓虫素（bryostatin）的抗肿瘤活性物质。已知的有 15 种，最早发现的苔藓虫素 1 具有很强的细胞毒性（IC_{50}：$0.89\mu g/mL$）和抗肿瘤活性。

（七）其他生理活性物质

1. 抗心血管病活性物质

我国中山大学的研究者从柳珊瑚、软珊瑚等分离得到 20 多种生理活性物质，其中柳珊瑚酸（wuberogorgin）、三丙酮胺等具有降压、抗心律失常、强心、心血管活性、抗肿瘤等活性。

海藻的硫酸多糖、岩藻聚糖、卡拉胶和马尾藻聚糖具有较强而持续的抗凝血作用和降低血液中的中性脂肪效果。中国海洋大学管华诗院士利用褐藻酸开发的海藻双酯钠（PSS），具有降低血液黏度和促使红细胞解聚作用，同时具有抗凝血作用，其效力相当于肝素的一半，还有明显的降血脂、扩张血管、改善微循环、降血压和降血糖等多种类肝素功能，但无肝素的毒、副作用，临床效果高，作用全面，是治疗脑梗塞征、高血黏度综合征等有显著疗效的良药，也是我国首创的新型类肝素半合成海洋药物。

2. 抗病毒、提高机体免疫力的生物多糖

多糖是一类特殊的生理活性物质，研究表明无论是海参中的刺参多糖，还是绿藻中的硫酸多糖，甚至红藻、褐藻中的大分子藻胶，均具有提高机体免疫力的作用，有的甚至具有多种抗肿瘤、抗人类免疫缺陷病毒（human immunodeficiency virus 或 HIV）的作用。Gustafson 报道，从人工培养的属于蓝藻门的鞘丝藻（Lyngbya laterheimii）和纤细席藻（Phorimdium lenuea）的细胞提取物中分离出一组含磷酸的糖脂（glycolipids）。已证实，此种糖脂可抑制 HIV 的复制，是迄今为止发现的一种新型抗 HIV 药物。Ehresmann 发现，硫酸多糖能干扰 HIV 病毒的吸附及渗入细胞的过程，且可与之形成一种无感染力的多糖—病毒复合物。

玉足海参黏多糖（HLMP）是一种作用较强的免疫促进剂。HLMP 通过激活机体的单核巨噬细胞系统而发挥作用，对增强恶性疾病患者的免疫功能有相当大的价值。此外，陶氏

太阳海星酸性黏多糖（SDAMP）对增强机体的非特异免疫和体液免疫亦有一定的作用。海洋动物体内的多种多样黏多糖类物质可用于开发预防艾滋病、癌症及免疫力低下等病患的功能保健食品。

三、水产原料中的有毒物质

海洋生物毒素是水产品化学危害的主要成分。因食用鱼贝类而引发的中毒事件在世界范围内时有发生。经过科学家的研究发现，在赤潮爆发的渔区，海洋生物很易被毒化。因为有些赤潮生物能产生毒素，如记忆缺失性贝毒、雪茄毒素和河豚毒素等。这些毒素可以通过贝类、鱼类或藻类等中间传递链，引起人类中毒。因为贝类通过滤食作用，将能产生毒素的单细胞藻及微生物等浓缩积累，因此贝类是水产品原料中中毒频率较高的海洋生物。这些海洋生物毒素一方面对人类造成威胁，同样作为海洋生物活性成分可以开发成新型海洋药物造福人类。水产品天然毒素一般分为：鱼类毒素（西加毒素、河豚毒素其他等）、贝类毒素（麻痹性毒素、腹泻性毒素、神经性毒素、失忆性毒素）。

1. 鱼类毒素

（1）西加鱼毒（ciguatera）：是指加勒比海地区除河豚中毒之外的所有鱼肉中毒现象，它包含雪茄毒素（CTX）、刺尾鱼毒素（MTX）。西加毒素在鱼的内脏中浓度比较高。西加毒素（ciguatoxin，CTX）是20世纪60年代从毒爪哇裸胸鳝肝脏中提取发现的，它是深海藻类分泌的毒素，被热带或亚热带食草性鱼类蓄积并在鱼体内被氧化而成的一类强毒性聚醚类毒素，通过食物链逐级传递和积累，最终传递给人类。据报道全世界每年至少2万人不同程度的遭受CTX的伤害；这种毒素有很高的毒性，用小白鼠进行腹腔注射试验表明，其半致死量（LD_{50}）为0.45pg。CTX中毒最显著的特征是"干冰的感觉"和热感颠倒，即当触摸热的东西会感觉冷，把手放入水中会有触电或摸干冰的感觉。

（2）河豚毒素（TTX）：主要存在于鱼纲硬骨鱼亚纲豚形目的近百种河豚鱼和其他生物体内，是一种生物碱类天然毒素。河豚毒素主要通过阻抑神经和肌肉的电信号传导，阻止肌肉、神经细胞膜的离子通道，使神经末梢及神经中枢麻痹，使机体不能运动。毒素量大时，迷走神经麻痹，呼吸减慢至停止，迅速死亡。

2. 贝类毒素

主要指贝类动物因摄取有毒藻类而在体内积累的毒素。主要包括：麻痹性贝类毒素（PSP）、腹泻性贝类毒素（DSP）、神经毒性贝类毒素（NSP）、失忆性贝类毒素（ASP）。

（1）麻痹性贝类毒素（PSP）：专指摄食有毒的涡鞭毛藻，莲状原膝沟藻，塔马尔原膝沟藻被毒化的双壳贝类所产生的生物毒素。按结构可分为氨甲酰基类毒素如石房蛤毒素、新石房蛤毒素、膝沟藻毒素及氨甲酰-N-磺基类毒素。

（2）腹泻性毒素（DSP）：腹泻型贝类中毒一般分布于生长环境中的浮游生物，特别是赤潮生物鳍藻有关，在赤潮区生长的贝类很容易积累腹泻型贝类毒素。

（3）神经性贝类毒素（NSP）：引起人产生以神经麻痹为主的中毒症状，毒性较低，未见有死亡报道。神经性贝毒分布范围较小，主要分布在美国佛罗里达海岸和墨西哥湾沿岸，以及欧洲和新西兰。

（4）记忆缺损贝类毒素（ASP）：主要成分是一种具有生理活性的氨基酸类物质-软骨藻酸（domoic acid，DA），是浮游植物代谢的产物，它能提高钙离子的渗透性，使细胞长时间处于去极化的兴奋状态而导致死亡。ASP能够导致头晕眼花，短时期内失去记忆力，但在人体内的降解速度也快。目前许多国家对贝类中DA的控制标准为$20\mu g/g$。

第二节　鱼贝类死后理化特性变化

刚捕获的新鲜鱼，具有明亮的外表，清晰的色泽，表面覆盖着一层透明均匀的稀黏液层。眼球明亮突出，鳃为鲜红色，没有任何黏液覆盖，肌肉组织柔软且富有弹性。鱼贝类死亡后，发生一系列的物理和化学变化，其最终结果是鱼体逐渐变得柔软，蛋白质、脂肪和糖原等高分子化合物逐渐降解成易被微生物利用的低分子化合物。随着贮存期的延长，会很快导致微生物腐败，同时由于内源酶作用而使蛋白质自溶分解，产生不良风味。鱼体死后肌肉中会发生一系列与活体时不同的生物化学变化，整个过程可分为僵硬、解僵和自溶、细菌腐败三个阶段。

一、鱼体死后初期生化变化

鱼肉在死后保藏中由于自身酶和外源细菌的作用，会发生各种生化变化，从而导致鱼肉品质的下降，这些变化主要包括 pH 值、糖原、乳酸、ATPase（腺苷三磷酸水解酶）、ATP（腺苷三磷酸）及其分解产物等的变化。

鱼体死后肌肉中糖原发生酵解生成乳酸，同时与鲜度相关的 ATP、糖原和 Cr-P（肌酸磷酸）发生了较大的生化变化，pH 值也随之发生较大的变化。以鱼类为代表的脊椎动物，ATP 最主要的一条分解路线是：

ATP→ADP（腺苷二磷酸）→AMP（腺苷—磷酸）→IMP（肌苷酸）→HxR（次黄嘌呤核苷）→Hx（次黄嘌呤）

在无脊椎动物中，由于 AMP 脱氨酶活性很低或几乎不存在，因而 ATP 的主要降解途径为 ATP→ADP→AMP→AdR（腺嘌呤核苷）→HxR→Hx。但在鱼肌肉中含量比 ATP 高数倍的 Cr-P，在肌酸激酶的催化作用下，可将由 ATP 分解产生的 ADP 重新再生成 ATP。

此外，糖原酵解的过程中，1mol 的葡萄糖能产生 2mol ATP。通过这样的补给机制，动物即使死亡，在短时间内其肌肉中 ATP 含量仍能维持不变。但是随着磷酸肌酸和糖原的消失，肌肉中 ATP 含量显著下降，肌原纤维中的肌球蛋白粗丝和肌动蛋白细丝产生滑动，两者牢固结合使肌肉紧缩，肌肉开始变硬。

一般讲，活鱼肌肉的 pH 值为 7.2～7.4。鱼体死后，随着糖原酵解生成葡萄糖-2-磷酸，最后生成乳酸，pH 值下降。下降的程度与肌肉中糖原的含量有关。畜肉的糖原含量为 1% 左右，死后极限 pH 值 5.4～5.5。洄游性的红肉鱼类糖原含量为 0.4%～1.0%，极限 pH 值达 5.6～6.0；底栖性的白肉鱼类糖原含量为 0.4% 左右，极限 pH 值在 6.0～6.4。

虾、蟹、贝类等无脊椎动物，其肌肉中不存在磷酸肌酸，而含有磷酸精氨酸（PA）。磷酸精氨酸是无脊椎动物体内一种最主要的磷酸原。PA 能够将磷酸盐交换给 ADP，因而保持了稳定的 ATP 浓度。当死后进行糖原酵解时葡萄糖被分解，最终产物为丙酮酸。

二、僵硬

死后僵硬是指鱼体死后随着肌肉中 ATP 的降解、消失，肌球蛋白粗丝和肌动蛋白细丝之间发生滑动，肌节缩短，肌肉发生收缩的现象。

刚死的鱼体，肌肉柔软而富有弹性。放置一段时间后，肌肉收缩变硬，失去伸展性或弹性，如用手指压，指印不易凹下；手握鱼头，鱼尾不会下弯；口紧闭，鳃盖紧合，整个躯体僵直，鱼体进入僵硬状态。当僵硬进入最盛期时，肌肉收缩剧烈，持水性下降。一些不带骨的鱼肉片，长度会缩短，甚至产生裂口，并有液汁向外渗出。鱼贝类死后肌肉僵硬受到较多条件影响，一般发生在死后数分钟至数十小时，其持续时间为 5～22h。

死后僵硬是鱼类死后的早期变化。鱼体进入僵硬期的迟早和持续时间的长短，受鱼的种类、死前生理状态、致死方法和贮藏温度等各种因素的影响。一般来讲，扁体鱼类较圆体鱼类僵硬开始得迟，因为体内酶的活性较弱，但进入僵硬后其肌肉的硬度更大。不同大小、年龄的鱼也表现出很大的差别。小鱼、喜动的鱼比大鱼更快进入僵硬期，持续时间也短。

死后僵硬还与鱼体死前生活的环境温度有关。环境水温越低，其死后僵硬所需的时间越长，越有利于保鲜，反之亦然。在不同的季节由于水温的不同，鱼死后开始僵硬时间和持续僵硬时间都发生较大的变化。

贮藏温度对死后僵硬的影响也是不同的。鲢宰杀后的僵硬指数随僵硬期的出现而上升，直至达到 100%，然后随着解僵而下降。当保藏温度较高（20℃）时，鱼体的僵硬迅速到来，僵硬指数达到 100% 后，其值会立即下降；当温度较低（5～10℃）时，僵硬指数在 100% 附近能维持较长一段时间。

僵硬期还与鱼捕获时的状态、致死的方法有关。一般讲，春、夏饵料丰富季节的鱼比秋、冬饵料匮乏季节的鱼体，僵硬开始得迟，僵硬持续时间长。捕获后迅速致死的鱼，因体内糖原消耗少，比剧烈挣扎、疲劳而死的鱼进入僵硬期迟，持续时间也长，因而有利于保藏。

日本最近采用活杀保鲜技术可以延长鱼体死后达到全僵前为止的僵硬时间，以收到较长时间保持活鲜质量的效果。

死后僵硬是肌肉向食用肉转化的第一步。僵硬开始时间和僵硬程度决定于肌肉中的 ATP、磷酸肌酸（Cr-P）和糖原含量多少，以及 ATP 酶、激酶和糖醇解酶的活力。

活体肌肉收缩是由神经刺激引起的，而且是可逆的。鱼体死后，肌细胞的正常功能消失。肌球蛋白和肌动蛋白形成的肌动球蛋白质产物不能解离，肌细胞发生不可逆收缩。

三、解僵和自溶

僵硬期后，内于肌肉内源蛋白酶或来自腐败菌的外源性蛋白酶的作用，糖原、ATP 进一步分解，而代谢产物乳酸、次黄嘌呤、氨不断积累，硬度也逐渐降低，直至恢复到活体时的状态，这个过程称为解僵。关于解僵的机制，目前认为解僵的主要原因是肌肉中内源蛋白酶的分解作用。如组织蛋白酶与蛋白质分解自溶作用有关。还有来自消化道的胃蛋白酶、胰蛋白酶等消化酶类，以及细菌繁殖过程中产生的胞外酶的作用。

在鱼类死后的解僵和自溶阶段，由于各种蛋白分解酶的作用，一方面造成肌原纤维中 Z 线脆弱、断裂，组织中胶原分子结构改变，结缔组织发生变化，胶原纤维变得脆弱，使肌肉组织变软；另一方面也使肌肉中的蛋白质分解产物和游离氨基酸增加。因此，解僵和自溶会给鱼体鲜度带来各种感官和风味上的变化，同时其分解产物——氨基酸和低分子的含氮化合物为细菌的生长繁殖创造了有利条件。

四、腐败

在微生物的作用下，鱼体中的蛋白质、氨基酸、氧化三甲胺、磷酸肌酸及其他含氮物质被分解为氨、三甲胺、吲哚、硫化氢、组胺等低级产物，使鱼体产生具有腐败特征的臭味，这种过程就是细菌腐败。

腐败主要表现在鱼的体表、眼球、鳃、腹部、肌肉的色泽、组织状态以及气味等方面。鱼体死后的细菌繁殖，从一开始就与死后的生化变化、僵硬以及解僵等同时进行。但是在死后僵硬期中，细菌繁殖处于初期阶段，分解产物增加不多。当微生物从其周围得到低分子含氮化合物，将其作为营养源繁殖到某一程度时，即可分泌出蛋白质酶分解蛋白质，这样就可利用不断产生的低分子成分。另外由于僵硬期鱼肉的 pH 值下降，酸性条件不宜细菌生长繁殖，故对鱼体质量尚无明显影响。当鱼体进入解僵和自溶阶段，随着细菌繁殖数量的增多，各种腐败变质征象即逐步出现。

腐败菌多为需氧性细菌，有假单胞菌属、无色杆菌属、黄色杆菌属、小球菌属等。新鲜鱼腐败菌多为革兰氏阴性细菌，如假单胞菌（Pseudomonas）、不动杆菌（Acinetobacter）、莫拉菌属（Moraxella）为 H_2S 产生菌，可将氧化三甲胺（TMAO）还原成三甲胺（TMA），被认为是腐败现象的最主要菌。软体动物包括牡蛎、蚌蛤、鱿鱼、干贝等，含高量 $(CH_2O)_n$，氮含量低，腐败以糖发酵型为主，初期以单胞菌、不动杆菌、莫拉菌属为主，末期以肠球菌（Enterococci）、乳杆菌（Lactobacilli）及酵母（Yeast）为主。这些细菌在鱼类生活状态时存在于鱼体表面的黏液、鱼鳃及消化道中。

细菌侵入鱼体的途径主要为两条：一是体表污染的细菌，温度适宜时在黏液中繁殖，使鱼体表面变得混浊，并产生气味，之后细菌进一步侵入鱼皮，使固着鱼鳞的结缔组织发生蛋白质分解，致使鱼鳞脱落。当细菌从体表黏液进入眼部组织时，眼角膜变得混浊，并使固定眼球的结缔组织分解，导致眼球陷入眼窝。由于大多数情况下鱼是窒息而死，鱼鳃充血，给细菌繁殖创造了有利条件。鱼鳃在细菌酶的作用下，变成灰色，并产生臭味。细菌还通过鱼鳃进入鱼的组织。另一条是肠内腐败细菌繁殖，穿过肠壁进入腹腔各脏器组织，蛋白质发生分解并产生气体，使腹腔的压力升高，腹腔膨胀甚至破裂，部分鱼肠可能从肛门脱出。细菌进一步繁殖，逐渐侵入沿着脊骨行走的大血管，并引起溶血现象，把脊骨旁的肌肉染红，进一步使脊骨上的肌肉脱落，形成骨肉分离的状态。

随着腐败过程的进行，鱼体组织的蛋白质、氨基酸以及其他一些含氮物被分解成氨、三甲胺、吲哚、硫化氢、组胺等腐败产物。

复习思考题

1. 鱼类有哪些主要特点？为什么鱼类比陆地动物肉更容易腐败变质？

2. 为什么水产动物肉比陆地动物肉更鲜美？其蛋白质氨基酸构成与陆地动物肉有哪些显著的差异？

3. 我国有哪些主要的海洋鱼类资源、虾类资源、贝类资源和藻类资源？

4. 鱼贝类肌肉组织结构有何特点？鱼肉的结构和加工特性之间有何联系？

5. 鱼贝类脂肪组成与陆地动物有何不同？

6. 水产品提取物成分有何特点？对加工特性有何影响？

7. 海藻有哪些种类及其主要化学成分？

8. 鱼体死后初期的生化变化有哪些？

9. 死后僵硬期鱼类的感官方面有哪些变化？

10. 影响鱼体进入僵硬期时间长短和僵硬期持续时间长短的因素有哪些？

第四章 猪肉原料生产

重点提示： 本章重点掌握肉猪主要品种、猪舍环境要求、肉猪育肥方法、发酵床养猪工艺流程、猪肉质量与安全控制等内容。通过本章的学习，基本了解猪肉原料生产过程和产品质量安全控制方法，为生产优质安全的猪肉产品奠定基础。

第一节　肉猪主要品种

一、大约克夏猪

（1）原产地

大约克夏猪原产于英国英格兰约克郡，十八世纪由当地猪与中国猪等杂交育成。全身白色，耳向前挺立。有大、中、小三种，分别称为大白猪、中白猪和小白猪。大白猪属腌肉型，为全世界分布最广的猪种。

（2）外貌特征

该品种体型高大，被毛全白，皮肤偶有少量暗斑；头颈较长，面宽微凹，耳向前直立；体躯长，背腰平直或微弓，腹线平，胸宽深，后躯宽长丰满。

（3）生产性能

成年公猪体重 300～500kg，母猪 200～250kg。达 100kg 体重日龄 160～175d。体重 90kg 屠宰，屠宰率 71%～73%，腿臀比例 30.5%～32%，背膘厚 2.05～2.5cm，眼肌面积平均 32～35cm^2，瘦肉率 62%～64%，肉质优良；经产母猪产仔数 11～12.5 头，产活仔数 10.3 头以上。

（4）主要特点

具有产仔多、生长速度快、饲料利用率高、胴体瘦肉率高、肉色好、适应性强的优良特点。

二、长白猪

（1）原产地

长白猪原产于丹麦，我国 1964 年开始从瑞典第一批引进，在我国长白猪有美系、英系、法系、比利时系、新丹系等品系。生产中常用长白猪作为三元杂交（杜长大）猪的第一父本或第一母本。由于长白猪在世界的分布广泛，各国根据各自的需要开展选育，在总体保留长白猪特点的同时，又各具一定特色，我国通常就按照引种国别，分别将其冠名为××系长白猪，如丹系长白猪、法系长白猪、瑞系长白猪、美系长白猪、加（加拿大）系长白猪、台系长白猪等。在上个世纪 60 年代，我国从北欧国家瑞典引进了长白猪，之后又陆续从荷兰、法国、美国等国引进长白猪。

（2）外貌特征

长白猪体躯长，被毛白色，允许偶有少量暗黑斑点；头小颈轻，鼻嘴狭长，耳较大向前倾或下垂；背腰平直，后躯发达，腿臀丰满，整体呈前轻后重，外观清秀美观，体质结实，四肢坚实。

（3）生产性能

丹系长白猪成年公猪体重 450kg 左右，成年母猪体重 350kg 左。适宜配种的日龄 230～250d。100kg 体重屠宰时，屠宰率 72% 以上，背膘厚 18mm 以下，眼肌面积 35cm² 以上，后腿比例 32% 以上，瘦肉率 62% 以上。

（4）主要特点

该系列品种肉质优良，无灰白、柔软、渗水、暗黑、干硬等劣质肉。在现有的长白猪各系中，美系、新丹系的杂交后代生长速度快、饲料报酬高，比利时系后代体型较好，瘦肉率高。

三、杜洛克猪

（1）原产地

杜洛克猪，产于美国，于 19 世纪 60 年代在美国东北部由美国纽约红毛杜洛克猪、新泽西州的泽西红毛猪以及康乃狄格州的红毛巴克夏猪培育成的。原来是脂肪型猪，后来为适应市场需求，改良为瘦肉型猪，是当代世界著名瘦肉型猪种之一。

（2）外貌特征

杜洛克猪原种应具备毛色棕红、结构匀称紧凑、四肢粗壮、体躯深广、肌肉发达。头大小适中，颜面稍凹、嘴筒短直，耳中等大小，向前倾，耳尖稍弯曲，胸宽深，背腰略呈拱形，腹线平直。

（3）生产性能

美系杜洛克猪成年公猪平均体重 340～450kg，成年母猪 300～390kg。适宜配种日龄 220～240d。100kg 体重屠宰时，屠宰率 70% 以上，背膘厚 18mm 以下，眼肌面积 33cm² 以上，后腿比例 32%，瘦肉率 62% 以上。

（4）主要优点

肉质优良，无灰白、柔软、渗水、暗黑、干硬等劣质肉。

四、皮特兰猪

（1）原产地

皮特兰猪原产于比利时的布拉帮特省，是由法国的贝叶杂交猪与英国的巴克夏猪进行回交，然后再与英国的大白猪杂交育成的。

（2）外貌特征

皮特兰猪毛色呈灰白色并带有不规则的深黑色斑点，偶尔出现少量棕色毛。头部清秀，颜面平直，嘴大且直，双耳略微向前；躯体呈圆柱形，腹部平行于背部，后躯和双肩肌肉丰满，背直而宽大。

（3）生产性能

6 月龄体重可达 90～100kg。屠宰率 76%，瘦肉率可高达 70%。日增重 750g 左右，每千克增重消耗配合饲料 2.5～2.6kg。

（4）主要特点

皮特兰猪具有背膘薄、胴体瘦肉率极高的特点，但是产仔数少，生长发育相对缓慢，氟烷阳性基因频率很高，肉质欠佳，易发生 PSE 肉。在杂交体系中多用作终端父本，与应激抵抗型品种（系）母本杂交生产商品猪。

五、汉普夏猪

（1）原产地

汉普夏猪原产美国肯塔基州，是美国分布最广的猪种之一。优点是背最长肌和后躯肌肉发达，瘦肉率高。早期曾称为"薄皮猪"。19 世纪 30 年代首先在美国肯塔基州建立基础群，20 世纪初叶普及到玉米带各州。现已成为美国三大瘦肉型品种之一。

（2）外貌特征

体型大，毛色特征突出，被毛黑色，在肩部和颈部结合处有一条白带围绕，在白色与黑色边缘，由黑皮白毛形成一灰色带，故有"银带猪"之称。头中等大小，耳中等大小且直立，嘴较长而直，体躯较长，背腰呈弓形，后驱臀部肌肉发达。

（3）生产性能

成年公猪体重约 315～410kg，母猪约 250～340kg。屠宰率 74.42%，眼肌面积 43.03cm^2，平均背膘厚 19.0mm，瘦肉率 65.34%。产仔数一般 9～10 头。

（4）主要优点

性情活泼，稍有神经质，产仔数较少，但仔猪硕壮而均匀，母性良好。用汉普夏猪为父本杂交的后代具有胴体长、背膘薄和眼肌面积大的优点。

第二节 猪舍养殖环境要求

猪舍靠外围护栏结构不同程度地与外界隔绝，形成不同于舍外的舍内小气候，使猪群免受酷暑严寒和风吹日晒的影响。外围护结构设计是否合理，决定了猪舍的小气候状况。通过合理设计猪舍的保温隔热性能，组织有效的通风换气，采光照明和供水排水，并根据具体情况采用供暖、降温、通风、光照、空气处理等设备，给猪创造一个符合其生理要求和行为习惯的适宜环境。

一、温度

温度在环境诸因素中起主导作用。猪对环境温度的高低非常敏感，表现在仔猪怕冷。低温对新生仔猪的危害最大，若裸露在 1℃环境中 2h，便可冻僵、冻昏、甚至冻死。成年猪长时间在 -8℃ 的环境下，可冻得不吃不喝，阵阵发抖；瘦弱的猪在 -5℃ 时就可冻得站立不稳。

寒冷对仔猪的间接影响更大。它是仔猪黄白痢和传染性胃肠炎等腹泻性疾病的主要诱因，还能应激呼吸道疾病的发生。试验表明，保育猪若生活在 12℃以下的环境中，其增重比对照组减缓 4.3%，饲料报酬降低 5%。

在寒冷季节，成年猪舍温要求不低于 10℃；保育猪舍应保持在 18℃为宜。2～3 周龄的仔猪需 26℃左右；而 1 周龄以内的仔猪则需 30℃的环境；保育箱内的温度还要更高一些。春、秋季节昼夜的温差较大，可达 10℃以上，体弱的个体是不能适应，易诱发各种疾病。因此，在这期间要求适时关、启门窗，缩小舍内昼夜的温差。

成年猪则不耐热。当气温高于 28℃时，体重 75kg 以上的大猪可能出现气喘现象；若超过 30℃，猪的采食量明显下降，饲料报酬降低，长势减缓。当气温高于 35℃以上、又不采取任何防暑降温措施的情况下，有的肥猪可能发生中暑，妊娠母猪可能引起流产，公猪的性欲下降，精液品质不良，并在 2～3 个月内都难以恢复。热应激可继发多种疾病。

猪舍内温度的高低取决于猪舍内热量的来源和散失的程度。在无取暖设备的情况下，热的来源主要靠猪体散发和日光照射的热量。热量散失的多少与猪舍的结构、建材、通风设备和管理等因素有关。在寒冷季节对哺乳仔猪舍和保育猪舍应添加增温、保温设施。在炎热的夏季，对成年猪要做好防暑降温工作，如加大通风，给以淋浴等方法，加快热的散失，减少猪舍中猪的饲养密度，以降低舍内的热源。此项工作对妊娠母猪和种公猪尤为重要。

二、湿度

湿度是指猪舍内空气中含水分的多少，一般用相对湿度表示。猪的适宜湿度范围为 65%～80%。试验表明，在气温 14～23℃，相对湿度 50%～80% 的环境下最适合猪生存。猪的生长速度快，肥育效果好。

猪舍内的湿度过高影响猪的新陈代谢，是引起仔猪黄白痢的主要原因之一，还可诱发肌肉、关节方面的疾病。为了防止湿度过高，首先要减少猪舍内水汽的来源，少用或不用大量水冲刷猪圈，保持地面平整，避免积水。设置通风设备，经常开启门窗，以降低室内的湿度。

三、通风换气

规模化猪场由于猪只的密度大，猪舍的容积相对较小而密闭，猪舍内蓄积了大量二氧化碳、氨、硫化氢和尘埃。猪舍空气中二氧化碳、氨气和硫化氢有害气体的最大允许值见表 6-1。空气污染超标往往发生在门窗紧闭的寒冷季节。猪若长时间生活在这种环境中，首先刺激上呼吸道黏膜，引起炎症，猪易感染或继发呼吸道的疾病。如猪气喘、传染性胸膜肺炎、猪肺疫等。污浊的空气还可引起猪的应激综合征，表现在食欲下降、泌乳减少、狂躁不安或昏昏欲睡、咬尾嚼耳等现象。

消除或减少猪舍内的有害气体，除了注意通风换气外，还要搞好猪舍内的卫生管理，及时清除粪便、污水，不让其在猪舍内腐败分解。调教猪到运动场或猪舍一隅排粪便的习惯。干燥是减少有害气体产生的主要措施，通风是消除有害气体的重要方法。当严寒季节保温与通风发生矛盾时，可向猪舍内定时喷雾过氧化物类的消毒剂，其释放出的氧能氧化空气中的硫化氢和氨，起到杀菌、除臭、降尘、净化空气的作用。

四、光照

光照对猪有促进新陈代谢、加速骨骼生长以及活化和增强免疫机能的作用。肥育猪对光照没有过多的要求，但光照对繁育母猪和仔猪有重要的作用。试验表明，若将光照由 10lx 增加到 60～100lx，其繁殖率能提高 45%～85%；新生仔猪的窝重增加 0.7～1.6kg；仔猪的育成率提高 7.7%～1.21%。哺乳母猪每天维持 16h 的光照，可诱导母猪在断奶后早发情。为此要求母猪、仔猪和后备种猪每天保持 14～18h 的 50～100lx 的光照时间。

自然光照优于人工光照，因而在猪舍建筑上要根据不同类型猪的要求，给予不同的光照面积。同时也要注意减少冬季和夜间的过度散热和避免夏季阳光直射猪舍。

五、噪声

猪舍的噪声有多种来源，一是从外界传入，如工厂传来的噪声，飞机、车辆产生的噪声；二是产自舍内，如风机的噪声，工作人员在饲养管理过程中产生的声响，猪的活动、哼叫声等。噪声对猪的生产性能没有明显的影响，但高强度的噪声对猪的健康和生产性能不利。猪遇到突然的噪声会受惊、狂奔、发生创伤、跌伤、碰坏某些设备，母猪受胎率下降，流产、早产现象增多，猪只死亡率提高，特别对于应激敏感猪更为严重。猪舍噪声一般不能超过 85～90dB。

六、饮水

猪场用水按 GB/T 17824.1 执行；水质须达到 GB 5749 的要求。

七、环境监测

猪舍各项环境参数须定期进行监测，至少冬、夏各进行一次，根据监测结果作出环境评价，提出环境改善措施。厂址选择时，应请环境保护部门对拟建厂场地的水源、水体进行监测并作出卫生评价，应选择符合 GB 5749 要求的水源，对不符合标准的水源，必须进行净化消毒后使用。对发生过疫情的场地，须对场地土壤进行细菌学监测并作出卫生评价，评价标准可参考下表 4-1，厂址应选择"清洁"或"轻度污染"的土壤。

表 4-1　土壤生物学卫生标准

污染情况	寄生虫卵数/（个/kg）	细菌总数/（万个/g）	大肠杆菌值[1]
清洁	0	1	1000
轻度污染	1～100	—	—
中等污染	10～100	10	50
严重污染	>100	100	1～2

①大肠杆菌值为检出 1 个大肠杆菌的土壤质量(g)。

第三节　肉猪育肥方法

一、直线育肥法

直线育肥法就是从 20～100kg 均给予丰富营养，中期不减料，使之充分生长，以获得较高的日增重，要求在 4 个月龄体重达到 90～100kg。饲养方法具体如下。

（1）肥育小猪一定是选择二品种或三品种杂交仔猪，要求发育正常，60～70 日龄转群体重达到 15～20kg 以上，身体健康、无病。

（2）肥育开始前 7～10d，按品种、体重、强弱分栏、阉割、驱虫、防疫。

（3）正式肥育期 3～4 个月，要求日增重达 1.2～1.4kg。

（4）饲粮营养水平，要求前期（20～60kg），每千克饲粮含粗蛋白质 16%～18%，消化能 12.96～13.38MJ，后期（61～100kg），粗蛋白质 13%～14%，消化能 12.55～12.96MJ，同时注意饲料搭配和氨基酸、矿物质、维生素的补充。

（5）每天喂 2～3 餐，自由采食，前期每天喂料 1.2～2.0kg，后期 2.1～3.0kg。精料采用干湿喂，青料生喂，自由饮水，保持猪栏干燥、清洁，夏天要防暑、降温、驱蚊，冬天要关好门窗保暖，保持猪舍安静。

二、前攻后限育肥法

传统养猪法，多在出栏前 1～2 个月进行加料猛攻，结果使猪脂肪增加。这种育肥不能满足当今人们对瘦肉的需要。必须采用前攻后限的育肥法，以增加瘦肉生产。前攻后限的饲喂方法：仔猪在 60kg 前，采用高能量、高蛋白饲粮，每千克混合料粗蛋白质 16％～18％，消化能 12.96～13.38MJ，日喂 2～3 餐，每餐自由采食，尽量发挥小猪早期生长快的优势，要求日增重达 1～1.2kg 以上。在 60～100kg 阶段，采用中能量，中蛋白，每千克饲料含粗蛋白约 13％～14％，消化能 12.13～12.58MJ，日喂二餐，采用限量饲喂，每天只吃 80％的营养量，以减少脂肪沉积，要求日增重 0.6～0.7kg。为了不使猪挨饿，在饲料中可增加粗料比例，使猪既能吃饱，又不会过肥。

第四节　发酵床养猪工艺流程

一、发酵菌种的准备

猪排出的粪便由发酵床中的菌种降解，菌种的好坏直接影响粪便的降解效率，因此土壤微生物菌种的采集就显得十分关键。土壤微生物的采集可以在不同的季节、不同的地点采集不同的菌种，采集到的原始菌种放在室内阴凉、干燥处保存。随着发酵床养猪技术的推广应用，高效、安全、经济、适用性更广的菌种一定会被人们不断的发现和利用。猪圈发酵床式养猪的核心技术表现在菌种功能方面，其质量优劣直接影响猪舍粪尿的降解效率，如有相关专业技术人员指导，可以自行采集微生物菌种，但难度较大。而最保险也最方便省事的办法是从专门厂商购买发酵菌种，注意选用知名品牌或厂商的优质产品。

二、发酵床垫料的制作

1. 垫料层组成

猪舍发酵床主要由有机垫料制成，有机垫料的主要成分包括锯末、木屑或切短铡碎的秸秆、土和少量粗盐。锯末或木屑约占垫料总重的 90％，其质地松软，可吸收水分多。泥土要求新鲜干净无杂菌。

2. 垫料层厚度

一般猪舍中垫料的总厚度约为 50～100cm，每平方米垫料重约 150kg。有条件的可先铺 30～40cm 厚的木段作为疏松通气底层，然后铺锯末或木屑；若木屑来源不足，也可先铺 30～50cm 厚的玉米秸秆或 30cm 厚的稻壳，然后再铺木屑，泥土的用量约占垫料总重的 5％～10％，要求使用未施过化肥或农药的干净泥土。垫料中加适量的盐有利于木屑的分解，用量为垫料总重的 0.1％～0.3％左右。

3. 混料

将微生物发酵菌种、木屑、泥土按一定比例混合，加入一定量的活性剂、食盐，有条件的还可加入少量的米糠、酒糟等，使水分含量达到 60％，以保证功能微生物菌种能够大量繁殖，经一周左右即可开始发酵，垫料可常年不换。饲养几天后，因微生物菌种的发酵作用，猪舍内臭味消失，蝇蛆停止繁殖 20 天至 1 个月后，猪舍床底层的微生物也进入自然繁殖状态，中部形成白色的菌丝，温度可达 50～60℃或更高（表层温度控制在 25～30℃），猪粪发酵后可作为饲料或肥料。

4. 活性剂的使用

合理使用活性剂可使发酵床的利用形成良性循环。但其使用与否，视不同的发酵菌种而定。发酵床经一段时间的使用以后，当微生物活性降低时，即可按说明书将发酵菌种用活性剂稀释至适当的比例，泼洒在发酵床床面上，以便提高微生物菌种对排泄物的降解、消化速度。平时若发现猪只大便堆积较多，也可再加撒一点已用活性剂稀释后的发酵菌种，促使其加快对排泄物的分化降解，活性剂使用要适合发酵床中微生物的种类，并根据猪舍实际情况使用，无必要时可不用。猪舍内禁止使用化学药品和抗生素类的药品，防止杀害土壤发酵床上的微生物，使微生物活性降低。

三、猪舍的建设

发酵床猪舍（图 4-1～图 4-4）的建设也十分重要，可以在原建猪舍的基础上稍加改造，一般要求猪舍东西走向，坐北朝南，采光充分、通风良好，南北可以敞开，通常每间猪圈净面积约 $25m^2$，可饲养肉猪 15～20 头，猪舍墙高 3m，屋脊高 4.5m，屋面朝南面的中部具有可自由开闭的窗子，阳光可照射整个猪床面积的 1/3，并且从太阳升起至太阳落下，可照射整个猪床的每个角落，这样可使猪舍内部的微生物更适宜地生长繁殖，利于发酵。北侧建自动给食槽，南侧建自动引水器，从而达到猪舍无臭、无蝇的要求。如果用温室大棚养，可达到既省事又省钱的效果，因为大棚造价低，而且小气候更容易调节。冬天采光好、保温，猪可以安全越冬；夏天放下遮阳膜，把四周裙膜摇起，可以通风降温。

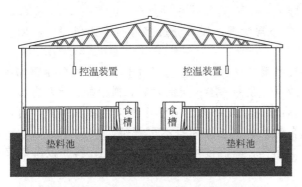

图 4-1　双列式发酵床育肥猪舍剖面示意图

图 4-2　单列式发酵床育肥猪舍布局内景

图 4-3　发酵床饲养育肥猪内景

图 4-4　发酵床垫料搅拌机

四、发酵床的制备

发酵床分地下式发酵床和地上式发酵床两种，在南方，地下水位比较高，一般采用地上式的，如果在北方，地下水位比较低，一般采用地下式的。地下式发酵床要求向地面以下深挖 90～100cm，填满制成的有机垫料，再将仔猪放入，猪就可以自由自在地生长了。在地下水位低的地方，可采用地上式发酵床。地上式发酵床是在地面上砌成，要求有一定深度，再填入已经制成的有机垫料。

五、发酵床的管理

总体来讲与常规养猪的日常管理相似，但发酵床有其独特的地方，因此平时的管理也有如下不同的地方。

（1）发酵床的床面不能过于干燥，一定的湿度有利于微生物的繁殖，如果过于干燥还可能会导致猪的呼吸系统疾病，可定期在床面喷洒活性剂。

（2）猪的饲养密度，单位面积饲养猪的头数过多，床的发酵状态就会降低，不能迅速降解、消化猪的粪尿，一般以每头猪占地 $1.2 \sim 1.5 m^2$ 为宜，小猪群可适当增加饲养密度。

（3）入圈生猪事先要彻底清除体内的寄生虫，防止将寄生虫带入发酵床，以免猪在啃食菌丝时将虫卵再次带入体内而发病。

（4）要密切注意土壤微生物菌的活性，必要时需加活性剂来调节土壤微生物菌的活性，以保证发酵能正常地进行。

（5）猪舍中的锯屑变少时，适当补充微生物原种和营养液。

（6）为利于猪拱翻地面，猪的饲料喂量应控制在正常量的 80%，生猪一般在固定地方排粪、撒尿，当粪尿成堆时挖坑埋上即可。

（7）地面湿度必须控制在 60%，应经常检查，如水分过多应打开通风口，利用空气调节湿度。

（8）猪舍内禁止使用化学药品和抗生素类物品，防止它们对土壤微生物的杀害作用，使得微生物的活性降低。把锯屑、土、微生物原种一层一层铺好后，撒上盐、水和营养液，水分调节在 65%，喷水宜在填材料 50% 后开始，按照这样的顺序把猪圈垫料填满即可，饲养几天后，因微生物原种的作用，臭味自然消失，苍蝇和蛆不再繁殖，$2 \sim 3$ 个月后，猪床底层成为自然繁殖状态，中部形成白色的菌体，其温度可达到 $40 \sim 50 ℃$，猪粪发酵后又成为了猪的饲料。

第五节　猪肉质量与安全控制

一、影响猪肉质量安全的主要因素

1. 物质属性的影响

影响猪肉质量的物质属性因素主要有：生物性危害、化学性危害和物理性危害三种。生物性危害是由有生命的有机体造成食品摄入的潜在危险，主要是指生物（尤其是微生物）自身及其代谢过程、代谢产物对食品原料、加工过程和产品的污染。化学性危害是指食品本身自然产生的一些物质，或是在食品提供过程中添加的其他物质，这些物质在生产加工过程中因发生化学反应而产生有害物质，造成肉品污染。物理性危害是指食品中含有意想不到的外来物质或因食品在运输、贮存过程中受到撞击、挤压造成食品受到污染，在食品消费过程中，这两种因素均可能引入使人致病或致伤的、非正常的杂质，从而引发猪肉质量问题。

2. 主体行为的影响

从主体行为角度来分析猪肉质量安全问题的影响因素，不仅包括直接参与猪肉生产、经营的直接关系人，如养殖户、屠宰场、运输商贩以及销售商的责任，同时也包括监管方、检测方等主体的行为。生产经营者的行为直接导致了猪肉质量安全问题的发生，而现实中监管者及检测者的存在方式、运作模式、管理制度、检测形式的安排与直接生产行为人共同影响着猪肉的质量安全。

（1）生产经营主体

在猪肉质量安全的研究中，生产经营者包括饲料与药品提供者、生猪养殖者、生猪贩运者、生猪屠宰者、猪肉加工者、运输者、猪肉经销者等所有涉及猪肉生产和经营的主体。每一个环节的生产者在从事经济活动过程中都受政府相关部门的监督，其提供的产品由政府或政府委托的第三方进行检测，如果发现问题，要受到政府部门的处罚。生产者直接接触猪肉供应链上的猪肉物质形态，是猪肉质量安全的直接责任者。生产者的行为通过以下三个方面直接影响猪肉质量安全

① 追求利益最大化而导致的不道德行为其至违法行为。猪肉生产经营者为了追求利润最大化而漠视消费者利益，通过掺杂使假、以次充好、低质高价等行为降低猪肉质量安全水平。

② 客观疏忽或专业知识的缺乏。在我国养猪业中，散养依然为主要养殖形式，参与生猪散养的养殖劳动力大多属于家庭中非主要的劳动力，从事猪肉生产加工的企业规模化程度低，配备的人员专业素质参差不齐，设备仪器落后，加工操作环境差，属于粗放式经营。以上种种原因均会对猪肉质量安全产生重大影响。

③ 主体责任感缺失。这里主要是由于生产主体责任感和生产企业自律性意识淡薄造成的其他危害。

（2）监管主体

监管主体是指具体政府相关的责任部门，其职能是监管不同环节的生猪/猪肉质量。通过对生产经营者违反猪肉食品安全行为的查处和惩罚，从而达到有效监管猪肉质量安全的目的。可见，由监管者制定适当的监管政策和处罚机制，可对猪肉质量安全产生间接影响。监管者的行为通过以下 3 个方面影响猪肉质量安全。

① 监管者监管不力。监管不力主要表现在监管部门重叠和不作为。如对生猪养殖的监管属于各级畜牧局的职能范围，而对上市流通的猪肉质量的监管则是各级工商局的职责。猪肉产业监管体系存在出现问题时因不同条例、法令制定的处理措施不同而导致的监管不力。此外，散养或小规模农户养殖的状态，屠宰主体为中小型屠宰加工企业，销售猪肉的形式更为多样化等，使监管存在许多现实困难，从而导致监管不力的现象时有发生。

② 监管制度的不完善。尽管我国近几年加强了食品安全方面的立法，但对影响猪肉质量安全的生产行为的相关法律仍不完善。例如在饲料管理相关条例出台之前没有对"瘦肉精"等药物的最小残留量有明确的规定。此外猪肉质量安全缺乏相应的社会监督、问责机制，导致生产者对消费者权益漠视，滥用抗生素、"瘦肉精"现象层出不穷。

③ 监管者的道德风险。地方监管部门代表地方政府的利益，其主要目的是使地方政府收益最大化。作为当地的行政执法者，不仅要保证当地猪肉的质量安全，还要稳定当地猪肉价格。当出现质量安全重大问题时，为了使本地政府财政税收免于受损，个别官员其至为了保有自己的业绩，虚报、瞒报或者不报猪肉质量问题造成的不良影响，从而产生监管者的道德风险。有时地方政府监管部门与被监管方形成了一致的利益取向，监管者在既得利益面前丧失了作为执法者的公正性，从而导致问题的发生。

（3）检测者

检测者是受监管者委托的专业检测机构，其职能是对猪肉生产加工各个环节的相关行为及主体实施第三方检测。在实施检测以后向政府提交检测报告，政府则依据检测报告做出相关政策的制定、查处和惩罚等行为，同时检测结果应及时反馈给猪肉生产经营者并提供一定

的指导。所以，第三方检测主体的公正性、及时性、专业性对猪肉质量安全也产生间接的影响。检测主体对猪肉质量安全的间接影响表现在以下3个方面。

① 检测环节的违规行为。由于检测环节是专业性较强的生化指标检查、化验工作，检测机构作为独立的财务核算单位，为了确保经营类收入支出的利润，有可能通过降低检测质量、减少检测项目、缩减检测手续等方法降低其成本支出，从而发生检测主体的违规行为。

② 检测方与被检测方的串谋。由于相互之间的经济利益关系，检测方与生产者和政府之间形成三方博弈，容易发生检测方与生产方的串谋行为。

③ 检测技术水平不足。猪肉质量安全问题是一个随着时空发展不断变化的动态问题，有些问题是随着科技的发展和生物体系的不断富集过程中逐渐形成并带来的。随着人们的消费理念与绿色健康要求日益提高，猪肉相关指标检测手段和技术也在不断提高。在这种情况下，有可能出现相应的检测技术和手段跟不上猪肉质量安全水平发展的速度。

3. 生产过程的影响

（1）饲料添加剂

养猪业所使用的饲料主要来自两部分。一部分为饲料企业生产加工的饲料、饲料添加剂以及预混、配合以及浓缩饲料，一部分为养殖户自己配制，或由养殖场自建饲料厂内部提供的饲料。无论哪一种方式，饲料的构成中都含有工业生产的添加剂（部分是化学工业合成的），如赖氨酸、维生素和饲用微量元素及促生长激素等。科学的使用添加剂对提高猪肉产量与品质是合法的也是应当的，但是有些添加剂的加入将导致兽药残留、重金属等有毒有害物质残留严重超标，严重影响了猪肉质量安全。

（2）药物残留

兽药主要分为2大类：一类是具有预防动物疾病、促进动物生长，可在饲料中长时间添加使用的药物，使用此类药物时不得超限、超量，必须遵守注意事项等规定；另一类是用于治疗动物疾病，通过混饲给药的药物，用户须凭兽医处方才能购买使用此类药物。药物残留比较突出的问题表现在：一方面滥加药物品种及超量用药比较严重；另一方面随着集约化饲养时间增长，常用药物的抗药性日趋严重，因而添加使用量越来越多，造成药物在动物体内残留时间的延长，最终导致药物残留严重超标。

（3）生猪养殖禁止使用的兽药及饲料添加剂

① 允许在临床兽医的指导下使用钙、磷、硒、钾等补充药、微生态制剂、酸碱平衡药、体液补充药、电解质补充药、营养药、血容量补充药、抗贫血药、维生素类药、吸附药、泻药、润滑剂、酸化剂、局部止血药、收敛药和助消化药。慎重使用经农业部批准的拟肾上腺素药、平喘药、抗（拟）胆碱药、肾上腺皮质激素类药和解热镇痛药。

② 禁止使用麻醉药、镇痛药、镇静药、中枢兴奋药、化学保定药及骨骼肌松弛药。

③ 喹乙醇预混剂用于猪促生长，禁用于体重超过35kg的猪，休药期35d。

④ 使用抗菌药和抗寄生虫药时要注意药物配伍禁忌。例如：延胡索酸泰妙菌素预混剂用于治疗猪支原体肺炎和嗜血杆菌胸膜肺炎，使用时避免接触眼及皮肤；禁止与莫能菌素、盐霉素等聚醚类抗生素混合使用。

⑤ 禁止使用 β-兴奋剂类：盐酸克伦特罗、沙丁胺醇。

⑥ 禁止使用氯霉素及其制剂。

二、保障猪肉质量安全措施

1. 完善猪肉质量标准，完善相关法律法规

"瘦肉精"引发的猪肉质量安全问题屡禁不止，暴露了我国食品质量安全存在诸多漏洞。

因此，必须修定不合格的质量标准与检测标准。随着科学技术的发展，新添加剂与新兽药不断的研发，质量标准与检测标准也应紧跟科技进步，做到与时俱进。近几年，我国虽然强化了食品安全方面的立法，也新颁布了一些相关法律法规，如《兽药管理条例》《饲料和饲料添加剂管理条例》《动物性食品中兽药残留最高限量》等，但仍不够完善，特别是关于残留检测的药品还比较少，尚不能包罗层出不穷的添加剂和兽药，不能满足现实需要，故法律法规也必须紧跟添加剂与兽药的发展而适时修订与完善。

2. 改善监管体制，加大执法力度

再完美的法律如果不能被正确的、严格的执行，只能是一纸空文，不能展现出应有的作用。相关部门应改善监管体制，建立权责统一的行政管理机构，提高监管效能，并加大监管的全面性，不仅监管生猪养殖者，同时也应监管饲料加工与兽药生产企业以及下游生猪屠宰和猪肉制品企业。进一步加大执法力度，对非法使用违禁药物的行为，要加大检查和处罚力度，提高其违法成本，发挥法律的惩戒和威慑作用。

3. 加强生产信用体系建设，实行销售商信息备案制度

建立全社会层面的猪肉行业生产者信用体系是提高企业违法成本和加大对投机行为惩罚力度的一个有效手段。体系的全面性应该体现在对生猪经销商（包括生猪交易市场）、猪肉销售商（企业或个人）的信息备案。对于屡次发生质量安全问题的生产运营主体，通过信用体系的声誉记录向从业者明示，以行业的力量肃清投机者，从而对每一个生产主体形成约束。

4. 改善生产条件，完善兽药安全监管措施

恶劣的养殖环境是滋生疾病的温床，饲养密度过高、环境条件差极利于动物传染病和寄生虫病的发生和流行。改善生产条件能最大限度地防止动物传染病和寄生虫病的发生与流行，因此，应对猪肉生产与加工的环境条件进行合理的投入。兽药的使用是不可避免的，但我们可以通过改善养殖条件减少兽药的使用，同时做好兽药、饲料企业与养殖者的衔接工作，便于形成全程、全面的监控，并能对疫苗、兽药、饲料进行溯源，这样才能从源头上监管猪肉产品中兽药的残留。此外，对监管人员、检测人员与消费者进行猪肉质量安全教育也是提高猪肉质量安全的重要保证。

复习思考题

1. 肉猪主要有哪些品种？
2. 猪舍主要有哪些环境要求？
3. 直线育肥法的步骤有哪些？
4. 前攻后限育肥法对猪肉品质有何影响？
5. 发酵床养猪工艺流程的要点。
6. 发酵床垫料的制作技术要点。
7. 猪肉质量安全有哪些主要因素？
8. 如何保障猪肉质量安全？

第五章 牛肉原料生产

重点提示： 本章重点掌握肉牛主要品种、肉牛舍环境要求、肉牛的育肥方法、牛肉质量与安全控制等内容。通过本章的学习，能够基本了解牛肉原料生产过程和产品质量安全控制方法，为生产优质安全的牛肉产品奠定基础。

第一节 肉牛主要品种

一、利木赞牛

（1）原产地

法国，属大型肉牛品种。

（2）外貌特征

被毛红色或黄色，具有明显的"三粉"特征，与鲁西黄牛毛色很一致。头颈粗短，全身肌肉丰满，整体结构良好，尤其后躯特别发达，呈典型的肉用体型。

（3）生产性能

成年公牛体重1100kg，母牛体重600～800kg。具有早熟性，多用来生产"小牛肉"。公犊出生重平均39kg，8月龄体重290kg，平均日增重1040g，周岁重400～450kg，屠宰率65%～71%。

（4）主要特点

肉质良好，脂肉间层。用来杂交改良地方牛效果很好。

二、夏洛来牛

（1）原产地

法国，是欧洲最大的肉牛品种。

（2）外貌特征

全身被毛乳白色或灰白色，也有的为枯草黄色，皮肤肉红色，体躯高大，背腰深广，呈"双脊"背，臀部丰满，四肢粗壮。

（3）生产性能

成年公牛体重1250kg，成年母牛体重845kg。公犊出生重48kg，母犊46kg，6月龄前平均日增重1168g，经育肥后屠宰率65%～70%，净肉率达55%以上。

（4）主要特点

由于犊牛出生体重大，难产率很高，一般在14%左右。夏洛来牛耐寒抗热，适应力强。引入我国杂交改良当地牛效果良好、杂一代多为乳白色，骨骼粗壮。肌肉发达，20月龄体重可达494kg，屠宰率56%～60%，净肉率46%以上。但是，个体小的母牛往往造成难产，应予注意。

三、海福特牛

（1）原产地

原产于英国。属中型早熟肉牛品种。在世界各地分布较广。

（2）外貌特征

毛色为红白花，头短额宽，肉垂发达。体躯呈圆筒状，背腰宽、平、直，尾部宽大，肌肉丰满，四肢短粗，为典型的肉牛体态。

（3）生产性能

成年公牛体重908kg，成年母牛体重520kg；公牛6月龄体重249kg，平均日增重1140g，周岁体重397kg，日增重822g。一般屠宰率为67%、高者达70%、净肉率60%左右。我国引入海福特牛杂交改良当地牛效果较好。

（4）主要特点

本品种早期生长快、饲料报酬高，杂一代低身广躯，结构紧凑，表现出良好的肉用体型；但是，耐热性较差，头为白色个体较矮，养殖者不大欢迎。

四、安格斯牛

（1）原产地

产于英国，是较古老的肉牛品种。

（2）外貌特征

体躯较矮，被毛多为全黑色，油亮发光，少数牛腹下有白斑。头较小而方正，无角，背腰平直，体躯深广而呈圆筒状，四肢粗短，具有典型的肉牛特征。早熟易肥，抗病能力强，耐寒性好，但抗热性能差。

（3）生产性能

成年公牛体重800～900kg，母牛体重600～700kg。15～18月龄体重可达400～500kg，日增重850～1000g，一般屠宰率60%～65%，净肉率48%～52%，且易沉积脂肪。

（4）主要特点

本品种属于小型早熟品种，产肉性能较好。用来改良渤海黑牛，克服其体成熟晚和产肉性能低的缺点，效果良好。当地科技人员计划用安格斯牛做父本，培育低身广躯、早熟、产肉性能高的肉役兼用新品种。

五、西门塔尔牛

（1）原产地

西门塔尔牛原产于瑞士，并不是纯种肉用牛，而是乳肉兼用品种，西门塔尔牛产乳量高，产肉性能也并不比专门化肉牛品种差，役用性能也很好，是乳、肉、役兼用的大型品种。

（2）外貌特征

该牛毛色为黄白花或淡红白花，头、胸、腹下、四肢及尾帚多为白色，皮肤为粉红色，头较长，面宽；角较细而向外上方弯曲，尖端稍向上。颈长中等；体躯长，呈圆筒状，肌肉丰满；前躯较后躯发育好，胸深，尻宽平，四肢结实，大腿肌肉发达；乳房发育好。

（3）生产性能

成年公牛体重为 800～1200kg，母牛 650～800kg。西门塔尔牛在育肥期平均日增重 1.5～2kg，12 月龄的牛可达 500～550kg。

（4）主要特点

西门塔尔牛牛肉蛋白质含量高达 8%～9.5%，而且人食用后的消化率高达 90% 以上。牛肉脂肪能提供大量的热能，牛肉的矿物质含量是猪肉的 2 倍以上，所以牛肉长期以来备受消费者的青睐。在引进我国后，对我国各地的黄牛改良效果非常明显，杂交一代的生产性能一般都能提高 30% 以上，因此很受欢迎。

六、日本和牛

（1）原产地

和牛是日本从 1956 年起改良牛中最成功的品种之一，是从雷天号西门塔尔种公牛的改良后裔中选育而成的，是全世界公认的最优秀的优良肉用牛品种。目前，日本和牛已成为我国高档优质牛肉的主要品种资源。

（2）外貌特征

日本和牛以黑色为主要毛色，在乳房和腹壁有白斑。

（3）生产性能

成年母牛体重约 620kg、公牛约 950kg，犊牛经 27 月龄育肥，体重达 700kg 以上，平均日增重 1.2kg 以上。

（4）主要特点

日本和牛生长快、成熟早、肉质好，第七、八肋间眼肌面积达 52cm^2。日本和牛的肉多汁细嫩、肌肉脂肪中饱和脂肪酸含量很低，风味独特，肉用价值极高，在日本被视为"国宝"，在西欧市场也极其昂贵。

第二节　肉牛养殖环境要求

牛舍是牛活动和生产的主要场所，其设计类型和环境因素都可直接或间接影响肉牛个体的生长和肥育效果。环境不佳会使肉牛生长缓慢，饲养成本增高，甚至会使机体抵抗力下降，诱发各种疾病。因此，改善肉牛舍的环境状况对于提高肉牛生产水平显得格外重要。

一、温度的控制

牛是恒温动物，其生命活动过程都会产生热量，这些热量要通过辐射、蒸发、传导、对流等方式向外界扩散。当牛体产热与散热平衡时，意味着健康状况和生产能力正常，反之则导致生理机能的异常，健康状况和生产能力下降。牛舍的环境是影响育肥牛生长快慢的重要条件，育肥牛最适宜育肥温度是 15～22℃，在此温度条件下育肥牛的饲料报酬最高。舍温低于 15℃或高于 22℃时对育肥牛的生长发育都有不同程度的影响：温度过高，肉牛增重缓慢；温度过低，降低饲料消化率，同时又提高代谢率，以增加产热量来维持体温，显著增加饲料消耗。因此，夏季要做好防暑降温工作，冬季要注意防寒保暖，给肉牛提供适宜的环境温度。

1. 牛舍防暑

牛具有耐寒而不耐热的特点，因此牛舍的防暑非常重要。牛舍的防暑要从防止热辐射、增加牛舍散热和减少牛体产热等方面着手，可采取以下措施。

（1）加强外围结构的隔热设计

夏季对舍温影响较大的是牛舍的屋顶，屋顶要选用隔热性能好的材料，并且要采用合理的多层结构以增加屋顶的隔热性能。牛舍外围护结构设计如图5-1所示。

（2）加强舍内的通风设计

有研究表明，在牛舍中安装喷雾冷风机会使舍内温度显著降低，肉牛增重显著提高。

（3）进行遮阳和绿化

牛舍遮阳可采用建筑遮阳和绿化遮阳。在牛舍外的运动场上可建遮阳棚（凉棚），

图5-1　牛舍外围护结构设计

在运动场四周种植树木遮阳。种植树木绿化牛场环境不但可以遮阳，还可起到降温的作用。实践证明，通过遮阳可使传入牛舍的热量减少17%～35%。

（4）使用降温设施

在夏季，牛舍可以采用喷淋、喷雾、地面洒水、经常冲洗地面等措施来降低牛舍的温度。

2. 牛舍防寒

尽管牛比较耐寒，但北方地区冬季气温很低，最低温度可达零下二十几度，并且持续时间很长，会对肉牛生产产生不良影响，所以加强牛舍的防寒管理也是很重要的。具体可以采取以下措施。

（1）加强外围结构的保温设计

有研究表明，与普通牛舍（石棉瓦屋顶）相比，温棚牛舍（泡沫板屋顶）温度较高，且一天中温度变化幅度较小。在高寒季节对半开放式暖棚肉牛舍加扣塑料薄膜后，牛的受配率、产犊成活率和繁活率分别提高了24%、17%和50%，而患病率则降低了2.6%。

（2）采用合理的牛舍形式

南向牛舍有利于冬季采光，封闭式牛舍有利于冬季保温。因此，在北方寒冷地区宜采用南向有窗封闭舍。

（3）加强防寒管理

加强冬季的防潮，及时清理粪尿，减少冲洗地面的次数，并在牛床铺设垫料，如锯末、小麦秸秆等。加强门窗的维护，防止产生贼风。

二、湿度的控制

空气湿度影响牛体的热调节、健康和生产力。潮湿的空气对冬季的防寒和夏季的防暑极为不利，潮湿的空气会使牛体热调节能力下降，还可以引起牛腐蹄病。高温高湿的天气温、湿度指标升高，会大大降低肉牛的生产性能。通常育肥牛舍内的湿度不能超过65%。为了防止牛舍湿度超标，应采取必要的防潮措施。

（1）合理设计牛舍排水系统

良好的排水可以保证地面干燥和空气流通。牛舍的排水系统包括牛舍的地面、排尿沟、地下排出管、舍外粪水池等。要保证牛舍的污水顺利排出，牛舍的地面要保持一定的坡度，另外地面的材料应不渗水。排尿沟底部朝降口方向也要保持一定的坡度，通常按1%～2%的坡度即可。此外，地下排出管的坡度应为3%～5%。粪水池要与牛舍保持一定的距离。

（2）加强牛舍防潮管理

场址要选在干燥的地方，建造时要设防潮层；在日常管理中要及时清除粪尿，减少污水

的产生；地面可铺设垫草；保证良好的通风也是防潮措施之一；冬季加强保温也可以降低舍内的相对湿度。

三、光照的控制

光照是畜舍小气候的重要影响因素，对牛的生理机能有重要的调节作用。朝向是影响采光效果的重要因素，因此牛舍通常要自然采光。我国北方地区太阳高度角冬季小、夏季大，牛舍朝向以长轴与纬度平行的正南朝向为宜。这样在夏季直射阳光不能进入畜舍，可起到一定的防暑作用；冬季阳光直射入舍内，提高了舍内的温度，并使地面保持干燥。在设计建造牛舍时要确定牛舍的采光面积，一般用采光系数来表示。采光系数是指窗户的有效采光面积与舍内地面面积之比。肉牛舍应在 1∶（12～14）之间为宜。此外，还要考虑到入射角，入射角是畜舍地面中央的一点到窗户上缘所引直线与地面水平线之间的夹角。为保证舍内得到适宜的光线，入射角一般应不小于 25°。

四、通风的控制

通风换气对牛舍的空气环境影响很大，可以排出舍内的有害气体及空气中的灰尘、微生物等，改善舍内的空气环境。此外，可通过对流作用使牛体散发热量。牛体周围的冷热空气不断对流，带走牛体所散发的热量，起到防暑降温作用。另外，育肥牛舍要求有适当的通风，以利于氨气和湿气的排出。育肥牛舍氨气量的控制，以人在牛舍各个区域内均闻不到牛粪、牛尿味或任何异味为宜。

牛舍的通风换气可分为自然通风和机械通风。自然通风是通过牛舍开敞的部分来进行的，其效果受外界气流速度、温度、风向等的影响。夏季应打开牛舍门窗或去掉卷帘尽可能加大自然通风的通风量，如果仍不能满足通风要求，可以用风机或冷风机来辅助通风。春秋季节，可以通过调节门窗或卷帘的启闭程度来控制牛舍的通风量。冬季可以通过屋顶风管来进行合理的换气。牛舍冬季换气的同时一定要考虑舍温，不能引起舍温发生太大的变化。一般要求夏季舍内气流速度应在 1.0m/s 以上，冬季在 0.10～0.25m/s 范围内。

五、有害气体及尘埃的控制

在封闭式牛舍，牛的呼吸、排泄及污物的腐败分解会产生一些对人、畜有害的气体，主要包括氨、硫化氢、一氧化碳和二氧化碳等。此外，还有因采食、活动及空气流通产生的尘埃。这些有害气体的危害是很大的，可导致牛生产性能下降，免疫力降低，诱发呼吸系统疾病，严重时可造成牛只死亡。一般规定，牛舍空气中 CO_2 浓度不超过 1500mg/m³，NH_3 不超过 20mg/m³，H_2S 不超过 8mg/m³，微粒量不超过 4mg/m³。为了减少舍内空气中的有害气体和尘埃，在建造牛舍时应合理设计通风、排水、清粪系统；在生产管理中合理组织通风换气，及时清除粪尿，保持舍内干燥；使用垫料和吸附剂来减少舍内有害气体；通过饲粮的合理配制，使用适当的添加剂减少有害气体产生。另外，在育肥后期，牛只的活动小、体重大，要注意保持地板的防滑、清洁、干燥、软硬适中，否则易引起育肥牛的肢蹄病发生，严重影响育肥牛的增重效果。

六、噪声的控制

噪声可使牛的听觉器官发生特异性病变，引起牛食欲不振、惊慌和恐惧，影响牛的繁殖、生长和增重，并能改变牛的行为，引发流产、早产。一般要求牛舍的噪声水平白天不超过 90dB，夜间不超过 50dB。因此，牛场场址不宜与交通干线距离太近，场内应选用噪声较小的机械设备。

七、生物污染物的控制

生物污染物是指饲料或牧草因霉变产生的霉菌毒素、各种寄生虫和病原微生物等污染物。生物污染物会在饲料的分发和牛只的采食、运动过程中伴随着尘埃的飞扬进入畜舍空气中，其中的微生物会通过飞沫和尘埃传播给肉牛带来危害。因此，在生产中应该重视饲料卫生问题，购买饲料时尽量从大厂家或通过国家质量鉴定的厂家购买，并且要求牛舍内尽量避免尘土飞扬，加强畜舍通风。此外，要严格执行消毒制度，门口设消毒室（池），室内安装紫外灯，池内置 2%～3%氢氧化钠液或 0.2%～0.4%过氧乙酸等消毒液。同时，工作人员进入生产区必须更换工作服。

八、肉牛场环境的绿化

据测定，绿化可以使畜牧场空气中的有害气体含量降低 25%以上，使场区空气中的臭气减少 50%，尘埃减少 35%～37%，空气中的细菌减少 22%～79%。此外，绿化可以减少噪音，因为绿色植物对噪声具有吸收和反射作用，使噪音强度降低 25%左右。通常在场内道路两侧和牛舍周围应植树绿化，而在牛场内其他的空地可以选择种植草坪等绿化措施，以改变场区小气候环境。

第三节　高档肉牛育肥方法

所谓高档牛肉，是指高档胴体牛肉，切开外观具有明显的大理石花纹，原因是脂肪沉积到肌肉纤维之间，形成明显的红白相间状似大理石花纹的牛肉，这种牛肉香、鲜、嫩，是中西餐均宜的高档牛肉（图 5-2）。高档肉牛即生产高档牛肉的牛，高档牛肉在嫩度、风味、多汁性等主要指标上有极其严格的等级标准，年龄在 30 月以内，屠宰体重 600kg，能分割出规定数量与质量的高档牛肉肉块的牛。高档肉牛经过高标准的育肥后其屠宰率可达 65%～75%，其中高档牛肉量可占到胴体重的 8%～12%，或是活体重的 5%左右，85%的牛肉可作为优质牛肉，其余为普通牛肉。随着消费水

图 5-2　高档牛肉大理石纹

平的提高，人们对高当牛肉和优质牛肉的需求急剧增加，育肥高档肉牛，生产高档牛肉，具有十分显著的经济效益和广阔的发展前景。为达到高的的高档牛肉量、高屠宰率，在肉牛的育肥饲养管理技术上有着严格的要求。

一、品种要求

高档牛肉的生产对肉牛品种有一定的要求，不是所有的肉牛品种都能生产出高档牛肉。经试验证明某些肉牛品种如西门塔尔、婆罗门等品种不能生产出高档牛肉。目前国际上常用安格斯、日本和牛、墨累灰及以这些品种改良的肉牛作为高档牛肉生产的材料。国内的许多地方品种如秦川牛、晋南牛、鲁西牛、南阳牛、延边牛、郏县红牛、复州牛、渤海黑牛、草原红牛、新疆褐牛、三河牛、科尔沁牛等品种也适合用于高档牛肉的生产。

二、育肥时间要求

高档牛肉的生产育肥时间通常要求在 18～24 月，如果育肥时间过短，脂肪很难均匀地沉积于优质肉块的肌肉间隙内，如果育肥时间超过 30 月，肌间脂肪的沉积要求虽到达了高档牛肉的要求，但其牛肉嫩度很难达到高档牛肉的要求。

三、屠宰体重要求

高档肉牛经过 18～30 月的育肥后，屠宰前的体重到达 600～800kg，没有这样的宰前活重，牛肉的品质达不到"高档级"标准。

四、育肥牛的饲养管理技术

（一）育肥公犊去势技术

用于生产高档牛肉的公犊，在育肥前需要进行去势处理，通常犊牛的年龄越小对牛的影响也越小，目前较常用的公犊去势方法有手术去势和无血去势两种。

1. 手术去势——睾丸摘除方法

如保定妥当也可以不进行麻醉，麻醉可采用全身麻醉或局部麻醉，全身麻醉用静松灵按 2～3mL/200kg 体重剂量快速静脉注射；局部麻醉采用脊膜外腔麻醉，用 12 号长针头从荐尾结合部刺入脊膜外腔，注射 3% 的利多卡因 3～4mL 即可，取横卧保定公牛，按常规外科手术的要求，做好器械和术部的消毒。术者左手握紧牛阴囊，右手持刀切开阴囊挤出睾丸，徒手分离固有鞘膜，轻轻牵引睾丸暴露精索。从精索上分离开鞘膜韧带至附睾尾部，剪断，再将鞘膜韧带沿精索继续分离到精索较细部，左手握掐住此处，并配合右手将鞘膜韧带绕精索打猪蹄结，向睾丸方向连续打猪蹄结 2～3 个，确认结扎牢靠，在最后一结外剪断精索，摘除睾丸，并在断端涂抹碘酊。或切开阴囊后，把固有鞘膜与皮肤分离开，轻拉睾丸在近腹股沟处用丝线对血管、精索连同固有鞘膜进行结扎，在结扎远端 1～2cm 处剪断，连同固有鞘膜一起摘除睾丸。

2. 无血去势方法

（1）去势钳去势术

公犊保定后用无血去势钳隔着阴囊皮肤夹住精索部用力合拢钳柄，钳压 15min 以上，再缓慢张开钳嘴，在钳夹下方 2cm 处再钳夹 1 次。用同样方法钳夹另一侧。术部皮肤涂碘酒消毒。

（2）结扎去势术

牛只保定后术者两手将精索握住上下捋搓，进行消毒后，将睾丸挤压到阴囊底部，助手将消毒好的双股缝合线牢牢紧扎在精索下 1/3 处数圈，切忌用力过猛，以免勒破外皮，结扎完后用碘酒进行消毒即可。

（3）捶骗法

将牛倒卧保定，用细绳将阴囊根部扎紧，使阴囊和睾丸充分显露，然后用双手紧握两侧睾丸稍向外牵拉，使其精索紧张并呈前后错位，放于圆形木墩上，用左手固定住，右手持木锤或木棒捶击精索 3～5 次，直至精索砸断（或砸碎）为止。稍等片刻，解除阴囊根部的扎绳，用 5% 碘酊擦涂阴囊颈的捶击部分，解除保定。

（二）育肥牛的去角技术

在育肥过程中，为避免因牛角给人、畜带来的伤害和危险，应对部分有角的牛特别是性情暴躁的牛进行去角处理。

1. 电烙铁或去角器去角技术

去角时间在出生后 7～30d 内，保定好牛头后，用水把角基部周围的毛打湿，并将通电加热后的电烙铁或去角器放在犊牛角顶部进行烧烙，直到犊牛角四周的组织变为古铜色为止，约需 15～25s。

2. 化学去角技术

保定好牛头，将牛角周围 3cm 处进行剪毛，并用 5％碘酊消毒，周围涂以凡士林油剂，防止药品外溢流入眼中或烧伤周围皮肤，将氢氧化钠与淀粉按 1.5：1 的比例混匀后加入少许水调成糊状，将其涂在角上约 2cm 厚。注意在去角期间去角牛应与其他犊牛隔离，防治其他犊牛因舔舐药物烧伤口腔及食道，同时避免雨淋，以防苛性钾流入眼内或造成面部皮肤损伤。还可以使用氢氧化钠棒给犊牛去角，经过上述常规处理以后，用棒状的氢氧化钠在犊牛角的基部摩擦，直到出血以破坏角的生长点。一般涂抹后一星期左右，涂抹部位的结痂会自行脱落。还可选择市场上的去角灵膏剂进行涂抹去角。

3. 手术去角技术

适用于年龄稍大的牛只。为减少术后出血可将肌肉注射或静脉注射止血敏 30mL。牛头保定妥当后，用利多卡因 5～10mL 在角神经旁作传导麻醉，牛角基部进行消毒，用消毒的骨锯或线锯从牛角基部快速锯断牛角，用蘸有肾上腺素的绷带进行压迫性止血，止血后在断面撒适量的消炎粉或涂抹油剂普鲁卡因青霉素，外敷灭菌脱脂棉，用绷带进行"8"字形包扎。

（三）科学的饲养管理

饲养管理不良是许多疾病发生的主要因素或诱因，科学的饲养管理是减少疾病发生的一个重要途径。

1. 分群饲养，科学配方

按牛的品种、年龄、体况、体重进行分群饲养，并制定科学饲料配方，注意饲料的营养平衡，以保证牛的正常发育和生产的营养需要，防止营养代谢障碍和中毒疾病的发生。

2. 改善环境、注意卫生

牛舍要采光充足，通风良好。冬天防寒，夏天防暑，排水通畅，牛床清洁，粪便及时清理，运动场干燥无积水。要经常刷拭或冲洗牛体，保持牛体、牛床、用具等的清洁卫生，使牛群始终生活在干净卫生的环境条件下，防止呼吸道、消化道、皮肤及肢蹄疾病的发生。

3. 充足给水、适当运动

牛每天需要大量的饮水，保证其洁净的饮用水，有条件的牛场应设置自动饮水装置。如由人工喂水，饲养人员必须每天按时供给充足的清洁饮水。特别在炎热的夏季，供给充足的清洁饮水是非常重要的。同时，适当的运动可增进食欲，增强体质，有效降低前胃疾病的发生。沐浴阳光，有利育肥牛的生长发育，有效减少佝偻病的发生。

4. 搓拭、按摩

在育肥的中后期，每天对育肥牛用毛刷、手对其全身进行刷拭或按摩 2 次，来促进体表毛细血管血液的流通量，有利于脂肪在体表肌肉内均匀分布，在一定程度上能提高高档牛肉的产量，这在高档牛肉生产中尤为重要，也是最容易被忽视的细节。

（四）育肥牛的疾病防制技术

育肥牛的疾病防治应坚持"预防为主，防重于治"的方针。实行科学的饲养管理，坚持防疫卫生制度，采取综合防治措施，是控制和消灭牛病的关键。

1. 严格消毒制度

消毒是消灭病原、切断传播途径、控制疫病传播的重要手段，是预防和消灭疫病的有效措施。消毒制度包括如下内容。

（1）场门、生产区和牛舍入口处都应设立消毒池，内置1％～10％漂白粉液或3％～5％烧碱液，并经常更换，保持应有的浓度。有条件的牛场，还应设立消毒间（室），进行紫外线消毒。

（2）牛舍、牛床、运动场应定期消毒，（每月1～2次），消毒药一般用10％～20％石灰乳、1％～10％漂白粉、0.5％～1％菌毒敌、百毒杀、84消毒液均可。如遇烈性传染病，最好用2％～5％热烧碱溶液消毒。牛粪要堆积发酵，也可喷洒消毒液。用2％～3％敌百虫溶液杀灭蚊、蝇等吸血昆虫，能有效降低虫媒传染病的发生。

（3）生产用具应坚持定期（每10d一次）用1％～10％的漂白粉、84消毒液等。

（4）工作人员进入牛舍时，应穿戴工作服、鞋、帽，谢绝无关人员进入牛舍，必须进入者需要穿工作服、鞋。一切人员和车辆进出时，必须从消毒池通过或踩踏消毒。有条件的可用紫外线消毒5～10min后方可入内。

（5）禁止猫、狗、鸡等动物窜入牛舍，不准将生肉等带入生产区和牛舍或煮食肉类食物，不能在生产区内宰杀病牛或其他动物，并定期灭鼠。

2. 按时免疫接种

为了提高牛机体的免疫功能，抵抗相应传染病的侵害，需定期对健康牛群进行疫苗或菌苗的预防注射。为使预防接种取得预期的效果，应在掌握本地区传染病种类和流行特点的基础上，结合牛群生产、饲养管理和流动情况，制订出比较合理、切实可行的防疫计划，特别是对某些重要的传染病如炭疽、口蹄疫、牛流行热等流行病应适时地进行预防接种。

3. 做好普通病的防治工作

每天至少应对牛群巡视一次，重点观察牛只采食、饮水是否正常、牛只的粪尿是否正常，以便及时发现病牛，为治疗争取时间，对病牛采取及时、正确的治疗。

4. 育肥牛的体、内外寄生虫的驱除技术

驱虫对增强牛群体质，预防和减少寄生虫病和某些传染病的发生具有十分重要的意义。驱虫前最好做一次粪便虫卵检查，以查清牛群体内寄生虫的种类和危害程度，根据粪便中虫卵种类或根据当地寄生虫发生情况有的放矢地选择驱虫药物。牛驱虫可选择如下药物。

（1）脒类化合物

为合成的接触性外用广谱杀虫药，主要使用的是双甲脒，它对各种螨、虱、蜱、蝇等均有杀灭作用，且能影响虫卵活力，对人、畜无害，外用时，可做喷洒、手洒、药浴等。使用时配成0.05％溶液，常用于牛体及畜舍地面和墙壁等处。

（2）咪唑丙噻唑类

属广谱、高效、低毒的驱线虫药，对牛蛔虫、食道口线虫有良好的驱除效果。在兽医临床上应用的主要是左旋咪唑，内服或注射的剂量均为7.5mg/kg体重，注射于皮下或肌肉。

（3）苯丙咪唑类

属于广谱、高效、低毒的驱虫药，对许多线虫、吸虫和绦虫均有驱除效果，并对某些线虫的幼虫有驱杀作用，对虫卵的孵化也有抑制作用。在临床使用最广的是阿苯达唑（又名丙硫苯咪唑）、芬苯达唑、甲苯达唑等，有的制成复合制剂使用。阿苯达唑给牛内服量为10～30mg/kg体重。阿苯达唑适口性较差，混饲投药时应每次少添，分多次投服，该药有致畸的可能性，应避免大量连续应用。

（4）大环内酯类

属于新型、广谱、低毒、高效的驱虫药，其突出优点在于它对畜禽体内、外寄生虫同时具有很高的驱杀作用，它不仅对成虫，还对一些线虫某阶段的发育期幼虫也有杀灭作用。这类药物在畜禽驱虫药中以阿维菌素类为代表，主要包括有阿维菌素、伊维菌素及多拉菌素等。

需要注意的是牛寄生虫病是全年发生的疾病，且多为混合感染，在驱虫时应采用联合用药，才能起到好的防治效果。对于驱虫后的粪便应进行无害化处理，最经济的方法就是生物发酵法，防止病源的扩散。另外，根据牛粪中的虫卵数进行定期或不定期的驱虫。

（五）育肥牛的采血技术

在高档牛肉生产的过程中，为了解牛群的营养、健康状况和同时为满足科研的需要，常常要对育肥牛的血液理化指标进行监测和分析，故对育肥牛进行血液采集是不可避免的。如果采血过程中对牛只的保定和采血方法不当，就会引起牛只产生强烈的应激反应，从而对育肥产生不利的影响或对牛只造成不必要的损伤。在高档牛肉生产中常用尾静脉采血法，对进行栓系育肥的牛只，只要饲养员牵住笼头即可进行采血。对于不拴系育肥的牛只需六柱栏保定。采血部位常在第2～5尾椎腹侧的正中的尾静脉沟内。牛只保定后，术者用一手将牛尾向前、向上提举（牛尾的提举也是对牛的一种保定）即可露出采血部位，用酒精棉球进行消毒后用无菌注射器针头或采血针头以45°～60°刺入尾静脉进行抽取血液，采血完成后对进针处进行短暂的压迫止血即可。尾部皮肤薄、神经分布少，采血过程对牛只的刺激小，而且保定也相对简单，从而能有效减轻或避免牛只应激的发生。

（六）育肥牛增重速度的调控及饲料调制技术

在高档牛肉生产中，育肥牛的增重速度的调控和饲料的调制，主要根据育肥牛的日增重情况来进行调整。通常每个月对不同育肥时期育肥牛进行体重测定一次，根据两次的体重计算出牛群的日增重情况后，根据日增重的情况来调整饲粮配方，或通过限制精料的方法来控制育肥牛的日增重。

另外，在高档牛肉生产中，对饲料也有一定的要求。通常在育肥前期，对饲料的要求不是很严，只要让牛只保持达一定的增重即可。但在中后期，特别是在脂肪的沉积期，为使脂肪的颜色不受育肥牛所采食饲料中所含色素（黄色素）的影响，粗饲料应以青干草或干稻草为主，禁止饲喂含有颜色的青绿饲料、青贮等。在精饲料的调制中，能量饲料以白玉米为主，尽量少用或不用黄玉米，或用小麦代替大部分黄玉米，为保证育肥牛的采食量，可在精料中适当添加食盐、白糖或糖蜜等来提高精料的适口性。

（七）肉牛养殖禁止使用的兽药及饲料添加剂

① 允许在临床兽医的指导下使用符合《中华人民共和国兽药典》《中华人民共和国兽药规范》《兽药质量标准》《兽用生物制品质量标准》《进口兽药质量标准》规定的钙、磷、硒、钾等补充药、酸碱平衡药、体液补充药、电解质补充药、营养药、血容量补充药、抗贫血药、维生素类药、吸附药、泻药、润滑剂、酸化剂、局部止血药、收敛药和助消化药。

② 育肥后期使用盐酸土霉素（注射用粉针）或土霉素注射液、磺胺嘧啶片、磺胺嘧啶钠注射液、磺胺二甲嘧啶片、磺胺二甲嘧啶钠注射液、伊维菌素注射液等，要严格执行休药期规定。

③ 禁止使用性激素类：已烯雌酚及其盐、酯及制剂（所有用途）。

④ 禁止使用β-兴奋剂类：盐酸克伦特罗、沙丁胺醇及其盐、酯及制剂（所有用途）。

⑤ 禁止使用具有雌激素样作用的物质如玉米赤霉醇、去甲雄三烯醇酮醋酸甲孕酮及制剂（所有用途）。

⑥ 禁止使用性激素类：甲基睾丸酮、丙酸睾酮、苯甲酸雌二醇及其盐、酯及制剂。

⑦ 禁止使用氯霉素及其制剂，包括琥珀氯霉素及制剂（所有用途）。

⑧ 禁止使用安眠酮及其制剂（所有用途）。

⑨ 禁止使用甲硝唑、地美硝唑及其盐、酯、及制剂（促生长）。

⑩ 禁止使用氯化亚汞、硝酸亚汞、醋酸汞、吡啶基醋酸汞（杀虫剂）。

⑪ 不应使用抗生素滤渣作肉牛饲料原料。因为该类物质是抗生素类产品生产过程中产生的工业三废。因含有微量抗生素成分，在饲料和饲养过程中使用后对动物有一定的促生长作用，但对养殖业危害很大，一是容易引起耐药性，二是由于未做安全性试验，存在各种安全隐患。

复习思考题

1. 肉牛有哪些主要品种？
2. 肉牛育肥舍主要有哪些环境要求？
3. 肉牛育肥有哪些方法？
4. 肉牛育肥时间与体重有哪些要求？
5. 肉牛养殖禁止使用的兽药及饲料添加剂有哪些？

第六章　羊肉原料生产

重点提示： 本章重点掌握肉羊主要品种的分类、肉羊产地环境质量要求、肉羊育肥方法、肥羔生产的优点、肥羔育肥期及育肥强度、肥羔生产的技术措施、羊肉质量与安全控制等内容。通过本章的学习，能够基本了解羊肉原料生产过程和产品质量安全控制方法，为生产优质安全的羊肉产品奠定基础。

第一节　肉羊主要品种

一、杜泊羊

（1）原产地

原产于南非。用南非土种绵羊波斯黑头母羊作为母本，引进英国有角陶赛特羊作为父本杂交培育而成，属于肉用绵羊品种。

（2）外貌特征

根据杜泊羊（图6-1）头颈的颜色，分为白头杜泊和黑头杜泊两种。这两种羊体躯和四肢皆为白色，头顶部平直、长度适中，额宽，鼻梁微隆，无角或有小角根，耳小而平直，既不短也不过宽。颈粗短，肩宽厚，背平直，肋骨拱圆，前胸丰满，后躯肌肉发达。四肢强健而长度适中，肢势端正。整个身体犹如一架高大的马车。杜泊绵羊分长毛型和短毛型两个品系。长毛形羊生产地毯毛，较适应寒冷的气候条件；短毛型羊被毛较短（由发毛或绒毛组成），能较好地抗炎热和雨淋，在饲料蛋白质充足的情况下，杜泊羊不用剪毛，因为它的毛可以自由脱落。

（3）生产性能

成年公羊体重90~120kg，母羊60~80kg，羔羊初生重5.5kg，羔羊105~120d体重可达36kg，胴体重达16kg。母羊可常年发情，可达两年三产，繁殖率150%，产羔率200%，母羊泌乳性能好，护羔性好。

（4）主要特点

杜泊羊的适应性、抗逆性很强，耐粗饲。

二、波尔山羊

（1）原产地

原产于南非，是世界上唯一公认的肉用山羊品种。据资料介绍，在南非好望角地区（1800—1820年）随着羊场主的定居，对原产于荷兰的普通波尔山羊与农场的山羊开始进行细致的育种工作，并取得了进展，选育出个体结实，体躯匀称的波尔山羊（图6-2）。

图 6-1　杜泊羊肉羊　　　　　　　　　　　　图 6-2　波尔山羊公羊

（2）外貌特征

体格中等结实，头粗壮，鼻大微拱，眼呈棕蓝色，公羊角粗大向上向后弯曲，母羊角细而直立，耳大下垂，颈部较粗与体躯结合适中，胸部宽深，肩部肥厚，腹部紧凑，臀部肌肉丰满，尾直而上翘，四肢粗短健壮。理想的波尔山羊被毛是白色，头部红色并有一条白色毛带，允许有一定数量的红斑。

（3）生产性能

成年公羊平均 90kg，母羊 65～75kg。体重平均 41kg 的羊，屠宰率为 52.4%（未去势的公羊可达 56.2%）。3 个半月龄的公羔体重 22.1～36.5kg，母羔 19～29kg；9 个月龄公羊 50～70kg，母羊 50～60kg。波尔山羊四季发情，产羔率为 150%～190%。选择多产的个体同优良的饲养相结合，每窝产羔可达 2.25 只以上。

（4）主要特点

波尔山羊羊肉脂肪含量适中，胴体品质好；适应性、繁殖率高，抗逆性很强，耐粗，在我国分布较广。

三、小尾寒羊

（1）原产地

产于河南新乡、开封地区，山东菏泽、济宁地区以及河北南部、江苏北部、淮北等地。其祖先是北方草原地区迁徙过来的蒙古羊，在长期细致选育下，生长快，繁殖力高，是适宜分散饲养、舍饲为主的农区优良品种。

（2）外貌特征

体型结构匀称，侧视略成正方形；鼻梁隆起，耳大下垂；短脂尾呈圆形，尾尖上翻，尾长不超过飞节；胸部宽深、肋骨开张，背腰平直。体躯长呈圆筒状；四肢高，健壮端正。公羊头大颈粗，有发达的螺旋形大角，角根粗硬；前躯发达，四肢粗壮，有悍威、善抵斗。母羊头小颈长，大都有角，形状不一，有镰刀状、鹿角状、姜芽状等，极少数无角。全身被毛白色、异质、有少量干死毛，少数个体头部、四肢有黑褐斑点或斑块。按照被毛类型可分为裘毛型、细毛型和粗毛型三类，裘毛型毛股清晰、花弯适中美观。

（3）生产性能

成年公羊体重 94.1kg、成年母羊体重 48.7kg；3 月龄公、母羔羊平均断奶重可达 20.8kg 和 17.2kg。公、母羊年平均剪毛量分别为 3.5kg 和 2.1kg，净毛率为 63%。3 月龄羔羊平均胴体重 8.49kg，净肉重 6.58kg，屠宰率为 50.6%，净肉率为 39.21%。母羊 5～6

月龄发情，公羊 7～8 月龄可配种，母羊全年发情，可一年两产或两年三产，产羔率平均 261%。

（4）主要特点

小尾寒羊适应性、抗逆性很强、耐粗饲。另外，该品种繁殖率高，是一个较为理想的肉羊经济杂交母本。

四、马头山羊

（1）原产地

马头山羊是湖北省、湖南省肉皮兼用的地方优良品种之一，主产于湖北省十堰、恩施等地区和湖南省常德、黔阳等地区。

（2）外貌特征

公母羊均无角，头形似马，性情迟钝，群众俗称"懒羊"。头较长，大小中等，公羊 4 月龄后额顶部长出长毛（雄性特征），并渐伸长，可遮至眼眶上缘，长久不脱，去势一月后就全部脱光，不再复生。马头羊体型呈长方形，结构匀称，骨骼坚实，背腰平直，肋骨开张良好，臀部宽大，稍倾斜，尾端而上翘。乳房发育尚可。四肢坚强有力，行走时步态如马，频频点头。马头山羊皮厚而松软，毛稀无绒。毛被白色为主，有少量黑色和麻色。按毛短可分为长毛型和短毛型两种类型。

（3）生产性能

成年公羊平均体重 43.8kg，母羊体重 33.7kg。早期肥育效果好，可生产肥羔羊，肉质鲜嫩，膻味小。板皮品质良好，张幅大，平均面积 8190cm^2。所产粗毛洁白、均匀，可制作毛笔、毛刷。繁殖性能高，性成熟早，母羊一年可产两胎，初产母羊多产单羔，经产母羊多产双羔。产羔率 191.9%～200.3%，母羊有 3～4 个月的泌乳期。

（4）主要特点

马头山羊繁殖性能高、性成熟早、抗逆性很强、耐粗饲。

第二节　肉羊养殖环境要求

一、产地环境质量要求

1. 养殖场的基本要求

肉羊养殖场的场址应选在生态环境良好，没有或不直接受工业"三废"及城镇生活、医疗废弃物污染的区域。与水源有关的地方病高发区也不能成为无公害羊肉的生产基地。养殖场的选择应执行国家标准或相关行业标准的规定，避开风景名胜区、人口密集区和水源防护区等环境敏感区，符合环境保护、兽医防疫要求。养殖区周围 500m 内，水源上游没有对环境构成威胁的污染源，包括工业"三废"、医院污水及废弃物、城市垃圾和生活污水、畜禽养殖废弃物等。羊场周围 3000m 内无采矿场、大型化工厂、造纸厂、皮革厂、肉品加工厂、屠宰场或畜禽牧场等污染源。羊场应距离主干线公路、铁路、城镇、居民区和公共场所 1000m 以上，远离高压线。羊场周围有围墙或防疫沟，并应建立绿化隔离带。

圈舍地面的建筑应以便于清扫和舒适为原则，一般建成水泥地面，但羔羊在冬天容易患痢疾，冬天应适当添加垫草，但应勤扫、勤换。夏季极易造成饲料的腐败变质，导致病菌的传播。所以饲槽的设计要合理，一般设置为 U 形。养殖废弃物经无公害处理后应达到国家标准或相应行业标准的规定后方可排放。产地的环境空气、饲草灌溉水、饮用水以及土壤中环境污染物的浓度，不得超过国家颁布的《农产品安全质量》和农业部颁布的《无公害食品的产地环境条件》所规定的浓度限量。

2. 空气质量要求

肉羊饲养场环境质量应符合《农产品安全质量无公害畜禽肉产地环境要求》中规定的空气质量标准（表6-1）。

表6-1　畜禽场环境质量指标

序号	项目	场区	舍区		猪舍	牛舍
			畜舍			
			雏	成		
1	氨气/(mg/m³)	5	10	15	25	20
2	硫化氢/(mg/m³)	2	2	10	10	8
3	二氧化碳(mg/m³)	750	1500		1500	1500
4	可吸入颗粒(标准状态)/(mg/m³)	1	4		1	2
5	总悬浮颗粒物(标准状态)/(mg/m³)	2	8		3	4
6	恶臭(稀释倍数)	50	70		70	70

3. 生产加工环境空气质量

生产加工环境空气质量应符合表6-2的要求。

表6-2　生产加工空气质量控制

项　目	日平均①	1h平均②
总悬浮物颗粒(标准状态)/(mg/m³)	≤0.30	
二氧化硫(标准状态)/(mg/m³)	≤0.15	≤0.50
氮氧化物(标准状态)/(mg/m³)	≤0.12	≤0.24
氟化物/(mg/L·d)	≤3(月平均)	
铅(标准状态)/(mg/m³)	季平均≤1.50	

① 日平均为任何1日的平均浓度。

② 1小时平均指任何1小时的平均浓度。

4. 水质要求

水质要求清洁、无污染。肉羊饮用水的色、浑浊度、嗅和味、肉眼可见物等的感官指标，pH值、总硬度、溶解性总固体、氟化物、氯化盐、硫酸盐、氟化物、砷、汞、铅、硝酸盐等理化指标以及总大肠菌群均应符合《无公害食品畜禽饮用水水质》规定的要求。当水源中含有农药时，其浓度不应超过规定的限量。饮用水的卫生要求，如表6-3～表6-5。

表6-3　畜禽饮用水质量

序号	项目	自备井	地面水	自来水
1	大肠杆菌/(个/升)	3	3	
2	细菌总数/(个/升)	100	200	
3	pH值	5.5～8.5		
4	总硬度/(mg/L)	600		
5	溶解性总固体/(mg/L)	2000①		
6	铅/(mg/L)	Ⅳ类地下水准	Ⅳ类地下水准	饮用水标准
7	铬(六价)/(mg/L)	Ⅳ类地下水准	Ⅳ类地下水准	饮用水标准

注：甘肃、青海、新疆和沿海岛屿可放宽到3000mg/L。

表 6-4 饮用水水质标准

指标	项目	标准值
感官性状及一般化学指标	色/(°)	≤30°
	浑浊度/(°)	≤20°
	嗅和味	不得有异臭、异味
	肉眼可见物	不得含有
	总硬度($CaCO_3$ 计)/(mg/L)	≤1500
	pH 值	5.5～9
	溶解性总固体/(mg/L)	≤4000
	氯化物(以 Cl^- 计)/(mg/L)	≤1000
	硫酸盐(以 SO_4^{2-} 计)/(mg/L)	≤500
细菌学指标	总大肠杆菌群/(个/100mL)	≤成年畜10,幼畜1
	氟化物(以 F^- 计)/(mg/L)	≤2
	氰化物/(mg/L)	≤0.2
	总砷/(mg/L)	≤0.2
	总汞/(mg/L)	≤0.01
毒理学指标	铅/(mg/L)	≤0.1
	铬(六价)/(mg/L)	≤0.1
	镉/(mg/L)	≤0.05
	硝酸盐(以 N 计)/(mg/L)	≤30

表 6-5 饮用水中农药限量标准 (mg/mL)

项目	限值	项目	限值
马拉硫磷	0.25	林丹	0.004
内吸磷	0.03	百菌清	0.01
甲基对硫磷	0.02	甲萘威	0.05
对硫磷	0.003	2,4-D	0.1
乐果	0.08		

二、羊舍的环境管理

1. 温度

绵山羊总体对环境温度要求不高,除产房外,羊舍的温度适应范围-3～23℃,羔羊哺乳阶段为27～30℃。

2. 湿度

总体来说无论什么品种的绵山羊都怕湿,适宜的相对湿度在40%～70%,高于70%的羊舍环境,很容易导致各种疾病的发生。

3. 通风

由于大多数羊舍属半开放舍,或有窗式封闭舍,与外界环境的对流通风状况比较好,因此在冬季室外环境温差比较大的情况下,因通风不足会导致湿度过高,空气质量差,才有必要进行通风。冬季的换气参数为0.6～0.7m³/min。

4. 光照

开放式或半开放式羊舍因墙壁有很大的开露部分,主要靠自然采光,而有窗式封闭舍则以自然采光为主、人工辅助光照为辅,人工照明主要是弥补冬季照明不足。羊舍一般情况下母羊和种公羊8～10h,妊娠后期母羊与羔羊16～18h。采光系数为成年羊舍1:(15～25);羔羊舍1:(15～20)。

第三节　肉羊育肥方法

一、育肥前对羊的处理

（1）对羊进行健康检查，无病者方可进行育肥。

（2）把羊按年龄、性别和品种进行分类组群。

（3）对羊进行驱虫、药浴、防疫注射和修蹄。

（4）对 8 月龄以上的公羊进行去势，使羊肉不产生膻味和有利于育肥。但是，对 8 月龄以下的公羊不必去势，因为不去势公羊比阉羔出栏体重高 2.3kg 左右，且出栏日龄少 15d 左右，羊肉的味道也没有差别。

（5）羊进行称重，以便与育肥结束时的称重进行比较，检验育肥的效果和效益。

（6）被毛较长的羔羊在屠宰前 2 个月，如能剪一次羊毛，不仅不会影响宰后皮张的品质和售价，还能多得 2kg 左右的羊毛，增加收益，而且也更有利于育肥。

二、育肥方式

1. 放牧育肥

这是最经济的育肥方法，也是我国牧区和农牧区传统的育肥方法。育肥时期在青草期，即 5～10 月份，此时牧草丰茂、结实，羊吃了上膘快。该法优点是成本低和效益相对较高，但要求必须有较好的草场；缺点是羊肉味不如其他育肥方式好，且常常要受到自然因素变化的干扰。放牧育肥一定要保证每只羊每天采食的青草量，羔羊达到 4kg 以上，大羊达到 7kg 以上。

2. 舍饲育肥

是根据羊育肥前的状态，按照饲养标准和饲料营养价值配制羊的饲喂饲粮，并完全在羊舍内喂、饮的一种育肥方式。此法虽然饲料的投入相对较高，但可按照市场的需要实行大规模、集约化、工厂化的养羊。房舍、设备和劳动力利用合理，劳动生产率较高，从而也能降低一定成本。而且，羊的增重、出栏活重和屠宰后胴体重均比放牧育肥和混合育肥高10%～20%。另外，育肥羊在 30～60d 的育肥期内就可以达到上市标准，育肥期比其他方式短。舍饲育肥的饲粮，以混合精料的含量占 50%、粗饲料的含量占 50% 的配比比较合适。饲粮可利用草架和料槽分别饲喂，最好能将草料配合在一起，加工成颗粒料，用饲槽一起喂给。

3. 混合育肥

这种育肥方式大体有两种形式，其一是在秋末草枯后对一些未抓好膘的羊，特别是还有很大肥育潜力的当年羔羊，再延长一段育肥时间。即舍内补饲一些精料，经 30～40d 后屠宰，这样可进一步提高胴体重、产肉量及肉的品质。其二是草场质量较差，单靠放牧不能满足快速育肥的营养需求，故对羊群采取放牧加补饲的混合育肥方法，这样能缩短羊肉生产周期，增加肉羊出栏量、出肉量。第一种混合育肥法耗用时间较长，不符合现代肉羊短期快速育肥的要求，提倡采用第二种混合育肥法。放牧加补饲的育肥羊群由同一牧工管理，每天放牧 7～9h，同时分早、晚 2 次补饲草料。混合育肥可使育肥羊在整个育肥期内的增重，比单纯依靠放牧育肥提高 50% 左右，同时屠宰后羊肉的味道也好。因此，只要有一定条件，还是采用混合育肥的办法来育肥羊。

三、羔羊育肥

近年来，我国推行羔羊当年肥育、当年屠宰，这是增加羊肉产量、提高养羊业经济效益的重要措施。

1. 肥羔生产的优点

（1）羔羊肉具有鲜嫩、多汁、精肉多、脂肪少、味美、易消化及膻味轻等优点，深受欢迎，国际市场需求量很大。

（2）羊生长快，饲料报酬高，成本低，收益高。

（3）在国际市场上羔羊肉的价格高，一般比成年羊肉高30%～50%。

（4）羔羊当年屠宰，加快了羊群周转，缩短了生产周期，提高了出栏率和出肉率。

（5）羔羊当年屠宰减轻了越冬度春的人力和物力的消耗，避免了冬季掉膘、甚至死亡的损失。

（6）改变了羊群结构，增加了母羊的比例，有利于扩大再生产，可获得更高的经济效益。

（7）6～9月龄羔羊所产的毛、皮价格高，所以在生产肥羔的同时，又可生产优质毛皮。

2. 育肥期及育肥强度的确定

在正常条件下，早熟肉用和肉毛兼用羔羊，在周岁内，平均日增重以2～3月龄最高，可达300～400g；1月龄次之；4月龄急剧下降；5月龄以后稳定地维持在130～150g。对于这样的羔羊，从2～4月龄开始，采取一定措施进行强度育肥，那么在50d左右的育肥期内，平均日增重定可达到其原有的水平，甚至还高。可见，2～4月龄的羔羊，凡平均日增重达200g以上者，均可转入育肥，采用放牧加补饲或全舍饲的方式，进行50d左右的强度育肥，均可使羔羊达到预期上市标准。但是，平均日增重低于180g的就不适于这样做了，必须等羔羊体重长到20kg以上，才能转为育肥。在羔羊体重达不到一定程度时，过早进行强度育肥，常会造成羔羊的肥度达标，但体重还相差很远。

3. 肥羔生产的技术措施

随着科技的发展，养羊业已转向大规模、工艺先进的工厂化、专业化生产。在肥羔生产中采用了以下一些技术措施。

（1）开展经济杂交

是增加羔羊肉产量的一种有效措施。既能提高羔羊的初生重、断奶重、出栏重、成活率、抗病力、生长速度、饲料报酬，又能提高成年羊的繁殖力与产毛量等生产性能。在经济杂交中，利用3个或4个品种轮回杂交，或至少用3～4个父本品种进行连续杂交，可以获得最大的杂种优势。

（2）早期断奶

实质上是控制哺乳期，缩短母羊产羔间隔和控制母羊繁殖周期，达到1年2胎或2年3胎、多胎多产的一项重要技术措施，是工厂化生产的重要环节。一般可采用两种方法：其一，出生后1周断奶，然后用代乳品进行人工育羔。其二，出生后7周左右断奶，断奶后可全部饲喂植物性饲料或放牧。早期断奶必须让羔羊吃到初乳后再断奶，否则会影响羔羊的健康和生长发育。

（3）培育或引进早熟、高产肉用羊新品种

早熟、多胎、多产是肥羔生产集约化、专业化、工厂化的一个重要条件。

（4）同期发情

同期发情是现代羔羊生产中一项重要的繁殖技术。利用激素使母羊同时发情，可使配种、产羔时间集中，有利于羊群抓膘、管理，还有利于发挥人工授精的优点，扩大优秀种公羊的利用。

（5）早期配种

传统配种时间是母羊 1～1.5 岁。只要草料充足，营养全价，母羊可在 6～8 月龄时早期配种。可使母羊初配年龄提前数月或 1 年，从而延长了母羊的使用年限，缩短了世代间隔，提高了终身繁殖力。研究证明，早期配种不但不会影响自身的发育，而且妊娠后所产生的孕酮还有助于母体自身的生长发育。

（6）诱发分娩

在母羊妊娠末期，一般到 144 日龄后，用激素诱发提前分娩，使产羔时间集中，有利于大规模批量生产与周转，方便管理。

四、大羊育肥

大多数投入育肥的大羊，一般都是从繁殖群清理出来的淘汰羊，常常在 6～7 月份，等剪完毛后才能投入育肥。主要是为了在短期内增加膘度，使其迅速达到上市标准。所以除放牧外，都用大喂量和高能量的精料补饲的混合育肥方式，经 45d 左右育肥出栏。补饲混合精料的配方为：玉米 50%，麸皮 27%，豆粕 20%，食盐 1.5%，矿物质添加剂 1.5%。每只羊每天的喂量为 0.5～1.0kg。大羊育肥，有时也会遇到枯草期或无法放牧的情况，应当采取全舍饲和高强度的方法进行育肥。

五、提高羊肉生产效率的关键技术

我国养羊地区，一般草场产草呈季节性不平衡，冬春产草不足。为此可发展季节性畜牧业，推行羔羊当年育肥出栏的措施。当前存在的问题是出栏羔羊体重较轻，屠宰率低，胴体品质差，不能满足消费着者的需求。因此，如何适应消费者的要求，生产出胴体大、品质好的羔羊，是目前肉羊业亟待解决的问题。具体可采取以下关键技术。

（1）推行杂交一代化

利用地方良种和引入良种杂交生产肥羔，当年出栏，既利用了杂种优势，也保存了当地品种的优良特性。引入品种进行二元杂交，主要是为了提高产羔率和肉用性能。杂交一代羔羊均表现出生长发育快、早熟性能好、产肉多等优点。

（2）确定合适配种时间

我国大部分地区羊的饱青季节始于 5 月份，则合适的配种时间在 9 月份，翌年 2 月产羔，5 月份断奶刚好吃上青草。8 月底将公羊放入母羊群中进行诱情，可促进母羊集中发情和配种，从而使翌年产羔集中，便于分群管理。

第四节　羊肉质量与安全控制

在生产实践中，由于环境污染、饲料饲草中农药残留以及不合理使用或滥用兽药和饲料添加剂，导致许多有毒有害物质直接或通过食物链进入羊的体内，蓄积于羊肉中，加上羊的许多疾病可通过其产品传播给人，严重影响了人们的身体健康。因此，为了保证羊肉不会对消费者的健康造成危害，对羊肉质量与安全进行控制十分重要。

一、生产投入品质量控制

产地使用的种羊、兽药、饲料及饲料添加剂等生产投入品必须符合国家或行业质量标准，禁止使用国家禁用、淘汰的畜牧业生产投入品，用药有休药期要求的必须按规定执行。

1. 羊只引进

引种应从取得《种畜禽生产经营许可证》和《动物防疫合格证》且达到无公害标准的种羊场购买，并按照《种畜禽调运检疫技术规范》（GB 16567—1996）的规定进行检疫，外购商品羊应依照《动物检疫管理办法》和 GB 16549—1996 的规定进行检疫，购入羊要在隔离场（区）饲养观察 30d 以上，确认为健康者方可转入生产群。严禁从疫区购入羊只。

2. 饲料及饲料添加剂

近年来，随着我国饲料工业的迅猛发展，尤其是饲料添加剂（包含矿物质饲料添加剂、抗生素类添加剂、激素和催肥类饲料添加剂）的广泛应用，大大提高了养殖效益，但同时也出现了一些滥用添加剂造成羊肉产品中有害物质严重超标的现象，直接威胁人类的健康与安全，因此，要获得无公害羊肉，就必须使用无公害的绿色饲料和饲料添加剂（如酶制剂、微生态制剂、酸制剂等），禁止饲喂发霉和变质的饲料以及动物源性骨肉粉。使用抗生素添加剂时，要严格按照《饲料和饲料添加剂管理条例》的规定执行休药期。总之，饲料及饲料添加剂的使用应符合 NY 5150—2002 标准及农业部 105 号公告《允许使用的饲料添加剂品种目录》的要求。

（1）生产条件的控制

饲料生产企业应通过国家有关部门的审核验收，并获得生产许可证；企业的生产技术人员应具备一定的专业知识、生产经验，熟悉动物营养、产品技术标准及生产工艺；厂房建筑布局合理，生产区、办公区、仓储区、生活区应当分开；要有适宜的操作间和场地，能合理放置设备和原料；应有适当的通风除尘、清洁消毒设施。

（2）原料质量的控制

应制定较为详细、全面的饲料原料安全卫生标准，强化对霉菌毒素、有毒有害污染物的检验，禁止使用劣质、霉变及受到有毒有害物质污染的原料。在配合饲料生产中，应通过膨化与制粒工艺杀死原料中的细菌、霉菌。

（3）添加剂的种类及剂量控制

严格执行《饲料和饲料添加剂管理条例》，生产、经营和使用的饲料添加剂品种应属于农业部公布的《允许使用的饲料添加剂品种目录》中的品种，严禁违规、超量使用。

（4）产品质量控制

饲料生产企业应按照饲料生产有关制度的要求，引入 HACCP 体系，建立起完整、有效的质量监控和监测体系。质检部门应设立仪器室、检验操作室和留样观测室，要有严格的质量检验操作规程；要强化有毒有害物质及添加剂的检测，对于有毒物质及添加剂含量超标的产品要严禁出厂，并及时查清原因，采取纠正措施；质检部门必须有完整的检验记录和检验报告，并保存 2 年以上。饲料标签必须按规定注明产品的商标、名称、分析成分保证值、药物名称及有效成分含量、产品保质期等信息。

3. 肉羊养殖禁止使用的兽药及饲料添加剂

在无公害羊肉生产过程中，应保证良好的饲养管理，尽量减少疾病的发生，减少药物的使用，一旦发生疾病必须坚持对症用药，不准随意滥用抗生素。预防、治疗和诊断疾病所用的疫苗、抗菌药和抗寄生虫药等兽药，应符合 NY 5148—2002 标准要求，禁止使用麻醉药、镇痛药、镇静剂以及未经国家畜牧兽医行政管理部门批准的或已经淘汰的药物，必须注意以下几点：①禁止在饲料中添加镇静剂——盐酸氯丙嗪、安定等违禁药物；②禁止在饲料中添加激素类——己烯雌酚、苯甲酸雌二醇等违禁药物；③不得使用敌百虫；④禁止使用氯霉素及其制剂；⑤肉羊育肥后期使用药物治疗时，要严格执行所用药物的休药期，达不到休药期的不应作为无公害羊肉上市。

二、羊肉加工过程的质量控制

（1）活羊必须来自无公害生产基地，经当地动物监督检疫机构检验和宰前检验合格后方能屠宰。

（2）生产羊肉的屠宰场和肉类加工企业应遵守《畜类屠宰加工通用技术条件》（GB/T 17237—2008）等有关标准的规定，远离垃圾场、畜牧场、医院及其他公共场所和排放"三废"的工业企业，生产饮用水应符合《生活饮用水卫生标准》（GB 5749—2006）的规定。

（3）加工厂环境应清洁、干净，车间配有必要的卫生设施，在活羊屠宰加工中采用GMP（良好生产规范）、HACCP（危害分析与关键控制点）、SCP（卫生控制程序）和SSOP（卫生标准操作程序）和食品微生物预测技术等食品安全控制体系指导生产。

（4）羊肉的感官指标、理化指标、微生物指标应符合 NY 5147—2002 标准的要求。在羊肉及其制品加工中，不得使用化学合成防腐剂和人工合成着色剂，加工设备、用具、储存、运输和车间必须符合卫生要求，工作人员应持有健康合格证，保持个人卫生。

（5）羊肉包装应符合 GB 11680—1989 的要求，标签应符合 GB 7718—1994 的规定。

三、生产管理

羊肉的生产过程应符合羊肉生产技术的标准要求，按照技术规范组织生产，并建立与之相适应的管理制度。

（1）羊肉的生产管理工作由政府推动，实行产地认定和产品认证的工作模式，认证机构负责对无公害羊肉生产企业进行管理。

（2）根据生产规模设置相应的机构和专业技术人员，至少 1 名专职兽医，每年还应组织职工进行健康检查，在取得《健康证》后方可上岗工作。

（3）应建立健全质量控制措施，并有完整的生产和销售记录档案（包括：种羊来源，饲料消耗情况，发病率、死亡率及发病死亡原因，无害化处理情况，实验室检查及其结果，用药及免疫接种情况，羊只发目的地等）。档案要设专人管理，所有资料要按时整理、分析，并分类归档，装订成册，尽可能长期保存。

复习思考题

1. 肉羊主要的品种有哪些？
2. 肉羊产地环境质量有哪些要求？
3. 肉羊育肥方式有哪些？
4. 肥羔生产的优点是什么？
5. 如何确定肥羔育肥期及育肥强度？
6. 简述肥羔生产的技术措施？
7. 肉羊养殖禁止使用的兽药及饲料添加剂有哪些？
8. 羊肉加工过程的质量控制要点有哪些？

第七章 兔肉原料生产

重点提示： 本章重点掌握肉兔主要的品种、肉兔育肥方法、肉兔快速育肥技术措施、兔肉质量与安全控制等内容。通过本章的学习，能够基本了解兔肉原料生产过程和产品质量安全控制方法，为生产优质安全的兔肉产品奠定基础。

第一节　肉兔主要品种

肉兔，又称菜兔。肉兔品种很多，按体型大致可分为大、中、小三种类型。体重 5kg 以上为大型兔；3～5kg 为中型兔；3kg 以下为小型兔。据测定，肉兔瘦肉率高达 70%。兔肉蛋白质含量高达 21.5%，几乎是猪肉的 2 倍，比牛肉多出 18.7%。而脂肪含量为 3.8%，是猪肉的 1/16，牛肉的 1/5。兔肉富含大脑和其他器官发育不可缺少的卵磷脂，有健脑益智的功效。特别适宜老人、小孩食用。在国外，兔肉被誉为"美容食品"，需求量不断增加。我国饲养的肉兔品种数量较多，主要有以下几种。

一、新西兰兔

（1）原产地

新西兰兔原产于美国，由美国于 20 世纪初用弗朗德巨兔、美国白兔和安哥拉兔等杂交选育而成。是近代世界最著名的肉兔品种之一，广泛分布于世界各地。有白色、红色和黑色 3 个变种，它们之间没有遗传关系，而生产性能以白色最高。我国多次从美国及其他国家引进该品种，均为白色变种，表现良好。

（2）外貌特征

新西兰兔毛色有白、黄、棕色三种，其中白色新西兰兔最为出名。该品种被毛纯白，眼球呈粉红色，头宽圆而粗短，耳朵短小直立，颈肩结合良好，后躯发达，肋腰丰满，四肢健壮有力，脚毛丰厚，全身结构匀称，具有肉用品种的典型特征。

（3）生产性能

成年公兔体重 4.1～5kg，成年母兔体重达 4.5～5.4kg，8 周龄体重可达到 1.kg，10 周龄体重可达 2.3kg。屠宰率 52%～55%，肉质细嫩。母兔繁殖力强，最佳配种年龄 5～6 月龄，年产 5 窝以上，每窝产仔 7～8 只。

（4）主要特点

新西兰兔最大的特点是早期生长发育快，2 月龄体重达 2.0kg 左右。另外，其适应性和抗病力较强，饲料利用率和屠宰率高，性情温顺，易于饲养。特别是其耐频密繁殖、抗脚皮炎能力是其他品种难以与之相比的。适于集约化笼养，是良好的杂交亲本。该兔无论是与大型的品种（如比利时兔）杂交作母本，还是与中型品种（如太行山兔）杂交作父本，均表现良好。主要缺点是毛皮品质较差，利用价值低。但用新西兰白兔与中国白兔、日本大耳兔、加利福尼亚兔杂交，则能获得较好的杂种优势。

二、加利福尼亚兔

（1）原产地

加利福尼亚兔原产于美国加利福尼亚州，是一个专门化的中型肉兔品种。我国多次从美国等国家引进，表现良好。我国于1978年引入加利福尼亚兔，现分布较广泛。

（2）外貌特征

该品种体躯被毛白色，耳、鼻端、四肢下部和尾部为黑褐色，俗称"八点黑"。眼睛红色，颈粗短，耳小直立，体型中等，前躯及后躯发育良好，肌肉丰满。绒毛丰厚，皮肤紧凑，秀丽美观。"八点黑"是该品种的典型特征。

（3）生产性能

成年公兔3.5～4kg，成年母兔体重3.5～4.5kg。2月龄重1.8～2kg，屠宰率52%～54%，肉质鲜嫩；适应性广，抗病力强，性情温顺。繁殖力强，泌乳力高，母性好，产仔均匀，发育良好。一般胎均产仔7～8只，年可产仔6胎。

（4）主要特点

加利福尼亚兔的遗传性稳定，在国外多用它与新西兰兔杂交，其杂交后代56日龄体重1.7～1.8kg。在我国的表现良好，尤其是其早期生长速度快、早熟、抗病、繁殖力高、遗传性稳定等，深受各地养殖者的喜爱。该兔适于营养较高的精料型饲料。

三、比利时兔

（1）原产地

是英国育种家利用原产于比利时贝韦仑一带的野生穴兔改良而成的大型肉兔品种。该兔是良好的杂交亲本（主要是杂交父本），与小型兔（如我国本地兔）和中型兔（如太行山兔、新西兰兔等）杂交，有明显的优势。我国于1978年引入比利时兔，现分布较广泛。

（2）外貌特征

被毛为深褐色、赤褐色或浅褐色，体躯下部毛色灰白色，尾内侧呈黑色，外侧灰白色，眼睛黑色。两耳宽大直立，稍向两侧倾斜。头粗大，颊部突出，脑门宽圆，鼻梁隆起。体躯较长，四肢粗壮，后躯发育良好。

（3）生产性能

成年体重：公兔5.5～6.0kg，母兔6.0～6.5kg，最高可达7～9kg。幼兔6周龄，体重可达1.2～1.3kg；3月龄，体重2.8～3.2kg。耐粗饲能力高于其他品种，适于农家粗放饲养。年产4～5胎，胎均产仔7～8只，泌乳力很高，仔兔发育快。

（4）主要特点

该兔种的主要优点是生长发育快、体形大、适应性强、泌乳力高。比利时兔与我国白兔、日本大耳兔杂交，可获得理想的杂种优势。该兔的主要缺点是在笼养条件下易患脚皮炎，耳癣的发病率也较高，产仔数多寡不一，仔兔大小不均，毛色的遗传性不太稳定。

四、青紫蓝兔

（1）原产地

该兔原产于法国，因毛色类似珍贵毛皮兽"青紫蓝绒鼠"而得名，是世界著名的皮肉兼用兔种。

（2）外貌特征

被毛整体为蓝灰色，耳尖及尾面为黑色，眼圈、尾底、腹下和后额三角区呈灰白色。单根纤维自基部至毛梢的颜色依次为深灰色、乳白色、珠灰色、雪白色和黑色，被毛中夹杂有全白或全黑的针毛。眼睛为茶褐色或蓝色。

（3）生产性能

青紫蓝兔现有3个类型。标准型：体型较小，成年公兔体重2.5～3.4kg，母兔体重2.7～3.6kg；美国型：体型中等，成年公兔体重4.1～5kg，母兔体重4.5～5.4kg；巨型兔：偏于肉用型，成年公兔体重5.4～6.8kg，母兔体重5.9～7.3kg。繁殖力较强，每胎产仔7～8只，仔兔初生重50～60g，3月龄体重达2～2.5kg。

（4）主要特点

该兔种的主要优点是毛皮品质较好，适应性较强，繁殖力较高，因而在我国分布很广，尤以标准型和美国型饲养量较大。主要缺点是生长速度较慢，因而以肉用为目的不如饲养其他肉用品种有利。

五、伊拉兔

（1）原产地

伊拉兔又称伊拉配套系肉兔。是法国莫克公司在20世纪70年代末培育成功。由A、B、C、D四个系组成。它是由九个原始品种经不同杂交组合选育试验后培育的。我国于2000年5月和2006年6月先后两次引进四系配套伊拉肉兔曾祖代种兔。

（2）外貌特征

A系除耳、鼻、肢端和尾是黑色外，全身白色；B系除耳、鼻、肢端和尾是白色外，全身黑色；C系兔全身白色；D系兔全身黑色。眼睛粉红色，头宽圆而粗短，耳直立，臀部丰满，腰肋部肌肉发达，四肢粗壮有力。

（3）生产性能

成年体重公兔5.0kg，母兔4.7kg。商品兔平均重达4.5kg。平均胎产仔数8.35只，受胎率76%，断奶死亡率10.31%，饲料转化率3∶1，伊拉兔75日龄体重为2.5kg，净肉量为1.5kg。伊拉兔出肉率在58%～60%，比一般兔子的出肉率高8%～10%左右。伊拉兔产仔数能达到8～9只，最多能达到11～12只，成活率也一般在95%以上。成年商品兔平均重达4.5kg。

（4）主要特点

该品种一个最显著的特点是出肉率高，可达59%，是目前肉兔品种中最高的。

第二节　肉兔育肥方法

一、肉兔育肥方法

肉兔的育肥方法大致可分为幼兔育肥法和成年兔育肥法两种。幼兔育肥法是指仔兔断奶后就开始催肥。育肥开始时可采用合群放牧，使幼兔有充分运动的机会，达到增进健康和促进骨骼、肌肉生长的目的。10～15d后即可采用笼养法育肥，时间30～35d，体重达2～2.5kg时即可屠宰。成年兔育肥是指淘汰种兔在屠宰前经较短的育肥时间，以增加体重，改善肉质。育肥时间一般不超过 30～40d，可增加体重 1～1.5kg。幼兔育肥主要包括如下技术要点。

（1）仔兔 28d 断奶后直接转到育肥群，饲喂全价配合颗粒饲料（含粗蛋白 18％左右，粗纤维 10％～12％，消化能 10.47MJ/kg），自由采食，自由饮水。

（2）育肥兔采用高密度笼养，每平方米笼底面积饲养育肥兔 18 只左右，以减少活动量，提高饲料的利用率。

（3）环境控制采取人工小气候，即人工控温、控湿、控光、控风等，给兔子提供一个最佳的生活环境。适宜的温度、湿度和通风，可使兔子营养利用率提高，疾病减少。人工控光，采取全黑暗或弱光育肥，可抑制性腺发育，促进生长，保持安静，减少咬斗。

（4）肉兔育肥期很短，一般是 6～7 周，即 28d 断奶，70～80d 出栏，可充分利用肉兔早期增重快的特点。育肥期日增重 45g 左右，料重比为 3∶1，全进全出，年周转 4～5 次，笼舍利用率很高。

二、肉兔快速育肥技术措施

快速育肥尽管科学和先进，但需要成套的设备、配套的技术和规格的品种，属于高投入、高产出的生产经营方式。要根据我国国情，充分利用农村劳动力多而廉价、场地资源和饲草饲料资源丰富的优势，采取科学的养殖模式和饲养技术，达到 90d 出栏快速育肥的目标，采用的技术要点如下。

1. 采用优良品种和杂交组合育肥

一是优良品种直接育肥，即选生长速度快的大型品种（如比利时兔、塞北兔、哈白兔等）或中型品种（如新西兰兔、加利福尼亚兔等）进行纯种繁育；二是经济杂交，用良种公兔和本地母兔或优良的中型品种交配，如比利时兔×太行山兔，塞北兔×新西兰兔，也可以 3 个品种轮回杂交；三是饲养配套系，目前我国配套系资源不足，大多数地区还不能直接饲养配套系。一般来说，国外引入的品种与我国的地方品种杂交，均可表现一定的杂种优势。

2. 抓断奶体重

早期育肥速度快慢在很大程度上取决于早期增重的快慢，即育肥期与哺乳期密切相关。凡是断奶体重大的仔兔，育肥期的增重就快，就容易抵抗断奶的应激。而断奶体重越小，断奶后就越难养，育肥增重就越慢。因此，要求仔兔 30d 断乳重：中型兔 500g 以上，大型兔 600g 以上。这就要提高母兔的泌乳力，抓好仔兔的补料，调整仔兔体重和母兔所哺育的仔兔数。

3. 过好断乳关

仔兔断乳后进入育肥期，环境和饲料的过渡很重要，如果处理不好，在断乳后 2 周左右可能大批发病、死亡，并造成增重缓慢，甚至停止生长或减重。断乳后，最好原笼原窝饲养，即采取移母留仔法。若笼位紧张，需要改变笼子，同胞兄妹不可分开。育肥应实行小群笼养，切不可一兔一笼；或打破窝别和年龄，实行大群饲养。这样会使断乳仔兔产生孤独感、生疏感和恐惧感。断乳后 1～2 周内饲喂断乳前的饲料，以后逐渐过渡到育肥料。否则，突然改变饲料，2～3d 出现消化系统疾病。

4. 采用直线育肥方法

由于肉兔的育肥期很短，从断奶（3d）到出栏仅 60d 左右。因此，过去的"先吊架子后填膘"的传统育肥法并不恰当。仔兔断乳后，不可以大量饲喂青饲料和粗饲料，一方面是因为此时小兔不能适应低营养饲粮，另一方面低营养育肥不适于家兔的生理特点。应采取直接育肥法，即满足幼兔快速生长发育对营养的需求，使饲粮中蛋白质（17％～18％）、能量（10.47MJ/kg 以上）保持较高的水平，粗纤维控制在 12％左右，使其顺利实现从断乳到育肥的过渡，不因营养不良而使生长速度减退或停顿，并且一直保持到出栏。

试验表明，小公兔不去势效果更好。因为公兔的性成熟在 3 月龄以后，在此之前它们的性行为不明显，不会影响增重；相反，睾丸分泌的少量雄性激素会促进蛋白质的合成，加速兔子的生长，提高饲料的利用率。生产中发现，在 3 月龄以前，小公兔的生长速度大于小母兔，这也说明了这一问题。再说，无论采取刀骟还是药物去势，由于伤口或药物刺激所造成的疼痛，以及睾丸组织的破坏和恢复，都将影响兔子的生长发育。

5. 采用营养调控技术

利用高科技产品除了满足育肥兔在能量、蛋白、纤维等主要营养的需求外，应用一些高科技科研产品是必要的。如稀土添加剂具有提高增重和饲料利用率的功效；喹乙醇有促进蛋白质合成及防病的作用；腐植酸添加剂可提高家兔的生产性能；酶制剂可帮助消化，提高饲料的利用率；抗氧化剂不仅可防止饲料中一些维生素的氧化，也具有提高增重、改善肉质品质的作用。维生素、微量元素及氨基酸添加剂的合理利用，对于提高育肥性能起到举足轻重的作用。

6. 搞好环境控制

育肥效果的好坏，在很大程度上取决于环境控制。在这里主要说的是温度、湿度、密度、通风和光照等。温度过高或过低都是不利的，最好保持在 25℃ 左右。湿度过大容易患病，应保持环境干燥，湿度控制在 55%～65%；密度根据温度及通风条件而定。在良好的条件下，每平方米笼底面积饲养育肥兔 18 只是完全可以的；通风不良，不仅不利于家兔的生长，而且容易患多种疾病。育肥兔饲养密度大，排泄量大，对通风的要求比较强烈；光照对于家兔的生长和繁殖有影响。根据国外的经验，育肥期实行弱光或黑暗，仅让兔子看到采食和饮水，有抑制性腺发育、促进生长、减少活动、避免咬斗、提高饲料利用率等多种作用。

7. 加强饲养管理

自由采食和饮水是定时定量、少喂勤添，还是让兔随意吃饱吃足，人们有不同的看法。过去传统养兔，多采取前者。但近来的研究表明，让育肥兔自由采食，可保持较高的生长速度。只要饲料配合合理，不会造成育肥兔的消化不良、过食等现象。自由采食适于饲喂颗粒饲料。而粉料拌水法，实行自由采食有很多不便之处，特别是饲料的霉变不易解决。但总的原则是，保证育肥兔吃饱吃足。只有多吃，方可快长。试验表明，相同的饲料配方，一种做成粉料，一种是颗粒饲料，育肥的效果不同。一般来说，颗粒饲料可提高增重 8%～13%，饲料利用率提高 5% 以上。肉兔饲养方式如图 7-1、图 7-2 所示。

图 7-1　肉兔单笼饲养

图 7-2　开放式肉兔舍设计全景

8. 搞好疾病预防

控制疾病育肥期主要疾病是球虫病、腹泻和肠炎、巴氏杆菌病及兔瘟。球虫病是育肥期的主要疾病，尤以 6～8 月份多发。采取药物预防、加强饲养管理和搞好卫生工作相结合；腹泻和肠炎主要是在饲料的合理搭配，粗纤维的含量、搞好饮食卫生和环境卫生；预防巴氏杆菌病一方面搞好兔舍的卫生和通风换气，加强饲养管理，另一方面在疾病的多发季节适时进行药物预防；再就是定期注射疫苗；兔瘟只有注射疫苗才可控制。断乳后，每只皮下注射 1mL，一次即可出栏。

9. 确定适宜屠宰日龄

适时出栏。出栏时间根据品种、季节、体重和兔群表现而定。在正常情况下，90 日龄达到 2.5kg 即可出栏。大型品种，骨骼粗大，皮肤松弛，生长速度快，但出肉率低，出栏体重可适当大些；中型品种骨骼细，肌肉丰满，出肉率高，出栏体重可小些，达 2.25kg 以上即可；冬季气温低，耗能高，不必延长育肥期，只要达到出栏最低体重即可；其他季节，青饲料充足，气温适宜，兔子生长较快，育肥效益高，可适当增大出栏体重；当兔群已基本达到出栏体重，而此时环境条件恶化（如多种传染病流行，延长育肥期有较大风险），应立即结束育肥。

第三节 兔肉质量与安全控制

一、兔肉的分级

带骨兔肉按重量分级，包括：特级（每只净重 1500g 以上）、一级（每只净重 1001～1500g）、二级（每只净重 601～1000g 以上）和三级（每只净重 400～600g）。

二、无公害兔肉的质量指标

（1）感官指标　无公害兔肉感官指标见表 7-1。

表 7-1　无公害兔肉感官指标

项目	指标
色泽	肌肉呈浅粉红色，脂肪呈乳白色或淡黄色
组织状态	肌肉致密，有弹性，指压后凹陷立即恢复，表明微干，不黏手
气味	具有鲜兔肉固有气味，无异味
煮沸后肉汤	澄清透明，脂肪团聚于表面，具有兔肉固有的香味
肉眼可见异物	不应检出

注：引自无公害食品兔肉（GB/T 17239—2008）。

（2）理化指标　无公害兔肉理化指标见表 7-2。

表 7-2　无公害兔肉理化指标

项目	指标	项目	指标
挥发性盐基氮/(mg/100g)	≤15	敌百虫/(mg/kg)	≤0.1
汞（以 Hs 计）/(mg/kg)	≤0.05	金霉素/(mg/kg)	≤0.1
铅（以 Pb 计）/(mg/kg)	≤0.1	土霉素/(mg/kg)	≤0.1
砷（以 As 计）/(mg/kg)	≤0.5	四环素/(mg/kg)	≤0.1
镉（以 Cd 计）/(mg/kg)	≤0.1	氯霉素	不应检出
铬（以 Cr 计）/(mg/kg)	≤0.1	呋喃唑酮	不应检出
六六六/(mg/kg)	≤0.2	磺胺类（以磺胺类总量计）/(mg/kg)	≤0.1
滴滴涕/(mg/kg)	≤0.2	氯羟吡啶/(mg/kg)	≤0.01

注：引自无公害食品兔肉（GB/T 17239—2008）。

(3) 微生物指标　无公害兔肉微生物指标见表 7-3。

表 7-3　无公害兔肉微生物指标

项目	指标	项目	指标
菌落总数/(CFU/g)	$\leqslant 5\times 10^5$	志贺氏菌	不应检出
大肠杆菌/(MPU/100g)	$\leqslant 1\times 10^3$	金黄色葡萄球菌	不应检出
沙门氏菌	不应检出	溶血性链球菌	不应检出

三、营养兔肉质量因素与控制措施

影响兔肉质量的因素及控制措施见表 7-4。

表 7-4　影响兔肉质量的因素及控制措施

项		目	控制措施
兔肉品质	饲料营养	蛋白质和氨基酸影响兔肉的嫩度、风味,特别是兔肉的嫩	兔肉粗蛋白含量在饲粮蛋白水平 14%～20%间增加,到 22%时下降;添加半胱胺盐酸盐(CSH)后能极显著提高兔肉中粗脂肪的含量而提高兔肉的嫩度、多汁性和口感
		维生素影响兔肉抗氧化能力	饲粮添加 α-生育酚醋酸盐可以稳定鲜兔肉以及贮存兔肉的颜色,饲粮额外添加维生素 E(200mg/mg)可以改善兔肉的氧化稳定性;高水平的 α-生育酚能改善肉的物理性状,降低剪切力,增加系水力
		饲料种类,发酵饲料影响兔肉品质	30%马铃薯渣发酵饲料与沙棘嫩枝叶配合使用,可提高兔肉蛋白质和脂肪含量,改善兔肉品质;用 5 种菌(黑曲霉、白地霉、啤酒酵母、热带假丝酵母和产朊假丝酵母)制备糖化发酵饲料,以 20%的比例替代肉兔饲粮,可明显减少兔肉中的水分含量,提高蛋白质和脂肪含量,改善兔肉品质
		牧草,含牧草基础饲粮也改变兔肉脂肪酸的组成	牧草可明显提高兔肉品质,用豆科牧草草粉替代 20%～30%精饲料,氨基酸总量和人体必需氨基酸含量提高
	添加剂	中草药添加剂对兔肉的风味的影响	黄芪、厚朴、甘草等组方或陈皮、陈曲、土黄芪、五味子等组方,饲粮中添加后可改善兔肉的风味;当归、丹参、山楂、马齿苋等 11 味中药组方,添加量为饲粮的 0.4%,兔肉质较好、粗蛋白含量高,氨基酸组成好,尤其是肌肉中含量较高的鲜味氨基酸(如背长肌肌肉中的谷氨酸、精氨酸、丙氨酸、甘氨酸)和必需氨基酸提高
		半胱氨酸盐酸盐制剂对肉质的影响	添加半胱胺盐酸盐制剂,降低肉兔肌肉中水分和灰分含量,提高肌肉中粗蛋白含量
兔肉质量安全	药物残留	饲料中使用药物添加剂,饲料厂家在饲料中添加药物添加剂或饲养者在饲料中长期添加药物	严格执行《药物饲料添加剂使用规范》。少用或不用抗生素。使用中草药添加剂,它是天然药物添加剂,中草药添加剂在配方、炮制和使用时,注重整体观念、阴阳平衡、扶正祛邪等中兽药辨证理论,以求调动动物机体内的积极因素,提高免疫力,增强抗病能力,提高生产性能
		不按规定使用药物,滥用抗生素和抗球虫药物;没有按照休药期停药	严格按照《允许作治疗使用,但不得在动物性食品中检出残留的兽药》和《常用畜禽药物的休药期和使用规定》使用药物
		非法使用违禁药物	严格执行《禁止使用,并在动物性食品中不得检出残留的兽药》,不使用禁用药物
	有毒有害物质残留	饲料在自然界的生长过程中受到各种农药、杀虫剂、除草剂、消毒剂、清洁剂以及工矿企业所排放的"三废"污染;新开发利用的石油酵母饲料、污水处理池中的沉淀物饲料与制革业下脚料等蛋白质饲料中往往会含有对人类危害性很强的致癌物质	严把饲料原料质量,保证原料无污染;对动物性饲料要采用先进技术进行彻底无菌处理;对有毒的饲料要严格脱毒并控制用量。完善法律法规,规范饲料生产管理,建立完善的饲料质量卫生监测体系,杜绝一切不合格的饲料上市

项　　目		控制措施
兔肉质量安全	有毒有害物质残留	
	配合饲料在加工调制与贮运过程中,加热、化学处理等不当,导致饲料氧化变质和酸败,特别是玉米、花生饼、肉骨粉等含油脂较高的饲料,酸败饲料易产生有毒物质;饲料霉变产生的黄曲霉毒素可以残留兔体内等	科学合理的加工保存饲料;饲料中添加抗氧化剂和防霉剂以防止饲料氧化和霉变
	饮用水被有害物质污染,如被重金属污染,农药污染	注意水源选择和保护,保证饮用水符合标准。定期检测水质,避免水受到污染,兔饮水后在体内残留
	兔出售前,用敌百虫、敌敌畏等有机磷类药物灭蝇	出栏前禁用敌百虫、敌敌畏等有机磷类药物灭蝇,避免药物残留

复习思考题

1. 肉兔主要品种各有哪些?
2. 肉兔育肥方法有哪几种,其技术要点有哪些?
3. 如何确定肉兔适宜的屠宰日龄?
4. 简述肉兔快速育肥技术措施?
5. 简述兔肉质量安全控制措施?

第八章 禽肉原料生产

第一节 鸡肉生产

一、肉鸡品种

（一）白羽快长肉鸡品种

目前，白羽肉鸡主要有三种类型，一是常规系，这种类型父母代可以通过快慢羽自别雌雄，商品代雏鸡则不能，目前国内饲养的肉鸡主要是这种类型；二是羽毛鉴别系，此类型肉鸡可以在商品代雏鸡根据羽毛生长速度自别雌雄，便于出壳后按性别分群饲养，此类型肉鸡国内引进较少；三是宽胸系羽毛鉴别系肉鸡，这种类型肉鸡胸肉比例49天达18.8％，而常规系仅占16.8％，适合于欧美市场。目前根据生产目的又开发出适合西装鸡生产的常规系肉鸡和适合于分割的高产肉系肉鸡。

1. 罗斯-308（Ross-308）

（1）原产地

由英国罗斯育种公司培育成功的优质白羽肉鸡良种。该鸡种为四系配套，商品代雏鸡可根据羽速自别雌雄。商品肉鸡适合全鸡、分割和深加工。罗斯308商品肉鸡可以混养，也可以通过羽速自别雌雄，把公母分开饲养，出栏均匀度好，成品率高。

（2）外貌特征

全身白羽，喙、爪、腿均为橘黄色。

（3）生产性能

66周龄入舍母鸡平均产蛋总数为186个，其中合格种蛋数为177个，从中产健雏数149只，平均孵化率为85％。全期平均孵化率86％，累计生产雏鸡149只。7周末平均体重可达3.05kg。42日龄料肉比1.7，49日龄料肉比1.82，出肉率高。

2. 爱拔益加肉鸡

（1）原产地

爱拔益加肉鸡简称 AA 或 AA$^+$ 肉鸡，由美国爱拔益加家禽育种公司育成。

（2）外貌特征

四系羽毛均为白色，单冠。全身羽毛白羽，喙、爪、腿均为橘黄色。祖代父本分为常规型和多肉型（胸肉率高），均为快羽，生产的父母代雏鸡翻肛鉴别雌雄。祖代母本分为常规型和羽毛鉴别型，常规型父系为快羽，母系为慢羽，生产的父母代雏鸡可用快慢羽鉴别雌雄；羽毛鉴别型父系为慢羽，母系为快羽，生产的父母代雏鸡需翻肛鉴别雌雄，其母本与父本快羽公鸡配套杂交后，商品代雏鸡可以通过快慢羽鉴别雌雄。

（3）生产性能

父母代鸡全群平均成活率90%，入舍母鸡66周龄平均产蛋数193个，其中种蛋数185个，产健雏数159只，种蛋受精率94%，入孵种蛋平均孵化率80%，36周龄蛋重63g。商品代肉鸡6周龄公鸡2.800kg，母鸡2.340kg；7周龄公鸡3.345kg，母鸡2.765kg，混养3.055kg。

（二）黄羽优质肉鸡品种

目前我国的优质鸡可分为三类：特优质型、高档优质型和优质普通型。这三种类型优质鸡的配套组合所采用的种质资源均有所不同。生产特优质型所用的种质资源主要是各地历史上形成的优良地方品种，这方面较为成功的例子包括广东的清远麻鸡和江西的崇仁麻鸡、白耳鸡等。这一类型的配套组合目前尚未建成，常常以选育纯化的单一品系（群）不经配套组合直接用于商品肉鸡生产。高档优质型以中小型的石歧杂鸡选育而成的纯系（如粤黄102系，矮脚黄系等）为配套组合的母系，以经选育提纯后的地方品种做父系进行配套。优质普通型最为普及，以中型石歧杂为素材培育而成的纯系为父本，以引进的快大型肉鸡（隐性白羽）为母本，三系杂交配套而成，其商品代一般含有75%的地方品种血统和25%的快大型肉鸡血统，生长速度快，同时也保留了地方品种的主要外貌特征。黄羽肉鸡按照来源分为三类：地方品种、培育品种和引入品种。

1. 地方品种

我国地方品种除个别蛋用品种外，大部分为黄羽肉鸡品种。按照体型大小可分为三类：大型、中型和小型。大型黄羽肉鸡包括：浦东鸡、溧阳鸡、萧山鸡和大骨鸡等；中型黄羽肉鸡包括：固始鸡、崇仁麻鸡、鹿苑鸡、桃源鸡、霞烟鸡、洪山鸡、阳山鸡等；小型黄羽肉鸡包括：清远麻鸡、文昌鸡、北京油鸡、三黄胡须鸡、杏花鸡、宁都黄鸡、广西三黄鸡、怀乡鸡等。

2. 培育品种

按其生产性能和体型大小，大致可分为以下四类。

（1）优质型"仿土"黄鸡，如粤禽皇3号鸡配套系等。

（2）中快型黄羽肉鸡，如江村黄鸡JH3号配套系、岭南黄鸡Ⅰ号配套系、粤禽皇2号鸡配套系和康达尔黄鸡128配套系等。

（3）快速型黄羽肉鸡，如江村黄鸡JH2号配套系、岭南黄鸡Ⅱ号配套系和京星黄鸡102配套系等。

（4）矮小节粮型黄鸡，如京星黄鸡100配套系等。

3. 引进品种

（1）狄高肉鸡

① 原产地：狄高肉鸡又名特格尔肉鸡，由澳大利亚狄高公司培育而成。

② 外貌特征：狄高肉鸡的种鸡母系只有1个，羽毛浅褐色；种公鸡有两个系，分别是TM70银灰色羽，TR83为黄色羽或其他有色羽。

③ 生产性能：TM70商品代肉鸡6周龄平均体重1.88kg，料肉比为1.87：1；7周龄母鸡活重可达2.122kg，公鸡2.489kg，平均2.310kg，增重1kg耗料1.98kg，

死亡率 2.7%；TR83 商品代肉鸡 6 周龄平均体重 1.840kg，料肉比为 1.91：1，7周龄母鸡活重可达 2.040kg，公鸡 2.402kg，平均 2.212kg，料肉比为 1.95：1，死亡率 2.7%。

（2）安卡红

① 原产地：安卡红为速生型四系配套黄羽肉鸡，由以色列 PUB 公司培育，是生长速度最快的有色羽肉鸡之一。具有适应性强、耐应激、长速快、饲料报酬高等特点。该品种与国内的地方鸡种杂交有很好的配合力。目前，国内许多养殖场使用安卡红公鸡与商品蛋鸡或地方鸡种杂交，生产"三黄"鸡。

② 外貌特征：黄羽，黄腿，黄喙，黄皮肤，单冠，体貌黄中偏红。部分鸡颈部和背部有麻羽。公、母鸡冠齿以 6 个居多，肉髯、耳叶均为红色。

③ 生产性能：6 周龄体重达 2.001kg，累计料肉比 1.75：1；7 周龄体重达 2.405kg，累计料肉比 1.94：1；8 周龄体重达 2.875kg，累计料肉比 2.15：1。66 周龄每只入舍母鸡平均产蛋总数 176 个，其中可做种蛋数 164 个，出雏 140 只。种蛋孵化率达 87%。0～21 周龄成活率 94%，22～26 周龄成活率 92%～95%。

二、肉鸡养殖环境设施要求

（一）饲养面积

按 11～18 只/m² 计算所需鸡舍面积。1.4kg 重，18 只/m²；1.8kg 重，14 只/m²；2.3kg 重，11 只/m²；炎热夏天 2.3kg 重以上时 9 只/m²。

（二）供水器具

0～2 周每千只鸡需饮水器 15～20 个，自流水槽 2cm/只；周长 94cm 的自动饮水器每千只 7～10 个。肉鸡自动喂料线和饮水线如图 8-1、图 8-2 所示。

图 8-1　商品肉鸡厚垫料饲养全景　　　　　图 8-2　商品肉鸡网床饲养全景

（三）饲喂位置

第 1 周每千只鸡用平底开食盘 12～15 个（塑胶质或瓦楞纸类），以后如用食槽，每只鸡 5cm 有效食槽边长，饲料吊桶每 50～60 只鸡一个。肉鸡的采食饮水空间详见表 8-1。

（四）温度

1～3 天，34～35℃，4～7d，32～33℃，以后每周下降 2～3℃，直到 20～21℃ 为止，炎热天气防舍温过高，每周可降 3℃，冬季防寒及贼风，每周可降 2℃。

表 8-1　肉鸡的采食饮水空间

采食饮水空间		饲养数量	
		母鸡	公鸡
饲养面积	垫料平养/(只/m²)	10.8	10.8
采食面积	链条式饲喂器/(cm/只)	≥5.0	5.0
	圆形料桶/(只/个)	20~30	20~30
	盘式喂料器/(只/个)	≤30	30
饮水面积	水槽/(cm/只)	≥1.5	1.5
	乳头饮水器/(只/个)	10~15	10~15
	钟形饮水器/(只/个)	80~100	75~80

(五) 湿度

1~10 日龄育雏温度高，鸡舍湿度较低，不利于雏鸡羽毛生长。因此，可以在炉上加一个水壶，通过水沸腾产生的蒸汽，来提高湿度，一般相对湿度保持在 60%~65% 为宜。还可用过氧乙酸、菌毒清、百毒杀、威岛消毒剂等进行带鸡消毒，既净化了空气，又提高了湿度，鸡舍地面应保持干燥。

(六) 通风

舍饲肉鸡的饲养密度较大，大量的肉鸡饲养在舍内每天产生大量的废气和有害气体。为了排出水分和有害气体，补充氧气，并保持适宜温度，鸡舍内必须有适宜的空气流通。

1. 鸡舍内的有害气体

鸡舍内的有害气体包括粪尿分解产生的氨气和硫化氢、呼吸或物体燃烧产生的二氧化碳以及垫料发酵产生的甲烷，另外煤炉内煤炭加热燃烧不完全还会产生一氧化碳。这些气体对家禽的健康和生产性能均有负面影响，而且有害气体浓度的增加会相对降低氧气的含量。因此鸡舍内各种气体的浓度有一个允许范围值 (表 8-2)。通风换气是调节鸡舍空气环境状况最主要、最经常用的手段。

表 8-2　鸡舍内各种气体的致死浓度和最大允许浓度

气体	致死浓度/%	最大允许浓度/%	气体	致死浓度/%	最大允许浓度/%
二氧化碳	>30	<1	氨	>0.05	<0.0025
甲烷	>5	<5	氧	<6	
硫化氢	>0.05	<0.004			

2. 通风方式

鸡舍通风按通风的动力可分为自然通风、机械通风和混合通风三种，机械通风又主要分为正压通风、负压通风。根据鸡舍内气流组织方向，鸡舍通风分为横向通风和纵向通风。

(七) 光照

开放式鸡舍 (塑料大棚或有窗鸡舍) 可采用 1~2d 连续光照 48h (包括灯光和自然光)，以后采用 23h 光照，1h 黑暗，这 1h 的黑暗是为了让鸡对黑暗有所了解，以免在停电情况下发生惊慌。

密闭鸡舍可采用下列几种光照类型：白炽灯具有较好的光谱但效能不高。荧光灯每瓦可产生约 3~5 倍于白炽灯的效能。若使用较久，其光照强度会降低，必须在失效前进行更换。高压钠灯效能较好，且用于高屋顶的鸡舍最有效。高压钠灯每瓦可产生约 10 倍于白炽灯的效能，灯上方的反光罩有助于提高其功效，同时也达到省电的目的，定期清洁灯泡和反光罩，以保持其最大功效。据报道，采用间歇光照程序能够取得较好的成活率、生长率和饲料转化率。光照程序见表8-3和表8-4。

表8-3　光照程序示例

日龄	光照时数/h	光照强度/lx	非光照时数/h
1～3	23～24	30～40	0～1
4～15	12	5～10	12
16～22	16	5～10	8
22～上市	18～23	5～10	1～6

表8-4　间歇式光照程序示例

日龄	光照强度/lx	光照期(L-光照时数；D-非光照时数)	
		肉仔鸡	烤用仔鸡
0	20	24L：0	24L：0 D
4	20	18L：6 D	18L：6 D
7	5	6L：8.5 D：1L：8.5 D	6L：8.5 D：1L：8.5 D
14	5	10L：6.5 D：1L：6.5 D	9L：7 D：1L：7D
21	5	14L：4.5 D：1L：4.5 D	12L：5.5 D：1L：5.5 D
28	5	18L：6 D	15L：4 D：1：4 D
35	5	24L：0 D	18L：6 D
42	5	上市	21L：3 D
49	5		上市

1～5d，光照强度以10～15lx为宜，相当于每平方米3.5瓦。6～15d 2.7W/m^2，16d以后0.7～1.3W/m^2。

三、肉鸡饲养方法

（一）进雏鸡的准备工作

1. 饲养计划的安排

应根据自己所拥有的鸡舍面积，并考虑是同一鸡舍既作育雏又作育肥用，还是育雏与育肥分段养于不同鸡舍，然后按照饲养密度计算可能的饲养数量，根据饲养周期的长短，确定全年周转的批次。订购雏鸡在饲养前数月预订，以保证按商定的日子准时提货。

2. 饲料的准备

为了满足肉用仔鸡快速生长的需要，应按照饲料配方配置全价饲料。

3. 育雏室及用具的准备

由于肉仔鸡是高密度短时间饲养，所以患病传播速度快、危害大。防重于治，在进雏前，必须先清洗和消毒育雏用具。鸡舍地面、墙壁、门窗用水冲刷干净，墙壁用10％的生石灰乳刷白，地面用火碱消毒，用具用3％来苏儿溶液浸泡，再用清水冲洗，最后关闭门窗，按每立方米42mL福尔马林和21g高锰酸钾的比例进行熏蒸消毒。

育雏室门口要配备消毒池，进出育雏室和鸡舍要更换衣、帽、鞋，饲养人员可用2％新洁尔灭溶液洗手消毒。

4. 试温

雏鸡进舍前2～3d，育雏室保温设施要进行温度调试。由于墙壁、地面都要吸收热量，在雏鸡入舍前36h将育雏室升温，使整个房舍内温度均衡。

5. 垫料等用具的安置

进雏前先铺5cm厚的垫料，垫料要求干燥、清洁、柔软、吸水性强、无尖硬杂物，忌霉烂结块，垫料最好使用刨花或稻壳。

（二）雏鸡的饲养管理

1. 饮水

进雏前2h将饮水器盛满22℃左右的温开水。为防止鸡脱水将5％的雏鸡鸡头按入水中1s左右松开，以带教其他鸡只饮水，7日龄前用温开水（22℃），1日龄用塑料自动饮水器，每100只鸡提供1个4L的饮水器，绝不允许饮水器出现缺水现象，并应放于鸡只活动范围不超过1.5m的地方，从1日龄起启用乳头饮水器，从3日龄起渐移出塑料自动饮水器，到6日龄全部用乳头饮水器；饮水器要常用醋酸消毒，随日龄大小渐提高水线，以鸡只站高饮到水为准，宰杀前2h停水。

肉鸡的需水量与体重、环境温度呈正相关，即环境温度越高，生长越快，其需水量就愈多。肉鸡饮水量突然下降，往往是发生问题的最初信号，要密切注意，通常鸡的饮水量是采食量的2倍，肉鸡饮水量见表8-5。

表8-5　肉鸡的日需饮水量单位（mL/只）

周龄	10℃	21℃	32℃
1	23	30	38
2	49	60	102
3	64	91	208
4	91	121	272
5	113	155	333
6	140	185	390
7	174	216	428
8	189	235	450

2. 饲喂

在雏鸡饮水2～3h后，让鸡开食，每2h加一次料，1周龄前尽量使鸡多吃，并使体重超标，且越大越好。2～3周龄控制体重，使其达到标准体重的85％～90％即可，可有效地减少腹水症和猝死症的发生。从4日龄起开启料线，将料布渐换成料桶，直到7日龄全部换完，使用料线，并每日白天喂料5次，晚上3次，直到14日龄。从15日龄起改成每日白天喂料4次，晚上2次，直到出栏，但应注意在4周龄前每当喂完一次料后控料半小时，利于消化吸收，29日龄后不再对鸡限制饲喂，能吃多少就吃多少，并可通过补偿生长提高出栏重。并随时调整料桶边缘与鸡背等高，以后随日龄大小随时调整，减少饲料浪费，宰杀前8～10h停料。不同周龄肉鸡采食量及体重标准见表8-6。

表8-6　AA肉鸡各周龄体重与饲料消耗

周龄	体重/g		饲料消耗/g		饲料转化率	
	周末	周增重	周末	周累积	周末	周累积
1	159	119	138	138	1.16	0.87
2	396	237	292	430	1.23	1.09
3	718	322	473	903	1.47	1.26
4	1109	391	673	1575	1.72	1.42
5	1555	446	883	2458	1398	1.58
6	2033	478	1080	3529	2.26	1.74
7	2517	484	1273	4812	2.63	1.91
8	2990	473	1443	6254	3.04	2.09
9	3442	452	1600	7854	3.54	2.28
10	3861	419	1735	9589	4.14	2.48

四、绝食与送宰

（1）送宰前必须停止喂饲，绝食、运输和待宰的时间对经济效益影响很大，绝食 8h 或绝食 20h，对肉鸡活重的失重不同并对屠体品质和等级也有一定影响。绝食时间的长短一般以宰前 8～12h 最好，不应超过 16～20h，如果超过这个时间范围，鸡肉组织就会失重影响商品合格率，如绝食时间过短，宰杀过程中粪便对肉鸡会造成污染并浪费饲料；饮水应继续供应。

（2）送鸡装笼时间，夏季应安排在清晨或夜晚凉爽时间，并喷水至鸡体上以防中暑和减少失重；冬季在中午，抓鸡前将鸡舍光线变暗或变成蓝光或红光，然后移走舍内饲槽、水槽等所有器具，并将鸡隔成小区，以防止压死，减少机械损伤。

（3）抓鸡时要注意正确部位，不要抓翅膀和大腿，应抓颈部或双腿，免得骨折或出现"血印"，避免 1 只手抓 5 只以上的鸡和携带距离超过 20m，装笼时要轻放，不要太挤，每笼 8～10 只为宜，避免碰伤造成不必要的经济损失，到达目的地后就要及时卸下，并要防止长时间的日晒雨淋。

（4）肉鸡的装笼运输要轻稳，车辆运行要快且平衡，严防颠簸。

（5）在肉鸡转移装笼前 2d 向饲粮中添加抗应激反应的维生素可减少运输捕捉带来的应激。

第二节　鸭肉生产

一、肉鸭主要品种

（一）北京鸭

（1）原产地

原产于我国北京市郊区，现分布于世界各地。

（2）外貌特征

体形硕大丰满，挺拔美观。头大颈粗，体躯长方形，前躯昂起与地面约呈 30°角，背宽平，胸丰满，胸骨长而直。翅较小，尾短而上翘。母鸭腹部丰满，腿粗短，蹼宽厚。羽毛丰满，羽色纯白而带有奶油色光泽。喙、胫、蹼橘黄色或橘红色。

（3）生产性能

成年公鸭体重 4.0～4.5kg，母鸭体重 3.5～4.0kg；开产日龄为 150～180d。母本品系年平均产蛋可达 240 个，经强制换羽后，第二个产蛋期可产蛋 100 个以上。平均蛋重 90g 左右，蛋壳白色。

（4）主要特点

北京鸭具有生长快、繁殖率高、适应性强和肉质好等优点，尤其适合加工烤鸭。

（二）樱桃谷鸭

（1）原产地

由英国樱桃谷公司引进北京鸭和埃里斯伯里鸭为亲本，经杂交育成，属大型北京鸭型肉鸭。现已行销 60 多个国家和地，目前樱桃谷鸭在国内各省市均有分布。

（2）外貌特征

图 8-3　樱桃谷肉种鸭舍饲内景

羽毛洁白，头大、额宽、鼻背较高，喙橙黄色，颈平而粗短。翅膀强健，紧贴躯干。背宽而长，从肩到尾部稍倾斜，胸部较宽深。肌肉发达，脚粗短，胫、蹼均为橘红色。详见图 8-3。

（3）生产性能

成年公鸭体重 4.0～4.5kg，母鸭体重 3.5～4.0kg，开产体重 3.1kg。种鸭性成熟期为 182 日龄，父母代群母鸭年平均产蛋 210～220 个，蛋重 75g。父母代群母鸭年提供初生雏 168 只。

（4）主要特点

樱桃谷鸭生长速度快，饲料报酬高，适应性比较强，酮体适合分割。

（三）枫叶肉鸭

（1）原产地

由美国枫叶鸭有限公司选育，属于瘦肉型品种。

（2）外貌特征

其体形特征为：头，有明显冠形的椭圆头骨，宽度适当；嘴，中等长度、平直、橘红色或粉红色；脖，中等长度、粗实、向前翘起；背，长、宽而直；胸，丰满而厚实；翅，短小、紧贴在鸭体两侧；体，长、宽、深不显龙骨，姿态昂首挺胸，羽毛纤细柔软、雪白。

（3）生产性能

20 周龄公鸭体重 3.51kg，母鸭体重 2.67kg。50 周龄每只母鸭平均产合格蛋 272 个，受精率 92%，孵化率 90%，平均产商品代鸭苗 225 羽。枫叶商品代 35 日龄活鸭重 3.17kg，料肉比 1.79∶1，无骨无皮胸肉重 358g，无骨无皮胸肉率 15.3%，胴体重 2.35kg，胴体率为 74.13%；38 日龄活鸭重 3.47kg，料肉比 1.89∶1，无骨无皮胸肉重 405g，无骨无皮胸肉率 15.8%，胴体重 2.60kg，胴体率为 74.92%。

（4）主要特点

生长速度快，饲料报酬和屠宰率高。

（四）番鸭

（1）原产地

由于番鸭头上有瘤，所以俗称瘤头鸭，一些地区又叫麝香鸭、疣鼻栖鸭、麝鸭、腾鸭、鸳鸯鸭、雁鸭等，国外亦称火鸡鸭、蛮鸭和巴西鸭。与河鸭属家鸭杂交的第一代杂种鸭在我国称为半番鸭或骡鸭。原产于南美洲和中美洲热带地区。

（2）外貌特征

我国番鸭的羽色主要有黑、白、花三种。白羽番鸭全身羽毛纯白，喙粉红色，皮瘤鲜红而肥厚，呈链珠状排列，脚橙黄色。白羽番鸭的品变种在头顶上有一撮黑毛，其喙、胫、蹼也常有黑点和黑斑。黑羽番鸭全身羽毛纯黑，带有墨绿色光泽；有些个体有几根白色的覆翼羽。皮瘤黑里杂红，较单薄，喙色红有黑斑，脚多黑色。黑白花番鸭全身羽毛黑白花比例不等，多见的有背羽黑色，颈下方、翅羽和腹部带有数量不一的白色斑点。

番鸭公鸭叫声低哑，呈"哑哑"声，母鸭在抱孵时常发出"唧唧"声，公鸭在繁殖季节可散发出麝香气味，因而被称为"麝香鸭"。

（3）生产性能

从 2008 年起，福建农林大学与广东温氏食品集团合作进行了番鸭选育，目前选育大型品系白番鸭公番鸭 77 日龄的体重为 4.300～4.50kg，母番鸭 70 日龄体重为 2.60～2.80kg。料肉比 2.6～2.7：1，肉仔鸭成活率 93％～95％。种番鸭产蛋 26 周累计可达 80～100 个以上。开产日龄 210～230d，公母番鸭配种比例在 1：（6～7）时，受精率可达 85％～95％，受精蛋孵化率为 85％～90％，孵化期 34～35d。

克里莫番鸭又叫巴巴里番鸭，由法国克里莫公司选育而成，1999 年 5 月成都克里莫公司引入我国，该番鸭有白色、灰色和黑色 3 种羽色，均是杂交种。成年公鸭体重 5.0～5.5kg，母鸭 2.7～3.1kg。开产日龄为 210d 左右，年平均产蛋 160 个。受精率 90％，受精蛋孵化率 85％。商品代母鸭 10 周龄体重 2.25～2.5kg，商品代公鸭 12 周龄体重 4.25～4.50kg，料肉比 2.7：1。肉仔鸭成活率 95％。

（4）主要特点

番鸭和半番鸭具有胸肉率高、皮脂率低、肉质细嫩等特点。骡鸭、番鸭都可用于生产肥肝，肥肝重远远高于其他肉鸭。

二、肉鸭育肥方法

（一）雏鸭期（0～3 周龄）饲养管理

1. 育雏前准备工作

进雏鸭之前，应及时维修破损的门窗、墙壁、通风孔、网板等，并准备好分群用的挡板、饲槽、水槽或饮水器等育雏用具；育雏之前，先将室内地面、网板及育雏用具清洗干净、晾干。墙壁、天花板或顶棚用 10％～20％的石灰乳粉刷消毒，同时对育雏室周围道路和生产区出入口等进行环境消毒净化，切断病源；制订好育雏计划，建立育雏记录等制度，包括进雏时间、进雏数量、育雏期的成活率等记录指标。

2. 育雏条件

育雏条件的好坏直接关系到雏鸭的成活率、健康状况、未来的生产性能和种用价值。因此，必须为雏鸭创造良好的环境条件，育雏的环境条件主要包括以下几方面。

（1）温度

在育雏期间，特别是 1 周龄内的雏鸭要保持适宜的环境温度。这是育雏能否成功的关键。供暖方式主要有暖风炉供暖、保温伞供暖、地下烟道、火炉和电热板室内供暖等。火炉供暖方式如图 8-4 所示。育雏温度随供暖方式不同而不同。采用保温伞供暖时，雏鸭 1 日龄时伞下温度控制在 34～36℃，育雏室内温度为 24℃；如用地下烟道和电热板室内供暖，育雏

图 8-4　肉鸭育雏火炉供暖方式

室内温度保持在 29～31℃即可；无论采用何种方式供暖，都应随雏鸭日龄增加而逐渐降低育雏温度，至雏鸭 20 日龄时降到 18℃左右或与外界温度一致。鸭群行为是控制温度的最佳依据，雏鸭挤成一团说明温度偏低；相反雏鸭张口喘息说明温度太高，因此，应经常对鸭群进行观察，以使育雏室温度在最佳状态。

（2）湿度

湿度对雏鸭生长发育影响较大。刚出壳的雏鸭体内含水 70％左右，同时又处在环境温

度较高的条件下，湿度过低，往往引起雏鸭轻度脱水，影响健康和生长。当湿度过高时，霉菌及其他病源微生物大量繁殖，容易引起雏鸭发病。育雏室第 1 周的相对湿度宜在 55%～60%，以后保持 60%～65%。为防止湿度过高，地面垫料育雏时应勤换垫草以免地面过湿。

（3）饲养密度

较理想的饲养密度可参考表 8-7。

表 8-7　雏鸭的饲养密度（只/m²）

周龄	地面垫料饲养	网上饲养
1	15～20	25～30
2	10～15	15～25
3	7～10	10～15

（4）光照控制

雏鸭出壳后的头 3d 宜采用 23～24h 光照；在 4 日龄以后，可逐渐减少每天光照时数，每周可减少 2～3h，至 4 周龄时，可采用自然光照。不过在采用保温伞育雏时，伞内照明灯要昼夜开着，以引导雏鸭在感到寒冷时进伞。

（5）通风换气

通气的目的在于排出室内污浊的空气，更换新鲜空气，并调节室内温度和湿度。若人进入育雏室不感到臭味和无刺眼的感觉，则表明育雏室内氨气的含量在允许范围内。如进入育雏室即感觉到臭味大，有刺眼的感觉，表明舍内氨气的含量超过许可范围，应及时通风换气。

3. 雏鸭的选择和分群饲养

初生雏鸭质量的好坏直接影响到雏鸭的生长发育及出栏的整齐度。因此，对商品雏鸭要进行选择，将健雏和弱雏分开饲养，这在商品肉鸭生产中十分重要。健雏是指同一日龄内大批出壳的、大小均匀、体重符合品种要求，绒毛整洁，富有光泽，腹部大小适中，脐部收缩良好，眼大有神，行动灵活，抓在手中挣扎有力，体质健壮的雏鸭。将腹部膨大，脐部突出，晚出壳的弱雏单独饲养，再加上精心的饲养管理，仍可生长良好。

4. 尽早饮水和开食

肉用仔鸭早期生长特别迅速，应尽早饮水开食，有利于雏鸭的生长发育，锻炼雏鸭的消化道，开食过晚体力消耗过大，失水过多而变得虚弱。一般采用直径为 2～3mm 的颗粒料开食，第 1d 可把饲料撒在塑料布上，做到随吃随撒，2d 后就可改用料盘或料槽喂料。

5. 饲喂次数

实践证明，饲喂颗粒料可促进雏鸭生长，提高饲料转化率。雏鸭自由采食，在食槽或料盘内应保持昼夜均有饲料，做到少喂勤添，随吃随给，保证饲槽内常有料，余料又不过多。

6. 其他管理

一周龄以后可用水槽供给饮水，每 100 只雏鸭需要 1m 长的水槽。水槽的高度应随鸭子大小来调节，水槽上沿应略高于鸭背或同高，以免雏鸭饮水困难或爬入水槽内打湿绒毛。水槽每天清洗一次，3～5d 消毒一次。

（二）生长-肥育期（22 日龄至上市）**饲养管理要点**

1. 饲养方式

饲养方式多为地面饲养或网床饲养。因环境的突然变化，常易产生应激反应，因此，在转群之前应停料 3～4h。适宜的饲养密度为 1～4 周龄 7～8 只/m²，5 周龄 6～7 只/m²，6 周龄 5～6 只/m²。

2. 上市日龄

不同地区或不同加工目的所要求的肉鸭上市体重不一样，因此，最佳上市日龄的选择要根据销售对象、加工用途等确定。肉鸭一旦达到上市体重应尽快出售，否则降低经济效益。商品肉鸭一般6周龄活重达到2.5kg，7周龄可达3kg以上，6周龄的饲料转化率较理想，因此，42～45日龄为其理想的上市日龄。如果是针对成都、重庆、云南等市场，由于消费水平和消费习惯的变化，出现肉鸭小型化生产，商品肉鸭的上市体重要求在1.5～2.0kg，一旦达到上市体重，则应尽快上市。肉鸭胸肌、腿肌属于晚熟器官，7周龄胸肌的丰满程度明显低于8周龄，如果用于分割肉生产，则以8～9周龄上市最为理想。

（三）人工填鸭育肥方法

传统的北京烤鸭必须用填鸭。采用发育正常的40～50日龄的健康中雏鸭，体重达1.6～1.8kg时开始填食。填肥期一般为两周左右。饲粮分前后期料，前期料能量稍低，蛋白质水平较高，后期料正好相反。

前期料配合比例：蛋白质14.7%，粗纤维5.4%，玉米35%，麸皮30%，米糠30%，豆类5%。后期料配合比例：蛋白质水平12.6%，粗纤维4.5%，玉米35%，米糠25%，麸皮30%，小麦10%。以上两种料中均另加贝壳粉2%，骨粉1%，盐0.5%。水与干料比例为6∶4。每天一般填食4次，第1d 150g，第2～3d为175g，第4～5d为200g，第6～7d 225g，8～9d 275g，第10～11d 325g，第12～13d 400g，第14d 450g。

填食前将鸭赶入约填圈，每圈100只左右，再分批赶入填鸭机旁小圈，每次赶入10～20只。填鸭时，左手握住鸭的头部，拇指与食指撑开上下嘴，中指下压舌部，右手轻握鸭的食道膨大部，轻轻将鸭嘴套在填食管上，向前推送，让胶管插入咽下食道中，此时要使鸭体与胶管成平行，以免刺伤食道。如用手压填鸭机，右手往下压食杆把，把填料压入食道嗉囊中间。填食完毕，将填食杆把上抬，再将鸭头向下，从填食管上抽出，从填食圈的洞中将鸭放至运动场。熟练的填鸭工每小时可填鸭400～500只。

第三节　鹅肉生产

一、肉鹅主要品种

1. 四川白鹅

（1）原产地

属中型鹅种，主产于四川省南溪县，分布于江安、长宁、翠屏区、宜宾县、高县和兴文等区县。四川白鹅配合力好，是培育配套系中母系母本的理想品种。

（2）外貌特征

四川白鹅外貌特征是全身羽毛洁白紧密，喙、腿、蹼呈橘红色，眼睑椭圆形，虹彩蓝灰色，成年公鹅体质结实，头颈较粗，体躯较长，额部有一个呈半圆形肉瘤。成年母鹅头清秀，颈细长，肉瘤不明显。

（3）生产性能

四川白鹅成年公鹅体重5～5.5kg。雏鹅初生重71g，60日龄重2.5kg，90日龄重3.5kg。四川白鹅公鹅性成熟期180d左右，母鹅开产日龄200～240d，基本无抱孵性，年产蛋量60～80个。据测定受精率为84.5%，受精蛋孵化率为84.2%。0～20周育雏成活率97.6%。

（4）主要特点

生长速度快，适应性强。

2. 扬州白鹅

（1）原产地

主产于江苏省高邮市、仪征市及其邗江区，目前已推广至江苏全省及上海、山东、安徽、河南、湖南、广西等地。属中型鹅种。

（2）外貌特征

该鹅种头中等大小，高昂，前额有半球形肉瘤，瘤明显，呈橘黄色。颈匀称，粗细、长短适中。体躯方圆、紧凑。羽毛洁白、绒质较好，偶见眼梢或头顶或腰背部有少量灰褐色羽毛的个体。喙、胫、蹼橘红色，眼睑淡黄色，虹彩灰蓝色。公鹅比母鹅体形略大，体格雄壮，母鹅清秀。雏鹅全身乳黄色，喙、胫、蹼橘红色。

（3）生产性能

成年公鹅体重5570g，母鹅体重4170g。该品种初生平均体重94g，70日龄3450g。70日龄公鹅平均半净膛屠宰率77.30%，母鹅76.50%；70日龄公鹅平均全净膛屠宰率68%，母鹅67.70%。平均开产日龄218d。平均年产蛋72个，平均蛋重140g，蛋壳白色。公母鹅配种比例1：（6～7）。种蛋受精率91%，受精蛋孵化率88%。种鹅利用年限2～3年。

（4）主要特点

该品种具有遗传性能稳定、繁殖率高、耐粗饲、适应性强、仔鹅饲料转化率高、肉质细嫩等特点。

3. 狮头鹅

（1）原产地

是世界上的大型鹅之一。原产广东饶平县浮滨乡。多分布于澄海、潮安、汕头市郊。该鹅种的肉瘤可随年龄而增大，形似狮头，故称狮头鹅（图8-5、图8-6）。

（2）外貌特征

全身羽毛及翼羽均为棕褐色，边缘色较浅、呈镶边羽。由头顶至颈部的背面形成如鬃状的深褐色羽毛带，羽毛腹面白色或灰白色。狮头鹅体躯呈方形，头大颈粗，前躯略高。公鹅昂首健步，姿态雄伟。头部前额肉瘤发达，向前突出，覆盖于喙上。两颊有左右对称的肉瘤1～2对，肉瘤黑色。公鹅和两岁以上母鹅的肉瘤特征更为显著。喙短、质坚、黑色，与口腔交接处有角质锯齿，脸部皮肤松软，皱褶。

（3）生产性能

成年公鹅活重可达10kg以上。母鹅5～6月龄开产，产蛋季节为每年9月至翌年4月。母鹅在此期间有3～4个产蛋期，每期产6～10个蛋，每产完一期蛋即就巢孵化。雏鹅初生重130g左右。在较好的饲养条件下，60日龄活重可达5kg以上。肉用仔鹅70～90日龄上市。

（4）主要特点

该鹅体形大，生长速度快，肉品质好，缺点是种鹅产蛋量较低。

4. 五龙鹅（豁眼鹅）

（1）原产地

属小型鹅种，主要分布在山东、辽宁、吉林、黑龙江、四川等地。该品种在山东省称为五龙鹅，在辽宁省称为豁鹅，在吉林省和黑龙江省称为疤拉眼鹅。

（2）外貌特征

豁眼鹅体形轻小紧凑，头中等大小，额前长有表面光滑的肉质瘤，眼呈三角形，上眼睑

图8-5　灰羽狮头鹅

图8-6　白羽狮头鹅

有一疤状缺口，为该品种独有的特征。颌下偶有咽袋，颈长呈弓形，体躯为蛋圆形，背平宽，胸丰满而突出，前躯挺拔高抬，成年母鹅腹部丰满略下垂，偶有腹褶，腿脚粗壮。喙、肉瘤、胫、蹼橘红色；虹彩蓝灰色；羽毛白色。山东产区的鹅颈较细长，腹部紧凑，有腹褶者占少数，腹褶较小，颌下有咽袋者亦占少数；东北三省的鹅多有咽袋和较深的腹褶。

（3）生产性能

成年公鹅体重4～4.5kg，母鹅3.5～4kg。成熟期7个月，雌鹅最早6个月见蛋。雄雌比例1∶（4～5），在有水面的条件下受精率可达90％～95％，每年换羽时间在8～10月份，换羽速度快，仅需1～2个月。年产蛋量100～130个，蛋重120～135g。

（4）主要特点

产蛋量高，是目前世界上产蛋率最高的鹅种之一。

5. 郎德鹅

（1）原产地

原产于法国西南部的郎德地区，是当今世界上最适于生产鹅肥肝的鹅种。

（2）外貌特征

毛色灰褐，颈部、背部接近黑色，胸部毛色较浅，呈银灰色，腹下部则呈白色，也有部分白羽个体或灰白色个体。通常情况下，灰羽毛较松，白羽毛较紧贴，喙橘黄色，胫、蹼肉色，灰羽，在喙尖部有一深色部分。

（3）生产性能

成年公鹅体重7～8kg，成年母鹅6～7kg。8周龄仔鹅体重4.5kg左右，肉用仔鹅经填肥后重达10～11kg。在适当条件下，经20天填肥后肥肝重可达700～800g。一般210d开产，平均每年产蛋30～40个，蛋重160～200g。种蛋受精率在80％左右，母鹅有较强的就巢性，雏鹅成活率在90％以上。羽绒，每只鹅在拔两次毛的情况下，达350～450g。

（4）主要特点

肝用性能高，是理想的填肝用品种。

6. 莱茵鹅

（1）原产地

莱茵鹅原产于德国的莱茵河流域，经法国克里莫公司选育，成为世界著名肉毛兼用型品种。在法国和匈牙利，通常以郎德鹅做父本，与该品种的母鹅交配，用杂交鹅生产肥肝；或以意大利鹅做父本，与该品种杂交，用以生产肉用仔鹅。

（2）外貌特征

莱茵鹅的特征是初生雏鹅背面羽毛为灰褐色，从2周龄开始逐渐转为白色，至6周龄时已为全身白羽。喙、胫、蹼均为橘黄色。头上无肉瘤，颌下无皮褶，颈粗短而直。

（3）生产性能

成年公鹅体重5～6kg，母鹅4.5～5kg。母鹅7～8月龄开产，年产蛋量50～60个，蛋重150～190g。公母配种比例为1：（3～4）。在适当条件下，肉用仔鹅8周龄体重可达4～4.5kg，肉料比为1：（2.5～3.0），屠宰率为76.15%，胴体重为4.15kg，半净膛率为85.28%。

（4）主要特点

该品种适应性强，食性广，适于大型鹅场生产商品肉用仔鹅。

二、肉鹅育肥方法

（一）育雏期饲养管理

1. 饲养密度

雏鹅育雏期适宜的饲养密度可参考表8-8。

表8-8　适宜的雏鹅饲养密度（只/m²）

类型	1周龄	2周龄	3周龄	4周龄
中、小型鹅种	15～20	10～15	6～10	5～6
大型鹅种	12～15	8～10	5～8	4～5

2. 饲粮配合

雏鹅的饲料包括精料、青料等。刚出壳的雏鹅消化能力较弱，可喂给蛋白质含量高、容易消化的全价配合饲粮，有条件的养殖场最好使用颗粒饲料（直径为2.5mm）。随着雏鹅日龄的增加，逐渐减少补饲精料，增加优质青饲料的使用量，并逐渐延长放牧时间。

3. 饮水

又叫潮口，即出壳后的雏鹅第一次饮水。如果喂水太迟，造成机体失水过多，出现干爪鹅，影响雏鹅的生长发育，甚至引起雏鹅的死亡。雏鹅的饮水最好使用小型饮水器、浅水盆或水盘，但不宜过大，盘中水深度不超过1cm，以雏鹅绒毛不湿为原则。

4. 适时开食

雏鹅第一次吃料称为开食，雏鹅出壳后12～24h内应让其采食，初生雏鹅及时开食，有利于提高雏鹅成活率。可将饲料撒在浅食盘或塑料布上，让其自由啄食。2日龄后即可逐渐增加青绿饲料或青菜叶的喂量，可以单独饲喂，但应切成细丝状。

5. 保温与防湿

在育雏期间，经常检查育雏温度的变化。如育雏温度过低、雏鹅打堆时，应及时哄散；温度过高时也应及时降温。随着雏鹅日龄的增长，应逐渐降低育雏温度。在冬季、早春气温较低时，7～10日龄后逐渐降低育雏温度，至10～14日龄可达到完全脱温；而在夏秋季节则到5～7日龄便可完全脱温，其具体的脱温时间视天气的变化略有差异。在育雏期间应注意室内的通风换气，保持舍内垫料的干燥、新鲜，空气的流通及地面的干燥清洁。

（二）生长-肥育期饲养管理

肉用仔鹅上市前经15～20d的短期育肥，可以迅速增膘长肉，沉积脂肪，增加体重，改善肉的品质。育肥主要依靠配合饲料或喂给高能量的玉米，使体内脂肪迅速沉积。根据不同养殖场的饲养条件，肉鹅快速育肥主要采取以下三种方法。

1. 放牧育肥

一般结合农时进行，即在稻麦收割前 50~60d 开始养雏鹅，当其长至 50~60 日龄时，适逢收割时节，收割后的空闲地里遗留下来的谷粒、麦粒和草籽最宜牧鹅。为提高放牧育肥效果，应尽量减少鹅的运动量，可搭临时鹅棚，鹅群放牧到哪里，就在哪里留宿，这样既可减少来往消耗在路上的时间，增加觅食时间，又能减少能量消耗，促进育肥。放牧育肥要选好路线，不但要有丰富的食料来源，放牧沿线还应有水体清洁的河流。约经 10~15d 的放牧，即可育肥出栏。这种育肥方法成本最低。

2. 网床育肥

用竹料或木料搭成竹木棚架，架底离地面约 60~70cm，棚架四周围上竹条，食槽和水槽挂于栏外，鹅在两竹条间伸出头采食和饮水。为了限制鹅的活动，可将棚架隔成若干个小栏，每栏以 10m^2 为宜，每平方米养鹅 4 只。育肥期间以稻谷、碎米、红薯、玉米、米糠等高能量饲料为主，日喂 3~4 次，每次喂食后可给少量青料。

3. 圈养育肥

用竹片或秸秆围成小栏，每栏养鹅 5~6 只，栏的大小不超过所有鹅所占面积的两倍，高为 60cm，鹅可在栏内站立，但不能昂头鸣叫，经常鸣叫不利于育肥。饲槽和饮水器放在栏外，鹅可伸出头来吃食和饮水，白天喂 3 次，晚上喂 1 次，所喂饲料以玉米、糠麸、豆粕、稻谷等为主。为增进鹅的食欲，在育肥期应有适当的水浴和日光浴，隔日让鹅下池塘水浴一次，每次约 10~20min。

研究表明，采用网床饲养能够提高肉鹅生产性能和饲料转化率，放养有助于改善肉鹅的羽毛生长及健康状况，而发酵床饲养则有助于改善肉鹅腿部、脚垫健康。

第四节　肥肝生产

一、肥肝营养价值

肥肝是采用人工强制填饲，使鹅、鸭的肝脏在短期内大量积贮脂肪等营养物质，体积迅速增大，形成比普通肝重 5~6 倍，甚至十几倍的肥肝。据报道，一只鹅肥肝的重量在600~1000g，最大者可达 1800g，一只鸭肥肝的重量为 300~500g，最大者可达 700g。鲜肥肝质地细腻，呈淡黄色或粉红色，味鲜而别具香味。西方一些国家视肥肝为最受欢迎的美味佳肴之一，成为家禽产品中的高档食品。肥肝在体积、重量和质量上都与普通肝脏有很大的差异，主要表现在普通肝脏含水分和蛋白质较高，脂肪较低，而肥肝则水分和蛋白质相对减少，脂肪含量高，其中 65%~68% 的脂肪酸为对人体有益的不饱和脂肪酸。因此，肥肝仍不失为高热能的营养食品。

二、品种选择

1. 鹅的品种

朗德鹅是国外最著名的肥肝专用鹅种，许多国家直接将朗德鹅用于肥肝生产或作为杂交亲本，用来改进当地鹅种的肥肝性能。朗德鹅原产于法国西南部的朗德省，是目前世界上最著名的肥肝专用品种，也是当前法国生产鹅肥肝的主要品种。该鹅种是在大型图卢兹鹅和体形较小的玛瑟布鹅杂交后代的基础上，经长期选育而成。朗德鹅适应性强，成活率高，容易育肥，产肝性好，但朗德鹅产蛋量低，尤其受精率较差，其肥肝质软、易碎。该鹅成年公鹅体重 7～8kg，母鹅 6～7kg。仔鹅 8 周龄时可达 4～5kg。一般 210 日龄开产，一般 2～6 月份产蛋。第 1 年每只母鹅产蛋 35 个左右，第 2 至第 4 年每年产 50 个左右。蛋重 180～200g。性成熟 180d 左右，母鹅就巢性弱，公鹅配种能力差，种蛋受精率 65％左右，雏鹅成活率高达 90％以上。经填饲活重可达 10～11kg，肥肝重 750～900g，料肝比 23.8：1，填成率 95.7％。

2. 鸭的品种

我国的鸭种很多，但能投入肥肝生产的品种不多。我国目前用于肥肝生产的主要品种是北京鸭、番鸭或者是骡公鸭等肉鸭品种。通常经过填饲的鸭肥肝的重量是正常肝的 20 倍左右，可达 400～600g。鸭肥肝中不饱和脂肪酸含量占整个脂肪酸的 65％～68％，其中油酸 61％～66％，亚油酸 1％～2％，棕榈油酸 3％～4％，饱和脂肪酸占 33％～35％，其中软脂酸 21％～22％，硬脂酸 11％～12％，肉豆蔻酸 1％。

三、肥肝生产技术

（一）填饲适宜周龄、体重和季节

1. 填饲适宜周龄与体重

鹅、鸭填饲适宜周龄和体重随品种和培育条件而不同。但总的原则是要在其骨骼基本长足，肌肉组织停止生长，即达到体成熟之后进行填词效果才好。一般大型仔鹅在 15～16 周龄，体重 4.6～5.0kg；兼用型麻鸭在 12～14 周龄，体重 2.0～2.5kg；肉用型仔鸭体重 3.0kg 左右；瘤头鸭和骡鸭在 13～15 周龄，体重 2.5～2.8kg 为宜。采用放牧饲养的鹅鸭，在填饲前 2～3 周补饲粗蛋白质 20％左右的配合饲料或颗粒饲料，为进入填饲期大量填饲打下良好的基础。

2. 填饲适宜温度

肥肝生产不宜在炎热季节进行。这是因为水禽在高能量饲料填饲后，皮下脂肪大量贮积，不利于体热的散发。如果环境温度过高，会导致填饲后期出现瘫痪或发病。填饲最适温度为 10～15℃，20～25℃尚可进行，超过 25℃以上则很不适宜。相反，填饲家禽对低温的适应性较强。在 4℃气温条件下对肥肝生产无不良影响。但如室温低于 0℃以下，应有防冻的设施。

（二）填饲饲料选择和调制

1. 填饲饲料的选择

国内外的试验和实践证明，玉米是最佳的填饲饲料。玉米含能量高，容易转化为脂肪贮积。而且玉米的胆碱含量低，使肝的保护性降低，因此大量填饲玉米易在肝脏中沉积脂肪，有利于肥肝的形成。玉米的颜色对肥肝的色泽有明显影响，用黄色或红色玉米填成的肥肝，色泽较深。

2. 填饲玉米的调制

常用如下调制方法

（1）水煮法

将用于填饲的玉米淘洗后，倒入沸水锅中，水面浸没玉米粒 5～10cm，煮 3～6min，捞出沥去水分；或用锅炉输送的蒸汽进行加热。然后加入占玉米重量 1％～2％的油脂（鹅油或猪油等）和 0.3％～1％的食盐，充分拌匀，待温凉后，供填饲用。

（2）浸泡法

将玉米粒置于冷水中浸泡 8～12h，随后沥干水分，加入 0.5％～1％食盐和 1％～3％的动（植）物油脂。

（三）填饲期、填饲次数和填饲量

1. 填饲期和填饲次数

填饲期的长短取决于填饲鹅鸭的成熟程度而定。我国民间有以 14d、21d、28d 为填饲期的习惯。鹅的填饲期较长，鸭则较短。如能缩短填饲期，又能取得良好的肥肝最为理想；填饲期越长，伤残越多。填饲期与日填次数有关，一般鹅日填 4 次，家鸭日填 3 次，骡鸭日填 2 次。

2. 填饲量

日填饲量和每次填饲量应根据鹅、鸭的消化能力而定；开填初期，填饲量应由少到多，随着消化能力增强逐渐加量。每次填饲时应先用手触摸鹅、鸭食道膨大部，如上次填料已排空，则可增加填饲量；如仍有饲料贮积，说明上次填饲过量，消化不良，应用手指帮助把食道中的积贮玉米捏松，以利消化，严重积食的可停填一次。

鹅、鸭每日填饲量为：小型鹅的填饲量以干玉米计在 0.5～0.8kg，大、中型鹅在 1.0～1.5kg，北京鸭 0.5～0.6kg，骡鸭在 0.7～1.0kg。达到上述最大日填饲量的时间越早，说明鹅的体质健壮，产肝效果也越好。填饲时间及填饲量可参考表 8-9。

表 8-9　填饲时间及填饲量一览表（青岛农业大学提供）

天/d	填饲量 （g/只/d）	填饲次数 （次/d）	填饲时间 （次/d）
1～2	100～125	2	8:00　20:00
3～4	125～150	2	8:00　20:00
5～6	150～175	4	2:00　8:00　14:00　20:00
7～8	175～200	4	2:00　8:00　14:00　20:00
9～10	200～225	4	2:00　8:00　14:00　20:00
11～12	225～250	4	2:00　8:00　14:00　20:00
13～14	250～275	5（加沙砾）	1:00　5:00　9:00　14:30　19:00
15～16	275～300	5（加沙砾）	1:00　5:00　9:00　14:30　19:00
17～18	300～325	5（加沙砾）	1:00　5:00　9:00　14:30　19:00
19～29	325 以上	5（加沙砾）	1:00　5:00　9:00　14:30　19:00

注：此填饲方案适合春、秋、冬三个季节，夏季填饲量可适当降低。

（四）填饲方法

填饲方法多采用机械填饲。当前填饲机已发展到手摇填饲机和电动填饲机两种。根据我国鹅颈细长的特点，国内已研制出多种型号的鹅、鸭填饲机。鹅用填饲管延长到 50cm，容易插到鹅的食道膨大部，进行自下而上的填饲，效果很好。填饲机填饲效率比手工填饲速度提高许多倍，且填饲效果良好。常采用单人填饲和双人填饲（图 8-7，图 8-8）。

（五）填饲期管理

（1）在填饲前做好相应的疫苗接种、驱虫及填饲舍和填饲机消毒等工作。填饲鹅实行小圈或单笼饲养，限制填饲鹅的活动，减少其能量消耗，加快填饲鹅的肥育和肝内脂肪的沉积。

（2）育肥舍要保持干燥。填饲鹅、鸭一般采用舍饲垫料平养，要经常更换垫料，保持舍内干燥，圈舍地面要平整。填饲后期，由于鹅体重的迅速增加和肥肝的逐步形成，如圈舍地面不平，极易造成肝脏的机械损伤，使肥肝局部淤血或有血斑而影响肥肝的质量。

（3）供给充足的饮水。要增设饮水器，保持随时都有清洁饮水供应，以满足肥禽对饮水的迫切需要。但在填料后半小时内不能让鹅、鸭饮水，以减少它们甩料。另外饮水盘中可加

图 8-7　采用填饲机单人填饲　　　　　　　　　图 8-8　采用填饲机双人填饲

一些沙砾，让其自由采食，以增强消化能力。

（4）保持育肥舍的安静。鹅、鸭易受外界噪音、异物的惊扰而骚动不安，这会影响消化、增重和肥肝增长。舍内光线宜暗，饲养人员要细心管理，不得粗暴驱赶鹅、鸭群和高声喧嚷。

（5）饲养密度要合理。一般每平方米育肥舍可养鸭 4～5 只、鹅 2～3 只。饲养密度大，互相拥挤碰撞，影响肥肝的产量和质量。舍内围成小栏，每栏养鹅不超过 10 只，鸭不超过 20 只。

（6）填饲期内要限制育肥鹅、鸭的活动，禁其下水，以减少能量消耗，加快脂肪沉积。

（7）经常检查鹅群是否有消化不良或其他疾病的鹅只，对其治疗，康复后继续填饲。

四、屠宰与取肝

1. 屠宰

将鹅鸭倒挂在宰杀架上，头部向下，人工割断颈部气管与血管，放血时间为 3～5min 左右，充分放血的屠体皮肤白而柔软，肥肝色泽正常；如放血不净屠体色泽暗红，肥肝淤血影响肥肝品质。

2. 浸烫

将放血后的鹅鸭置于 65～68℃ 的热水中浸烫，时间 1～3min。水温不能过高，温度过高时脱毛时易损伤皮肤，严重者影响肥肝质量；水温过低拔毛又很困难。屠体应在热水中翻动，使身体各部位的羽毛能完全湿透，受热均匀。

3. 脱毛

由于肥肝很大，部分在腹腔，一般采用人工拔毛。拔毛时将浸烫过的鹅鸭放在桌上，趁热先将胫、蹼和喙上的表皮捋去，然后依次拔翅羽、背尾羽、颈羽和胸腹部羽毛。拔完粗大的毛后将屠体放入盛满水的拔毛池中，水不断外溢，以淘除浮在水面上的羽毛。手工不易拔尽的纤羽，可用酒精火焰喷灯燎除，最后将屠体清洗干净。拔毛时不要碰撞腹部，也不可互相堆压，以免损伤肥肝。

4. 预冷

由于鹅鸭的腹部充满脂肪，脱毛后取肝会使腹脂流失；而且肝脏脂肪含量高，非常软嫩，内脏温度未降下来前取肝容易抓坏肝脏，因此应将屠体预冷，使其干燥，脂肪凝结，内脏变硬而又不至于冻结，才便于取肝。将屠体平放在特制的金属架上，胸腹部朝上，置于温度为 4～10℃ 的冷库预冷 18h。

5. 取肝

将屠体放置在操作台上，胸腹部朝上，尾部对着操作者，右手持刀从龙骨末端处沿腹中线切开皮肤，直到泄殖腔前缘。随后在切口上端两侧各开一小切口，用左手食指插入屠体右侧小切口中，把右侧腹部皮肤钩起，右手持刀轻轻沿着原腹中线切口把腹膜割破，用双手同时把腹部皮肤、皮下脂肪及腹膜从中线切口处向两侧扒开，使腹脂和部分肥肝暴露，然后用左手从体左侧伸入腹腔，把内脏向左侧扒压，右手持刀从内脏与左侧肋骨间的空隙中，把刀伸入腹腔，沿着肋骨、脊柱与内脏切割，使内脏与屠体的腹腔剥离。然后仔细将肥肝与其他脏器分离。操作时不能划破肥肝，以保持肝体完整。取出的肥肝用小刀修除附在肝上的神经纤维、结缔组织、残留脂肪、胆囊下的绿色渗出物、淤血、出血斑和破损部分，然后放入0.9％的盐水中浸泡10min，捞出后沥水，称重分级。

第五节　肉鸽生产

一、肉鸽主要品种

肉鸽又称菜鸽、食用鸽等。它的主要特点是早期生长快，肉质细嫩，体形大，胸阔而圆，肌肉丰满，颈粗背宽，性情温顺，飞翔能力差。目前世界上肉用鸽的品种、品系繁多，有资料可查的就有几十种之多。现将我国目前生产中饲养较多的几个肉鸽品种简介如下。

（一）王鸽

（1）原产地

王鸽（King Pigeon）原名皇鸽，亦称K鸽，是世界著名的肉用鸽品种之一。于1890年在美国新泽西州育成。它含有贺姆鸽、鸾鸽、马儿得鸽的血缘。是目前饲养数量最多、分布面广的品种。

（2）外貌特征

体型短胖，胸圆背宽，尾短而翘，平头，光脚，羽毛紧密，体态美观。此鸽经过品种改良，已培育出多种羽色的品系，有纯白、纯蓝、绛色、灰二线、纯黑、纯红、黑白相间等。但商用王鸽以白色占多数，通常有白王鸽、银王鸽两种。

（3）生产性能

成年公鸽体重800～1100g，母鸽700～800g。年产乳鸽6～8对。4周龄乳鸽体重达600～800g，乳鸽的料肉比为2∶1。

（4）主要特点

生长速度快，适合作为肉鸽生产。

（二）石歧鸽

（1）原产地

石歧鸽（Shack-Kee Pigeon）原产于我国广东中山县石歧一带，故命名为石歧鸽。是由我国地方品种鸽作母本，与引进的外来鸽种多次杂交而成。石歧鸽大概含有鸾鸽、卡奴鸽、王鸽等血缘，它的体型与王鸽相似，但躯体却比王鸽长。

（2）外貌特征

其体长、翼长和尾长，形如芭蕉蕾。头平，鼻长，细眼，胸围大。

（3）生产性能

成年公鸽体重为750g，母鸽为650g。4周龄乳鸽为500～600g。石歧鸽年产7～8对乳鸽。

(4) 主要特点

该鸽适应性强，耐粗饲，容易饲养，性情温顺，皮色好，骨软肉嫩，肉味带有类似丁香的花香味，但其蛋壳较薄，孵化时易被踩破，管理上须加注意。

(三) 蒙丹鸽

(1) 原产地

蒙丹鸽（Montain pigeon）原产于法国和意大利。因其不善飞翔，喜地上行走，行动缓慢也不愿栖息，故又名地鸽。目前世界上许多国家已育成了自己的蒙丹种，如法国蒙丹鸽、印度蒙丹鸽、瑞士蒙丹鸽、西班牙蒙丹鸽等。

(2) 外貌特征

其体型与王鸽相似，但不像王鸽那样翘尾。毛色多样，有纯黑、纯白、灰二线、黄色等。

(3) 生产性能

成年公鸽体重750～850g，母鸽体重700～800g，重者可达1000g，1月龄乳鸽体重可达750g以上。年产乳鸽6～8对。

(4) 主要特点

体重大，生长速度快，但繁殖能力较其他食用鸽低。

(四) 鸾鸽

(1) 原产地

鸾鸽（Runt Pigeon）也称伦脱鸽，原产于西班牙和意大利，是世界上最早的、肉用品种中体形最大的肉用鸽之一。据资料介绍，鸾鸽含有德国蓝色大石鸽和欧洲的球胸鸽血统。西班牙的鸾鸽比意大利的略大，英国将两者进行杂交选育后又引入美国，经不断改良即成为目前美国的大型鸾鸽，是作杂交亲本的理想品种。

(2) 外貌特征

此品种主要特点是体形巨大，成方型，胸部稍突出，肌肉丰满，肱骨和尾羽较长，羽色有黑、白、银灰、灰二线等。

(3) 生产性能

成年公鸽体重1400～1500g，母鸽体重1250g左右，4周龄的乳鸽体重可达750～900g，年产乳鸽6～8对。

(4) 主要特点

性情温顺，不善高飞，适宜笼养。但由于体形过大，孵化时常压破蛋，繁殖率受到一定影响。

(五) 贺姆鸽

(1) 原产地

贺姆鸽（Homer Pigeon）很早就驰誉于世界养鸽业。原有两个品系即食用贺姆与纯种贺姆，1920年美国用食用贺姆鸽、卡奴鸽、王鸽和蒙丹鸽杂交育成现在的大型贺姆鸽。

(2) 外貌特征

其特点是平头，羽毛坚挺紧密，脚部无毛，羽毛有白、灰、黑、棕及花斑等色。

(3) 生产性能

成年公鸽体重680～765g，母鸽体重600～700g，4周龄乳鸽体重可达600g左右，年产乳鸽8～10对。

（4）主要特点

其乳鸽肥美多肉，嫩滑味甘，并带有玫瑰花香味。另外，繁殖率高，育雏性能也好，是培育新品种或改良鸽种的好亲本。

（六）卡奴鸽

（1）原产地

卡奴鸽（Carneaux Pigeon）又称赤鸽，原产法国的北部和比利时的南部，是肉用和观赏的兼用鸽。

（2）外貌特征

卡奴鸽外观雄壮，颈粗，胸阔，站立时姿势挺立。体形中等结实，羽毛紧凑，属中型级鸽种。羽色有纯黑、纯白、纯黄三种，三色相混合者也有。

（3）生产性能

成年公鸽体重700～800g，母鸽体重600～700g，4周龄乳鸽体重可达500g。年产乳鸽8～10对，高产的达12对以上，其就巢性与育雏性能较好。有的一窝可哺育3只乳鸽，换羽期也不停止生育。此鸽喜欢每天饱食一次，到第二天再食，故饲养此鸽省工、省料、成本低。

（4）主要特点

该品种鸽性情温顺，繁殖力强，缺点是产卵窝数少。

二、肉鸽常用饲料

（一）肉鸽常用的饲料种类

肉鸽常用的饲料大多是没经加工的谷类和豆类籽实以及一些维生素、矿物质等饲料添加剂。

豆类有豌豆、蚕豆、绿豆、黑豆等。黄豆中含有胰蛋白酶抑制因子、大豆凝集素、胃肠胀气因子、植酸、脲酶和大豆抗原等有害物质，要慎用或不用，以免难于消化而引起下痢。蚕豆粒大，应破碎后饲喂。

谷物为能量饲料，常用的有玉米、稻谷、糙米、高粱、大麦、小麦等，这类饲料的主要成分是碳水化合物。

其他类饲料常用的有火麻仁、油菜籽、芝麻、花生米等。火麻仁含有大量的脂肪，含蛋白质也较高，少量饲喂可起到健胃通便作用，喂多则引起下痢，但火麻仁是肉鸽饲料中很重要的一种饲料，能增强羽毛光泽，特别在换羽期间的饲粮中更不能缺少。没有火麻仁可用油菜籽、芝麻、花生米代替。

对于维生素饲料，群养时也可用青绿饲料补充维生素不足，笼养时必须添加禽用复合维生素添加剂。

矿物质饲料可用红土、木炭、壳粉、食盐、河沙、骨粉、黄泥、旧石灰等补充。

（二）乳鸽哺育饲料的配制

1～3日龄：新鲜消毒牛奶、葡萄糖、维生素 B_1 及消化酶，配制成全稠状态的饲料饲喂。

7～10日龄：在稀饭中加入米粉、葡萄糖、奶粉、面粉、豌豆、蛋白消化酶及酵母片，制成半稠状流质饲喂。

11～14日龄：用米粥、豆粉、葡萄糖、麦片、奶粉及酵母片等混合成流质状料饲喂。

15～20日龄，用玉米、高粱、小麦、豌豆、绿豆、蚕豆等磨碎后加入奶粉及酵母片，成半流质状的料饲喂。

20～30日龄，可用上述原料磨成较大颗粒料，再用开水配制成浆状饲喂。30日龄后，可放玉米、高粱、豌豆等原料让鸽子慢慢啄食，经1～3d后，鸽子就会根据自己的需要采食饲料。

三、肉鸽饲养方法

（一）乳鸽哺育方法

按乳鸽日龄配制的饲料若为干料，可称出所需的饲料，倒入盆中，用开水浸泡30～60min。饲料软化后为流质状或胶状，使乳鸽容易消化吸收，也便于填喂机填喂。其稀释量为每1g乳鸽料加入温开水2.5～3mL，随日龄的增加而减少加水量。再将人工喂养的乳鸽按日龄分别集中在保温箱（室）哺育笼中。

图8-9 乳鸽人工哺育

刚出壳的乳鸽食量小，人工饲喂较困难。由一人操作，左手掰开乳鸽嘴，用填料器将胶管慢慢插入口腔，灌入液体饲料。动作要轻，防止胶管插入气管损伤食道，喂料太多也会造成食道膨胀和消化不良。如图8-9所示。

1～3日龄：人工饲喂器可用20mL的注射器，去针头，套上小孔软胶管即可。每次喂量不要太多，每天喂4次（8：00、11：00、16：00、21：00）。

4～6日龄：可用小型吊桶或灌喂器饲喂。将配好的乳料倒入吊桶内，吊于乳鸽的上方使乳料流入胶管，胶管插入食道后打开夹子，乳料就自动流入鸽的嗉囊。用夹子控制出量，防止流的料太多。每天喂4次，时间与1～3日龄乳鸽相同。

7日龄以后：可选用合适的填喂机饲喂。可先将浸泡过的配制饲料倒入填喂机的盛料漏斗内，将胶管插入乳鸽食道，右脚踏动开关，饲料进入嗉囊，喂多少可由脚踏动开关控制，每踩一脚踏开关，便填喂一只乳鸽。熟练的员工每小时每人可饲喂乳鸽500只左右。每天饲喂3次，时间为8：00、15：00、21：00，每次不要喂得太饱，以免引起消化不良。乳鸽人工哺育，饲料的营养成分提高20%～30%，加上人工精心管理，乳鸽的生长发育较自然育雏要快些。其营养成分见表8-10。

表8-10 人工鸽乳营养成分

日 龄	粗蛋白/%	粗脂肪/%	粗纤维/%	代谢能/（MJ/kg）	添加剂/%
1～4d	38.3	14.97	3.76	12.849	2.5
5～10d	34.16	14.35	4.17	12.627	2.5

人工哺喂注意事项：①用开水［料水比为1：（2～3）］调成糊状，亦可煮熟，然后用注射器接胶管经食道注入乳鸽嗉囊内；②喂料时要小心，不能将饲料注入气管内；③乳鸽密度不能太大，否则容易相互挤压，造成伤残，环境要保持安静和干燥；④注意保温（尤其冬天），因无亲鸽体温保暖，否则可能会冻死，导致意外损失。

（二）环境条件控制

1.温度

鸽舍的温度以18～24℃为宜。鸽子没有汗腺，要通过皮肤和呼吸蒸发散热。温度过高，易患呼吸道疾病，过冷时易使鸽子受凉，引起肺炎和下痢。受过冷或过热影响的鸽子，羽毛无光泽，不活泼，并且难养。温度适宜时，鸽子的羽毛光亮整齐，精神活泼，食欲旺盛，行为敏捷。炎热的天气应注意降温。寒冷的天气，要注意给鸽群保暖，保证正常的孵化温度，同时还应防止寒风直接吹到鸽子身上。

2. 湿度

湿度对鸽子的生活、生长、发育、代谢和孵化等都有直接或间接的影响。鸽子是广湿性动物，鸽舍内理想的相对湿度为 55%～60%。湿度不足时，蛋内水分过多地向外蒸发；湿度过高时，会阻碍蛋内水分的正常蒸发，这些都将影响胚胎发育。出壳时，若湿度不够，雏鸽啄壳困难。

3. 通风

良好的通风对鸽舍的降温、控湿、降低有害气体含量起重要作用。若舍内通风不良，缺乏新鲜空气，就会导致有害气体浓度升高，易使肉鸽体质衰弱和患病，胚胎发育不良。另一方面，寒冷季节特别是北方，要做好鸽舍的防寒工作。最主要的是防止寒风直接吹到鸽子身上，刚转群的雏鸽和人工哺育的乳鸽要处理好通风和保暖的关系，要做到冬暖夏凉，干燥清爽，使有害气体降低到最低程度。人工哺育后期乳鸽笼养如图 8-10 所示。

图 8-10　人工哺育后期乳鸽笼养

4. 光照

光照分自然光照和人工光照两种，肉鸽每日光照时间应为 16h。鸽场应根据不同的季节，自然光照不足的部分，用人工光照补足。

5. 提供足够而清洁的饮水

鸽子缺水时，可以导致食欲下降、代谢紊乱、血溶量不足、体温升高和呼吸功能障碍等不良后果。鸽子饮水的卫生标准与人饮用水要求一致，其饮水量为每只每日 30～60mL，一般冬季饮水量较少，夏季饮水量最多，春秋季居中。

6. 保证保健砂的供应

保证保健砂的供应，是养好鸽子，尤其是养好笼养肉鸽的重要因素。合格的保健砂能维持成年鸽健康，促进乳鸽生长，防止母鸽产软壳蛋和仔鸽患软骨病。

保健砂一般是终日放在鸽舍内或鸽笼内任凭鸽子自行采食。正常情况下，每只成年鸽子每天大概需要 10g 左右保健砂。

7. 定期消毒与防病

鸽舍、食槽和饮水器等应定期进行清扫、清洗和消毒。消毒时要防止药液落入饮水和饲料中，防止落到雏鸽身上。鸽舍和鸽场的入口处要设消毒池，鸽群应定期进行疫苗预防注射，定期驱除鸽舍内外寄生虫和灭鼠、灭蚊害。

第六节　禽肉产品质量控制

目前，我国禽肉产品药物残留是影响产品质量和出口的关键性因素。因此，商品肉禽生产与加工过程中应严禁使用禁用药，并根据国内外肉禽产品的质量要求，随时调整用药程序和方法。下面以我国无公害食品鸡肉产品质量控制标准要求为例加以说明。

一、食品鸡肉理化与微生物指标

无公害食品鸡肉屠宰前的活鸡应来自非疫区，其饲养过程符合 NY5035、NY5036、NY5037 和 NY/T5038 的要求，并经检疫、检验合格。活鸡屠宰前应按 NY467 要求，经检疫、检验合格后，再进行加工。加工过程中不使用任何化学合成的防腐剂、添加剂及人工色素。分割鸡体时应先预冷后分割；从活鸡放血至加工或分割产品到包装入冷库时间不得超过 2h。分割后的鸡体各部位应修剪外伤、血点、血污、羽毛根等。需冷冻的产品，应在一35℃以下环境中，其中心温度应在 12h 内达到一15℃以下，包装材料应全新、清洁、无毒无害。分割冻鸡产品应贮存在一18℃以下的冷冻库，库温一昼夜升温不得超过一15℃。鸡肉各项理化和微生物指标见表 8-11 和表 8-12。

表 8-11　食品鸡肉理化指标

项　目	指　标	项　目	指　标
解冻失水率/%	≤8	恩诺沙星/(mg/kg)	≤0.1
挥发性盐基氮/(mg/100g)	≤15	金霉素/(mg/kg)	≤0.1
汞(Hg)/(mg/kg)	≤0.05	土霉素/(mg/kg)	≤0.1
铅(Pb)/(mg/kg)	≤0.1	磺胺类(以磺胺类总量计)/(mg/kg)	≤0.1
砷(As)/(mg/kg)	≤0.5	环丙沙星/(mg/kg)	≤0.1
镉(Cd)/(mg/kg)	≤0.1	氯羟吡啶(克球酚)/(mg/kg)	≤0.05

注：引自中华人民共和国农业行业标准 NY 5034—2005。

表 8-12　食品鸡肉微生物指标

项　目	指　标	项　目	指　标
菌落总数/(CFU/g)	≤5×10^5	沙门氏菌	不得检出
大肠菌群/(MPN/100g)	<1×10^4		

注：引自中华人民共和国农业行业标准 NY 5034—2005。

二、无公害禽产品质量安全控制

（一）无公害禽产品概念

无公害禽产品是指产品环境、生产过程和产品质量符合国家有关标准和规范的要求，经认证合格获得认证证书并允许使用无公害标志的未经加工或者初加工的禽产品。

（二）投入品使用遵守的准则

投入品的使用要严格遵守饲料使用准则和兽药使用准则。在无公害生产的饲料使用准则和兽药使用准则中，对允许使用、禁止使用、限制使用的兽药、疫苗、饲料、添加剂，都作出了明确的规定。在实际操作过程中，主要遵守如下几点。

1. 饲料、饲料添加剂使用准则

（1）用于配制饲料的所有原料、饲料添加剂、预混料等各类饲料，必须具有一定的新鲜度，保持饲料应有的色、味和组织形成特征。发霉、变质、结块及异味的饲料原料均不能使用。

（2）用于配制配合饲料的所有原料、饲料添加剂、预混料等各类饲料中有毒有害物质以及微生物数量不能超过国家饲料卫生标准以及其他相关标准的要求。

（3）使用的饲料、饲料添加剂产品必须来自取得饲料、饲料添加剂生产许可证的企业，还应取得产品批准文号、有产品标识。

（4）配制育肥鸡饲料时，应以玉米、豆粕为主要原料。影响肉品质的动物蛋白饲料（如鱼粉、蚕蛹粉、血粉、羽毛粉等）不宜用于配制育肥鸡料。人工合成、化学合成的色素也不提倡使用。增强鸡体的色素沉积主要选用富含叶黄素的饲料原料（如黄玉米、玉米蛋白粉、苜蓿粉、松针粉、草粉等）。

（5）饲料中不允许有违禁药物：制药工业的副产品不能在肉鸡生产上使用；禁止使用转基因方法生产的饲料原料；严禁在饲料及饲料产品中添加未经农业部批准用于饲料添加使用的兽药品种；禁止使用激素类、安眠镇静类药品及农业部禁止作家禽促生长剂的其他物质。

2. 兽药使用准则

（1）用于肉鸡预防和治疗的兽药应来自具有兽药生产许可证并具有产品批准文号的生产企业，或者具有《进口兽药登记许可证》的供应商。允许使用消毒防腐剂对饲养环境、畜舍和器具进行消毒，允许使用符合国家规定的疫苗、中药材或中药成方制剂、微生态制剂、微量、常量元素补充药、营养药、维生素类药等药物进行疫病的防治。

（2）使用符合国家规定的饲料药物添加剂、抗菌药和抗寄生虫药时，应严格遵守规定的作用、用法、用量、疗程、休药期。

（3）禁止使用假药、不合格药品、对环境造成严重污染的药物、人类专用抗生素、具有致畸、致癌、致突变作用的兽药、未经国家畜牧兽药行业管理部门批准的用基因工程方法生产的兽药、激素类、催眠镇静类药物。

（4）禁止在饲料中长期添加药物。

（5）在肉鸡饲养中限制使用或禁止使用药物如下：①克球粉（又名可爱丹、克球多、克球酚、氯羟吡啶、氯甲吡啶醇、氯吡醇、氯吡多、氯吡可、广虫录、乐百克、三字球虫粉、球落）；②尼卡巴嗪（又名球虫净、球净，主要成分为双硝苯脲、二甲嘧啶醇）；③螺旋霉素；④灭霍灵；⑤喹乙醇（又名快育灵、培育灵、喷酷胺醇）；⑥甲砜霉素；⑦恶喹酸（喹恶酸）；⑧磺胺喹恶啉（SQ）；⑨磺胺二甲基嘧啶（SM2）；⑩磺胺嘧啶（SD）；⑪磺胺间甲氧嘧啶（又名制菌磺）；⑫磺胺-5-甲氧嘧啶（又名球虫宁）；⑬甲酸、苯酚类消毒剂；⑭人工合成激素。

无公害肉鸡饲养过程中的阶段用药：30日龄内可用如下磺胺药物（30日龄后禁用）：磺胺二甲氧嘧啶（SDM）、复方敌菌净、复方新诺明。送宰前14d禁止用的药物：青霉素、卡那霉素、氯霉素、链霉素、庆大霉素、新霉素。宰前14～7d根据病情可继续选取如下药物：土霉素、强力霉素、北里霉素、四环素、红霉素、金霉素、环乐菌素、快百灵、百病消、氟哌酸、禽菌灵、痢菌净、环丙沙星、大蒜素。宰前7d必须停用一切药物。禁止使用酚类、酚类消毒剂。所用药物应在兽医指导下科学使用。

（6）提倡使用中草药制剂、微生态制剂，有机酸制剂、酶制剂等。

（7）选用安全、高效、低残留或无残留的兽药。

（8）努力提高饲养管理水平，增强家禽抵抗力，尽可能做到少生病、少用药。

（9）建立并保存免疫程序记录、兽药使用记录、鸡群的预防和治疗记录等详细档案。

（三）出口肉禽养殖用药管理

为进一步做好出口肉禽养殖用药管理工作，应严格执行中华人民共和国农业部第265号公告。有关出口肉禽养殖用药的规定以此为准。部分国家及地区明令禁用或重点监控的兽药及其他化合物清单如下。

1. 欧盟禁用的兽药及其他化合物清单

（1）阿伏霉素（avoparcin）

（2）洛硝达唑（ronidazole）

（3）卡巴多（carbadox）

（4）喹乙醇（olaquindox）

（5）杆菌肽锌（bacitracinzinc）（禁止作饲料添加药物使用）

（6）螺旋霉素（spiramycin）（禁止作饲料添加药物使用）

（7）维吉尼亚霉素（virginiamycin）（禁止作饲料添加药物使用）

（8）磷酸泰乐菌素（tylosin phosphate）（禁止作饲料添加药物使用）

（9）阿普西特（arprinocide）

（10）二硝托胺（dinitolmide）

（11）氯羟吡啶（meticlopidol）

（12）氯羟吡啶/苄氧喹甲酯（meticlopidol/mehtylbenzoquate）

（13）氨丙啉（amprolium）

（14）氨丙啉/乙氧酰胺苯甲酯（amprolium/ethopabate）

（15）地美硝唑（dimetridazole）

（16）尼卡巴嗪（nicarbazin）

（17）二苯乙烯类（stilbenes）及其衍生物、盐和酯，如己烯雌酚（diethylstilbestrol）等。

（18）抗甲状腺类药物（antithyroid agent），如甲巯咪唑（thiamazol），普萘洛尔（propranolol）等。

（19）类固醇类（steroids），如雌激素（estradiol），雄激素（testosterone），孕激素（progesterone）等。

（20）二羟基苯甲酸内酯（resorcylic acid lactones），如玉米赤霉醇（zeranol）等。

（21）β-兴奋剂类（β-Agonists），如克仑特罗（clenbuterol），沙丁胺醇（salbutamol），喜马特罗（cimaterol）等。

（22）马兜铃属植物（aristolochiaspp.）及其制剂

（23）氯霉素（chloramphenicol）

（24）氯仿（chloroform）

（25）氯丙嗪（chlorpromazine）

（26）秋水仙碱（colchicine）

（27）氨苯砜（dapsone）

（28）甲硝咪唑（metronidazole）

（29）硝基呋喃类 nitrofurans

2. 美国禁止在食品动物使用的兽药及其他化合物清单

（1）氯霉素（chloramphenicol）

（2）克仑特罗（clenbuterol）

（3）己烯雌酚（diethylstilbestrol）

（4）地美硝唑（dimetridazole）

（5）异丙硝唑（ipronidazole）

（6）其他硝基咪唑类（other nitroimidazoles）

（7）呋喃唑酮（furazolidone）（外用除外）

（8）呋喃西林（nitrofurazone）（外用除外）

（9）泌乳牛禁用磺胺类药物［下列除外：磺胺二甲氧嘧啶（sulfadimethoxine）、磺胺溴甲嘧啶（sulfabromomethazine）、磺胺乙氧嗪（sulfaethoxypyridazine）］。

（10）氟喹诺酮类（fluoroquinolones）（沙星类）

（11）糖肽类抗生素（glycopeptides），如万古霉素（vancomycin）阿伏霉素（avoparcin）。

3. 日本对动物性食品重点监控的兽药及其他化合物清单

（1）氯羟吡啶（clopidol）

（2）磺胺喹噁啉（sulfaquinoxaline）

（3）氯霉素（chloramphenicol）

（4）磺胺甲基嘧啶（sulfamerazine）

（5）磺胺二甲嘧啶（sulfadimethoxine）

（6）磺胺-6-甲氧嘧啶（sulfamonomethoxine）

（7）噁喹酸（oxolinic acid）

（8）乙胺嘧啶（pyrimethamine）

（9）尼卡巴嗪（nicarbazin）

（10）双呋喃唑酮（DFZ）

（11）阿伏霉素（avoparcin）

注：日本对进口动物性食品重点监控的兽药种类经常变化，建议出口肉禽养殖企业密切关注。

4. 香港地区禁用的兽药及其他化合物清单

（1）氯霉素（chloramphenicol）

（2）克仑特罗（clenbuterol）

（3）己烯雌酚（diethylstilbestrol）

（4）沙丁胺醇（salbutamol）

（5）阿伏霉素（avoparcin）

（6）己二烯雌酚（dienoestrol）

（7）己烷雌酚（hexoestrol）

复习思考题

1. 常用肉鸡、肉鸭和肉鹅品种有哪些？其主要特点是什么？

2. 肉鸡生产的基本条件主要有哪些？

3. 雏鸡的饲养有哪些注意事项？

4. 人工填鸭育肥方法的技术要点是什么？

5. 番鸭的饲养管理的技术要点有哪些？

6. 雏鹅育雏期饲养管理的技术要点有哪些？

7. 肥肝生产技术要点有哪些？

8. 肉鸽主要品种有哪些？

9. 如何进行乳鸽人工哺育？

10. 乳鸽人工哺育期间需要具备哪些环境条件？

11. 无公害禽肉产品质量控制遵守的饲料使用准则内涵是什么？

12. 无公害禽肉产品质量控制遵守的兽药使用准则内涵是什么？

第九章 乳原料生产

第一节 牛乳生产

一、奶牛主要品种

目前全世界奶牛品种，主要有荷斯坦牛（又称黑白花牛）、娟珊牛、更赛牛、爱尔夏牛及瑞士褐牛。

1. 荷斯坦牛

（1）原产地

原产于荷兰北部的北荷兰省和西弗里生省，经长期培育而成。荷斯坦牛风土驯化能力强，世界大多数国家均能饲养。经各国长期的驯化及系统选育，育成了各具特征的荷斯坦牛，并冠以该国国名，如美国荷斯坦牛、加拿大荷斯坦牛、日本荷斯坦牛、中国荷斯坦牛等。

（2）外貌特征

体格高大，结构匀称，皮薄骨细，皮下脂肪少，乳房特别庞大，乳静脉明显，后躯较前躯发达，侧望成楔形，具有典型的乳用型外貌。被毛细短，毛色呈黑白斑块，界限分明，额部有白星，腹下、四肢下部及尾帚为白色。

（3）生产性能成年

公牛活重为 $900\sim1200kg$，母牛体重 $650\sim750kg$。犊牛初生重 $40\sim50kg$。荷兰荷斯坦牛平均产奶量为 $8016kg$，乳脂率为 4.4%，乳蛋白率为 3.42%；美国荷斯坦牛平均产奶量达 $9777kg$，乳脂率为 3.66%，乳蛋白率为 3.23%。

（4）主要特点

荷斯坦牛的缺点是乳脂率较低，不耐热，高温时产奶量明显下降。

2. 娟珊牛

（1）原产地

属小型乳用品种，原产于英吉利海峡南段的绢珊岛。是世界上三大古老奶牛品种之一，以乳房发育良好和高乳脂率而著称。绢珊牛较耐热，印度、斯里兰卡、日本、新西兰、澳大利亚均有饲养。

（2）外貌特征

体形小、清秀、轮廓清晰。头小而轻，两眼间距宽，眼大而明亮，额部稍凹陷，耳大而薄，鬐甲狭窄，肩直立，胸深宽，背腰平直，腹围大，尻长平宽，尾帚细长，四肢较细，关节明显，蹄小。乳房发育匀称，形状美观，乳静脉粗大而弯曲，后躯较前躯发达，体形成楔形。

（3）生产性能

成年公牛活重 650～750kg，母牛体重 340～450kg。犊牛初生重 23～27kg。年平均产奶量为 3500kg，乳脂率 5.5%～6%，乳蛋白率 3.7%～4.4%。

（4）主要特点

绢姗牛的最大特点是乳质浓厚，单位体重产奶量高，乳脂肪球大，易于分离，乳脂黄色，风味好，适于制作黄油，其鲜奶及奶制品备受欢迎。

3. 中国荷斯坦牛

（1）原产地

原名"中国黑白花牛"，是由国外引进的纯种荷斯坦长期与各地黄牛进行级进杂交、选育而成，是我国的最主要奶牛品种。我国饲养奶牛品种中 95% 以上是中国荷斯坦牛（中国黑白花牛），荷斯坦牛属大体形奶牛，产奶量最高。

（2）外貌特征

体质细致结实，结构匀称，毛色为黑白相间，花片分明，额部有白斑，腹下、四肢膝关节以下及尾帚呈白色。乳房附着良好，质地柔软，乳静脉明显，乳头大小、分布适中。

（3）生产性能

成母牛平均产奶量 4774kg，平均乳脂率在 3.4% 以上。北方地区产奶量较高，平均为 5000～6000kg，南方地区由于气候炎热，产奶水平相对较低，平均为 4500～5500kg。

（4）主要特点

该品种性情温顺，易于管理，适应性强，耐寒不耐热。

二、奶牛养殖环境要求

（一）空气温度控制

奶牛的特点是怕热不怕冷，一般情况下乳用母牛的适宜温度范围为 5～25℃，生产环境温度为-5～30℃。这就要求北方地区在冬季寒冷时给牛舍提供必要的热源以增高舍温。并加强牛舍的保温；而在夏季炎热时必须给牛舍降温。不同品种及生理阶段牛对环境温度的要求见下表 9-1。

表 9-1　奶牛舍内适宜温度、最高温度和最低温度

牛舍	最适宜温度/℃	最低温度/℃	最高温度/℃
成母牛舍	9～17	2～6	25～27
犊牛舍	10～18	4	25～27
产房	15	10～12	25～27
哺乳犊牛舍	12～15	3～6	25～27

（二）空气湿度控制

牛舍内的相对湿度不能过高或过低，一般以 50%～75% 为宜。牛舍温度适宜时，湿度的影响不大，但在高温和低温时，加大湿度对奶牛生产和健康会产生不良影响尤其是高温高湿环境会对奶牛的产奶量产生严重影响。在生产中，由于奶牛排尿较多，舍内湿度往往偏大。因此，在实际生产中，应采取措施降低舍内湿度。如保持适当的通风换气，及时清除舍内粪尿和污水，冬季减少舍内用水和勤换垫料等措施。

（三）有害气体控制

有害气体超标是构成牛舍环境危害的重要因素。空气污染主要来源于畜禽呼吸、粪尿和饲料等有机物分解产生的如氨气、硫化氢、二氧化碳、沼气、粪臭素和脂肪族的醛类硫醇胺类等有害气体。如果空气中的有害气体达到一定的浓度，不但会影响奶牛的健康和生产能力

图 9-1　成年奶牛舍内景

还会危害工作人员的身体健康，引起呼吸道疾病，甚至影响周边地区的空气环境质量。因此在实际生产中要对舍内气体实行有效控制，主要途径就是通过通风换气带走有害气体，引进新鲜空气，使牛舍内的空气质量得到改善。同时，及时清理并无害化处理粪尿。此外，饲料营养成分的不平衡导致有机物质的排放量增加，使粪便氨气、硫化氢等的释放量增多。所以合理设计饲料配方或使用微生物添加剂等无污染的饲料添加剂，尽可能地减少粪便有机物的排放也是减少舍内有害气体的有效途径。牛舍氨气、硫化氢和二氧化碳浓度要求参照表6-1。成年奶牛牛舍环境设施如图9-1。

（四）生物污染物控制

生物污染物是指饲料与牧草霉变产生的霉菌毒素和各种寄生虫和病原微生物等污染物。饲料的加工保存是应该重视的问题，购买饲料时尽量从通过国家质量鉴定的厂家购买。

（五）空气中尘埃和微生物控制

牛舍内的尘埃和微生物主要来源于饲喂过程中的饲料分发、采食、运动、清洁卫生时飞扬起来的灰尘等，因此要求饲养员在日常工作时尽量避免尘土飞扬。此外，要严格执行消毒制度，门口设消毒室（池），室内安装紫外灯，池内置2%～3%氢氧化钠液或0.2%～0.4%过氧乙酸等药物。同时工作人员进入场区（或牛舍）必须更换工衣。

（六）噪声控制

奶牛对突然而来的噪声最为敏感。据报道当噪声达到110～115dB时，奶牛的产奶量下降30%以上，同时会引起惊群、早产、流产等症状。所以，奶牛场选择场址时，应尽量选在无噪声或噪声较小的场所。同时应尽量选择噪声小、性能好的机械设备。

（七）粪污处理

每头成年奶牛每天所排泄的鲜粪大约是40～50kg，后备奶牛每天所排泄的鲜粪大约是10～20kg，一个千头奶牛场每天排出的鲜牛粪重量为30～40t，一年排出的鲜牛粪重量就会高达1000t。为此，奶牛场牛粪及污物处理是摆在我们面前的一个关键问题，奶牛场粪污处理成为一个重要技术问题。

目前，最先进的清粪工艺是通过牛棚内的自动刮粪系统把奶牛粪便集中到指定的粪污渠道（地下防冻暗沟），通过粪污渠道内的循环高压水流系统，把粪污输送到粪污处理区域，然后通过干湿分离，分离以后形成固体和液体两部分，固体部分发酵（比鲜牛粪的量减少了将近30%，牛粪的味道已经很少了，可以堆积很高）用于生产有机肥和垫牛圈或者播撒农田，液体部分经过发酵制作沼气并发电。这种方式一次性投资比较大，但是运营成本低，使用人数少，提高了现代化的程度，提高了牛场的效率；由于自动刮粪系统每小时清理4～6次牛舍，牛舍环境变得更加舒适，奶牛的肢蹄病和乳房炎的发病率也会大大减少。上述工艺

把经过分离以后的液体用于制作沼气，沼气产气量高，产期长，冬天也可以使用，从根本上解决了奶牛场的牛粪清理和处理问题，在国内的部分大型奶牛场已经开始使用这种方法。

三、奶牛饲养方法

（一）后备牛（23～25月龄）培育

1. 犊牛的科学管理

犊牛出生后0.5～1h哺喂初奶，首次喂量达3kg以上，并在出生后6h左右饲喂第2次，以便让犊牛在出生后12h内获得足够的抗体。初奶饲喂3d后，逐渐转喂常奶，犊牛出生后1周，开始训练采食混合精料，10d左右训练采食干草，一般犊牛在6～8周龄，每天采食相当于其体重1%的犊牛料（700～800g）时即可断奶，但对于体格较小或体弱的犊牛应适当延期断奶。犊牛断奶后继续饲喂断奶前的犊牛料，并且质量保持不变。当犊牛（3～4月龄）每日能采食约1.5kg犊牛料时，可改为育成牛料。

2. 育成牛的饲养管理

育成牛的瘤胃机能已非常完善，生长发育快，抗病能力强，是奶牛体型发育和繁育能力形成的关键时期。在营养构成上，粗饲料以优质羊草、苜蓿为好，断奶至6月龄饲粮一般按1.8～2.2kg优质干草和1.4～1.8kg混合精料进行配制，此阶段的日增重要求达760g左右。7～14月龄育成牛的瘤胃机能已相当完善，可让育成牛自由采食优质粗饲料如牧草、干草、青贮等，但玉米青贮由于含有较高能量，要限量饲喂，以防过量采食导致肥胖。精料一般根据粗料的质量进行酌情补充，若为优质粗料，精料的喂量仅需0.5～1.5kg即可，如果粗料质量一般，精料的喂量则需1.5～2.5kg，并根据粗料质量确定精料的蛋白质和能量含量，使育成牛的平均日增重达700～800g。

3. 青年牛的配种和饲养管理

14～16月龄体重达360～380kg进行配种。育成牛配种后一般仍按配种前饲粮进行饲喂。当育成牛怀孕至分娩前3个月，由于胚胎的迅速发育以及育成牛自身的生长，需要额外增加0.5～1.0kg的精料。如果在这一阶段营养不足，将影响育成牛的体格以及胚胎的发育，但营养过于丰富，将导致过肥，引起难产、产后综合征等。

4. 分娩前的饲养管理

由于胚胎的迅速发育，这一阶段必须保持足够的营养，精料每日饲喂3.0～4.0kg，并逐渐增加精料喂量，以适应产后高精料的饲粮，但食盐和矿物质的喂量应进行控制，以防乳房水肿。同时，玉米青贮和苜蓿也要限量饲喂。

（二）成年母牛饲养关键技术

成年母牛在不同生产阶段的饲养标准和管理方法差别很大。饲养成年母牛只有根据其不同的生理阶段执行不同的营养和饲养管理标准，才能满足各阶段成年母牛的需要，且不至于造成饲料的浪费。在饲养管理上，应根据成年母牛各生产阶段的生理特点和行为需要，创造相应的条件，最大限度地减少奶牛的不适和应激。

1.围产期饲养管理

围产期关键是做到顺利的过渡，避免产后繁殖疾病和营养代谢病。产奶前期要提高营养浓度，提高干物质采食量，降低能量负平衡程度，提高峰值产量和产奶持续力。产奶中后期，要根据产奶量和牛群体况及时调整配方，增加粗饲料的比例，调整降低成本。在乳蛋白率低的情况下，首先应考虑满足饲粮能量浓度，提高干物质采食量，增加瘤胃菌体蛋白的合成。

（1）围产前期（产前三周）的饲养管理

产犊前奶牛食欲会降低，最后一周采食量有时会低于正常35%（干物质采食量减少3kg～4kg），而此时由于胎儿的生长和乳腺的发育，营养需要迅速增加。主要饲养管理措施如下。

① 应提高饲粮营养水平，以保证奶牛的营养需要。饲粮粗蛋白含量一般较干奶前期提高25%，并从分娩前两周开始，逐渐增加精料喂量至母牛体重的1%，以便调整微生物区系，适应产后高精料的饲粮。同时，供给适量的优质饲草，以增进奶牛对粗饲料的食欲。

② 在产前3周，要求将妊娠牛转移至一个清洁、干燥的环境饲养，以防乳房炎等疾病的发生，此阶段可以用泌乳牛的饲粮进行饲养，精料每日饲喂3～4kg，并逐渐增加精料喂量，以适应产后高精料的饲粮，但食盐和矿物质的喂量应进行控制，以防乳房水肿，并注意在产前两周降低饲粮含钙量，以防产后瘫痪。

（2）围产后期（产后两周）的饲养管理

奶牛生产后，食欲尚未恢复正常，消化机能脆弱；乳房水肿，繁殖器官正在恢复；乳腺及循环系统的机能还不正常。主要饲养管理措施如下。

①初产奶牛饲粮的营养水平应该介于干奶后期和高产奶牛饲粮之间（每个饲粮营养水平的增加不超过前一饲粮的10%）；维持一定数量的粗纤维，避免高淀粉导致奶牛停止采食；饲喂2～3kg高质量的长牧草以保证正常的瘤胃功能；提高饲粮的营养浓度以补偿低采食量造成的营养缺乏；饲粮中添加缓冲剂以调节瘤胃pH值；饲喂12g尼克酸以预防酮病。

②由于奶牛分娩后体力消耗过大，分娩后应使其安静休息，并饮喂温热麸皮盐钙汤10～20kg（麸皮500～1000g，食盐50～100g，碳酸钙50g，水10～20kg），以利于其恢复体力和胎衣排出。应防止产褥疾病，加强外阴部消毒；环境要保持清洁、干燥；加强对胎衣、恶露排出的观察。夏季注意防暑降温，灭蚊蝇；冬季要保温、换气。牛只在产后10d要注意监测体温，每天定时测量体温、观察精神状态，发现问题及时处理。

2. 产奶牛饲养管理

（1）一般饲养管理措施

① 饲粮组成应力求多样化：由于反刍动物的消化生理特点，奶牛饲粮应遵循"花草花料"的原则。也就是说，奶牛饲粮原料应该尽量多样化，以满足能量蛋白降解速度平衡、氨基酸平衡、限制性营养因子的均衡供应。一般而言，奶牛的饲粮应由4种以上的谷物类、豆类或其副产品组成的混合精料（内含矿物质、微量元素等添加剂）；青粗饲料应由青绿饲料、青贮饲料、根茎瓜果类和干草等组成。奶牛每天可采食优质干草3～4kg，中等品质干草2.5～3kg。

② 精、粗饲料要合理搭配：精料的饲喂，日产奶量不足20kg的，每生产2kg牛奶饲喂0.5kg精料；产奶量为21～30kg的，每产1.5kg牛奶喂给0.5kg；产奶量超过30kg的，每产1kg牛奶给予0.5kg精料；但应注意精料最大喂量不要超过15kg。

③ 利用有限优质粗料饲喂高产奶牛：奶牛饲喂优质苜蓿干草及20%精料的产奶性能，较饲喂品质差的苜蓿和70%精料的高。也就是说，对于高产奶牛，饲喂低质的粗料，虽然加大精料喂量，能提高饲粮能量水平，但产奶性能达不到饲喂优质粗料的效果，而且精料过量使用，易出现以下问题：反刍减少，唾液分泌减少，瘤胃酸中毒，乳脂率下降，蹄叶炎，产奶量下降等。

（2）阶段饲养法

产奶牛根据其不同生理状况可分为泌乳盛期、泌乳中期和泌乳后期等3个阶段。主要饲养管理措施如下。

① 泌乳盛期：一般指分娩后2～3周至100d。乳房软化，食欲恢复，采食量增加，乳腺

机能活跃，体内催产素分泌量增加，产奶量迅速增加，需要缓解产奶量提高与体内能量负平衡的矛盾。具体缓解措施有：增加精料进食量，使精粗料比达到 60：40；饲喂高能饲料；添加脂肪等。添加脂肪时应注意最好添加包被处理的脂肪，如果没有包被处理则减少用量同时提高钙、镁的含量，适量添加，一般为 3%～4%；注意脂肪的饱和度，以长链脂肪酸为佳，注意脂肪的品质（总脂肪酸＞90%，水分＜1%，不溶性杂质＜1.5%）。

② 泌乳中期：指泌乳 101～200d。泌乳量进入相对平稳期，月均下降 6%～10%、高产牛不超过 7%，干物质采食量进入高峰期，体重开始恢复，日增重 100～200g，卵巢机能活跃，能正常发情与受孕。此期是 DMI 最大时期，能量为正平衡，没有减重，奶量渐降，以"料跟着奶走"，混合精料可渐减，延至第 5～6 个泌乳月时，精粗料比（50～45）：（50～55）。

③ 泌乳后期：201d 到干奶前。妊娠后期是饲料转化为体重效率的最高阶段，要考虑体组织修补、胎儿生长、妊娠沉积等营养需要。日增重应达 0.5～0.7kg，体况评分应为 3～3.5 分，头胎母牛日增重应达 1000g 以上。这一时期产奶量明显下降，可视食欲、体膘调整需要，精粗料比降到 40：60 以下。停奶前应再次进行妊娠检查，注意保胎。此阶段可进行免疫、修蹄和驱虫等工作，对产奶量影响较小。

3. 干奶期奶牛饲养管理

（1）干奶期的意义

乳腺组织周期性休整，瘤网胃机能恢复，体况恢复。

（2）干奶时间的长短

最短不少于 40d，否则不利于瘤胃和乳腺的修复；最长不宜超过 70d，否则奶牛过于肥胖，导致难产和产后营养代谢病，影响产奶量。

（3）干奶方法

分为逐渐干奶法和快速干奶法。

① 逐渐干奶法：用 1～2 周的时间将泌乳活动停止。具体做法是：在预定停奶前 1～2 周开始停止乳房按摩，改变挤奶次数和挤奶时间，由每天 3 次挤奶改为 2 次，而后 1 天 1 次或隔日 1 次；改变饲粮结构，停喂糟料、多汁饲料及块根饲料，减少精料，增加干草喂量，控制饮水量，以抑制乳腺组织分泌活动，当奶量降至 4～5kg 时，一次挤净即可。

② 快速干奶法：在预定干奶之日，不论当时奶量多少，认真热敷按摩乳房，将奶挤净。挤完奶后即刻用酒精消毒奶头，而后向每个乳区注入一支长效抗生素的干奶药膏，最后再用 3% 次氯酸钠或其他消毒液消毒乳头。无论采取何种干奶方法，乳头经封口后不再触动乳房。在干奶后的 7～10d 内，每日两次观察乳房的变化情况。乳房最初可能继续充胀，但 5～7d 后，乳房内积奶逐渐被吸收，约 10～14d 后，乳房收缩松软。若停奶后乳房出现过分充胀、红肿、发硬或滴奶等现象，应重新挤净处理后再行干奶。

（4）干奶期的饲养

① 目标：保证胎儿生长发育良好；保证最佳的体况；控制避免消化代谢疾病。

② 饲养应注意：饲粮保持适宜的纤维含量，限制能量过多摄入，避免过食蛋白质，满足矿物质和维生素的需要。

③ 干奶第一个月的饲养：粗饲料，自由采食（青贮控制在 DMI 的 40% 以内），不喂冰冻饲料。精饲料 3～4kg，如果膘情超过 8 成，可减量饲喂以调整体况。水自由饮用，要清洁，冬天水温在 12～19℃ 较好。适当运动，每天 2～3h，刷拭牛体，牛舍保持清洁干燥。

④ 干奶第二个月的饲养：粗饲料自由采食，喂给优质、适口性好的牧草，控制青贮喂量。精饲料每天饲喂 3～4kg。保证维生素和微量元素的供给，控制钾、钠等阳离子的摄入，有效预防产后胎衣不下，产后瘫，减少乳房炎的发生。高钾含量的牧草不能饲喂给干奶牛，

如豆科牧草。

⑤ 管理时要注意：使用乳头密封剂封闭乳头，阻碍细菌侵入，从干奶当天开始，每天药浴乳头，持续10d时间；适当运动，防止滑倒；牛舍清洁干燥，有垫草或厚的新沙土，最好单栏饲养；分群饲养，产前15d进入产房，产前3d进入分娩间；干奶期的膘情应控制在3.5分左右。

四、牛乳质量与安全控制

（一）奶牛养殖禁止使用的兽药及饲料添加剂

（1）允许在临床兽医的指导下使用符合《中华人民共和国兽药典》《中华人民共和国兽药规范》《兽药质量标准》《兽用生物制品质量标准》《进口兽药质量标准》规定的钙、磷、硒、钾等补充药、酸碱平衡药、体液补充药、电解质补充药、营养药、血容量补充药、抗贫血药、维生素类药、吸附药、泻药、润滑剂、酸化剂、局部止血药、收敛药和助消化药。

（2）对饲养环境、厩舍、器具进行消毒，不能使用酚类消毒剂，如苯酚（石炭酸）、甲酚等。

（3）禁止在奶牛饲料中添加和使用肉骨粉、骨粉、血粉、血浆粉、动物下脚料、动物脂粉、干血浆及其他血液制品、脱水蛋白、蹄粉、角粉、鸡杂碎粉、羽毛粉、油渣、鱼粉、骨胶等动物源性饲料。

（4）泌乳期奶牛禁止使用抗菌素——恩诺沙星注射液、注射用乳糖酸红霉素、土霉素注射液、注射用盐酸土霉素、磺胺嘧啶片、磺胺二甲嘧啶钠注射液。

（5）泌乳期奶牛禁止使用抗寄生虫药——阿苯哒（即丙硫唑唑片）、伊维菌素注射液、盐酸左旋咪唑片、盐酸左旋咪唑注射液。

（6）泌乳期奶牛禁止使用生殖激素类药——注射用绒促性素、苯甲酸雌二醇注射液、醋酸促性腺激素释放激素注射液、注射用垂体促卵泡素、注射用垂体促黄体素、黄体酮注射液、缩宫素注射液。

（二）牛乳质量控制

牛乳中乳脂和乳蛋白含量是2个重要指标，调控的目标是在维持产奶量和适宜的乳脂含量条件下，改善其脂肪酸组成，提高蛋白质含量。

夏季，很多养殖户的牛奶会因为乳蛋白率不达标而被乳品企业拒收。奶农首先会想到用增加蛋白饲料喂量的方法应对，结果是刚开始有点效果，不久就会失去作用。其实，乳蛋白率低，并不一定是饲粮蛋白水平低造成的。成年母牛瘤胃菌体蛋白是乳蛋白的最好原料，增加瘤胃内菌体蛋白的合成，才是提高乳蛋白的关键。具体措施如下。

（1）提高干物质采食量

首先满足能量需要，饲喂适量的蒸汽压片谷物可以提高泌乳母牛的产奶量、乳蛋白率，比添加豆粕更有效。

（2）合理添加脂肪

饲粮中添加脂肪不当会导致乳蛋白率下降，所以在提高饲粮浓度时脂肪添加量不能过高，添加脂肪后的饲粮中总脂肪含量以5%为宜，最高不超过7%。

（3）平衡饲粮氨基酸，必要时增加过瘤胃蛋白

奶牛产奶量不断提高，每天由奶中分泌的蛋白量很大，迫切需要采用氨基酸平衡技术来提高乳蛋白产量。根据现有研究结果，首先应考虑必需氨基酸中赖氨酸和蛋氨酸水平，小肠可消化的蛋白质中赖氨酸和蛋氨酸宜分别保持在7.0%和2.2%。

（4）合理使用饲料添加剂

乳中的矿物质如硒、碘、铁、锰、铜、锌等与饲料有关，饲料中添加微量元素会使乳中含量得到相应提高。饲喂青贮玉米-大豆蛋白型饲粮的高产奶牛必须补充碘。对初产母牛补铬，可分别提高乳脂、乳糖及乳总固形物12.9％、16.5％、14.9％。

在奶牛饲料中添加香草，挤出的牛奶不仅减少了腥味，而且含有香味。添加花粉有降低乳中和血中胆固醇的效果。添加大蒜粉能抑制奶中大肠杆菌、金黄葡萄球菌等有害菌的生长，对有益干酪乳杆菌有促进作用，并使奶中的香味成分增加，改善乳脂。

（5）提高乳蛋白的饲养管理技术

抓好泌乳高峰期和夏季两个乳蛋白率偏低时期的饲养管理。高度重视围产期的饲养管理，防止产前过于肥胖，减少围产期疾病，尽量减轻应激，保证奶牛干物质采食量。采取各项防暑降温措施。克服影响乳蛋白率降低的不良因素，改善牛舍和饲喂、挤奶等饲养环境，提高奶牛整体健康水平，保持合理的牛群年龄结构等。

（三）牛乳安全控制

1. 抗生素残留的控制措施

不使用添加抗生素的饲料饲喂泌乳牛。凡使用抗生素的泌乳牛应有醒目标记，在最后一次使用后5d内，牛只用单独挤乳器具，所挤牛乳单独处理。提高科学养牛水平，重视防病防疫工作，尤其是对乳房炎的预防，减少发病率是减少使用抗生素的最积极措施。

2. 细菌污染的控制措施

乳牛场的工作人员每年需进行1次健康检查，凡患有结核病、布鲁氏菌病或发现患有食品卫生法第二十五条规定的痢疾、伤寒、病菌性肝炎等消化道传染病、化脓性或者渗出性皮肤病，以及其他有碍食品卫生的疾病人员不得参加接触直接入口食品的工作，以防人的感染。进入牛舍工作应穿戴整洁工作服、帽、靴，工作完毕后须换下，禁止穿到其他场所及场外。直接接触牛乳的操作人员经常修剪指甲，不涂指甲油，不佩戴饰品，操作前及便后洗手消毒，养成良好的卫生习惯。

3. 挤乳机的保养

真空系统如真空泵、管道、贮气罐及真空调节阀等定期检修保养，真空泵的润滑机油定期检查油位，及时添加，污染的机油应更换新机油；如发现有牛乳进入真空道，应及时用碱水冲洗。挤乳机的乳杯内衬、输乳

图9-2　挤奶车间挤乳机的布局

软管等橡胶制件会老化龟裂，龟裂处最易积乳垢，是细菌良好的栖生地，因此要注意更换保修。挤奶车间挤乳机的布局如图9-2所示。

第二节　羊乳生产

一、奶羊主要品种

全世界有奶山羊1.8亿只，品种有60多个，主要的产奶羊大约有31个品种，有四个确认为高产的品种：法国的阿尔卑斯羊（alpine）、瑞士的萨能羊（saanen）、吐根堡羊

（toggenburg）、美国的努比亚羊（nubian）。我国的奶羊品种主要有关中奶羊、崂山奶羊、延边奶羊等。

1.萨能奶山羊

（1）原产地

原产于瑞士西北部伯尔尼奥伯兰德州的萨能山谷地带，主要分布于瑞士西部的广大区域，是世界上最优秀的奶山羊品种之一，是奶山羊的代表型。现有的奶山羊品种几乎半数以上都不同程度的含有萨能奶山羊的血缘。

（2）外貌特征

萨能奶山羊具有奶用家畜的楔状体形，被毛白色或稍带浅黄色，由粗短髓层发达的有髓毛组成，公羊的肩、背、腹和胴部着生少量长毛。皮薄呈粉红色，仅颜面、耳朵和乳房皮肤上有小的黑灰色斑点。公母羊一般无角，耳长直立，部分个体颈下靠咽喉处有一对悬挂的肉垂。体躯深广，背长而直，四肢坚实，乳房发育充分，但相当数量的个体尻部发育较弱而且倾斜明显为其缺点。

（3）生产性能

成年公羊体重75～100kg，最高120kg，母羊50～65kg，最高90kg。母羊泌乳性能良好，泌乳期8～10个月，可产奶600～1200kg，各国条件不同其产奶量差异较大。最高个体产奶记录3430kg。母羊产羔率一般170%～180%。乳脂率3.8%～4.0%。

（4）主要特点

产奶性能高。

2.努比亚奶山羊

（1）原产地

努比亚奶山羊原产于非洲东北部的埃及、苏丹及邻近的埃塞俄比亚、利比亚、阿尔及利亚等国，在英国、美国、印度、东欧及南非等国都有分布。是世界著名的乳用山羊品种之一。

（2）外貌特征

努比亚奶山羊头短小，鼻梁隆起，耳大下垂，颈长，躯干较短，尻短而斜，四肢细长。公、母羊无须无角。毛色较杂，有暗红色、棕色、乳白色、灰白色、黑色及各种斑块杂色，以暗红色居多，被毛细短、有光泽。母羊乳房发育良好，多呈球形。

（3）生产性能

成年公羊体重80kg；成年母羊体重55kg。泌乳期一般5～6个月，产奶量一般300～800kg，盛产期日产奶2～3kg，高者可达4kg以上，乳脂率4%～7%。平均一胎261天产奶375.7kg，二胎257d产奶445.3kg。

（4）主要特点

产奶量比较高，乳脂率高，奶的风味好。

3.崂山奶羊

（1）原产地

崂山奶山羊原产于山东省胶东半岛，主要分布于崂山及周边区市，是崂山一带群众经过多年培育形成的一个产奶性能高的地方良种，是我国奶山羊的优良品种之一。崂山奶山羊分布于青岛市的城阳、黄岛区及5个市（区），烟台、威海等地也有分布，约有25万只，以崂山地区周围的崂山奶山羊质量最好。崂山奶山羊舍内及舍外饲养如图9-3、图9-4所示。

（2）外貌特征

崂山奶山羊体质结实粗壮，结构紧凑匀称、头长额宽、鼻直、眼大、嘴齐、耳薄并向前外方伸展；全身白色，毛细短，皮肤粉红有弹性，成年羊头、耳、乳房有浅色黑斑；公母羊

图 9-3　崂山奶山羊舍内饲养　　　　　　　　图 9-4　崂山奶山羊舍外饲养

大多无角，有肉垂。公羊颈粗、雄壮，胸部宽深，背腰平直，腹大不下垂，四肢较高，蹄质结实，蹄壁淡黄色，睾丸大小适度、对称、发育良好。母羊体躯发达，乳房基部发育好、上方下圆、皮薄毛稀、乳头大小适中对称。

（3）生产性能

成年公羊体重 75kg，母羊体重 50kg 以上。崂山奶山羊产奶期 8 个月，最高可达 10 个月，平均产奶一胎 340kg，二胎 600kg，三胎 700kg，最高产奶可达 1300kg，鲜奶密度为 1.028g/mL，干物质含量 12.03％，乳蛋白含量 2.89％，乳脂率 3.73％。

（4）主要特点

崂山奶山羊具有适应能力强、产奶性能高和抗病力强等特点。

二、奶羊养殖环境要求

（一）选址

羊舍必须在干燥、排水良好的地方修建，南面或两面有较为平坦的、广阔的运动场。羊舍要建在水源下游和办公室、生活区的下风，屋角对着冬、春季主风方向。山区建场时，要选择背风、向阳、容易保温的地方。

（二）羊只占舍面积

成年母羊 1.5m²，青年母羊 0.8m²，羔羊 0.3m²，公羊 2.0m²，公羊单圈饲养者为 4～6m²，运动场面积为羊舍面积的 2～3 倍。

（三）舍内环境

地面干燥，光线充足，通风良好，清洁卫生。温度 10～20℃，相对湿度 70％～80％；羊舍氨气、硫化氢和二氧化碳浓度要求参照表 6-1。

（四）温度与通风

对于奶山羊来讲，冬季保温和夏季通风十分重要。冬季正直妊娠后期，夏季却为产奶持续期，二者均会严重影响奶山羊生产性能的发挥，生产中不能忽视。成年奶山羊的通风装置，既要保证有足够的新鲜空气，又能避贼风，可在屋顶上设置通风口，孔上有活门，必要时可关闭。通风装置的通风量要根据每只成年羊每小时冬季约需 30～40m³，夏季 70～80m³（羔羊减半）。成年奶山羊的温度一般要求 10～20℃，最低 6℃，最高 27℃；青年羊一般 12～14℃。

三、奶羊饲养方法

（一）怀孕母羊的饲养

母羊怀孕后 30d 内，饲养条件不能过差，应避免饲料频繁变化。经自然交配认为已经受胎的母山羊，交配后 18～25d 允许其和公羊接触或隔一篱笆相望，以此判断是否真正怀孕。怀孕期要供给适量营养的饲料，使母山羊保持良好体况，同时进行适当的运动，使它处于活泼好动的状态。怀孕最后 1 个月应缓慢地再次提高营养水平，贮积更多的营养为产乳高峰作准备。但要防止怀孕后期奶山羊过肥，否则会使产奶量减少。所以在此期间不能饲喂高能量饲料，而要喂给品质优良的全价饲料。

（二）羔羊的饲养

羔羊培育是指从出生到断奶（4 月龄）前的饲养管理。羔羊对外界环境的适应性差，饲养管理不当会导致体质下降，容易感染疾病甚至死亡。为提高羔羊的成活率，培育健壮的成年羊，必须做到精心护理和饲养。具体饲养管理要点如下。

羔羊出生后 1h 内必须吃上初乳；7d 内保证喂给足够的初乳。对于无母乳或母乳不足的羔羊，要进行人工哺乳或给羔羊找代乳羊。代乳方法：在需要代养的羔羊身上抹上代乳羊所产羔羊的黏液，或在代养羔羊身上涂抹代乳羊的胎盘液，让代乳羊舔食，促使母子相认。人工哺乳要做到定时、定温、定量，并做到少量多喂。3～7 日龄接种三联四防苗和口疮疫苗，7 日龄开始训练吃精料，15～20 日龄调教采食青干草。30 日龄后由吃奶向吃草料逐渐过渡，采食适量精料。75～120 日龄以优质青干草、绿饲料及混合料或精料补充料为主。供给充足的饮水，每天每只喂给 5～10g 食盐。

（三）青年羊的培育

断奶到配种前的羊叫青年羊。该阶段要注意精料的喂量，日喂混合精料 300～400g，同时要注意钙、磷、盐的补饲。半放牧半舍饲是培育青年羊的最好方式。对青年羊实施放牧饲养，可少给或不给精料。青年母羊一般在 10 月龄（体重达 35kg 以上）配种。

（四）泌乳羊的饲养管理

1. 泌乳期的饲养管理

泌乳羊的泌乳期分为泌乳初期、盛期、中期和后期 3 个阶段，因此，应分期加强管理。

（1）泌乳初期

母羊分娩后 20d 内是泌乳初期。这时应以恢复体质为主，对乳房水肿的高产奶羊，在产羔 5d 后注意运动，并按摩和热敷乳房，每次 3～5min。同时喂给易消化的优质青干草，任其自由采食。然后根据其体况，乳房膨胀程度、食欲表现、粪便的形状和气味，灵活掌握精料和多汁饲料的喂量。如体况较肥，乳房膨大，消化不良者，切不可过快增加精料喂量。身体消瘦、消化力弱、食欲不振、乳房膨大不够，可以多喂含淀粉多的薯类饲料。在产羔 3d 内喂给优质青干草和胡萝卜，3～5d 后可喂多汁饲料和精料，但每天增加的精料不宜超过 0.2kg。当乳房水肿完全消失后饲料可增加到正常喂量。

（2）泌乳盛期

产羔 20d 后母羊体质逐渐恢复，乳腺活动日益旺盛，即进入泌乳盛期。此期应喂给最好的饲料，并精心管理，以充分发挥其泌乳潜力，迅速达到泌乳高峰。产后 30d 进入泌乳高峰期，泌乳量不断上升，体内蓄积的各种养分不断付出，体重有所减轻，此时应增加精料喂量，并注意饲料的适口性、多样化，适当增加饲喂次数和挤奶次数。若出现剩草剩料、奶量不再上升、粪便变形，应停喂多汁饲料并适当减少精料。在产奶稳定期，应避免饲料和饲喂方法发生突然改变。

（3）泌乳中期

产后 120～210d 进入泌乳中期，产乳量逐渐下降，应供给营养全面的饲料和充足饮水。同时加强运动，精细管理，以减缓泌乳量的快速下降，延长泌乳期。

（4）泌乳后期

产后 210～280d 进入泌乳后期，产奶量下降较快，并逐渐进入发情配种季节。

2. 干奶期的饲养管理

干奶期的饲养可分为 2 个阶段，即干奶前期和干奶后期。从干奶期开始到产羔前 14～21d 为干奶前期，产羔前 14～21d 至分娩为干奶后期。

（1）干奶前期

对营养良好的羊，一般喂给优质粗饲料及少量精料即可。对营养不良的羊，除给优质饲草外，还要饲喂一定量的混合精料，一般日喂 1kg 左右的优质干草、2～3kg 多汁饲料和 0.6～0.8kg 混合精料。

（2）干奶后期

要逐渐增加精料（配合比例：玉米 55%，麸皮 25%，豆粕 17%，食盐 1%，骨粉 2%）、优质青干草和青绿多汁饲料的喂量。母羊在产前 4～7d，乳房过度膨胀或水肿严重时，可适当减少精料及多汁饲料的喂量。若乳房不发硬，则可照常饲喂多汁饲料。产前 2～3d 饲粮中应加入适量小麦麸以防止便秘。

第三节　保障鲜奶卫生质量的措施

一、乳原料质量标准

1. 生乳标准

原料生乳是指从符合国家有关要求的健康奶畜乳房中挤出的无任何成分改变的常乳。产犊后七天的初乳、应用抗生素期间和休药期间的乳汁、变质乳不应用作生乳。世界年产乳量大约为 6 亿吨，其中牛乳约 85%，水牛乳 11%，绵羊乳和山羊乳各 2%，还有少量的骆驼乳、马乳、鹿乳和牦牛乳。按照我国《食品安全国家标准生乳》（GB 19301—2010）的要求，生乳的感官、理化指标、微生物限量应符合表 9-2、表 9-3、表 9-4 的规定。除此之外，还有污染物限量、真菌毒素限量、农药残留限量和兽药残留限量，分别按相应国家标准和有关规定规定和公告执行。原料乳进企业后，还有一些检验项目如酒精试验、体细胞数、电导率等。

表 9-2　生乳感官要求

项目	要　求
色泽	呈乳白色或微黄色
滋味、气味	具有乳固有的香味，无异味
组织状态	呈均匀一致液体、无凝块、无沉淀、无正常视力可见异物

表 9-3　生乳理化指标要求

项　目	要求	项　目	要求
冰点[1][2]/℃	−0.560～−0.500	非脂乳固体/(g/100g)	≥8.1
相对密度/(20℃/4℃)	≥1.027	酸度/(°T)	
蛋白质/(g/100g)	≥2.8	牛乳[2]	12～18
脂肪/(g/100g)	≥3.1	羊乳	6～13
杂质度/(mg/100g)	≤4.0		

① 挤出 3h 后检测。

② 仅适用于荷斯坦奶牛。

表 9-4　微生物限量

项目	限量/[CFU/g(mL)]
菌落总数≤	2×10^6

2. 乳制品绿色食品国家标准

乳制品绿色食品国家标准详见表 9-5。

表 9-5　绿色食品乳制品产品认证检验项目

项　目	指　标			
	生乳	液态乳	发酵乳	炼乳
无机砷(As)/(mg/kg)	—	≤0.05		≤0.2
铅(Pb)/(mg/kg)	—	≤0.05		≤0.15
铬(Cr)/(mg/kg)	—	≤0.3		≤2.0
锡(Sn)/(mg/kg)	—			≤10.0
硝酸盐(NaNO₃)/(mg/kg)	≤6.0		≤11.0	≤15.0
亚硝酸盐(NaNO₂)/(mg/kg)	≤0.2			≤0.5
恩诺沙星/(μg/kg)	≤100			
金霉素/(μg/kg)	≤100			
土霉素/(μg/kg)	≤100			
磺胺类/(μg/kg)	≤100			
四环素/(μg/kg)	≤100			
青霉素	阴性			
链霉素	阴性			
庆大霉素	阴性			
卡那霉素	阴性			
六六六/(mg/kg)	≤0.02			
滴滴涕/(mg/kg)	≤0.02			
黄曲霉毒素/(μg/kg)	≤0.5			
菌落总数/(CFU/g)	$≤5 \times 10^5$			

注：引自中华人民共和国农业行业标准 NY/T 657—2012。

二、影响乳产量的因素

影响牛羊乳产量的主要因素按照贡献率为：品种、遗传因素占 30%，饲料、营养因素占 50%，环境和管理因素占 20%。具体影响因素如下。

1. 生理因素

奶牛的年龄和胎次对奶牛的泌乳能力有较大影响，2 岁半初产母牛产乳量较低，6～9 岁的奶牛产乳量最高，10 岁后产乳量下降；不同泌乳期，产乳量差异也较大，奶牛分娩后前几天产乳量较低，20～60d 产乳量达高峰期，3～4 个月又逐渐下降，7 个月后迅速下降，10 个月左右停止产乳；奶牛在发情期间，由于性激素的作用，产乳量会出现暂时性下降；奶牛在妊娠初期对产乳量影响较小，第五个月开始产乳量迅速下降，第八个月迅速下降，直至干乳。

2. 环境因素

我国母牛最适宜的产犊季节是冬季和春季，良好的气候利于奶牛体内激素分泌，奶牛分娩后很快达到泌乳盛期；夏季由于热应激作用，奶牛食欲不振，产奶量随之下降；奶牛最适宜的温度是 10～16℃，当外界温度高于 25℃时，产乳量下降，相对而言，低温对奶牛产乳量影响较小，当外界温度降到零下 13℃时，产乳量才会下降。

3. 饲料及营养

奶牛或奶羊的饲料种类及饲喂方法等对产乳量都有影响。精饲料主要满足奶牛或奶羊产乳营养需要，奶牛或奶羊泌乳盛期，精饲料不足会延长奶牛或奶羊能量负平衡期，使产乳高峰期缩短；精饲料过多则会导致奶牛或奶羊发生代谢病、乳房炎和趾叶炎症等。粗饲料的品种和质量对奶牛或奶羊产乳量影响较大，粗饲料质量差，采食量不足，产乳量降低。另外，奶牛或奶羊饲料中补充一定量的矿物质、微量元素和维生素也会提高牛羊乳产量。

4. 繁殖因素

繁殖因素主要对奶牛或奶羊的终生产乳量有影响，而不影响当胎产乳量。繁殖力低下的母牛或母羊，尤其是高产母牛或母羊，不仅终生产乳量下降，而且造成产犊（羔）数减少和优良遗传资源丢失。

5. 疾病因素

奶牛或奶羊患疾病后，乳产量和质量都会下降。影响乳产量的主要疾病有：乳房炎、肢蹄病、代谢病、消化系统病、产科病及引起体温升高的其他普通病。乳房炎是奶牛或奶羊的常发病和高发病，对产乳量影响最大，奶牛或奶羊因乳房炎造成的产乳量损失达 20% 以上。

三、影响乳原料质量的因素

（一）乳成分控制

乳成分中，乳脂含量变动最大，其次是乳蛋白含量，乳糖含量比较稳定。影响乳原料质量的主要有如下影响因素。

1. 品种与遗传因素

不同品种奶牛和奶羊产乳量及乳质量有很大差异。例如，黑白花奶牛产乳量高，但乳脂率、干物质含量、乳蛋白及乳糖含量低。乳肉兼用牛产乳量低，但乳脂率、干物质含量、乳蛋白及乳糖含量较高。同一品种奶牛或奶羊因个体差异，产乳成分也有差异。

2. 营养与饲喂

饲粮中粗饲料比例高、干物质进食量高、粗纤维含量高时，乳的干物质和乳脂率含量高，反之则低。例如，长期营养不良的奶牛，产乳量和乳脂率都低；长期高精料饲喂、营养过剩的奶牛，乳脂率也低且产乳量也不稳定。改善玉米青贮质量，增加玉米青贮饲喂量，能增加能量摄入，提高乳蛋白含量。反之，能量不足则会降低乳蛋白含量。

3. 挤奶操作

初挤出的牛羊乳中乳脂率较低，只有 2%～2.5%，随后逐渐升高，挤乳末期，乳脂含量高达 5.5%～6.5%。挤奶间隔期长，泌乳量高，但乳脂率低；间隔期短，泌乳量低，但乳脂率高。

4. 季节与气温

夏季产乳中，乳脂率较低，冬季产乳中，乳脂率则较高。气温超过 21℃，产乳量下降，乳脂率也降低；气温超过 27℃，产乳量明显减少，乳脂率和乳干物质含量也下降。

5. 产乳量

一般而言，产乳量增加，乳脂率、乳蛋白和乳干物质含量减少，反之则增加。泌乳盛期，产乳量高，但乳脂率和乳干物质含量较低；泌乳后期，产乳量低，但乳脂率和干物质含量较高。

（二）乳原料微生物控制

乳原料中微生物的污染是影响乳品质量的重要因素之一。菌落总数过高，会导致生乳酸度增加，蛋白质热稳定性下降，达不到生产用乳的标准。菌落总数高，其中的致病菌可产生非常耐热的毒素，这些毒素经超高温处理后仍有少量残留，消费者饮用后，会导致中毒；还有的细菌会产生非常耐热的酶，这些酶在 UHT 奶贮藏过程中被激活，会导致 UHT 奶出现分层、发苦等现象。细菌中的嗜冷菌产生酶类，在乳制品贮存过程中会导致产品发生苦味、结块、分层等现象；某些链球菌、葡萄球菌会引起奶牛患乳房炎，使产乳量下降，乳质量降低，甚至产生毒素，导致人食用后中毒等。因此，有效控制乳原料中微生物的数量，意义重大。原料乳微生物控制因素与措施如下。

1. 牛舍及挤奶厅的卫生

地面要及时清扫，粪便要有专门存放的场地；挤奶厅空气要流通，要定期清除屋顶及死角，要给奶牛创造一个良好的环境。可用1%～1.5%灭害灵药水喷洒牛舍及地面。

2. 净水化源

牛饮用水及冲洗用水，都应达到卫生标准。水槽每天至少冲洗1次，以防污染。

3. 乳房表面擦洗

因牛的爬卧，牛体上易沾附粪便、污水、干草等，上面附着的细菌达几亿乃至几十亿个。所以，饲养员要勤清扫，使牛体洁净，同时也有利于牛体正常的新陈代谢。乳房擦洗要由上至下，要尽量做到每头牛一桶水、一块毛巾或一次性纸巾，以防交叉感染。洗后要擦干，挤掉头3把奶。奶桶上面附滤布，防止杂物进入奶中。

4. 挤奶机及其他设备的清洗消毒

清洗要掌握4个要素：温度适宜；足够长的时间；合适的浓度；足够的水量和机械力。程序制定后要持之以恒，操作严格，只有这样，才能将管道中的乳垢、乳石等物质除去。奶全部挤完后，要严格按操作规程清洗挤奶机。先用35～45℃的温水洗净机械内的残奶，接着用75～85℃的0.5%的碱性清洗液循环清洗5～8min，再用35～45℃温水循环冲净机械内残留液，最后用食品级、浓度适宜的消毒剂循环清洗一遍，打开各处堵塞，放净残留液待用。一般是2d使用碱性清洗剂清洗，1d使用酸性清洗剂。每次用水量够循环就可以，水温必须严格控制，过高或过低清洗效果均不理想。

5. 原料奶的收集与存贮

将机械奶与手工奶，合格奶与不合格奶分开；从乳房中挤出的奶及时冷却至4℃左右，短期存贮。此外，在活动场所设置有遮阴篷等休息场地，而且应保持其卫生，给奶牛以良好、舒适的环境。

四、导致鲜奶腐败变质的原因

健康奶牛乳房内的乳汁中每毫升所含的细菌数为200～600个。在挤奶过程及挤奶后的运输、贮存过程中，由于挤奶用具、贮奶罐清洗消毒不严格，工作人员不注意卫生操作等因素，会对鲜奶造成不同程度的污染，致使奶中的细菌数升高。污染牛奶的细菌种类繁多，有的能引起牛乳变酸，有的能引起变质，甚至有些还能引发人类患病。例如乳酸链球菌、粪链球菌、嗜热链球菌等可引起乳汁发酵产酸，绿脓杆菌、荧光杆菌、荚膜杆菌等能分解蛋白质、脂肪而使鲜乳变质。试验表明，牛奶被挤出后，不做任何处理，在常温下放置12h，每毫升牛奶的微生物含量可达11.4万个，到24h每毫升可猛增到130万个。由此可见，环境中的微生物是导致牛奶变质腐败，或酸度上升的根本原因。

五、提高鲜奶卫生质量的措施

（1）采用挤奶机挤奶是提高鲜奶卫生指标的一个重要措施

挤奶机挤奶可以实现牛奶从乳房到贮奶罐之间的封闭转移，有效地减少了牛舍中灰尘、饲料、牛体污物及挤奶人员手指不洁所造成的污染，保证了牛奶中菌落总数≤500000CFU/mL。

（2）推广一次性纸巾挤奶法

用温水和毛巾清洗、按摩乳房的挤奶方式在我国流行多年，是一种传统的挤奶方式。用这种挤奶方法，难以擦干因清洗乳房而滞留在乳房表面的污水。当我们连接上挤奶杯进行抽吸挤奶时，很容易将乳房表面的污水沿乳头吸入挤奶桶或挤奶管道，对牛奶构成污染，从而增加了牛奶中的细菌总数，缩短了鲜奶保存时间，降低了牛奶卫生质量。

一次性纸巾挤奶方法类同于一种挤奶前的乳房干洗按摩，可以有效地降低上述情况所导致的鲜乳污染。其方法是：乳头药浴→一次性纸巾擦干→挤出"头三把"奶→连接奶杯挤奶→乳头药浴。

（3）控制乳房炎的发生

牛只患乳房炎后，会导致乳质和卫生指标下降。乳房炎可分为临床型乳房炎和隐性乳房炎。临床型乳房炎容易被发现，但隐性乳房炎须用诊断液才能检出。所以，做好隐性乳房炎监测工作对于保证鲜乳卫生就显得更为重要。实践表明，挤奶前后进行二次乳头药浴是预防乳房炎发生的一种有效措施。

（4）加强环境、牛体、挤奶厅、挤奶设备的卫生管理

造成牛奶污染的微生物主要来源于牛体、环境及挤奶设备。因此保证环境清洁、牛体卫生和及时清洗消毒挤奶设备是保证和提高鲜奶卫生质量的基础性工作。基础性的保障措施往往体现在点点滴滴的管理工作之中，而管理水平的到位与否往往就表现在这些地方。

（5）及时冷却鲜奶

农户对挤出的奶要及时采用相应条件进行冷却、冷贮。奶站对刚收进的奶，要尽快将其降到 $2 \sim 4℃$，最高不要超过 $6℃$。

对于奶站来说，在鲜奶降温和冷贮过程中，收奶入罐时间要尽量集中，最好做到鲜奶一次性入罐、冷却、冷贮。冷贮过程中要定时开起搅拌机，防止乳脂分离影响冷贮温度。另外，还要准备一支温度计，对制冷设备进行监测，以防因制冷设施故障而造成损失。冷却贮存的鲜奶最好在 $24h$ 以内送到相应的乳品加工企业，条件不允许的奶站必须在 $48h$ 内将贮存的奶送交乳品加工厂。鲜奶在运往乳品加工厂的过程中，奶温不要超过 $10℃$。

（6）控制酒精阳性乳的发生

酒精阳性乳是指 68% 或 70% 酒精与等量的牛奶混合而产生微细颗粒或絮状凝乳块的牛奶。这种奶热稳定性较差，难于贮存，风味不好，影响乳品加工。所以，乳品加工企业在收购鲜奶时均进行酒精阳性乳化验。一般而言，乳中的酸度越高，乳中的蛋白质就越容易被酒精凝固。因此，过去在乳质检测中，常将酒精阳性奶试验作为衡量鲜乳酸度高低的一个指标，以此来判定牛奶是否腐败变质；现在在乳品收购化验中，常将酒精凝固试验作为衡量牛奶质量高低的一个常规指标。

复习思考题

1. 奶牛主要品种有哪些？
2. 如何控制奶牛舍环境？
3. 简述成年母牛饲养关键技术？
4. 牛乳质量控制技术要点是什么？
5. 奶羊主要品种有哪些？
6. 简述泌乳羊的饲养管理技术要点？
7. 挤奶的方法有哪些？
8. 提高鲜奶卫生质量的综合措施有哪些？
9. 影响牛羊产乳量和乳品质的因素有哪些？

第十章 禽蛋原料生产

重点提示： 本章重点掌握蛋鸡、蛋鸭和鹌鹑主要品种，蛋鸡、蛋鸭和鹌鹑饲养管理要点、禽蛋质量安全控制方法等内容。通过本章的学习，能够基本了解禽蛋原料生产过程和产品质量安全控制方法，为生产优质安全的禽蛋产品奠定基础。

第一节　鸡蛋生产

一、蛋鸡主要品种

（一）白壳蛋鸡主要品种

1. 海兰白鸡

（1）原产地

海兰 W-36 白鸡是美国海兰国际公司培育的。其特点是体形小、性情温顺、耗料少、抗病力强、产蛋多、脱肛及啄羽的发病率低。

（2）外貌特征

全身羽毛均为白羽，喙、胫、皮肤为黄色。

（3）生产性能

入舍鸡 80 周龄产蛋数 330～339 个，产蛋期成活率 96％，料蛋比 1.99∶1。育成期成活率 97％～98％，0～18 周耗料量 5.66kg；达 50％ 产蛋率日龄 155d，高峰产蛋率 93％～94％。

2. 北京白鸡

（1）原产地

北京白鸡是北京市种禽公司在引进国外鸡种的基础上选育成的优良蛋用型鸡。它具有体形小、耗料少、产蛋多、适应性强、遗传稳定等特点。

（2）外貌特征

北京白鸡 938 根据羽速可以鉴别雌雄。北京白鸡属白来航鸡型。体形小而清秀。全身羽毛白色而紧贴。冠大、鲜红，公鸡的冠较厚而直立，母鸡的冠较薄而侧向一侧。喙、胫、趾和皮肤呈黄色；耳叶白色。

（3）生产性能

72 周饲养日产蛋数 300 个。0～20 周龄成活率 94％～98％，21～72 周龄成活率 90％～93％，平均蛋重 59.42g，料蛋比（2.23～2.32）∶1。

(二）褐壳蛋鸡主要品种

1. 海兰褐蛋鸡

（1）原产地

海兰褐壳蛋鸡（HY-LINE VARIETY BROWN）是美国海兰国际公司（HY-LINE IN-TERNATIONAL）培育的四系配套优良蛋鸡品种。我国从 20 世纪 80 年代引进，目前，在全国有多个祖代或父母代种鸡场，是褐壳蛋鸡中饲养较多的品种之一。

（2）外貌特征

海兰褐是四系配套。其父本为洛岛红型鸡的品种，而母本则为洛岛白的品系。由于父本洛岛红和母本洛岛白分别带有伴性金色和银色基因，其配套杂交所产生的商品代可以根据绒毛颜色鉴别雌雄。

海兰褐鸡的父本洛岛红原产于美国，有单冠（海兰褐父本均为单冠）、玫瑰冠两个品变种；耳叶红色，全身羽毛深红色，尾羽黑色带有光泽；皮肤、喙和胫的颜色均为黄色；体躯中等，背部长而平是该鸡外型的最大特点。母本洛岛白，红色单冠，耳叶红色，全身羽毛白色，皮肤、喙和胫的颜色均为黄色；体躯中等，背部不及洛岛红的长而平。海兰褐的商品代初生雏，母雏全身红色，公雏全身白色，可以自别雌雄。但由于母本是合成系，商品代中红色绒毛母雏中有少数个体在背部带有深褐色条纹，白色绒毛公雏中有部分在背部带有浅褐色条纹。商品代母鸡在成年后，全身羽毛基本（整体上）红色，尾部上端大都带有少许白色。

（3）生产性能

72 周龄入舍鸡产蛋数 298 个，产蛋量 19.4kg，80 周龄入舍鸡产蛋数 355 个，产蛋量 21.9kg，料蛋比（2.2～2.5）：1。育成期成活率 96%～98%，产蛋期成活率 95%，达 50% 产蛋率的日龄 151d，高峰产蛋率 93%～96%。

2. 罗曼褐壳蛋鸡

（1）原产地

罗曼褐壳蛋鸡是由联邦德国罗曼集团公司育成的四系配套的褐壳蛋鸡系杂交鸡。其特点是产蛋多、蛋重大、饲料转化率高。

（2）外貌特征

父本两系均为褐色，母本两系均为白色；商品代雏接可用羽色自别雌雄，公雏为白羽，母雏为褐羽。

（3）生产性能

产蛋量 295～305 个，平均蛋重 63.5～65.6g，料蛋比（2.0～2.1）：1。达 50% 产蛋率日龄 145～150d，开产体重 1550g 左右；高峰期产蛋率 92%～94%。

（三）粉壳蛋鸡主要品种

1. 海兰灰蛋鸡

（1）原产地

海兰灰蛋鸡是美国海兰公司培育出的高产粉壳鸡，我国近年才引进。

（2）外貌特征

海兰灰蛋鸡的父本与海兰褐蛋鸡父本为同一父本（父本外观特征见海兰褐蛋鸡父本），母本为白来航，单冠，耳叶白色，全身羽毛白色，皮肤、喙和胫的颜色均为黄色，体形轻小清秀。海兰灰蛋鸡的商品代初生雏鸡全身绒毛为鹅黄色，有小黑点成点状分布全身，可以通过羽速鉴别雌雄，成年鸡背部羽毛呈灰浅红色，翅间、腿部和尾部呈白色，皮肤、喙和胫的颜色均为黄色，体形轻小清秀。

（3）生产性能

20~74周龄饲养日产蛋数290个，成活率达93%；72周龄产蛋量18.4kg；料蛋比2.3∶1。0~18周龄成活率为98%；达50%产蛋率平均日龄155d；高峰期产蛋率94%。

2. 京粉1号

（1）原产地

由北京华都峪口禽业有限责任公司培育，通过了国家畜禽遗传资源委员会的审定。

（2）外貌特征

父母代到商品代雏鸡均能够雌雄自别。父本为洛岛红型，利用洛岛红"三白"特征自别雌雄；母本为白来航，利用快慢羽自别雌雄。商品代利用金羽和银羽自别雌雄。

（3）生产性能

商品代蛋鸡育雏育成期成活率96%~98%，产蛋期成活率92%~95%，高峰产蛋率93%~96%，产蛋期料蛋比（2.1~2.2）∶1，配套系父母代雌雄自别准确率高达98%以上，商品代自别准确率接近100%，0~18周龄成活率高达98%。

二、蛋鸡营养与饲料

9~20周龄：饲料粗蛋白含量不应超过14.5%。这一阶段较低的饲料粗蛋白含量有利于蛋鸡保持较长时间的高产蛋率。

开产初期（21周龄左右）：饲料中粗蛋白的含量必须由当时蛋鸡日采食量而定。这一阶段每羽蛋鸡每天必须保证摄取19.6g的粗蛋白。因此当每羽蛋鸡每日采食100g时，其饲料粗蛋白含量应达19.6%；而当采食量升至120g时，其饲料粗蛋白含量便应降到16.5%的水平，才能将初产蛋鸡的产蛋率迅速推向高峰。

42周龄后：商品蛋鸡对粗蛋白的每日需要量将下降到17.8g。随着产蛋率的自然下降及每日采食量的增加，商品蛋鸡饲料中粗蛋白含量将降到15%左右。有的饲养户误以为产蛋率的下降是由于饲料中粗蛋白含量不够，就提高饲料粗蛋白含量，其结果不仅影响鸡群健康，而且加大了养鸡成本。

三、蛋鸡饲养管理

（一）转群前的工作安排

1. 鸡舍的整理与消毒

在育成鸡转入成鸡舍前，要将舍内卫生和设备进行彻底清洗和消毒。对供水、供电、通风设施、鸡舍的保温、防水设备等问题进行及时维修，在转入鸡群前将供水、供料、供电、刮粪系统检查试运行，待一切准备就绪后进行彻底消毒，通风，准备转入产蛋鸡。

2. 调整鸡群和转群

（1）转群的准备

在鸡群转入产蛋鸡舍前，对鸡群进行驱虫。将鸡群分级，严格淘汰病、残、弱、小的不良个体。根据称量体重情况，将个体偏小的鸡群放入上层笼，中等的放中间层。将体重偏小的鸡群调整饲料配方，增加鸡采食量（如湿拌料）使其尽快恢复正常体重，保证鸡群开产整齐、稳定。

（2）转群时间的选择

转群时间一般按照生产计划而定，一般在10周龄或18周龄左右进行。过早转群对鸡的发育不利，且易出现提前开产的现象，使开产后的蛋重、高峰期的产蛋率受到影响，同时因个体太小，不利生产管理；晚于21周龄转群，由于部分鸡出现开产，转群时抓鸡应激影响正常产蛋，也不能及时的达到产蛋高峰期；转群的具体时间应安排在温度适宜的时间进行。炎热季节可选择夜间进行，冬季转群时间应该选在温度较高的中午进行。可有效避免惊群、减少应激。

（3）减少应激

转群操作转群时一般提前停料半天以减少转群应激，转群前在饲料或饮水中可加入抗生素和抗应激药物（环丙沙星＋黄芪多糖或电解多维）。当鸡群转入后应对鸡群进行修喙，预防注射、换料、补充光照等措施。切忌在转群同时，进行上述操作，以免增加鸡群更大的应激。

（二）产蛋鸡的饲养管理

1. 温度和湿度控制

产蛋鸡适宜的产蛋温度为 18～23℃，在 5～30℃ 也能够适应。在遇到夏季高温时，当舍内温度每提高 1℃，产蛋率会下降 5％，所以夏季降温工作应加强控制，同时在冬季寒冷季节要对鸡舍加温处理，防止鸡群由于温度过低造成抵抗力下降而发病。湿度一般控制在 60％～70％。

2. 通风管理

对于防治鸡群呼吸道病是一种很重要的措施，尤其在季节交替和天气突然变化的时候，在保温的同时要注意尽可能的增大通风量，以改善鸡舍内空气质量。

3. 饲料管理

（1）总的要求：鸡群逐渐进入产蛋阶段，供给营养充足的产蛋期饲料。必须保证饲料原料质量的稳定，不得随意更换饲料原料，防止出现由于饲料变化造成的产蛋率下降。

（2）能量：高峰期蛋鸡饲料能量要保持在 10～12MJ，低于或高于这个标准都会造成蛋鸡产蛋性能的下降。

（3）钙磷：蛋鸡产蛋量的提高，造成机体对钙质饲料的需求量增多，实践证明，蛋鸡饲粮中钙源饲料采用 1/3 贝壳粉、2/3 石粉混合应用的方式，对蛋壳质量有较大的提高作用。钙磷比例在 3∶1。

4. 饮水管理

要注意对饮水器具及饮水的消毒，以免引起鸡群的肠道病，夏季一般每隔半月在饮水中加一次含氯消毒液，冬季一般每隔一月在饮水中加一次消毒液。

5. 消毒管理

进入产蛋期后，机体消耗比较大，此时就给各种病原菌有了可乘之机，所以我们在日常工作中应加强对鸡舍环境的控制，采取带鸡消毒的方法，一是通过消毒达到对环境病原菌的控制；二是通过消毒达到夏季降温的目的。建议 2 种或 3 种消毒剂交叉使用，防止环境中的病原菌产生抗药性，使消毒工作达不到应有的效果。具体操作时，不能直冲鸡体喷洒，要求雾滴降落到鸡体表，程度以鸡体表潮湿为准。一般每周消毒 2～3 次。有条件的可以每天坚持消毒。

6. 免疫操作

在鸡群达到 110～120 日龄时，对鸡群进行新城疫、禽流感、减蛋综合征的免疫工作，保证鸡群在进入产蛋阶段各项抗体水平维持在最高状态。以后根据疾病流行情况、抗体监测情况进行补充免疫。建议当鸡群产蛋率达到 5％ 时，给鸡群加入预防输卵管炎的药物。

7. 光照程序

产蛋率与鸡所接受的光照时间变化有密切的关系。一个正确的光照程序对产蛋数、蛋的大小、成活率和总的盈利都有很大帮助。

（1）光照程序制定的原则

生长期鸡群光照时间不能延长，产蛋期不能缩短，光照时间、光照强度一旦确定，不要随意变动。

（2）密闭式鸡舍光照程序

详见表10-1。

表 10-1　密闭式鸡舍光照程序

饲养阶段	光照时间	光照强度/lx
1～3 日龄	每天 24h	20～30
4～14 日龄	每天减少 1h 直到 13h	5
15～21 日龄	每天减少 0.5h 直到 9.5h	5
4 周龄	每天 9h	5
5～15 周龄	每天 8h	5
16～18 周龄	每周增加 1h(周初加)到 11h	5
19 周龄至产蛋结束	每周增加 0.5h 到 16h 恒定	10～20

（3）半开放鸡舍光照程序

图 10-1　蛋鸡密闭鸡舍叠层饲养灯泡布局

半开放鸡舍光照时间受自然光照影响，光照程序按具体的光照时间执行，所以在制定光照程序时应与当地自然日照相结合。下面给出一个建议的光照程序仅供参考。

① 春季进雏：自然日照时间逐渐延长，为了防止鸡性早熟，可找出鸡在 18 周龄时的自然日照时间，使鸡群从第 3 周开始至第 18 周龄一直采用此光照时间，不足部分由人工补充，18 周增加 1h 光照或者增加至少 13h，18 周以后每周增加 15min，直至达到 16h 光照。

② 秋季以后进雏：自然日照时间逐渐缩短，但为了避免鸡只性成熟延迟，需要在日照时间缩短到 8h 以后保持恒定的光照时间，不足部分由人工补光，直到 16 周以后按密闭鸡舍光照程序执行。蛋鸡密闭鸡舍叠层饲养灯泡布局如图 10-1 所示。

（三）减少异常蛋的措施

（1）如果在一群禽中只有个别的经常产软壳蛋，则可能是遗传性质的，应予淘汰。

（2）如果在整个产蛋禽中出现相当数量的软壳蛋时，这说明饲料中缺钙，应喂给葡萄糖钙，能立即改善蛋壳的形成，产蛋即恢复正常。接着应饲料补充一些含钙丰富的矿物质饲料，如蛋壳粉、壳谷、骨粉、碳酸钙粉等。并改进饲料的配合比例。钙的正确给予量：在产蛋前为 0.9%，开产时为 2.7%，高产期和种禽为 2.25%～3.75%；在夏天因气温高，吃料少，故饲料含钙量要增加到 4%～4.2%。早晚要让母禽得到阳光照射，或在饲料中添加少量鱼肝油，以供给维生素 D，促进机体对钙质的吸收。

（3）当发现有血斑蛋和肉斑蛋时。可在饲粮中加入维生素 K（100kg 饲料加入 4～6g）。如果仍无效，最好是淘汰。

（4）下多黄蛋的母禽，有的是暂时性质的，一般不需要处理，也不必淘汰，但是多卵黄的蛋不能作孵化用。如母禽经常生小形蛋应予淘汰。

（5）为了防止生软壳蛋、无壳蛋、双壳蛋、多膜蛋，母禽产蛋时要保持安静，饲养员进禽舍时，要轻手轻脚，不要穿色彩太鲜艳的衣服，以免禽群受到惊吓。

第二节　鸭蛋生产

一、蛋鸭主要品种

1.绍兴鸭

（1）原产地

绍兴鸭是我国最优秀的高产蛋鸭品种之一，全称绍兴麻鸭，又称山种鸭、浙江麻鸭，原产浙江省绍兴、萧山、诸暨等市县。该品种是我国蛋用型麻鸭中的高产品种之一，较适宜做配套杂交用的母本。

（2）外貌特征

该品种体躯狭长，喙长颈细，臀部丰满，腹略下垂，站立或行走时前躯高抬，躯干与地面呈 45°角，具有蛋用品种的标准体型，属小型麻鸭。全身羽毛以褐色麻雀羽为基色，但因类型不同，在颈羽、翼羽和腹羽有些差别，可将其分为带圈白翼梢和红毛绿翼梢两种类型，而同一类型公鸭和母鸭的羽毛也有区别。

（3）生产性能

成年公鸭体重 1450g，成年母鸭体重 1500g。一般 130d 左右即可开始产蛋，年产蛋 250～300g，蛋重 55～65g，年产蛋总重 15～20kg。

（4）主要特点

具有产蛋多、成熟早、体形小、耗料省等优点。

2.金定鸭

（1）原产地

属小型蛋用品种，原产地在福建省九龙江入海处的浒茂三角洲。

（2）外貌特征

公鸭：头部和颈部羽毛墨绿色，有光泽；背部羽毛灰褐色，胸部红褐色，腹部灰白色；主尾羽黑褐色，性羽黑色并略上翘；喙黄绿色，虹彩褐色，胫、蹼橘红色，爪黑色。母鸭：全身披赤褐色麻雀羽，并有大小不等的黑色斑点，背部羽毛从前向后逐渐加深，腹部羽色较淡，颈部羽毛褐色无黑斑，翼羽深褐色；喙青黑色，红褐色，胫、蹼橘黄色，爪黑色。金定鸭的体形比绍兴鸭大，比咔叽·康贝尔略小，饲料消耗量比绍兴鸭多一些。

（3）生产性能

成年公鸭平均体重 1.73kg，成年母鸭平均体重 1.76kg。年平均产蛋 260～300 个，料蛋比（2.2～2.5）：1。90～100 日龄的公鸭即可正常配种，母鸭开产日龄在 120 日龄。

（4）主要特点

金定鸭青壳率达 96%；另外，该品种长期在松软平坦的海滩上放牧，对海涂环境有良好的适应性，觅食能力强，非常适合在沿海地区及具有较好放牧条件的地方饲养。

3.江南 1 号和江南 2 号

（1）原产地

是浙江省农科院畜牧兽医研究所育成的高产蛋鸭配套系。

（2）外貌特征

江南 1 号雏鸭黄褐色，成鸭羽深褐色，全身布满黑色大斑点。江南 2 号雏鸭绒毛颜色更深，褐色斑更多；全身羽浅褐色，并带有较细而明显的斑点。

（3）生产性能

江南 1 号母鸭成熟时平均体重 1.6～1.7kg。产蛋率达 90％时的日龄为 210 日龄前后。500 日龄平均产蛋量 305～310 个，总蛋重 21kg。江南 2 号母鸭成熟时平均体重 1.6～1.7kg。500 日龄平均产蛋量 325～330 个，总蛋重 21.5～22.0kg。近几年来，浙江省农科院畜牧兽医研究所科技人员在江南 2 号的基础上，育成了青壳 1 号蛋鸭。青壳蛋比率达 96％，体重 1.4～1.5kg，500 日龄产蛋 290～320 个，总蛋重 20～22kg。

（4）主要特点

产蛋率高，高峰持续期长，饲料利用率高，成熟较早，生活力强，适合我国农村的饲养条件，另外，蛋壳颜色白壳较多。

4. 马踏湖鸭

（1）原产地

马踏湖鸭原产地为山东省淄博市桓台县，中心产区位于桓台县北部马踏湖湖区的起凤镇、荆家镇及其周边的田庄镇、马桥镇、唐山镇、索镇等乡镇。自 20 世纪 80 年代以来，陆续被山东省各地市和华北、东北等省市引进。

（2）外貌特征

颈细长，前胸较小，后躯丰满，体躯似船形。虹彩呈褐色，皮肤呈白色。雏鸭：全身被毛黑色，颈、胸、腹毛色黑黄相间。公鸭：身体细长，喙黄绿色，喙豆黑色。头颈部羽毛翠绿色，具金属光泽，主、副翼羽翅尖"镶"白边。背部羽毛黑白相间，胸部羽毛棕褐色，腹部羽毛灰白色，尾羽黑色，性羽墨绿色并向上卷曲。胫、蹼橘红色，爪黑色。母鸭：喙青灰色或土黄色，喙豆黑色。全身羽毛褐麻。主、副翼羽翅尖"镶"白边。胫、蹼橘黄色，爪黑色。

（3）生产性能

成年公鸭体重 1.40～1.55kg；成年母鸭体重 1.5～1.6kg。110～120 日龄见蛋，50％产蛋日龄为 130～140d，72 周龄产蛋数为 280～300 个，青壳蛋达 98％以上。公母配比为 1∶10，受精率为 90％～95％，入孵蛋孵化率为 85％，无就巢性。

（4）主要特点

马踏湖鸭具有体形小、产蛋多、青壳蛋率高、适应性强等优点。

二、蛋鸭营养与饲料

1. 能量

能量来源于饲料中的 3 种有机物：碳水化合物、脂肪和蛋白质。碳水化合物包括淀粉、糖类和粗纤维。鸭对粗纤维消化能力低，饲粮中不可过多，蛋鸭饲粮中一般为 3％～5％。

2. 蛋白质

产蛋鸭饲粮中粗蛋白含量一般为 18％。

3. 矿物质

蛋鸭饲粮中钙的含量一般为 2.5％～3.5％，磷的含量一般在 0.5％左右，钙磷比例一般为 （4～6）∶1。每千克饲料中需铁 60～80mg、铜 5～8mg、锌 50～60mg、锰 30～60mg、硒 0.12～0.25mg。

4. 维生素

每千克饲料需维生素 A 8000～10000 国际单位、维生素 D 400～600 国际单位、维生素

E 30 国际单位、烟酸 35～60mg、胆碱 800～1000mg。

三、蛋鸭饲养管理

蛋鸭常采用地面饲养和笼养两种方式，平养由于运动量大，饲料采食量比笼养多；由于笼养方式密度大，缺乏戏水设施，因此啄癖现象较为严重。因此二者在饲养管理上存在一定差异性，生产中要分别制定相关措施（图 10-2、图 10-3）。

图 10-2　蛋鸭规模化池塘地面饲养

图 10-3　蛋鸭规模化阶梯笼养

蛋鸭产蛋期可分为四个阶段：20～25 周龄为产蛋初期，25～30 周龄为产蛋前期，30～48 周龄为产蛋高峰期，48～66 周龄为产蛋后期。在这四个阶段中，饲养管理要点各不相同。

（一）产蛋前期饲养管理

（1）调控营养浓度与采食量

在 20 周龄时开始使用产蛋料，要求粗蛋白由 15.5％逐步上升到 19％～19.5％，饲喂方式过渡到自由采食，采食量一般母鸭群见蛋（21～22 周）后立即按每只鸭每周 5～7g 幅度增加供料，促使鸭群产蛋率迅速上升到高峰。

（2）注重蛋重上升趋势

初产蛋重 60g 左右，到 30 周龄应达到标准蛋重。产蛋初期和前期，蛋重都处于不断增加之中，增重的势头快，说明管理较好，增重势头慢或蛋重高低波动，要从饲料营养及采食量上找原因。

（3）注重产蛋率上升趋势

本阶段的产蛋率是不断上升的，最迟到 32 周龄，产蛋率应达到 90％以上。产蛋率如高低波动甚至下降，应注意鸭群的健康状况、饲料的营养浓度及饲料是否发生霉变等。

（4）注重体重上升趋势

产蛋初期和前期，每周要进行空腹称重，体重稳定，说明饲养管理恰当，体重有较大幅度的下降或增加，说明管理中有问题。一般来说在此期间母鸭营养不会过多，应重点防止营养不足、鸭体消瘦，但同时应防止自然交配的公鸭发胖。

（5）加强卫生消毒工作

运动场及周围环境要每天进行 1 次药物消毒，鸭舍内保持清洁干燥，在产蛋率达 50％和 90％时有必要对鸭体预防用药。

（二）产蛋高峰期饲养管理

此阶段饲养管理的重点是保高产，力求将产蛋高峰维持到 48 周龄以后。

（1）调控营养水平

饲粮中增加蛋白质含量可以达到 20％左右，同时适当添加蛋氨酸＋胱氨酸，要求含量在 0.68％以上。要合理补充适当的钙磷，并在饲粮中拌入维生素 A、维生素 D 和鱼肝油等，也可在饲粮中加入骨粉或在运动场上堆放贝壳粉，让种鸭自由采食。夏季适当投喂青绿饲料，刺激种鸭食欲。

（2）调控喂料量

一般每只鸭平均日采食量为 150g，喂料量过多，一方面造成成本的浪费，另一方面会引起种公鸭过肥，影响种蛋受精率。

（3）维护健康水平

产蛋率高的鸭子精力充沛，下水后潜水的时间长，上岸后羽毛光滑不湿，这种鸭子产蛋率不会下降，如鸭子精神不振，不愿下水，甚至下沉，说明鸭子营养不足或有疾病，应立即采取措施补充动物性蛋白饲料或进行疾病防治。保持环境安静，避免应激影响产蛋率和种蛋品质。

（三）产蛋后期饲养管理

（1）关注蛋壳质量

观察蛋壳质量和蛋重的变化，如出现蛋壳质量下降，蛋重减轻时，可增补鱼肝油和无机盐添加剂，最好另置无机盐盆，让其自由采食。

（2）逐渐降低减料量

由于此时母鸭已完全体成熟，蛋重保持稳定，母鸭对营养的需求开始减少，应随着产蛋率的下降酌情减料，减料可采取试探性减少法：即每只鸭每日减少 3g，连喂 4d，若此期间产蛋率下降幅度较大，应立即恢复到原喂料量；若产蛋率下降正常，证明减料正确，应按此方式继续减料。

（3）尽量减少应激

克服气候变化的影响，使鸭舍内的小气候变化幅度不要太大。操作过程和饲养环境尽量保持稳定，避免大的波动。

（4）淘汰不产蛋个体

如果产蛋率已降至 60％时，可以增加光照时数直至淘汰为止。及时淘汰残、次种鸭以及停产母鸭。

（四）鸭蛋收集与卫生质量控制

刚开产时母鸭的产蛋时间集中在凌晨 1：00—5：00。初产母鸭产蛋时间比较早，在早上 4：30 分左右开灯拣第 1 次蛋较适宜，拣完蛋后应将照明灯关闭，以后每半小时拣一次蛋。随着母鸭产蛋日龄的延长，产蛋时间稍稍推迟，到产蛋中后期多数母鸭在 6：00—8：00 之间大量产蛋。收集好的蛋应及时送入蛋库贮存，并进行清洗消毒处理。另外，鸭蛋窝外的蛋易被污染和破损，严重被污染的鸭蛋容易发霉变质，并增加了清洁难度，为此，加强鸭蛋卫生管理十分必要，主要采取如下措施。

（1）开产前尽早在舍内安放好产蛋箱，最迟不得晚于 22～24 周龄，每 4～5 只母鸭配备一个产蛋箱。放好的产蛋箱要固定，不能随意搬动。产蛋箱的底部不用配地板，这样母鸭在产蛋以后把蛋埋入垫料中。产蛋箱的尺寸为长 40cm×高 40cm×宽 30cm，可将 5～6 个巢箱组成一列。

（2）随时保持产蛋箱内垫料新鲜、干燥、松软。

（3）初产时，可在产蛋箱内设置一个"引蛋"，以养成母鸭在产蛋箱内产蛋的良好习惯。

（4）及时把舍内和运动场的窝外蛋拣走。

（5）严格按照种鸭饲养管理作息程序规定的时间开关灯。

（6）尽量保持地面干燥，勤换鸭舍垫料。

（7）有条件的鸭场建议采用棚架或笼养。

（五）光照管理

7日龄前的雏鸭，舍内每天要有23h或24h人工光照，以后逐渐减少光照时间，到14日龄时只利用自然光照，不必补充人工光照，在20~26周龄间，每周逐渐增加人工光照时间，直到26周龄时每日总光照时间达16~17h，26周龄至产蛋结束恒定该光照时间。

第三节　鹌鹑蛋生产

一、鹌鹑主要品种

1. 日本鹌鹑

（1）原产地

属于蛋用型品种。是世界上著名的育成最早的蛋用型品种。该品种由日本人小田太郎于1911年利用我国野生鹌鹑进行驯化并作为育种素材，经反复改良育成，亦名"日本改良鹑"。主要分布在日本、朝鲜、中国、印度和东南亚一带。目前新的品系也已引入欧美鹑种血液。日本鹌鹑以体形小、产蛋多、纯度高而著称于世。

（2）外貌特征

日本鹌鹑体形较小，羽毛多呈现栗褐色，夹杂黄黑色相间的条纹。公鹑的脸、颊部为赤褐色，胸部羽毛红褐色，其上镶有一些小黑斑点，至腹部呈淡黄色。母鹑脸部为黄白色，颊部与喉部为白灰色，胸部为浅黄色羽毛上密缀有黑色细小斑点，呈鸡心状分布，腹部为灰白色。

（3）生产性能

成年公鹑体重110g，母鹑体重130g。35~40d开产，年产蛋量250~300个，高产品系年产蛋超过320个，蛋重10.5g，蛋壳上有深褐色斑块，有光泽，或呈青紫色细斑点或块斑，壳表为粉状而无光泽。

2. 朝鲜鹌鹑

（1）原产地

属于蛋用型品种。是世界上著名的育成最早的蛋用型品种。由朝鲜采用日本鹌鹑选育而成。1978年和1982年引入我国两个系即龙城系和黄城系，经北京市种禽公司等单位多年闭锁选育，其均匀度与生产性能均大有提高。在我国养鹑业中该品种所占比重极大，覆盖面极广，适应性好，生产性能高，目前已成为我国养鹑业中蛋鹑的当家品种。

（2）外貌特征

其体重较日本鹌鹑稍大，羽色基本相同，按其产区可分龙城系与黄城系两类。

（3）生产性能

成年公鹑体重125~130g，母鹑约150g，45~50d开产，年产蛋量270~280个，蛋重11.5~12g，蛋壳色斑与日本鹌鹑相同。蛋用性能与肉质俱佳，商品率高，肉用仔鹑35~40d活重可达130g，半净膛屠宰率80%以上。

3. 爱沙尼亚鹌鹑

（1）原产地

属于蛋用型品种，由爱沙尼亚选育的蛋用为主并蛋肉兼用的品种。

（2）外貌特征

体羽为赭石色与暗褐色相间，公鹌鹑前胸部为赭石色，母鹌鹑前胸部为带黑斑点的灰褐色。身体呈短颈短尾的圆形。

（3）生产性能

母鹌鹑比公鹌鹑体重重10%～12%，具飞翔能力，无就巢性。开产日龄47d，年产蛋量315个，年平均产蛋率86%，料蛋比2.65：1。作为肉用仔鹌，35d活重公鹌鹑140g，母鹌鹑150g，全净膛重公鹌鹑120g、母鹌鹑130g，料肉比2.83：1。47日龄平均活重公鹌鹑170g、母鹌鹑190g；全净膛重公鹌鹑120g、母鹌鹑130g。值得一提的是爱沙尼亚鹌鹑的生产性能在一定程度上超过了蛋用鹌和肉用鹌的相应指标。有80%以上的鹌蛋作为种蛋内销或外销出口用于生物工业生产人类疫苗和兽用疫苗。

4. 神丹1号鹌鹑

（1）原产地

属于蛋用型品种。湖北神丹健康食品有限公司从1994年开始联合湖北省农业科学院畜牧兽医研究所共同开展了蛋用鹌鹑的系统选育工作，历经8年共同培育的蛋用鹌鹑配套系。培育的"神丹1号鹌鹑"配套系。2012年通过国家畜禽资源委员会审定，神丹1号鹌鹑父系为H系，母系为L系，两系配套生产商品蛋用鹌鹑。

图10-4 带有斑块的鹌鹑蛋

（2）外貌特征

商品代产蛋母鹌鹑羽毛为黄麻色，公鹌鹑为栗麻色，羽片上均有灰色线状横纹，蛋壳灰色带有大小不等深色斑点（图10-4），喙为棕褐色，肤色、胫色、爪色均为浅灰白色。商品代雏鹌鹑可以根据羽毛的颜色自别雌雄，准确率可达100%。

（3）生产性能

其商品代鹌鹑育雏成活率95%，开产日龄43～47d，35周龄入舍鹌鹑产蛋数155～165个，平均蛋重10～11g，平均日耗料21～24g，饲料转化比（2.5～2.7）：1，35周体重150～170g。"神丹1号鹌鹑"配套系具有体形小、耗料少，产蛋率高，蛋品质好适合加工，品种性能遗传稳定，群体均匀度好等特点。

5. 法国迪法克系肉用鹌鹑

（1）原产地

属于肉用型品种，又称法国巨型肉用鹌鹑。由法国鹌鹑育种中心育成，为著名的肉用型品种。我国于1986年引进。

（2）外貌特征

体形硕大，体羽呈灰褐色与栗褐色，间杂有红棕色的直纹羽毛，头部呈黑褐色，头顶部也有三条淡黄色直纹，尾羽较短。公鹌胸部羽毛呈棕褐色，母鹌则为灰白色或浅棕色，并缀有黑色小斑点。初生雏胎毛为栗色，背部有三条深褐色条带，色彩明显，具光泽，其头部金黄色胎毛至1月龄后才逐步脱换。

（3）生产性能

42d开产，年平均产蛋率70%～75%，蛋重12.5～14.5g，35d活重公母平均200g，料肉比2.13：1。成年公鹌体重300～350g。该品种胸肌尤为发达，骨细厚，半净膛率达

88.3%，肉鹑屠体饱满，美观大方，肉质鲜嫩。其肉中的肌苷酸、谷氨酸等含量，比肉鸽高 136.53%。

二、蛋用型鹌鹑饲养方法

（一）母鹑的产蛋规律

母鹑开产后 1 个月左右即达到产蛋高峰，且产蛋高峰期长，年平均产蛋率可望达到 75%～80% 以上。但作为种母鹑由于产蛋初期的蛋重小，受精率低，而产蛋后期又因蛋壳质量下降，孵化率低，这两段时间所产的种蛋不列入孵化用蛋，因而种蛋合格率要受到一定影响。因此，在生产实践中对蛋用型种母鹑仅利用 8～10 个月的采种时间；对肉用型母鹑的采种时间更为短些，仅为 6～8 个月。

母鹑当天产蛋时间的分布规律是集中于中午后至晚上 8：00 前，而以下午 3：00—4：00 为产蛋数量最多之时。因此，食用蛋多于次日早晨集中一次性采集；种蛋一般每日收取 2～4 次，以防高温、低温及污染，确保种蛋品质。每批收集后应进行熏蒸消毒。

（二）适宜的养殖环境条件

1. 温度

鹌鹑属喜温性特禽，产蛋期温度范围为 15～34℃，适宜温度为 24～27℃，最佳温度为 26℃。如果低于 15℃，将影响产蛋率，低于 10℃，则停产，并时有脱毛甚至死亡。但对高温（35～36℃）的耐受性较强。

2. 光照

产蛋期光照应达到 15～16h，后期可延长至 17h。光照强度以 10lx 或 $4W/m^2$。也有每昼夜只有 14h 光照或 14～16h 强光照，其余为弱光照，它可保证连续采食和饮水，可减少应激，也不影响鹌鹑休息。

3. 湿度

适宜的相对湿度为 50%～55%。

4. 通风

产蛋鹑的新陈代谢旺盛，加之又是密集型笼养，数量大，粪便多，有害气体浓度高，因而必须注意通风。研究表明，在环境温度 30℃ 以上时，0.4m/s 以上的风速可明显提高鹌鹑的产蛋率，而且不同温度下通风均有增加蛋重的效应，而以 0.4m/s 为宜。可见通风对蛋鹑的重要性。

5. 密度

不能过大，拥挤会影响正常采食，易发生啄肛、啄羽等恶癖，笼养条件下每平方米可养蛋鹑 20～30 只。

（三）成鹑的利用年限

在笼养条件下，产蛋鹑与种公鹑仅利用一年，种母鹑半年至两年不等，育种场则可利用 2～3 年，主要取决于产蛋量、蛋重、种蛋受精率、种蛋品质，以及经济效益与育种、制种价值。一般情况下，第二个产蛋生物学年度的产蛋量比第一年要下降 15%～20%。各单位根据各自具体情况决定鹑群结构组成比例、淘汰适期与补充计划。

（四）诱导换羽

对优秀的种母鹑或产蛋鹑群，由于育种、制种或生产的迫切需要，可以施行诱导换羽，以克服自然换羽期长、换羽速度慢、产蛋期不集中等弊病。

常用的人工诱导换羽法，多利用断水断料方法：停止喂料与饮水 4～7d（夏季须使适度饮水），并创造黑暗环境。在突然改变其生活条件的情况下使鹑群迅速停产。接着大量脱落羽毛,再逐步加料,逐步恢复光照。从停饲到开产仅需 20d 时间。只要管理得好,换羽期间的死亡率不是很高的,为此要做好防病工作,平时加强观察与护理工作。

(五) 及时转群

一般母鹑在 5~6 周龄时已有近 5% 的产蛋率,即应及时转群至种鹑舍或产蛋鹑舍,使其逐步适应新环境。将育成期饲粮改为种鹑或产蛋鹑饲粮,光照强度也按产蛋鹑的需要逐步延长,笼门上方悬挂种鹑笼编号。

(六) 饲喂方式

不论干粉料、湿粉料、干湿兼饲、碎裂颗粒饲料,自由采食或定时定量方式均可。每日每只的采食量大约 25~30g。只要营养成分全面、平衡,饲喂方式相对稳定,光照时间与强度达到要求,各种饲喂效果应该是大同小异的。在傍晚要加足饮水,不得中断,冬季宜饮温水。蛋用型鹌鹑笼养料水槽分布如图 10-5 所示。

图 10-5 蛋用型鹌鹑笼养料水槽分布

(七) 清洁卫生

食槽(喂湿料时)、饮水器(或水槽)每天清洗一次,承粪盘每天清粪 1~2 次。门口应设消毒池,室内备消毒盆。应谢绝参观。防止鼠、鸟、蚊蝇侵扰。

(八) 防止应激

要保持饲养环境条件的相对稳定,更要保持安静,以期高产稳产,降低种鹑的伤残率与死淘率,降低鹑蛋的破损率。高温季节要防暑降温,除加强通风外,可在饮水中添加维生素 C 与某些电解质,以期保持食欲,稳定产蛋率与受精率,改善蛋壳品质。寒冷季节要采取防寒保暖措施,防止产蛋急剧下降或输卵管外翻。

第四节　禽蛋质量安全控制

一、禽蛋清洗、分级与包装

目前,我国禽蛋集约化程度和产业化水平较低,蛋制品市场规模尚较小,鲜壳蛋在今后相当长的时间内仍是国内禽蛋消费主流。鲜壳蛋分脏蛋和洁蛋两种,发达国家以洁蛋上市为主,而我国在此方面差距大。洁蛋是指鲜壳蛋产出后,经过清洗(或再消毒、干燥)分级、包装(或经涂膜保鲜)等工艺处理的产品。因此,加快洁蛋产业化及上市步伐已迫在眉睫。

(一) 禽蛋的清洗

清洗是为了清除蛋壳上的粪便、血渍和细菌。在这方面各国有不同的要求,如欧盟国家不允许清洗和消毒;美国只准清洗,不准消毒;日本要求既要清洗,又要消毒。目前,我国尚未有这方面的国家标准。因此,借鉴国外先进鲜蛋生产、加工管理经验和清洗消毒技术具有很重要的意义。

现代化禽蛋的清洗程序分成预洗或润湿、清洗、冲洗、烘干、涂蜡等步骤。

(1) 预洗或润湿

鸡蛋经过检视之后进入洗蛋装置润湿。预洗或润湿步骤能够软化碎片物,如粪便物质和蛋壳上面的油状物质。通常预洗温度高于冲洗温度(约40℃左右),时间约几分钟。

(2)清洗、冲洗

清洗是用柔软的滚刷摩擦蛋壳,同时用消毒剂水(40~50℃)经高压喷嘴喷洗。禽蛋在传送带上翻滚前进,水可以被循环使用。最后用干净的热水(60℃左右)冲洗,以除去蛋壳表面松散的碎片脏物、化学物质以及一些不溶解的物质。图10-6为鸭蛋半机械化清洗。

(3)烘干

包含两个阶段,其一是通过机械力作用除去70%~80%的水;其二是通过机械蒸汽力的作用除去蛋壳表面的剩余物。第一阶段涉及的部分排水系统通常在空气喷射协助下完成,蒸发同样需要空气喷射来增强。操作机器的空间温度一般保持在40~45℃。图10-7为鸡蛋机械自动清洗吹干。

图10-6　鸭蛋半机械化清洗　　　　　图10-7　鸡蛋机械自动清洗吹干

(4)涂蜡

经过烘干后,禽蛋表面的角质层受到损坏需经过上蜡来保护以免细菌和空气进入,从而延长其储存期限。一般通过带有专门喷头的设备对禽蛋进行喷蜡。

(二)禽蛋的分级

禽蛋的分级具有重大的现实意义和经济价值,对质量起着决定性的作用,直接影响到禽蛋在市场上的竞争力,从而影响着企业的经济效益。

禽蛋分级是为了除去破裂、有血迹以及不卫生的禽蛋,一般从以下两个方面来综合确定。

(1)外观检查

在分级时,应注意蛋壳的清洗度、完整性和色泽,外壳膜是否存在,蛋的大小、质量和形状,气室大小,蛋白、蛋黄和胚胎的能见度及位置等。

(2)光照鉴定

采用光照透视法鉴别鲜壳蛋。其原理是根据禽蛋蛋壳上有气孔能透光和蛋内容物发生变化形成不同的质量状况。在光照透视下,可观察蛋壳、气室高度、蛋白、蛋黄、系带和胚胎状况,鉴别蛋的品质,做出综合评定。该法准确、快速、简便。我国和世界各国在鲜壳蛋销售、蛋品加工时普遍采用这种方法。鲜鸡蛋、鲜鸭蛋的品质分级要求见表10-2;鲜鸡蛋重量分级见表10-3。

表 10-2　鲜鸡蛋和鲜鸭蛋的品质分级要求

项目	指标		
级别	AA 级	A 级	B 级
蛋壳	清洁、完整、呈规则卵圆形，具有蛋壳固有的色泽，表面无肉眼可见污物		
蛋白	黏稠、透明、浓蛋白、稀蛋白清晰可见	较黏稠、透明，浓蛋白、稀蛋白清晰可分	较黏稠、透明
蛋黄	居中，轮廓清晰，胚胎未发育	居中或稀偏，轮廓清晰，胚胎不发育	居中或清偏，轮廓较清晰，胚胎未发育
异物	蛋内溶物中无血斑、肉斑等异物		
哈夫单位	≥72	≥60	≥55

表 10-3　鲜鸡蛋重量分级要求

级别		单个鸡蛋蛋重范围/g	每 100 个鸡蛋最低蛋重/kg
XL		≥68	≥6.9
L	L(+)	≥63 且＜68	≥6.4
	L(−)	≥58 且＜63	≥5.9
M	M(+)	≥53 且＜58	≥5.4
	M(−)	≥48 且＜53	≥4.9
S	S(+)	≥43 且＜48	≥4.4
	S(−)	＜43	

注：在分级过程中生产企业可根据技术水平将 L、M、S 进一步分为"＋"和"－"两种级别。

二、禽蛋的包装

　　禽蛋在进入消费市场之前，必须经过合理的包装，目的是防止微生物的侵染、防震缓冲以免破损、方便运输以及美观等，常采用瓦楞纸箱、塑料盘箱和各种蛋托如聚乙、泡沫塑料蛋托、纸浆模型蛋托（图 10-8）等，也可采用每一蛋托装 4～12 个，收缩包装后直接销售。

　　随着机械化的进步，全自动系列清洗、分级和包装设备问世并在生产实践中使用，Moda 公司专门设计出了与鸡舍直接相连的中心收蛋传送系统，与清洗、分级、包装等设备相连接，并陆续推出了打包机，蛋盘提升系统，蛋盘堆码系统，集装箱装卸机等实用设备。Moba 公司开发生产了多种型号型禽蛋分级机，产量由 1600 个蛋/h，扩大到 14000 个蛋/h。目前，国产洁蛋处理整套设备系统还很少。鸡蛋的分级包装如图 10-9 所示。

图 10-8　纸浆模型鸡蛋蛋托

图 10-9　鸡蛋分级包装

三、禽蛋药物残留控制

近年来，人们对食品有害物质的残留引起了高度重视，期望能够吃上安全的绿色食品。进入 21 世纪，我国加入了世贸组织（WTO），进出口鲜蛋品越来越多，蛋中有毒有害物质将引起人们的关注。

（一）禽蛋中药物沉积机理

对于产蛋禽，兽药和抗球虫药通常被大量地用于治疗，或饮水，或拌料。有时也可能通过饲料加工厂偶然的交叉污染而达到一定药物浓度。一些药物必须透过肠壁到达动物全身才能发挥作用；有的药物如抗球虫药只需在动物胃肠道中起作用，不过它们仍会被部分吸收。为了透过生物膜或与生物膜发生作用，这两类药物都拥有一定的亲脂性，因此它们自然有一些会越过肠道屏障。这种亲脂性是它们到达靶器官或靶细胞完成消灭微生物或球虫所必需的前提条件。当这些药物进入血液后，它们便会分布到全身各处。在产蛋禽，卵巢、形成卵黄的生长卵泡、输卵管（蛋白分泌和形成的地方）也不例外。沉积于每一种组织中的数量及其代谢产物由它们的物理化学性质决定。对于蛋，药残分配方式受蛋黄和蛋白形成过程的影响。

蛋黄和蛋白中的药物动力学表现出某种共同的特征。药物残留首先出现在蛋白部分，它们反映了血浆中的水平。在血浆和随后的蛋白中达到稳定的水平所需的时间一般为 2～3d。蛋黄中的药物残留反映了在它们 10d 快速生长期内的血浆水平，因而要根据相对于卵黄生长的用药时间长短和用药开始时间来定，蛋黄中的水平可能会上升、恒定或下降。蛋黄中的药残水平要变为恒定，用药 8～10d 左右是必要的。根据药物的性质和检测方法的灵敏度，有的药物只用一次就可在蛋黄或蛋白中检测到。要在蛋黄和蛋白中不出现药物残留，主要取决于被检药物在血浆中的水平。能够在体内被迅速清除的药物在停用后约 2～3d 时间内就不会在蛋白中出现。要在蛋黄中不出现药残，约需 10d 左右。在此以前在快速生长期被吸收的药物检测限很低，那么在生长中间过渡期蛋黄中沉积的药物残留也会被检测到。这可能解释了这样一个事实，即蛋中的氯霉素停药 70d 后仍能检测到。

（二）禽蛋中抗生素及磺胺类药物残留

试验表明，给产蛋鸡喂链霉素 22mg/kg 体重，在蛋中残留 96～120h，喂土霉素 44mg/kg 体重，在蛋中残留 72～96h，饲喂磺胺二甲基嘧啶，每日 4000mg/kg 体重，在肌肉、肝、脂肪中分别残留 10d 或大于 10d。人食用有抗生素磺胺类药物的残留的禽蛋会引起如下危害。

（1）青霉素、链霉素引起过敏性休克和严重皮炎。

（2）氯霉素、合霉素引起再生障碍性贫血和粒细胞缺乏症。

（3）磺胺类药物引起无尿症和严重皮疹。卡那霉素引起神经损害，四环素引起二重感染等，都往往足以致命或导致残废。同时有些国家强调使用抗生素和磺胺类药物期间所产的蛋不能提供食用，休药期 3～10d，并强调畜禽使用人用药物的同型异构体，所产的蛋才能食用。几种常见药物在蛋黄蛋白中的残留分布详见表 10-4。

由表可见，亲脂性极强的强力霉素在蛋白中的药残水平高于蛋黄。磺胺类药物在蛋黄和蛋白中的水平都较高。四环素类药物在残留水平上表现并不一致。极具亲脂性的药物（强力霉素和二甲胺四环素）在蛋白中的水平比蛋黄中高。喹啉类的药物（氟喹啉、奥索利酸和恩诺沙星）情况也是如此。许多其他药物如大环内酯类药物和硝基呋喃类药物等在它们各自内部的药残模式上均有分歧现象，但蛋白中的水平是比较高的。一些药物如甲氧苄氨嘧啶、乙氨嘧啶、氨丙啉、滴克奎诺、二硝托胺和伊维菌素在蛋白中的残留量都较低。

表 10-4　几种常见药物在蛋黄蛋白中的残留分布一览表

药物名称	用药数量	用药时间/h	蛋白中的含量/(mg/kg)	蛋黄中的含量/(mg/kg)	药物比率（蛋白/蛋黄）
磺胺类					
磺胺	20mg/kg 拌料	14	35	43	0.81
磺胺嘧啶	20mg/kg 拌料	14	0.14	0.015	9.33
	50mg/kg 拌料	21	0.64	0.15	4.27
磺胺间二甲氧嘧啶	100mg/kg 拌料	14	0.86	0.37	2.32
	50mg/kg 拌料	21	0.40	0.18	2.22
磺胺脒	100mg/kg 拌料	14	0.32	0.64	0.50
	50mg/kg 拌料	21	0.22	0.29	0.76
甲氧苄氨嘧啶	56mg/kg 拌料	19	0.07	0.90	0.08
乙氨嘧啶	100mg/kg 饮水	8	1.90	88	0.02
	1mg/kg 拌料	14	<0.02	0.25	<0.08
四环素类					
强力霉素	1.1mg/kg 拌料	21	0.015	<0.01	>1.5
	0.5g/kg 饮水	7	11	3.5	3.14
二甲胺四环素	90mg/kg 饮水	4	0.7	0.1	7
喹啉类					
氟喹啉	90mg/kg 饮水	10	2.1	0.3	7
	200mg/kg 饮水	5	9	1.7	5.29
奥索利酸	300mg/kg 拌料	5	11.5	1.2	9.58
恩诺沙星	5mg/(kg·d)饮水	5	1.1	0.3	3.67
电离载体类					
盐霉素	60mg/kg 拌料	7	0.05	1.5	0.03
氟苯哒唑	9.4mg/kg 拌料	21	0.02	0.11	0.18
	27mg/kg 拌料	21	0.03	0.3	0.1
伊维菌素	0.11mg/kg 拌料	21	<0.0005	0.001	<0.5
	0.36mg/kg 拌料	21	<0.0005	0.005	<0.1
	0.76mg/kg 拌料	21	<0.0005	0.02	<0.02

（三）禽蛋里农药残留

禽蛋里的农药残留，主要是指有机氯和有机磷二种农药，有机氯农药包括六六六、DDT 等；有机磷农药包括乐果、敌百虫等。这些农药都是 20 世纪 40 年代开始生产的，20 世纪 50 年代大量使用，70 年代认为它们是一种严重的公害物质，特别是有机氯六六六、DDT，危害人畜更为突出，许多国家已禁用或限用。家禽采食富有农药残留量的饲料，这些农药就会积累在禽体内。特别是禽体的脂肪组织，肌肉组织，其他脏器和卵巢内的卵子，均含有程度不同的农药残留量。禽所产的蛋，也会有农药残留存在的。据调查农药厂附近母鸡所产的蛋，六六六总量在 1.3～3.74mg/kg，城市近郊区母鸡所产的蛋，六六六总量达 0.2～1.9mg/kg，DDT 总量达 0.11～1.7mg/kg。

人食用含有六六六和 DDT 农药的蛋，引起肝脏和肾脏的机能障碍，无有效的治疗方法，并对中枢神经系统会产生明显的中毒作用，并具有一定的致癌作用。

我国对于禽蛋制品内含有六六六和 DDT 残留量，有一定限量。禽蛋（去壳）中六六六和 DDT 的限量不得超过 1.0mg/kg，冰全蛋中六六六和 DDT 的限量为 0.1～0.5mg/kg。国外对超过限量的产品均进行烧毁。

（四）有害元素残留

禽蛋里的有害元素残留，目前主要指镉（Gd）；铅（Pb），汞（Hg）和砷（As）等，人长时间吃了污染有害元素的禽蛋，就会使人患慢性中毒。

汞的污染源主要是氯碱矿、有机汞杀虫剂、尿催化剂、纸浆和造纸厂尿矿等。这些工厂附近的空气可以污染 $0.001 \sim 0.050 \mu g/m^3$，淡水中污染 $0.01 \sim 0.1 \mu g/kg$，食物中污染最高可达 $0.05 \mu g/kg$。砷污染源，主要是砷矿、农药厂、化学厂等附近的水。铅的污染源，主要是砷铅的冶炼工厂、化学工厂、农药厂、含铅的油漆、搪瓷厂、石油燃料的燃烧等。镉的污染源主要来自采矿和冶金（铅、铜、锌的熔炉）、化学工厂、金属碎片处理，电镀等。

人长期食用污染了汞的禽蛋和其他食品，对神经系统有积累性毒性，造成死亡或先天性（胎儿）疾病。人长期食用污染了砷的禽蛋或其他食品，会引起脑麻痹症。人长期食用污染了铅的食品，能影响人体内的酶及正铁红色素的合成，也影响神经系统。有些皮蛋含有铅，食用时应注意。人长期食用污染了镉的禽蛋、水或其他食品，会引起心血管疾病。

世界卫生组织规定禽蛋有关元素污染的限量是：铅量为 $0.1mg/kg$，汞量为 $0.001mg/kg$，砷量为 $0.05mg/kg$，镉量为 $0.01mg/kg$。我国对鲜蛋内有害元素的限量是：汞量为 $0.05mg/kg$。我国还规定鲜蛋内放射物质的限量：锶80 为 $3 \times 10^{-8} Ci/kg$，锶90 为 $6 \times 10^{-10} Ci/kg$，碘131 为 $5 \times 10^{-9} Ci/kg$，铯137 为 $9 \times 10^{-9} Ci/kg$，镭226 为 $3 \times 10^{-10} Ci/kg$。天然钍规定为 $0.9mg/kg$，天然铀为 $0.4mg/kg$。

我国绿色食品蛋制品产品有毒有害物质检测内容和指标参考表 10-5。

表 10-5 绿色食品蛋制品产品认证检验项目

项 目	指 标
总汞(Hg)/(mg/kg)	≤0.05
无机砷(As)/(mg/kg)	≤0.05
铅(Pb)/(mg/kg)	≤0.1
铬(Cr)/(mg/kg)	≤1.0
镉(Cd)/(mg/kg)	≤0.05
氟(F)/(mg/kg)	≤1.0
六六六/(mg/kg)	≤0.05
滴滴涕/(mg/kg)	≤0.05
金霉素/(μg/kg)	≤0.2
土霉素/(μg/kg)	≤0.1
磺胺类/(μg/kg)	≤0.1
四环素/(μg/kg)	≤0.2
硝基呋喃类代谢物/(μg/kg)	不得检出
菌落总数/(CFU/g)	≤100
大肠菌群/(MPN/g)	≤0.3

注：数据引自中华人民共和国农业行业标准 NY/T 754—2011。

复习思考题

1. 蛋鸡主要品种分为哪几类？
2. 产蛋鸡的饲养管理技术要点有哪些？
3. 蛋鸡主要品种有哪些？
4. 鸭蛋收集与卫生质量控制技术要点有哪些？
5. 鹌鹑主要品种有哪些？
6. 饲养蛋用型鹌鹑适宜的环境条件有哪些？
7. 商品蛋的初加工的步骤有哪些？
8. 根据禽蛋中药物沉积机理阐述禽蛋药物残留控制应注意哪些方面？

第十一章 其他动物产品原料生产

重点提示： 本章重点掌握鹿和驴主要品种、饲养管理关键技术和产品质量控制等内容；通过本章的学习，能够基本了解鹿产品生产和驴肉原料生产过程和产品质量安全控制方法，为生产优质安全的鹿和驴肉等特色产品奠定基础。

第一节 鹿产品原料生产

鹿是反刍动物，因用途不同，人们习惯地将鹿分为茸用鹿和肉用鹿，凡茸角有医疗保健价值的，称为茸用鹿或茸鹿。养鹿业从 20 世纪 70～90 年代开始迅速发展，到目前为止，世界鹿存栏量达 600 万～800 万头，其中新西兰约 200 万头以上，新西兰在 19 世纪 50 年代先后从英格兰、苏格兰等地引进梅花鹿、水鹿、美洲马鹿和赤鹿等进行自然放养，至 20 世纪 90 年代实行电栏轮牧饲养，重点发展肉茸并举生产经营，至 2013 年鹿制品产量为：鹿肉 1800 万 kg、鹿茸 15.5 万 kg、鹿皮 49.5 万张，出口金额达 2.1 亿元以上。俄罗斯的驯养鹿饲养始于 19 世纪 40 年代，主要是驯养梅花鹿和马鹿，至 21 世纪初已达 30 万头左右，年产鹿肉 300 万公斤以上、鹿茸 5 万公斤以上；此外，还拥有野生驯鹿 200 多万头、驼鹿 3000 头左右，均属保护物种或部分利用。加拿大、澳大利亚、美国、英国和瑞典也养殖开发一定数量的驯养鹿，韩国和朝鲜、台湾地区则数量不大，仅供肉需、药用。

我国从 1950 年开始养鹿，已成为全球三大鹿生产国之一，存栏量达 50 万头以上，其中约 85% 为梅花鹿、马鹿等约占 15% 左右，主要用于产茸药以及相关的保健品。梅花鹿主要分布在东北的吉、辽、黑三省，马鹿则以新疆、内蒙古、辽宁为主，此外在河北、山东、河南、安徽、四川、云南、贵州、江苏等地也先后发展养鹿。据初步统计，全国养鹿场约有 4000 多家，其中百头以上的有 3500 家左右，年产鹿茸 10 万 kg 以上，其中梅花鹿茸约占 60%、马鹿茸等占 40%。我国的鹿茸中 70% 外销，主要出口东南亚和港澳台地区及日、韩等国，近年来由于鹿茸产品加工制造水平低下、质量达不到进口国家标准，在国际市场上缺乏竞争力。

一、主要品种

目前，世界上约有 40 余种鹿，其中分布在我国的鹿共有 10 属、16 种，它们是马鹿、梅花鹿、白唇鹿、驯鹿、驼鹿（犴达罕）、麋鹿（四不像）、水鹿（黑鹿）、泽鹿（坡鹿）、豚鹿（斑鹿）、毛冠鹿（隐角鹿）、狍、獐（河麂）、赤麂、黑麂和小麂。所以说，我国是鹿类资源较丰富的国家，尤其茸鹿驯养业是世界上最早、最先进的国家，驯养的几种主要茸鹿——东北梅花鹿、天山马鹿、塔里木马鹿、东北马鹿都是最优良的鹿种。

1. 东北梅花鹿

（1）原产地

野生资源原产于长白山、小兴安岭东南部。驯养的鹿几乎遍布全国，总头数有 20 余万头，其中以吉林省的驯养头数最多，约占全国总头数的 2/3 以上。

（2）外貌特征

东北梅花鹿是一种体形中等的鹿，东北梅花鹿体态秀美，头较小，眼下有发达的眶下腺，俗称"泪窝"，其分泌的外激素气味是识别鹿群和划分领地的标记。体躯紧凑，四肢匀称细长，主蹄狭尖，善于奔跑跳跃。被毛呈明显的季节性变化，夏毛艳丽，为棕黄色或红棕色，背线为棕色或黑褐色，体躯两侧的被毛有 4～6 条排列较为整齐的白色斑花，但白色花斑较暗，且斑花愈往下愈大而圆；冬毛为褐色或棕褐色，腹部和四肢内侧的被毛呈白色，臀斑为白色，边缘围绕着黑色的毛带。公鹿角呈单门桩，眉枝较短，且分生点较高，一般分生至 4 叉，个别鹿有分生 5 叉的。茸皮粉红色、杏黄色或黑褐色，茸毛纤细。

（3）生活习性

野生的东北梅花鹿喜群居，栖息地点较固定，多生活在山区、半山区、有水源、便于隐蔽的地方。夜间卧息，早晨及傍晚前后出来觅食和饮水，在天气炎热时或在配种季节常到溪间或沟塘处戏水或泥浴。梅花鹿的嗅觉和听觉十分灵敏，并善于分辨熟悉的景物。发情季节，公鹿之间打架争偶激烈，胜者为王，独霸母鹿群或统治全群公鹿，但"王位"往往不稳，常常被新王替代。母鹿常年群居。梅花鹿对气候的变化较敏感，在雨前或气压低时显得非常活跃。惊恐时两耳直立、臀部的被毛逆立、磨牙、瞪眼、尖叫、踩前足。配种期公鹿吼叫、嗤鼻、反复抽动阴茎、不时地嗤出尿液、常常攻击人或"情敌"。

（4）生产性能

成年公鹿体重135kg 左右，母鹿体重 75～85kg。一般育成鹿的初角茸平均干重为 25～30g/支，成年公鹿 1～10 锯 3 叉锯茸鲜重平均为 2.5～3.0kg/付。产茸量最高为七锯，鲜重平均单产为 3.3kg/付。一般头、二锯鹿二杠茸鲜重平均单产为 0.80kg/付。东北梅花鹿的繁殖情况，16～18 月龄性成熟，配种年龄为 16 月龄左右，受胎率 85％左右，双胎率为 2％左右。成年梅花公鹿的屠宰率为 55％～64％，成年母鹿为 51％～54％；成年公鹿净肉率为 48％～55％，成年母鹿 37％～43％。

2. 天山马鹿

（1）原产地

天山马鹿是指新疆天山以北（除阿勒泰地区）的马鹿，当地人称为青皮马鹿，由于产茸性能高，所以是世界上最优良的马鹿品种。野生的天山马鹿主要分布在新疆，驯养的天山马鹿除新疆外，20 世纪 70 年代以来，曾先后引入辽宁、黑龙江省的哈尔滨特产研究所、大兴安岭林业局和吉林省等地。

（2）外貌特征

体型较东北马鹿短粗，胸深、腹围都较大。头大额宽，四肢健壮，尾较短。夏毛呈深灰褐色，冬毛呈浅灰褐色，臀斑呈白色或浅黄白色，并环绕灰黑色带。头、颈、四肢和腹部的被毛较体躯侧面色深，呈黑褐色，颈部有发达的鬣毛和髯毛。天山马鹿茸表现出明显品种特征：茸的主干及各分枝较粗长，除眉、冰枝外，其余各枝的间距较大，茸毛较东北马鹿粗长，呈灰色，成角多为 6 叉。

（3）生活习性

野生的天山马鹿大都生活在海拔 1500～3000m 高的森林草原地带。清晨、傍晚前后出来觅食，春季到解冻的阳坡采食。待 3 月末始，活动在幼嫩的草场上，并经常到咸湖、碱滩上舔食。夏季到水草肥美的草原上采食，秋、冬两季到林间采食幼嫩的树枝、落叶、苔藓和各种果实。同时，天山马鹿的活动呈明显的季节性迁移，夏季蚊蠓多时迁移到高山的林间空地，到秋季又回到山底处。出生后的公仔鹿于翌年春天断乳，母仔鹿还要跟随母鹿一段时间。驯养的天山马鹿性情温顺，但配种期公鹿间的打斗仍十分剧烈，常常攻击人，并且喜欢扒饮水槽里的水。

（4）生产性能

天山马鹿的产茸性能是所有马鹿最高的，育成期的公鹿初角茸鲜重可达 1.5～2.5kg/付，1～10 锯 3 叉鲜茸平均单产为 5.7kg/付左右，到 9 锯或 10 锯时产茸量达到高峰，而且大部分可收取 4 叉型茸，平均鲜重可达 12.5～16.5kg/付。再生茸的产量也很高，有部分鹿可生产出 3 叉型茸，鲜重可达 3.0～3.5kg/付。天山马鹿大部分 16 月龄左右性成熟，28 月龄参加配种。在新疆原产地的繁殖成活率较低，一般维持在 40％左右，但是引入东北地区后，繁殖成活率可达 60％～80％，天山马鹿偶有双胎。由于天山马鹿是产茸量高的鹿种，适应性又较强，引种到东北、华北等地区，表现出较强的生产性能，因此用其改良东北马鹿、内蒙马鹿（作父本），都收到了明显的效果。

3. 东北马鹿（黄臀赤鹿）

（1）原产地

野生种源原产并分布于在长白山脉、完达山麓及大、小兴安岭地区，以内蒙和黑龙江省分布较多。

（2）外貌特征

东北马鹿属大型的茸用鹿。头较大，呈楔形，眶下腺发达，泪窝明显，四肢较长，后肢更健壮，有较强的奔跑能力。东北马鹿夏毛为红棕色或栗色，冬毛厚密呈灰褐色，腹部及股内侧为白色。臀斑大呈浅黄色，尾毛较短，其毛色同臀斑。颈部鬣毛较长，冬季鬣毛黑长。初生仔鹿体躯两侧有明显的白色斑花，待换冬毛时斑花消失。东北马鹿茸角的分生点较低，为双门桩（单门桩率很低），眉、冰枝的间距很近，主干和眉枝较短，茸质较瓷实，茸毛为黑褐色，成角最多可分 5～6 叉。

（3）生活习性

东北马鹿群居性较梅花鹿差，常年多栖息在山地的混交林带或森林草场中，春、秋两季常到沟塘地带啃食青草，并常到盐碱滩地舔食。生茸期公鹿独居山林深处，以避开敌害。配种期与母鹿混居，公鹿之间打斗十分厉害，直至胜者独霸母鹿，败者逃之夭夭，另求新欢。母鹿常年群居，夏季炎热天气或发情季节，经常到沟塘、溪间戏水，秋季常常到农田偷吃庄稼。东北马鹿经驯养后性情变得较温顺，体形也较野生品种大些，适应性也增强了，易于管理。

（4）生产性能

东北马鹿的产茸性能较天山马鹿差，9～10 月龄公鹿开始生长初角茸，一般平均产鲜茸 0.7kg/付；成年公鹿 1～10 锯平均产 3 叉鲜茸 3.2kg/付左右。东北马鹿茸质瓷实，且支头较瘦小，因此茸质不如天山马鹿。16 月龄的母鹿可以发情受孕，但都在 28 月龄开始配种，受胎率在 65％左右，繁殖成活率维持在 47％左右，双胎率不超过 1％。成年公鹿的屠宰率为 53.2％左右，成年母鹿为 50.8％左右；净肉率：成年公鹿为 42.5％左右，成年母鹿 39.5％左右。

二、鹿的养殖方法

（一）一般性的饲养管理技术

1. 鹿的标记

标记就是给鹿编号，目的在于辨认鹿只，这样利于生产管理和档案记录，对鹿的育种和生产性能的提高都是十分重要的。现在鹿的标记有两种：一种是卡耳法，即是在鹿的两耳不同部位卡成豁口，然后将每个豁口所代表的数字加起来，即是该鹿的耳号。这种方法是借鉴国际上猪的卡耳号法，很有规律，左耳代表的数字大、右耳小，且是对称的大小关系。具体言之，左耳上缘每卡一个豁口为10、下耳缘每卡一个豁口为30、耳尖一个豁口为200、耳廓中间卡一个豁口为800，而右耳相对应部位的一个豁口即代表1、3、100、400。二是标牌法，即是用特制工具将特制的标牌卡在鹿的耳下缘，然后用特制笔在牌上写出所需要的鹿号，永久不褪色。北京奶牛研究所可提供标牌和特制工具。给鹿卡耳号和标牌应在仔鹿产后3天进行。

2. 茸鹿的组群及布局

茸鹿应按其不同的品种、性别、年龄及健康状况分别进行合理的组群和布局，绝对不允许不分大小、公母、品种在一起混养。鹿的布局，应将公鹿安排在鹿场的上风头圈，以防配种期公鹿嗅到母鹿发情气味加剧其争偶、所造成的伤亡事故。妊娠产仔母鹿应安排在场内较安静的圈舍，仔鹿安排在靠近场部或队部的圈舍，以利于仔鹿的管理及驯化。

3. 饲喂次数、时间和顺序

鹿一般每日饲喂3次，生产季节（产茸、产仔季节）喂4次精饲料为佳（白天3次、夜间1次），饲喂时间：4月初至10月末期间，早饲4：00—5：00，午饲11：00、晚饲17：00—18：00；冬季白天喂2次（8：00、16：00）、夜间喂1次（23：00左右）。鹿的饲喂次数和时间定下来后，应保持相对的稳定，这样才有利于鹿建立巩固的条件反射、采食和消化机能。饲喂顺序是先精后粗，即是先给精饲料，待鹿吃净了再给粗饲料，要求每次饲喂都应扫净饲槽内残余饲料和土等杂物。精、粗饲料的增减和变换一定要逐渐进行，增加料量过急或突然变换饲料易造成"顶料"和拒食。

4. 饮水

可以饮顿水（定时饮水）或自由饮水，要求水质洁净，水量充足，冬季应饮温水，北方地区应防止水槽结冰。

5. 圈舍卫生

保持圈舍卫生，每天打扫舍内的粪便、饲料残留物。冬季为了保暖，棚舍内的粪便可适当保留，但要做到圈舍经常消毒。

（二）成年公鹿饲养方法

为了便于生产管理，提高鹿的生产力，根据公鹿的生产情况，人为地将其一年的生产期划分为四个时期。梅花鹿：生茸前期（1月下旬至3月中旬）、生茸期（3月下旬至8月中旬）、配种期（8月中旬至11月15日）、配种恢复期（11月15日至翌年1月中旬）；马鹿：生茸前期（1月中旬至2月中旬）、生茸期（2月下旬至8月上旬）、配种期（8月中旬至11月上旬）、配种恢复期（11月中旬至翌年1月上旬）。每个时期的开始与结束因鹿种、所处的地理位置、气候条件、鹿群质量及饲养技术的好坏而有所区别，如上述某些因素好些，每个时期就可能提前，否则滞后。

1. 生茸期

（1）公鹿在生茸期不仅需要自身生存的营养，而且还需要满足鹿茸生长的营养。梅花鹿三锯公鹿茸平均每天增长鲜重（30.0±5.0）g、东北马鹿1～11锯鹿茸日增鲜重（55.3±19.3）g，因此，生茸期必须有较高的营养水平。研究结果表明，头、二锯梅花公鹿生茸期饲粮中的蛋白质水平应在23%、三锯鹿应在21%时对体增重和生茸最佳。同时还应保证矿物质和维生素的供给。

（2）在生茸之前（梅花鹿于2月末、马鹿于1月初）精饲料量应逐渐增加，促进公鹿增膘复壮，待到脱盘时，基本上应接近生茸期的日饲粮量。每3～5d或7～10d增加0.1kg左右。锯3叉茸后，精饲料马上应减至原来的1/2～1/3，目的使公鹿膘情有所下降，以减少配种期公鹿争斗所造成的伤亡。

（3）生茸期正值炎热的夏季，应保持鹿有足够的饮水。给水量每头梅花鹿7～9kg/日，马鹿15～20kg/日。

（4）密切注视鹿的脱盘情况，发现花盘压茸迟迟不掉的应及时将其掰掉，有趴、咬茸的恶癖鹿应及时分开单圈饲养。

（5）生茸期应保持鹿舍的安静，谢绝参观。鹿进入生茸期之前，应清除圈舍内的墙壁、门、柱脚等处的铁钉、铁线、木桩等异物，防止划伤鹿茸。

（6）锯茸开始后，应将锯完茸的公鹿单独组群饲养，以利管理。

2. 配种期

因公鹿性欲强，互相追逐、斗殴，吼叫，食欲差，体质下降得较快，所以应加强此期的饲养管理，否则越冬期易出现死亡及影响翌年的产茸量。

（1）将公鹿按种用、非种用、壮龄、老龄、病弱等情况单独组群，然后对种用鹿、老弱鹿应给予优饲。

（2）配种期的粗饲料应选择适口性好，甜、辣、苦等含糖和维生素较高的饲料，例如，青刈的全株玉米、鲜嫩的树枝、瓜类、胡萝卜、大萝卜、葱、甜菜等，以增加鹿的采食量。

（3）配种期应注意保持公鹿群的相对稳定性。种用鹿最好单独用小圈管理，调换出的种公鹿因其带有母鹿的异味不可以放入非种用公鹿群。

（4）配种期要求圈舍无泥水，地面无砖瓦、石块等。

（5）配种期应由专人看圈，观察公鹿种用能力，一经发现不能"胜任"的种公鹿应及时调换，同时需防止公鹿间的斗殴。

3. 越冬期

包括配种恢复期和生茸前期两个阶段，该期正值严寒季节，鹿体不但要消耗部分热量御寒，还需恢复配种期的体质，为生茸积蓄"力量"，因此往往由于越冬期的饲养管理跟不上，常常造成春季鹿只死亡。

（1）从营养角度，在满足能量饲料（谷物）供给的同时，逐渐增加蛋白质和维生素类饲料，促进鹿只尽快地增膘复壮。

（2）冬季饲喂次数为白天2次、夜间1次，夜间最好喂热料。

（3）此期必须保证有充足的饮水，并应饮温水。

（4）加强舍饲茸鹿的运动，每天上、下午利用半个小时的时间，在舍内驱赶鹿只运动。

（5）舍内应保持干燥、清洁、无积雪，棚舍的地面应有足够的褥草或干粪。

（6）应加强鹿群的管理，防止因斗偶造成鹿只的伤亡。随时将病弱鹿拨出，单独优饲。

（7）此期坏死杆菌病的发病率最高，应及时预防、治疗。

（三）成年母鹿的饲养方法

1. 配种期

母鹿离乳后，到9月中旬时膘情必须达到中等水平，这样才能保证正常的发情、排卵。

（1）此期应供给一定量的蛋白质和丰富的维生素饲料，如豆饼、青刈大豆、切割的全株玉米以及胡萝卜、大萝卜等。

（2）淘汰不育、老龄、后裔不良及有恶癖的母鹿，然后按其繁殖性能、年龄、膘情及避开亲缘关系组建育种核心群和普通生产群。配种母鹿群不宜大，梅花鹿每群15～18头、马鹿11～12头。

（3）配种期应设专人看管，发现母鹿发情，公鹿不能"胜任"时，应立即将发情母鹿拨入公鹿可配种的舍内，并应马上调换原舍的公鹿。

（4）为了避免近亲繁殖，且使系谱清楚，一般应采用单公群母一配到底的配种方1法，母鹿也不应随意调换，同时必须确保种公鹿有较强的种用能力。

2. 妊娠期

应保证妊娠母鹿的营养需要［妊娠后期的3个月，胎儿日增重（55±5）g］，首先应满足蛋白质、维生素和矿物质的需求。妊娠初期应多给些青饲料、块根类饲料和质量良好的粗饲料；妊娠后期要求粗饲料适口性强、质量好、体积小。饲喂次数每日3次，其中夜间1次。饲料应严防酸败、结冰，饮温水。同时，妊娠期严防惊扰鹿群，过急驱赶鹿群。严禁舍内地面有积雪、结冰。

3. 产仔哺乳期

产仔哺乳的母鹿需要大量的蛋白质、脂肪、矿物质和维生素 A、D 等营养物质，母梅花鹿每天需泌乳 700mL 左右，所以必须加强饲养管理，这样才能保证仔鹿的良好发育，并为离乳后母鹿的正常发情做好准备。

（1）母鹿分娩后，消化道的容积和机能显著增强，饮水量也多，应保证量足、质优的青饲料，后期投给带穗全株玉米更佳。

（2）精饲料最好喂给小米粥，或用豆浆拌精料饲喂，可提高母鹿的泌乳，进而促进仔鹿快速生长发育。

（3）要保持仔鹿圈的清洁卫生。产仔前，应将圈舍全面清扫后，彻底进行一次消毒，以后也应经常消毒。

（4）产仔期要设专人看圈，防止恶癖鹿舔肛、咬尾、趴打仔鹿。被遗弃的仔鹿要找保姆鹿或采取人工哺乳。

（5）要保持产仔圈的安静，谢绝参观。

（6）哺乳期要做好仔鹿的驯化工作，以利今后的管理。

（四）幼鹿的饲养方法

幼鹿包括哺乳仔鹿和离乳后的育成鹿。幼鹿饲养管理的好坏直接影响未来鹿群的质量，所以一定要引起高度的重视。

1. 哺乳仔鹿的饲养管理技术

正常情况下，母鹿分娩后首先舔干仔鹿身体，然后使仔鹿吃上初乳（仔鹿产后10～15min 就能站立起来找到乳头），但有的弱生仔鹿，或的初产母鹿惧怕仔鹿，还有的母性不强的不管仔鹿，这时应人工辅助使其吃上初乳。对那些实在不能哺上乳的仔鹿，可以采取两种办法：一是用牛、羊的初乳代替，进行人工哺乳；二是用注射器强行抽取该母鹿的初乳喂新生仔鹿，3d 后可进行人工哺乳，或者找代养母鹿。代养母鹿选择性情温顺、母性强、泌乳量高的产后1～2d 的母鹿。代养的方法是将代养仔鹿送入代养母鹿的小圈内（最好的办法取代养母产仔的胎衣或其尿液涂抹在代养仔鹿身上），如代养母鹿舔嗅代养仔，不趴打，让其哺乳，即说明代养成功，之后也应经常观察代养仔鹿是否能正常地哺上乳。待仔鹿产后20 几天补料（仔鹿的精饲料配方：豆粕占50%、高粱面10%、玉米30%、麸子10%，加入适量的食盐和骨粉），补给精料的量由少到多、次数由多到少，最后达到每日2次，每次投料前应清洁饲槽。

另外，产仔圈应设仔鹿保护栏，可以保证仔鹿的休息、安全，减少疾病的发生。产仔期饲养人员每日要认真观察仔鹿的精神、姿势、鼻镜、粪便、哺乳、步态等，发现异常，马上诊治。

2. 育成鹿的饲养管理技术

仔鹿离乳后即进入育成期。

（1）离乳于 8 月中、下旬一次性断乳分群或分 2～3 次断乳。方法是用驯化程度较高的几头成年母鹿领入预定的鹿舍内，然后再拨出成年母鹿。如果仔鹿的数量较多时，可根据仔鹿的日龄、体质情况分成若干个小群，分群时最好同时将公母仔鹿分开管理。

（2）应安排有经验的人员饲养管理，并应经常的接触仔鹿，做到人鹿亲合。

（3）每日喂给 3 次精料，开始时每头鹿日量 150g，逐渐加量，以不剩料为原则。精饲料最好熟化，如能饮用熟豆浆更好。每天投给 4～6 次的优质粗饲料，最好饲喂嫩绿的青稞子或青刈大豆，再逐渐过渡到喂给柞树叶、豆吻子和玉米秸。从 10 月份开始每日喂 3 次即可。

三、鹿产品加工及质量控制

鹿产品用于医疗保健历史久远，入药部位多，使用范围广。我国现存最早的药学专著《神农本草经》就有鹿茸、麇脂药用的论述。据文献统计，我国药用鹿产品有 42 种。而近现代的挖掘和创新更为丰富，目前我国现有 381 个含鹿产品的中成药及 171 个含鹿产品的保健食品。因梅花鹿为国家一级保护动物，药用产品多指马鹿等其他鹿种。

（一）常见加工制品剂型及品种

① 丸剂　包括蜜丸、水蜜丸、浓缩丸，如参茸大补丸、参茸鹿胎丸、保胎丸、定坤丹、再造丸、鹿茸丸等百余种。

② 酒剂　参茸酒、福禄补酒、龟鹿酒、鹿鞭补酒、鹿筋八仙酒、长寿酒等 50 余种。

③ 片剂　鹿丽素、鹿茸片、参茸补片、补金片、更年康等 50 余种。

④ 酊剂　鹿茸精、人参鹿茸精（参茸精）等数种。

⑤ 膏剂　鹿胎膏、海马鹿茸膏、乳鹿膏、正骨膏等 10 余种。

⑥ 胶囊　花茸维雄胶囊、鹿脑粉胶囊、鹿心血软胶囊、鹿骨鹿胶原软胶囊等 50 余种。

⑦ 口服液及冲剂　鹿尾巴精、参茸大补液、鹿骨晶、多鞭精、梅花鹿茸血大补剂等 20 余种。

⑧ 注射剂　鹿茸精注射液、鹿尾精注射液等近 10 种。

⑨ 胶剂　鹿茸胶、鹿角胶、鹿骨胶、鹿皮胶等数种。

（二）鹿产品应用现状

我国鹿产品精深加工方面还处于初级阶段，只是以原生药形态经过简单初加工的产品形式上市。市场上缺少以鹿产品为主要原料的保健品、食品和化妆品等精深加工产品。

① 鹿茸　品质良好的二杠产品一部分用于出口，一部分以原形态礼品包装进行销售；其他等级的鹿茸一部分切片，一部分以散片和茸片礼品盒形式进行销售；低等茸多用于药用投料使用。现有的鹿茸加工产品包括鹿茸胶囊、鹿茸口含片、鹿茸口嚼片、鹿茸酒、鹿茸茶、鹿茸口服液等。

② 鹿胎　有水胎、毛胎之分。一部分毛胎或仔鹿用皮后也作为鹿胎用于投料使用。其制品有烤干的鹿胎及鹿胎粉，深加工产品有鹿胎胶囊、鹿胎颗粒、鹿胎膏、鹿胎口服液等。

③ 鹿茸血和鹿血　鹿茸血产量极少，不能满足产品生产需求，多数用于收茸者自用或

馈赠使用。市场上多数鹿茸血制品实为鹿血制品，产品包括鹿茸血酒、鹿茸血口嚼片、鹿血酒、鹿血口服液、鹿血口嚼片、鹿血滋补胶囊。

④ 鹿鞭　鹿鞭多为整只的干品鹿鞭，少量的鹿鞭片，礼品盒包装用于高档礼品，多为泡酒入药使用，一小部分鲜品用于食用。产品包括鹿鞭酒、鹿鞭嚼片、鹿鞭滋补胶囊、鹿鞭精。

⑤ 鹿尾　鹿尾多为整只干品鹿尾，礼品盒包装用于高档礼品，多为入药使用。一小部分鲜品用于食用。产品有鹿尾巴精等。

⑥ 鹿肉　目前多用于食用，少见用于开发保健品或食品。目前可见有保鲜鹿肉和鹿肉粒。

⑦ 鹿皮　一部分制革，一部分用于制成鹿皮胶，或作为熬鹿角胶、鹿骨胶的原料。

⑧ 鹿心　食用或用于治疗心脏病的方剂，少见制品。吉林省目前应用较多的鹿产品为鹿茸、鹿胎、鹿茸血、鹿血和鹿鞭等，加工制品目前市场上最常见的剂型是原形态初加工制品、软胶囊、保健酒、颗粒等。目前吉林省的保健酒已形成规模优势。

（三）鹿产品加工工艺应用

目前，国内现有鹿产品主要是初级原材料或直接应用简单加工，大部分产品采用传统的鹿产品加工工艺，没有同现代制药工艺进行有机结合，导致产品的生物利用度不高，产品层次低，深加工产品少，技术含量较低，致使产品附加值低；譬如，鹿胎膏的传统工艺是高温熬制，这样会使一部分生物活性物质失活，影响效果。只有采用现代制药工艺中冻干或真空减压提取技术，才能够很好地解决这样的问题。由于企业鹿产品开发的意识不够，观念落后和缺少专业的工艺技术人员，严重影响了鹿产品升级换代和产品质量。

（四）鹿产品质量安全控制

近几年来，劣质鹿产品屡次被曝光使消费者对鹿产品品质产生怀疑，而部分消费者也因此选择其他滋补产品，这使鹿产品市场发展受到很大影响，因此，如何将质量安全做好是鹿产品企业首先要考虑的问题。今后要加快制定鹿产品质量安全标准和生产技术规范；加大食品安全法律法规宣传力度，增强鹿产品生产经营者的第一责任人意识，督促其依法诚信经营；严把鹿产品市场准入关，加大鹿产品市场主体准入审核力度，从源头上堵塞无证照生产经营行为和不合格鹿产品流入市场。要加大普及和宣传鹿产品质量鉴别知识，提高消费者鉴别能力。另外，要开展鹿产品活性物质功能和提取工艺研究，拓宽行业发展新途径。

第二节　驴肉的生产

一、肉驴主要品种

1. 新疆驴

（1）原产地

主要分布在喀什、和田、克孜勒苏柯尔克孜自治州、巴音郭楞蒙古自治州等地。此外，分布在甘肃河西走廊，青海的农区、半农半牧区，以及宁夏的一些地区。河西走廊的毛驴也称凉州驴。宁夏的西吉、海原、固原的驴又称西吉驴。新疆驴在新疆的北部也有分布。

（2）外貌特征

新疆驴体格矮小，体质干燥结实，头略偏大，耳直立，额宽，鼻短，耳壳内生满短毛；

颈薄，背平腰短，尻短斜，胸宽深不足，肋扁平；四肢较短，关节干燥结实，蹄小质坚；毛多为灰、黑色。

（3）生产性能

成年公驴平均体重181.3kg，成年母驴平均体重156.0kg。公驴2～3岁，母驴2岁就开始配种，在粗放的饲养和重役情况下很少发生营养不良和流产。幼驹成活率在90%以上。

2. 华北驴

（1）原产地

产于黄土高原以东、长城内外至黄淮平原的小型驴，并分布到东北三省。

（2）外貌特征

各地的驴因产区不同，各有特点，但其共同点为：体高在110cm以下。结构良好，体躯短小，腹部稍大，被毛粗刚。头大而长，额宽突，背腰平，胸窄浅，四肢结实，蹄小而圆，有青、灰、黑等多种毛色。

（3）生产性能

成年公驴体重166.25kg，母驴体重153.75kg，屠宰率在52%。华北驴繁殖性能与大中型驴相近，繁殖性能好，生长发育比新疆驴快。

3. 关中驴

（1）原产地

产于陕西省关中平原。以乾县、礼泉、武功、蒲城、咸阳、兴平等县，市产的驴品质最佳。关中驴作为种驴曾输出到朝鲜、越南和泰国。

（2）外貌特征

关中驴体格高大，结构匀称，体形略呈长方形，头颈高扬，眼大而有神，前胸宽广，尻短斜，体态优美，90%以上为黑毛，少数为栗毛和青毛。关中驴被毛短细，富有光泽，多为粉黑色，其次为栗色、青色和灰色。背凹和尻短斜为其缺点。

（3）生产性能

成年公驴体重263.6kg，母驴247.5kg。性成熟公母为1.5岁，初配为2.5岁，公驴可到18岁，母驴到15岁仍可配种繁殖，驴×驴受胎率为80%以上，公驴×母马受胎率为70%左右。在正常饲养情况下，幼驴生长发育很快，1.5岁能达到成年驴体高的93.4%，并表现性成熟，3岁时公母驴均可配种。公驴4～12岁配种能力最强，母驴终生产5～8胎。多年来关中驴一直是小型驴改良的重要父本驴种。关中驴遗传性强，不仅对晋南驴、庆阳驴有重要影响，而且作为父本改良小型驴和与马杂交繁殖大型骡都有着良好的效果。关中驴适宜于干燥温和的气候，耐寒性较差，高寒地区引入的应注意防寒。

4. 德州驴

（1）原产地

原产于山东省德州市和滨州市沿渤海各县，又称"无棣驴"。

（2）外貌特征

体格高大，结构匀称，体形方正，头颈躯干结构良好，公驴前躯宽大，头颈高扬，眼大嘴齐，背腰平直，尻稍斜，肋拱圆，四肢有力，关节明显，蹄圆而质坚。毛色分三粉（鼻周围粉白，眼周围粉白，腹下粉白）的黑色和乌头（全身毛为黑色）的两种。

（3）生产性能

生长发育快，12～15月龄性成熟，2.5岁开始配种。母驴一般发情很有规律，终生可产驹10只左右。作为肉用驴饲养屠宰率可达53%，出肉率较高，为小型毛驴改良的优良父本品种。

二、驴舍环境要求

1. 适宜的温度

温度过高或过低都会影响驴的生长发育、饲料转化率、抵抗力和免疫力，对驴只健康不利，诱发各种疾病。环境温度对育肥驴的营养需要和日增重影响较大，在低温环境中，需增加产热量以维持体温，饲料利用率下降。适宜的温度为 16~22℃，因此根据季节变化做好驴舍的保温防寒、降温防暑工作。

2. 适当的湿度

以 65%~75% 为宜。湿度过高，有利于各种病原微生物、寄生虫的繁殖，驴易患疥癣、湿疹等皮肤病，同时高湿易饲料发霉，驴抵抗力、免疫力下降；湿度过低，驴皮肤和呼吸黏膜表面蒸发量加大，使皮肤和黏膜干裂，对病原微生物防卫能力减弱，易患皮肤病和呼吸道病。

3. 适宜光照

适宜的太阳光照，对驴舍的杂菌消毒、提高免疫力、抵抗力都有很好的作用，特别是可促进 Ca 的吸收，保证正常的 Ca、P 代谢，促进骨骼生长，预防佝偻病。

4. 通风换气

场地要通风良好，保持空气新鲜。驴舍要经常通风换气，驴舍内空气有害气体最大允许值为：CO_2 为 0.15%、H_2S 为 0.001%、NH_3 为 0.002%。

5. 适宜饲养密度

驴群饲养密度要适宜，过大影响舍内空气卫生，对驴采食、饮水、睡眠、运动及群居等行为有很大影响，过小会消耗资源，使驴舍得不到有效利用。

三、肉驴育肥方法

肉驴的育肥，依其性能、目的和对象不同，可以有不同的方法。按年龄划分，可分为幼驹育肥、阉驴育肥、青年架子驴育肥和成年架子驴育肥。

（一）幼驹培育

要想获得好的肉驴育肥效果，必须从幼驹培育开始，饲粮以优质精料、干粗料、青贮饲料、糟渣类饲料为主。幼驹培育时应群养，无运动场，自由采食，自由饮水，圈舍每日清理粪便 1~2 次，及时驱除内外寄生虫、防疫注射，采用有顶棚、大敞口的圈舍或采用塑料薄膜暖棚圈养技术。及时分群饲养，保证驴均匀生长发育，及时变换饲粮，对个别贪食的驴限制采食，防止脂肪沉积过度。

（二）阉驴肥育

1. 前粗后精模式

前期多喂粗饲料，精料相对集中在育肥后期。这种育肥方式常常在生产中被采用，可以充分发挥驴补偿生产的特点和优势，获得满意的育肥效果。在前粗后精型饲粮中，粗饲料的功能是肉驴的主要营养来源之一。因此，要特别重视粗饲料的饲喂。将多种粗饲料和多汁饲料混合饲喂效果较好。前粗后精育肥模式中，前期一般为 150~180d，粗饲料占 30%~50%；后期为 8~9 个月，粗饲料占 20%。

2. 糟渣类饲料育肥模式

糟渣类饲料在鲜重状态下具有含水量高，体表面积大，营养成分含量少，受原辅料变更影响大，不易贮存，适口性好，价格低廉等特点，是城郊肉驴饲养业中粗饲料的一大来源，合理应用，可以大大降低肉驴的生产成本，糟渣类饲料可以占饲粮总营养价值的 35%～45%。利用糟渣类饲料饲喂肉驴时应当注意：不宜把糟渣类饲料作为饲粮的唯一粗饲料，应和干粗料、青贮料配合；长期使用白酒糟时饲粮中应补充维生素 A，每头每日 1 万～10 万国际单位；糟渣类饲料与其他饲料要搅拌均匀后饲喂；糟渣类饲料应新鲜，若需贮藏，以窖贮效果为好，发霉变质的糟渣类饲料不能用于饲喂。

（三）青年架子驴肥育

青年架子驴的年龄为 1.5～2.5 岁，其育肥期一般为 5～7 个月，2.5 岁以前肥育应当结束。对新引进的青年架子驴、因长途运输和应激强烈，体内严重缺水，所以要注意水的补充，投以优质干草，2 周后恢复正常。同时要根据强弱大小分群，注意驱虫和日常管理，除适应期外，青年架子驴肥育期一般分成生长育肥期和成熟育肥期 2 个阶段，这样既节省精料，又能获得理想的育肥效果。

1. 生长肥育期

重点是促进架子驴的骨骼、内脏、肌肉的生长。要饲喂富含蛋白质、矿物质和维生素的优质饲料，使青年驴在保持良好生长发育的同时，消化器官得到锻炼，此阶段能量饲料要限制饲喂。肥育时间为 2～3 个月。

2. 成熟肥育期

这一阶段的饲养任务主要是改善驴肉品质，增加肌肉纤维间脂肪的沉积量。因此，饲粮中粗饲料比例不宜超过 30%～40%；饲料要充分供给，以自由采食效果较好。肥育时间为 3～4 个月。

（四）成年架子驴肥育

成年架子驴指的是年龄超过 3～4 岁，淘汰的公母驴和役用老残驴。这种驴育肥后肉质不如青年驴育肥后的肉质，脂肪含量高，饲料报酬和经济效益也较青年驴差，但经过育肥后，经济价值和食用价值还是得到了很大的提高。成年架子驴的快速育肥分为 2 个阶段，时间为 65～80d。

1. 成熟育肥期

此期 45～60d。这一时期是驴育肥的关键时期，要限制运动，增喂精料（粗蛋白质含量要高些），增加饲喂次数，促进增膘。

2. 强度催肥期

一般为 20d 左右。目的是通过增加肌肉纤维间脂肪沉积的量来改善驴肉的品质，使之形成大理石状瘦肉。此期饲粮浓度可适当再提高，尽量设法增加驴的采食量。

成年架子驴的肥育一定要加强饲养管理。公驴要去势，待肥育的驴要驱虫，饲喂优质的饲草饲料，减少运动，注意厩舍和驴体卫生。若是从市场新购回的驴，为减少应激，要有 15d 左右的适应期，刚购回的驴应多饮水，多给草，少给料，3d 后再开始饲喂少量精料。

四、驴肉质量与安全控制

驴肉是新型的肉食产品，驴肉具有瘦肉多、脂肪少的特点，脂肪中不饱和脂肪酸含量较高，可以减轻饱和脂肪酸对人体心血管系统的不利影响。近年来，驴肉加工工艺的发展，使驴肉的消费者逐渐增多，驴肉加工及产品开发的市场前景十分广阔。同时驴肉的质量与安全也深受社会关注。

（一）饲料对肉质的影响

饲料种类的不同，会直接影响到驴肉的品质，通过饲养的调控，是提高肉产量和品质最重要的手段。驴在育肥期的营养状况，对产肉量和肉质影响很大，只有育肥度很好的驴，其产肉量与肉品质才是最好的。饲料种类对肉的色泽、味道有重要影响，以黄玉米育肥的驴，肉呈黄色，香味浓；喂颗粒状的干草粉及精料，能迅速在肌肉纤维中沉积脂肪，并提高肉品质；多喂含铁量多的饲料则肉色浓；多喂荞麦则肉色淡；利用秸秆养驴，最好经微生物发酵处理，饲料转化肌肉的效率远远高于饲料转化为脂肪的效率。

（二）屠宰时间对肉质的影响

驴肉产量和品质不仅受品种、饲料以及四季环境气候条件的影响，而且还受年龄、体重及屠宰方法等因素影响。老龄驴随着年龄的增加，肌肉变得粗硬，水分少，鲜嫩度下降，口感差，肌肉营养价值降低，所以驴的屠宰年龄应在 3.5 岁以下，此时肌肉中氨基酸的含量最高。适时屠宰除年龄外，还应充分考虑季节特点、性别差异等。放牧驴应在夏、秋季屠宰，此时肉品质最好。

（三）屠宰对肉质的影响

生产无公害驴肉的育肥肉驴在屠宰前 15d，饲料中必须停止添加任何药物。对患病治疗的驴在治愈后停药 15d 后方可宰。育肥驴在屠宰前运输过程中严禁使用镇静药物。育肥驴在屠宰时必须严格按照屠宰工艺、卫生标准进行，以确保驴肉的无污染、优质、营养。肉驴屠宰工艺流程：肉驴进待宰间→称重→屠宰笼（击昏）→放血→剥皮→摘出内脏、去头蹄→胴体劈半→胴体冲刷→胴体称重→胴体预冷→胴体成熟处理→胴体分割→检验→装箱贮存冷冻→贮存→成品。

复习思考题

1. 我国鹿的主要品种有哪些？
2. 鹿的饲料具体分为哪几类？
3. 成年公鹿饲养方法的技术要点有哪些？
4. 鹿产品加工及质量控制分为哪些方面？
5. 肉驴主要品种有哪些？
6. 如何控制驴舍环境条件？
7. 成年架子驴肥育应注意哪些方面？
8. 驴肉质量与安全控制有哪些方面？

第十二章 鱼类产品生产

重点提示： 本章重点掌握我国鱼类主要养殖品种、生态习性、养殖环境要求和养殖方法等内容。通过本章的学习，基本了解鱼类产品原料生产过程和产品质量安全控制方法，为生产优质安全的贝类产品奠定基础。

第一节 我国鱼类主要养殖品种

一、鲈鱼

1. 生物学分类与分布

鲈鱼（*Lateolabrax japonicus*）（图12-1），属鲈形目、鮨科，广泛分布于沿海及通海的咸淡水水域，是我国沿海和江河的重要经济鱼类之一，地方名又称七星鲈、花鲈、板鲈、青鲈、河鲈等，繁殖和生长于沿海的鲈鱼又称为海鲈。

2. 外貌特征

鲈鱼体修长，侧扁，尾鳍叉形，体背侧青灰色，腹侧银白色；背侧及背鳍散布若干黑色斑点，随年龄增长渐不明显。1龄鱼体长可达25cm，体重250g；2龄鱼体长达40cm，体重850g；3龄鱼体长50cm，体重1.5kg；4～8龄鱼每年约增加长度4～6cm、体重400～800g。最大个体体长100cm，体重15～20kg。

3. 生态特征

鲈鱼成熟年龄为3龄，最小成熟雄鱼为2龄、雌鱼为3龄，一般到4龄全部成熟。体长60cm的雌鱼怀卵量为20万粒，每年产一次卵。繁殖季节是12月至次年2月。繁殖最低水温是12.7℃，最高是25℃。属广盐性鱼类，性凶猛，肉食性，以鱼虾为食，善追食其他鱼，具有生长快、适应性广、抗病力强、肉细味美、营养丰富等特点，是名贵鱼种之一。

图12-1 鲈鱼

图12-2 石斑鱼

二、石斑鱼类

1. 生物学分类与分布

石斑鱼类（图12-2）属于鲈形目，鮨科，石斑鱼亚科，为近海暖水性礁栖底层鱼类，广泛分布于太平洋和印度洋的热带、亚热带海域，是驰名世界的重要海水养殖鱼类。常见的种类有：斜带石斑鱼（青斑）*Epinephelus coioides*，赤点石斑鱼（红斑）*Epinephelus akaara*，宝石石斑鱼（芝麻斑）*Epinephelusareolatus*，棕点石斑鱼（老虎斑）*Epinephelus fuscoguttatus*，鞍带石斑鱼（龙趸）*Epinephelus lanceolatus*，点带石斑鱼 *Epinephelus malabaricus*，驼背鲈（老鼠斑）*Cromileptes altivelis*，鳃棘鲈（东星斑）*Plectropomus leopardus* 等。

2. 外貌及生态特征

石斑鱼类系肉食性凶猛鱼类，成鱼以捕食鱼类和头足类为主，其营养丰富，肉质细嫩，味道鲜美，经济价值较高。石斑鱼背鳍棘发达，体呈青灰、胭红、黑褐色等，色彩美丽，因它身上生有特殊的条纹和斑纹，加上喜潜匿在礁石间，故得石斑鱼之名。雌鱼产卵期一般为5月至7月，怀卵量约达15万～20万粒。

三、美国红鱼

1. 生物学分类与分布

美国红鱼（图12-3），又称红鼓、红鱼、尾斑鲈、斑点鲈、黑斑红鲈、青鲈、大西洋红鲈等，学名为眼斑拟石首鱼 *Sciaenops ocellatus*，隶属鲈形目、石首鱼科、拟石首鱼属。美国红鱼为广温、广盐性、逆河性鱼类，为美国和墨西哥的重要垂钓和捕捞对象，是美国比较重要的养殖鱼类。由我国国家海洋局第一海洋研究所从美国引入并人工繁育成功。目前，美国红鱼已成为我国海水养殖的重要优良品种。

2. 外貌特征

美国红鱼体呈纺锤形，侧扁，背部略微隆起，背部呈浅黑色，鳞片有银色光泽，腹部中部白色，两侧呈粉红色，尾鳍呈黑色，尾鳍基部侧线上方有一黑色圆斑，是该鱼外形最明显的特征。有些个体在体侧后上方有2～5个大小不等、近似圆形的黑色圆斑。腹中部两侧呈粉红色，是该鱼俗称"美国红鱼"的由来，又由于其属于石首鱼科的鱼类，又被称为"美国红姑鱼"。

3. 生态特征

美国红鱼的生长速度很快，在原产地，当年的个体可达500～1000g，最大个体甚至可达3000g。在人工养殖的条件下，我国南方养殖1周年可达1000g，3周年达4500g；北方地区养殖1周年可长到500g左右。

图12-3　美国红鱼

图12-4　军曹鱼

四、军曹鱼

1. 生物学分类与分布

军曹鱼（*Rachycentron canadum*）（图12-4）隶属鲈形目、军曹鱼科、军曹鱼属，俗称海鲡、海龙鱼、海炭鱼、海鲤等，英文名Cobia。军曹鱼分布于地中海、大西洋和印度-太平洋（东太平洋除外）等热带水域，为外海暖水性鱼类。军曹鱼生长速度极快，一般年生长体重可达6～8kg，据报道，最大个体长达2m，重60kg，被认为是目前海水网箱养殖中生长最快，个体最大的海水鱼类。

2. 外貌特征

军曹鱼体延长，近圆筒形，稍侧偏，被细小圆鳞。头扁平，宽大于高，眼较小，口大，尾鳍呈叉形或新月形。体背部黑褐色，腹部灰白色。体侧具 3 条黑色纵纹。

3. 生态特征

军曹鱼抗病力强、产量高、肉质细嫩、味道鲜美、营养价值高，是深受消费者喜爱的名贵海水鱼，养殖效益和市场优势明显。在自然海区，以摄食底层性的水生生物为主，性凶猛，较小的军曹鱼主要以虾、蟹和头足类为食，约占食物总量 80% 以上，其次为鱼类。全长 1m 以上的军曹鱼，则以鱼类为主，占食物总量 80%。在人工养殖条件下，军曹鱼经驯化后可摄食人工颗粒状浮性或沉性饲料。在自然海区，军曹鱼为多次产卵鱼类，生殖期较长，湛江地区 4 月下旬至 6 月上旬为主要产卵期。在人工饲养条件下，军曹鱼性成熟年龄为 2 龄，雄鱼体重 7kg 以上，雌鱼体重 8kg 以上。相对怀卵量为 1kg 体重约 16 万粒，8kg 鱼约有 128 万粒。

五、大黄鱼

1. 生物学分类与分布

大黄鱼（*Pseudosciaena crocea*）（图 12-5）隶属鲈形目，石首鱼科，黄鱼属，俗称黄鱼、黄瓜鱼、黄花鱼等，为我国特有的地方性种类，曾广泛分布于北起黄海南部，经东海、台湾海峡，南至南海雷州半岛以东。大黄鱼曾是我国著名的"四大海洋经济鱼类"之一，但因过度捕捞，现在自然资源已濒临枯竭。随着国内人工繁育和养殖技术的发展进步，大黄鱼成为我国独有的养殖品种，大黄鱼养殖产业逐渐兴起并发展壮大，目前已形成较为成熟的规模化产业，并且带动了我国海水鱼网箱养殖业的发展。

图 12-5　大黄鱼

图 12-6　青鱼

2. 外貌特征

大黄鱼体延长，侧扁，分头部、躯干部和尾部三部分，尾柄细长，尾鳍尖长，稍呈楔形；全身被鳞，侧线完全，鱼体背面和上侧面黄褐色，下侧面和腹面金黄色，背鳍及尾鳍灰黄色，胸鳍和腹鳍黄色，唇呈橘红色。

3. 生态特征

自然环境中大黄鱼通常栖息在水深 60m 以内的近海中下层，厌强光，喜浊流。黎明、黄昏或大潮时多上浮，白昼或小潮时则下沉。大黄鱼为暖温性鱼类，对水温的适应范围为 10～32℃，最适生长温度为 18～25℃，但不同地理种群的大黄鱼对温度的适应范围有所差异。大黄鱼在近岸水温达到 18～19.5℃开始生殖洄游，进入产卵场。水温范围在 19.5～22.5℃为大黄鱼生殖盛期。水温低于 18℃或超过 25℃，不适合于大黄鱼的生殖、受精卵的孵化和幼鱼的生长，生殖鱼群将为了追求其适应温度，向外海移动。大黄鱼的生存盐度范围为 24.8～34.5，其适盐性在 30.5～32.5 之间。盐度过低会影响大黄鱼的集群移动。沿岸渔场若春汛雨水量过大，盐度明显下降时，生殖鱼群为了追随其适宜的盐度，遂离开渔场。大黄鱼为肉食性鱼类，食谱非常广泛。其摄食对象包括鱼类、甲壳类、头足类、水螅类、多毛类、星虫类、腹足类和毛颚类等8个生物类群，种类可达上百种，其中较重要的为小鱼（包括幼鱼）、虾类、虾蛄类和蟹类。大黄鱼雌鱼的怀卵量随个体的年龄、体长、体重的增长而增多。初次性成熟的2龄鱼，个体绝对繁殖力较低，平均怀卵量为12.5万粒，4龄鱼开始繁殖力显著提高并进入盛期，平均怀卵量为28.2万粒，以后随着年龄增长繁殖力逐渐提高。

六、青鱼

1. 生物学分类与分布

青鱼（*Mylopharyngodon piceus*）（图12-6）又名青鲩、乌青、螺蛳青、青根鱼、黑鲩、乌鲩、黑鲭、乌鲭、铜青、青棒、五侯青等，在台湾称为乌溜或鲻仔，属于鲤形目、鲤科、雅罗鱼亚科、青鱼属。青鱼是我国传统的"四大家鱼"之一，是江苏、浙江、湖北等省份的重要淡水鱼养殖对象，其在四大家鱼中肉质最好，售价最高。

2. 外貌特征

青鱼体形长，形似草鱼，呈青灰色，背部较深，腹灰白色，各鳍均为灰黑色，生活在水体底层，属肉食性鱼类。主要摄食底栖动物，如蚌、蚬、螺蛳等，也食虾和昆虫幼体。其鳃耙短而少，咽喉齿呈臼齿状，角质垫发达，易于压碎螺蛳、蚌、蚬的外壳。肠管约为体长的1.2～2倍。

3. 生态特征

幼鱼主要以浮游动物、摇蚊幼虫及无节幼体为食，体长达15cm时，开始摄食小螺蛳和蚬。成鱼的食物组成几乎全为软体动物、底栖性的虾和水生昆虫幼虫。6～7年性成熟，个体重6～7kg，怀卵量30～70万粒。人工饲养条件下，青鱼也摄食饼类、糠麸、畜禽内脏和人工配合颗粒饲料。青鱼体形大，生长迅速，最大重量可达70kg。1龄鱼可长至500g，2龄鱼长至2.5～3kg，3龄鱼在良好环境中可至6.5～7.5kg。青鱼体长增长以1～2龄最快，5龄以后其体长增长速度慢；体重增长以3～4龄最快，以后持续增重。青鱼的性成熟年龄为：雌鱼5～7龄，雄鱼4～5龄。性成熟个体性腺每年成熟1次，一次产卵。青鱼怀卵量随体重增加明显增大，一般15～20kg的青鱼，其怀卵量约为60万～100万粒。

七、草鱼

1. 生物学分类与分布

草鱼（*Ctenopharyn odon idellus*）（图12-7）又称鲩鱼、混子、草青等，属鲤形目、鲤科、雅罗鱼亚科、草鱼属。其栖息于平原地区的江河湖泊，一般喜居于水的中下层和近岸多水草区域。在干流或湖泊的深水处越冬。性活泼，游泳迅速，常成群觅食。草鱼在幼鱼时期喜食浮游生物和水生昆虫，当草鱼生长至50mm以上时，草鱼的食性逐渐转变为草食性，其中尤以禾本科植物为主，成为典型的草食性鱼类。经过人工驯化以后，草鱼也以人工饲料为主食。其生长迅速，饲料来源广，是我国淡水养殖的传统"四大家鱼"之一。

图12-7 草鱼

2. 外貌特征

草鱼体略呈圆筒形，头部稍平扁，尾部侧扁；口呈弧形，无须；上颌略长于下颌；体呈浅茶黄色，背部青灰，腹部灰白，胸、腹鳍略带灰黄，其他各鳍浅灰色其体较长，腹部无棱。1冬龄鱼体长为340mm左右，体重为750g左右；2冬龄鱼体长约为600mm，体重

3.5kg；3 冬龄鱼体长为 680mm 左右，体重约 5kg；4 冬龄鱼体长为 740mm 左右，体重约 7kg；5 冬龄鱼体可达 780mm 左右，体重约 7.5kg；最大个体可达 40kg 左右。

3. 生态特征

生殖季节和鲢相近，较青鱼和鳙稍早。生殖期为 4 月至 7 月，比较集中在 5 月间。草鱼生长迅速，就整个生长过程而言，体长增长最迅速时期为 1～2 龄，体重增长则以 2～3 龄为最迅速。当 4 龄鱼达性成熟后，增长就显著减慢。

八、鲢鱼

鲢、鳙鱼是我国"四大家鱼"两大主要成员。在我国传统的水产养殖中，鲢、鳙鱼大多作为搭配鱼类饲养。

图 12-8　鲢鱼

1. 生物学分类与分布

·鲢鱼（*Hypophthalmichthys molitrix*）（图 12-8）又名白鲢、水鲢、跳鲢、鲢子，属鲤形目、鲤科、鲢属。鲢、鳙鱼是人工饲养的大型淡水鱼，具有食物链短、生长快、个体大、易养殖、成本低、疾病少、产量高、市场需求量大等优良生产性能，且肉质鲜嫩，营养丰富，是较宜养殖的优良鱼种，是我国大水面养殖的最佳对象，也是池塘主要养殖对象，多与草鱼、鲤鱼等淡水鱼混养。

2. 外貌特征

体侧扁、稍高，呈纺锤形，头大吻短，口宽、眼小，鳞很细，体呈银白色，腹部有肉棱。

3. 生态特征

鲢鱼栖息于水体上层，活泼善跳跃，怕惊扰，对溶氧要求稍高，适宜生长温度为 20～32℃，饲料系数低，生长快。属典型的滤食性鱼类，适宜在肥水中养殖。肠管长度约为体长的 6～10 倍。幼鱼以食浮游动物为主，成鱼则以食浮游植物为主，还进食大量有机物、有机碎屑及人工投喂的糠麸、豆粕等饲料。终年进食，以 7 月份至 9 月份食量最大，生长最快。鲢鱼在天然河流中可重达 30～40kg。在池养条件下，如果饵料充足的话，1 龄鱼可达到 0.8kg 上下。鲢鱼的性成熟年龄较草鱼早 1～2 年。成熟个体也较小，一般 3kg 以上的雌鱼便可达到成熟。5kg 左右的雌鱼绝对怀卵量 20 万～25 万粒。

九、鳙鱼

1. 生物学分类与分布

鳙鱼（*Hypophthalmichthys nobilis*）（图 12-9），又叫花鲢、黑鲢、麻鲢、大头鲢、胖头鱼、大头鱼、包头鱼、雄鱼等，是辐鳍鱼纲鲤形目鲤科的其中一种，和鲢鱼同属，为我国四大家鱼之一。

2. 外貌特征

鳙鱼体侧扁，头极肥大。口大，下颌稍向上倾斜。鳃耙细密呈页状，但不连合。口咽腔上部有螺形的鳃上器官，眼小，位置偏低，无须，下咽齿勺形，齿面平滑。鳞小，腹面仅腹鳍至肛门具皮质腹棱。胸鳍长，末端远超过腹鳍基部。尾鳍叉形，背鳍硬棘 3 枚，背鳍软条 7 枚，臀鳍硬棘 1～3 枚，臀鳍软条 12～14 枚。体侧上半部灰黑色，腹部灰白，两侧杂有许多浅黄色及黑色的不规则小斑点。体长可达 112cm。从外形看鳙鱼和鲢鱼相似，但头部较宽大，体色较黑并带黑色花斑，腹部半棱。

3. 生态特征

栖息于水体中上层，性情温驯，行动迟缓，耐低氧能力强，最适生长水温为 25～32℃，

图 12-9　鳙鱼

图 12-10　鲫鱼

喜微碱性水质，能在浮游生物丰富的肥水中生活，主要吃轮虫、枝角类、桡足类（如剑水蚤）等浮游动物，也吃部分浮游植物（如硅藻和蓝藻类），兼食其他有机碎屑等。人工饲养条件下以配合饲料为主。催产季节多在 5 月初至 6 月中旬，成熟个体也较小，一般 3kg 以上的雌鱼便可达到成熟。5kg 左右的雌鱼相对怀卵量约 4 万～5 万粒/kg 体重，产卵期与草鱼相近。绝对怀卵量 20 万～25 万粒。卵漂浮性。在天然河流和湖泊等水体中，通常可见到 10kg 以上的个体，最大者可达 50kg。池塘养殖在饲料充足的条件下，1 龄鱼可重达 0.8～1kg。初成熟个体体重大；部分地区需 10kg 以上，但在广西、广东地区，通常不足 10kg 也可产卵。

十、鲫鱼

1. 生物学分类与分布

鲫鱼（*Carassius auratus*）（图 12-10），简称鲫，俗名鲫瓜子、月鲫仔、土鲫、细头、鲋鱼、寒鲋、喜头等。是我国常见淡水鱼，为鲤形目、鲤科、鲫属的一种。全国各地水域常年均有生产，为我国重要食用鱼类之一。

2. 外貌特征

一般体长 15～20cm。体侧扁而高，体较厚，腹部圆。头短小，吻钝，无须。鳞片大。侧线微弯，尾鳍深叉形。通常体背面灰黑色，腹面银灰色。因生长水域不同，体色深浅有差异。

3. 生态特征

鲫鱼肉质细嫩，肉味甜美，营养价值很高，以 2 月份至 4 月份和 8 月份至 12 月份的鲫鱼最肥美。鲫鱼经过人工养殖和选育，可以产生许多新品种，名优鲫鱼有澎泽鲫、高背鲫、芙蓉鲤鲫、方正银鲫、湘云鲫和中科三号等品种。这些品种具有食性广、适应性强、成活率高、适宜饲养、生长速度快和饲养周期短等优点，是目前池塘主养的首选品种。自然界中鲫鱼生活于水深 0～20m，为初级淡水鱼，栖息于河川中下游水草较多之浅水域、溪流或静水水体。对环境适应力强，能忍受含氧量不高的污浊水，生性敏感且警觉性高。属杂食性，主要以藻类及小型底栖甲壳类为食。产黏性卵黏附于水草上，产卵期为 3 月份至 9 月份。

第二节　鱼类养殖环境要求

一、鲈鱼

鲈鱼养殖分为海水养殖和淡水养殖两种方式，海水养殖主要为网箱养殖，淡水养殖主要为池塘养殖。其海水养殖海域条件要求透风，海域风浪小，低潮时保持水深 5m 以上，水流畅通，以 0.3m/s 为宜，底质无障碍物，远离工业、农业、生活污水排放口，水质清新无污染，盐度变幅小，水质符合《海水养殖水质标准》和《无公害水产品产地环境评价要求》。

淡水池塘养殖对水质要求较高，通常要求 pH 值为 7.5～8.5，溶解氧含量在 5mg/L 以上、氨态氮含量低于 70mg/L。一般采取换水、增氧与药品消毒等方法调控水质。

二、石斑鱼类

目前，石斑鱼传统养殖模式有海水网箱养殖和池塘养殖，随着养殖技术发展，逐渐出现循环水养殖模式等。海水网箱养殖海区最好选择避风环境好的港湾，水流通畅，流速以15～35cm/s 为宜，选择未污染或污染较轻、自净能力较强海区，养殖水质条件良好，应符合《渔业水质标准》（GB 11607）的规定，盐度 25‰～35‰，日变幅小于 5‰，受雨季淡水影响较小，暴雨季节盐度不低于 16‰，pH 值 7～9，溶解氧在 5mg/L 以上，水温适宜（石斑鱼正常生长的水温 16～28℃），交通便利，便于苗种、饵料及产品的运输。养殖区水位在大潮线下水深 5m 以上，使网底不与海底相触，底质最好为砂质底，滩底平坦无石。网箱区的水深，要求在退大潮时比网底还高 2m 左右，使残饵、排泄物所污染的底质不因为发生低氧层而影响网箱内的正常水质。池塘养殖可利用对虾高位池或在中、上潮带建造土池，面积为 2～3 亩，水深 1.5～1.8m，底质以沙质、沙泥质为好，海水水源无污染，透明度高，进排水方便。

三、美国红鱼

美国红鱼为近海广温、广盐性鱼类。繁殖季节栖息在浅海水域。生存水温为 22～23℃，生活适宜水温为 10～30℃，最适宜生长水温为 20～30℃，繁殖最佳水温为 25℃左右，仔、稚鱼发育生长适温为 22～30℃。

网箱养殖海区的选择，既要考虑最大限度满足美国红鱼对环境条件的要求，又要考虑符合网箱养殖方式的特殊要求，应选择背风向阳、潮流畅通、风浪较小的沿海内湾海区。海区要有一定深度，最好 7～10m，最低潮时不小于 5m，保证最低潮时箱底距海底 15m 以上。底质最好为泥沙或沙泥底，水质清、无污染。苗种、饲料来源、交通均较便利。海区流速在 1m/s 以内，避免徊旋流海区。

池塘养殖条件要求水源充足，水质清新；池塘的土质以壤土、沙壤土为好，其次是黏土；精养高产池面积以 5～10 亩为宜，最大不应超 19.5 亩。粗放或半粗放式养殖池的面积不宜超过 4～6hm²。池塘的平均水深以 1.5～2.5m 为宜。池塘形状依地形而建，可掌握宁长勿方的原则，较理想的长宽比为 2∶1 或 3∶2，东西走向。壤土池堤坡度 1∶（2.5～3）。池底平坦并向排水口倾斜，比降为 0.5%～1.0%。

四、军曹鱼

军曹鱼属热带海水鱼类，不耐低温。为广盐性鱼类，作为食用鱼养殖，海水盐度保持在 10～35 为宜。产卵适宜温度为 24～29℃。军曹鱼商品鱼养殖通常采用近海浮动式网箱或深海抗风浪网箱养殖。近海浮动式网箱养殖海区应选择在有一定挡风屏障或风浪较小，水流畅通且缓和，流速小于 1m/s（一般为 0.5～0.7），水交换充分，不受内港与污染影响，水质清澈新鲜，水底平坦，水底倾斜度小，硬沙泥底质，水深 7～15m，中潮线水深 8～10m 的海区。水质要求：盐度 20～35、水温 15～32℃、pH 值 7～9，透明度 5～10m，溶解氧 5mg/L 以上。深水网箱虽然抗风浪能力比传统框架式网箱强，但强台风的破坏力难以预料，因此养殖场地应选在背风潮夹港湾水域，以具有遮挡物为宜，另外，要尽量避开海沟。深水网箱相对传统网箱而言要求水位较深，一般在 8m 以上，因此养殖海区平潮最低潮位水深应在 10m 以上；流速：应选流速较慢，受风潮面较小，抗风潮等自然灾害的能力较强的水域，一般大潮最大流速不得大于 1.1m/s，水流通畅，水体交换充分；水质要求较清澈，透明度在 30cm 以上，pH 值能保持在 8 左右，不受内港淡水或污染源的影响，养殖环境相对稳定；底质以泥或泥沙底质为宜。如果含沙量比较高的底质，要注意锚或桩打入后是否能有足够的"抓"力，再者锚泊范围之内不能有暗礁（石）及大型硬质沉降物，低质相对结实能便于网箱固定。

五、大黄鱼

大黄鱼为暖温性鱼类，对水温的适应范围为 10～32℃，大黄鱼养殖最适生长温度为 18～25℃，水温范围在 19.5～22.5℃ 为大黄鱼生殖盛期。大黄鱼的生存盐度范围为 24.8～34.5，其适盐性在 30.5～32.5 之间。随着大黄鱼养殖业的不断发展，大黄鱼的养殖有海水网箱养殖、池塘养殖等多种方式，养殖环境也略有不同。

海水网箱养殖要受到海区水的流速、透明度、深度、底质状况以及台风、雨季等诸因素的影响。海水网箱设置在海区港湾内，海水流速一般在 1m/s 以内，潮流要畅通，水流为往复流。网箱内的水流速在 0.2m/s 以内。海区水深一般在 7m 以上，以保证在海水最低潮时，网箱箱底距离海底不小于 2m。养殖水环境的透明度一般在 0.2～3.0m，最好在 1.0m 左右。养殖的大黄鱼同样厌强光，怕打击声的刺激，易受惊扰。养殖海区应选择风浪较小、潮流畅通、地势平坦、水质无污染的内湾或岛礁环抱、避风较好的浅海。此外，还得考虑苗种、饵料来源广、交通方便、社会治安好等条件。

池塘养殖一般选择潮流畅通、潮汐差大、水源充足、水质好的地方。池塘水深在 3.0m 以上。底质以沙泥底或泥沙底为宜。水体透明度 0.4～0.5m，若透明度低，水中的浮游生物多，夜间将消耗太多的氧气，会造成养殖鱼缺氧产生"浮头"现象，甚至窒息死亡。

养殖大黄鱼在水温降到 14℃ 以下将减少摄食，鱼体生长缓慢，甚至停止生长。水温在 15℃ 以上开始摄食，18℃ 以上摄食旺盛，鱼体生长最快，而在 30℃ 以上摄食又明显减少。

养殖水环境 pH 值的变化也会影响到养殖鱼的生理代谢。水质变坏将导致 pH 值偏酸（pH 值 6.5 以下），即使水中溶氧量高，养殖鱼也会"浮头"，最后窒息死亡。成鱼的溶氧临界值为 3mg/L，幼鱼的溶氧临界值为 2mg/L。

海水盐度的变化会影响大黄鱼受精卵的发育及孵化。试验表明，较低的盐度（20.2 以下）会影响到浮性卵在水层中的垂直分布，盐度在 16.3 以下或 32.5 以上时，不宜胚胎发育。

六、青鱼

青鱼繁殖季节要求水温 18～28℃。青鱼的养殖方式主要有水库网箱养殖和池塘养殖等。水库网箱养殖应选择交通方便、水面宽阔的地方进行，不仅进出方便、养殖环境好，而且在一定程度上降低了养殖成本。水库上游及库区周边必须无工业污染源，水质指标应符合 GB 3838—2002《地表水环境质量标准》Ⅲ类及 GB 11607—1989《渔业水质标准》的规定。养殖池塘应靠近水源、水量充足、水质清新、无污染源、电力配套、能排能灌、交通便利。面积以 5～10 亩为宜，呈长方形，东西走向，通风向阳，池底平坦，壤土底质，水深保持在 1.5～2.5m。塘口必须配备增氧、投饵和抽水等机械设备。

七、草鱼

草鱼的养殖方式主要有网箱养殖和池塘养殖。

养殖水域的总体要求是水源充足，避风向阳，交通便利，排灌体系完备，水流中应富有生物或水生昆虫等。底质土壤中的金属、农药残留量应符合我国《土地环境质量标准》的规定。池塘以面积5～10亩，水深2～3m为好；水库或山塘要求水位稳定，避风向阳，周边无污染源，运用网箱养殖的水面要宽阔，而且水深一般不能低于3m。水源要求清洁无污染，水质感官标准、卫生指标符合我国《无公害食品淡水养殖用水水质标准》，pH值为7～8.5，即表现中性或略偏碱性。池塘或山塘每5亩配备3kW增氧机1台，每口池塘配备自动投饵机1台。最好能套种优质青饲料等配置种草地。通过选择适合草鱼生长的环境，来保证草鱼的高产，以提高养殖的经济效益。

八、鲢、鳙鱼

鲢、鳙鱼池塘养殖要求交通、供电方便，有独立的进排水系统，水源充足，水质良好。池塘面积10亩左右比较合适，保水性好，池底淤泥不超过30cm。池塘应东西长、南北宽，周围不应有高大的树木和房屋，以免阻挡阳光和气流。

湖泊、水库网箱养殖要求水域应风平浪静，背风向阳，水质无污染较肥沃，常年水深不低于4m，水面开阔，浮游生物丰富，有一定水流但流速不太大，因水的流速过大时鱼会顶流游动，消耗能量，不利于生长。湖泊、水库的网箱面积与水域之比不应过大，一般在饵料生物丰富的较肥水域，网箱面积可占总水面的1.5%～2%，水质较瘦的则只能占1%。

九、鲫鱼

鲫鱼养殖池塘以0.2～1.3hm²、池深2～3m、水深1.5～2.5m、背风向阳、不渗漏、注排水方便和池底平坦为宜。要求池底较硬，淤泥厚度不超过10cm，以利鲫鱼的捕捞。进排水口要用钢丝网或拦鱼栅封牢，以防鲫鱼逃逸。鱼种入池前15d左右，每亩用100kg生石灰清塘。池塘应配备投饵机、增氧机、抽水泵和大拖网。保持池水透明度25～30cm，pH值7.5～8.3。在水源缺乏的地方，可以通过泼洒微生态制剂控制水面的藻类，达到一池水养一池鱼的高水平。

第三节　鱼类养殖方法

一、鲈鱼

（一）海水网箱养殖

1. 网箱设置

网衣采用无结节网片，防止网衣变形或起捕时刮伤鱼体。根据养殖鱼体的大小选择合适的网衣网目，在网箱上面覆盖"防盗网"。将网箱按双排排列，采用聚乙烯浮桶作浮子，在鱼排的外周和内侧对角线处设置"防风绳"。

2. 苗种放养

选择健壮活泼、游动正常、体表完整、体色鲜明、体形肥满、规格整齐的鲈鱼苗种。体长一般在3cm以上。

运输前还应做好鱼种检疫、消毒工作，运输前苗种应停食1～2d，拉网密集锻炼1～2次，以增加鱼种的体质，减少运输过程中产生的应激反应。根据鱼苗大小进行分苗，以便同样大小的个体在同一网箱内养殖。选择晴朗、凉爽的天气运输，操作细致，密切注意鱼种活动状态及水温变化。长距离、大批量的苗种利用活水舱充氧运输。中短距离运输利用敞口容器充氧运输或聚乙烯袋充氧运输。放养密度根据鱼体大小及时调整，适时进行分箱。

3. 饲养管理

鲈鱼为凶猛肉食性鱼类，天然以小鱼虾为食，人工养殖以高档膨化料为主食，少量用鱼仔。

鲈鱼经过一段时间的养殖，个体大小会出现差异。此外随着个体的增长，密度增大，网箱内鱼体总量已达到或者超过网箱的单位水体容量，因此必须定期将鲈鱼根据规格大小、体质强弱进行分级疏养，以免出现两极分化、弱肉强食的现象。分箱时尽量做到鱼不离水，放置时间不宜过长，密度不宜过高，谨防鱼群缺氧。

设置在海水中的网箱，容易附着藻类、原生动物、贝类等海洋生物，全年都有生物污损，最严重的季节是 3 月至 6 月。为了减少附着生物，应及时清洗和更换网衣，网衣换洗应该与分级疏养相结合，换洗网衣时间长短应以附着物的数量而定。

鱼种放养后，在整个养殖周期内需经常查看鱼类生长摄食和网箱安全情况。

4. 收获和运输

网箱起捕方法简单，起捕率可达到 100%，把网箱底框四角绳索吊在浮子框的四角上，把网箱底框拖上鱼排边框，解开绑绳，可以捕捞，或把鱼群驱集于网箱一角，用小抄网捞取。

(二) 淡水池塘养殖

1. 池塘条件与准备工作

池塘面积以 $3300\sim6600m^2$ 为宜，水深 2m 以上，水源充足、水质无污染，有较好的进排水设施、交通方便。放养前需干池清淤、平整护坡，每公顷用生石灰 $750\sim1050kg$，保持池水 $10\sim20cm$，浸浆泼洒。7d 后加水至 1m 深，为使水质保持良好状态，可一次施用二铵 $75kg/hm^2$，两天后池水变为油绿色即可放养。

2. 鱼种暂养与放养

鲈鱼苗种目前多为海捕，春季海捕苗种约为 $2.5\sim4cm$，经捕捞转运操作鱼体会有不同程度受伤，为提高养殖成活率，可先进行中间暂养。从海区捕捞的鲈苗，要经过淡化至盐度 $4‰\sim7‰$ 后投入暂养池，放养品种以北方海区天然鲈苗最佳，由于理化因子不同，苗种生长快，个体大，可缩短养殖周期，增加经济效益。

暂养方式以养殖池中架设 40 目网箱比较方便。每立方米水体暂养苗种 $2000\sim3000$ 尾，用 $1\times10^{-6}\sim2\times10^{-6}$ 氯霉素泼洒消毒，待摄食鱼糜后加入呋喃唑酮。前 10d 投喂卤虫幼体或海淡水枝角类，桡足类，而后投喂新鲜鱼糜。鱼种培养至 10cm 左右，按 1.5 尾/m^2 投入养成池中。

3. 养成管理

（1）投喂

饵料以低殖杂鱼为主，辅以人工配料。鲈鱼抢食快，含量大，定时定量投喂很重要。投喂时要掌握鱼吃饱，又不浪费饵料。每次投喂先少投引鱼上浮抢食时再加大投喂量，待鱼下沉不抢食时中止投喂，日投饵次数和投饵量视季节而异。鲈鱼快速生长的适温季节，日投饵 $4\sim5$ 次，投饵量为鱼体重的 $10\%\sim30\%$，低温的早春、晚秋，日投饵 $2\sim3$ 次，占鱼体重的 $1\%\sim10\%$。

（2）巡塘检查

早晚巡塘观察，发现异常及时处理。

二、石斑鱼类

(一) 海水网箱养殖

1. 网箱结构与设置

网箱主要包括：箱体、框架、浮体、沉子、网衣和固定装置。网箱为浮动式网箱。网衣用聚乙烯线编结，无节光滑，不伤鱼体；网目的大小规格，根据鱼体的大小来确定，一般为1.0～6.0cm的各种规格；网箱的形状较多采用正方形、长方形的网箱，具有大小不同规格；框架与浮子也合称浮架，框架用木材、毛竹、钢管、塑料等材料做成；浮体采用水泥浮体（根据水泥砂浆比例、钢筋规格、浮体厚度等相应技术参数制作而成），代替了传统网箱采用泡沫塑料、铁桶、木板等作浮子及框架固定网箱，具有使用年限长、牢固、不污染环境等特点。网箱4个底角外边挂3～5kg石块或沙袋作沉子，使网箱在水中充分展开。网箱据海水流向及风浪大小进行排列，最好呈"品"字。

2. 苗种的选择与放养

（1）鱼苗的选择

应选择体表完整、体色鲜艳、无外伤、摄食情况良好的鱼苗，鱼苗的胸鳍及背鳍完全张开，健康有活力。

（2）鱼苗的放养

鱼苗放养前，应先进行鱼体消毒，并用2％的食盐水将网箱浸泡15～20min。放入网箱的石斑鱼种须是体格健壮、规格均匀的优良鱼种，一般体长12～15cm的鱼按40～45尾/m³放养。同时在放养石斑鱼种的同时，可适量混养黑鲷等鲷科鱼类和鲻鱼等，以带动石斑鱼摄饵，同时可借以清理网底饵料，保持网目畅通。

（3）养殖密度

石斑鱼在养殖期间，可进行分级饲养管理，所以鱼苗的放养密度可提高。一般放养体长2～3cm的幼苗，每个网箱（3m×3m×3m）可放2000～3000尾。经1～2个月的精养后，挑选出健壮、生长快、摄食旺盛的鱼苗进行养殖，每个网箱可放1000～1500尾。以后随着鱼体的长大，再进行分箱，其密度保持在每个网箱300kg以下为宜。

3. 饵料与投喂

（1）投喂鲜杂鱼饵料

石斑鱼是肉食性鱼类，一般以小杂鱼为主要饵料，但一定要保证小杂鱼的质量和鲜度。在幼鱼阶段，需用绞肉机将小杂鱼虾碾成鱼虾浆后，才能投喂。以后随着鱼体的增大，可切成小块或大块投喂。当鱼体长大后，个体小的杂鱼和杂虾可直接投喂。饲养过程中，随鱼类不同生长阶段、体重、水温、季节和天气变化等适当调整日投饵率，并决定日投饵次数和投饵时间。4月份至11月份气温和水温较高，是鱼类的主要生长期，也是摄食最旺盛的季节，此时的投饵量约为鱼体重的6％～7％。而在12月至翌年3月，气温和水温都较低，鱼类摄食量少，有时甚至不摄食，这时要减少投饵量，以免浪费饵料和污染水质。一般石斑鱼每增重1kg，约需消耗饵料（小杂鱼虾）7kg。

（2）鲜杂鱼与配合饵料混合投喂

采用饵料系数低的优质配合饵料，与小杂鱼一块混合投喂，可减轻对水质的污染，并可提高鱼体的抗病性能。

（3）投喂时间

据研究，石斑鱼的生长与投饵频率有关，石斑鱼食饵的排空时间大约为36h，间隔48h投喂可大大提高摄入量与饵料的利用率。因此，一般是每两天投饵一次，夏季投饵时间一般安排在早晨6：00—7：00或下午17：00—18：00；春季及冬季在中午投饵。

（4）投饵方法

每次投饵应分批缓缓遍撒，等抢食完前批饵料后再投下一批，直至喂饱抢食停止；在平时的投饵中，应注意计算投饵量和观察石斑鱼摄食情况，以免造成饵料浪费和残饵污染水质。

4.网箱饲养日常管理

（1）筛选分养

不论鱼苗或成鱼的养殖，必须定期进行筛选分箱，以保持同一网箱内石斑鱼规格一致，避免出现互相残杀的现象。

（2）定期消毒管理

放养之前必须让网衣曝晒，鱼苗必须消毒，高温期每半个月每千克鱼体重定期添加0.47g大蒜素或0.5g大蒜头，连续6次，同时加入适量食盐。

（3）清除附着物

在养殖过程中，必须定期清除网箱及浮子的附着物，以保持网箱内外的水流畅通。可采用污损生物预防剂、机械清洗和化学处理等方法。

（4）更换网箱

随着石斑鱼的生长，需要换几次不同网目规格的网箱。更换原则是网眼不断加大，不逃鱼而又能保证水流畅通。换下的网洗净后晒2~3d，用木棒拍打网衣，除去附着物，检修后放入由硫酸铜3~4kg、甲酸10~15L、加淡水400L配制的溶液中浸泡2~3d，再用淡水洗净后备用。另外，网衣使用前，用硫酸铜或沥青处理，可减少藻类等附着物生长，减少管理上的麻烦。

（5）安全检查

检查分为定期和不定期检查，定期检查每周至少1次。主要是检查网箱有无漏洞或破损，台风来临前，检查框架是否牢固，加固铁锚和缆绳，发现问题及时解决。

（二）池塘养殖

1.池塘浮排、鱼排搭建

建设方式可参考一般的海水鱼排框架建设。但由于池塘受台风等的影响较小，故池塘浮排、鱼排的材料选择一般的材料即可，如竹子、杉木等，以降低建设成本。每亩池塘建造网箱（3m×3m）15格，网箱底部与池底部相隔20cm以上。

2.苗种放养

（1）肥水培藻

使用发酵的有机肥或培藻素作为基肥，及定期使用益生菌，将水体透明度控制在30~40cm。

（2）放养密度及充氧

3~3.5cm的石斑鱼每平方米水体放养130~150尾，随着养殖时间的推移，培育的大规格鱼种（10~15cm）的放养密度为60~70尾/m²。每格网箱放4~6个气石充氧。

（3）适时分筛

一般规格3~4cm的石斑鱼，养殖4~7d后，需分筛；5~6cm的石斑鱼，养殖7~10天后，需分筛。

（4）苗种前期培育

苗种培育前期以投喂新鲜的海水小杂鱼浆为主，投喂时为避免过多的小杂鱼浆扩散到池塘水体，污染水质，在鱼浆中添加幼鳗饲料及定期添加海水鱼多维，起到增加营养及黏合的作用。鱼浆与幼鳗饲料的配比为10：（1~1.5）。日投饵量为鱼苗体重的8%~12%，具体投喂量根据水质、气候、摄食等情况而定。苗种在5cm前，以"少量多餐"方式投喂，每天投喂次数6次，即7：00、9：00、11：00、14：00、16：00、18：00。高温季节，在浮排鱼排网箱上搭建遮阳网，以降低阳光直射对鱼苗的影响。

（5）苗种后期培育

石斑鱼苗生长至 8cm 以上，进入苗种后期培育阶段，可投喂软颗粒饲料或石斑鱼专用商品饲料。饲料改变时需注意逐步更替，一般需要 7d 时间。日投饵量为苗种体重的 5％～8％，具体投喂量根据水质、气候、摄食等情况而定。苗种每天投喂次数 3 次，即 8：00、11：00、17：00。苗种培育至 12cm 以上进入大塘养殖。

3. 商品鱼养殖

（1）放养密度与混养

由培育池起捕并经筛选、点数和鱼体消毒、体长为 12cm 以上的大规格鱼种，放养密度为 1000 尾/亩。为提高池塘的经济效益，可选择适当的混养品种。

（2）饲料投喂

饲料为自制的软颗粒饲料或商品石斑鱼专用饲料，通常日投喂量为鱼体总体重的 2％～5％，每天投喂二次，即 7：00、18：00。由于石斑鱼生性懒惰，仅在饲料台附近栖息，在大塘（8 亩以上）中养殖石斑鱼，要设定 3～4 个饲料台，以利于石斑鱼的摄食。

（3）水质调控

操作方法与培苗相同。但养殖的石斑鱼具有广盐性这一生物学特性，如有条件，将盐度逐渐降至 15，能促进其生长、发育。

三、美国红鱼

（一）海水网箱养殖

1. 网箱规格

目前养殖红鱼的网箱均为浮动式，南方多采用改进型组合式浮动网箱，常用的网箱规格有 3m×3m×3m，3m×6m×3m，3m×6m×4m，4m×6m×3m，5m×5m×3m 等。

网箱网目的大小可根据 2 倍鱼体高小于周长的原则，2 个单脚的网目长小于鱼体高为依据选择网目，最好以破一目而不逃鱼为度。并随鱼体的长大，网目作相应的调整，以保证良好的水交换能力。

2. 苗种的培育

（1）苗种的运输

挑选活力好，无伤病的健康苗种，采用双层塑料袋带水充氧运输或运箱连续充气增氧运输。进箱的苗种规格为 2.0～4.0cm，运输前苗种应停喂 1d，最好进行适应性锻炼，运输过程应保持水温在 18～21℃之间，天气炎热且运输时间长时，应采取合理的降温措施，提高运输成活率。

（2）苗种的放养

放养尽量选择在小潮、平潮时刻，低温季节晴天午后，高温季节阴凉的早晚进行，水温在 15℃以上，苗种运到后，切不可直接将其倒入网箱，应将苗袋静置于网箱内一会，然后开袋逐渐加入新水，操作须谨慎缓慢，待鱼苗适应新环境再移入网箱。采用运输箱运输的亦须苗种适应后再入网箱。必要时，在放养前可对苗种进行抗菌素或抗生素的药浴，放养密度为 500～800 尾/m³，网箱规格 3m×3m×3m，网目目长 0.5cm。

（3）饵料和投喂

红鱼是以肉食性为主的杂食性鱼类。饵料主要为鲜、冻杂鱼虾。将其搅成肉糜状，依"慢-快-慢"的节律，以撒投方式投喂。后期辅以一定量的人工配合饲料。定期拌入红霉素或环丙沙星（1～3g/kg 料）投喂，以增强抗病能力。日投饵量为鱼体重的 5％～8％，遵从少投多次的原则，分 3～5 次投喂。日投喂量需根据当天的天气、水温、水质及鱼群摄食等情况作相应的调整。

（4）换网和分箱

强化培育期网衣网眼较小，极易被海藻、海鞘等附着生物堵塞，影响水交换，故要定期更换网衣，视情况，一般每隔 10~15d 换网一次，换网前要仔细检查新网，确保其无破损。随着鱼苗的生长要更换相应网目的网衣。如有必要可分箱培育，降低鱼苗密度，保证鱼苗健康生长。操作需小心谨慎且避免过多，以免苗种的机械损伤，鱼种培育期最多分箱一次。

3. 成鱼的养成

（1）选别分箱

经 40~50d 的强化培育，美国红鱼体长达 14~16cm 即可选别分箱进入养成阶段。挑选活力好、无伤病、且规格相对一致的健康鱼苗，计数后分箱养成，放养密度为 60~100 尾/m^3。随着红鱼的生长，应不断选别分箱，同时降低养殖密度。每隔 2 个月选别一次，密度降至 20~30 尾/m^3。选别前一天投喂量要降低一半。

（2）饵料与投喂

开始混合投喂鲜、冻杂鱼虾和人工配合饲料，经 20~30d，逐步过渡到全部投喂人工配合饲料。鲜冻杂鱼虾搅碎后撒投；配合饲料则与水按 2:1 并添加 4% 鱼油经搅拌机充分搅拌后投入颗粒机压成颗粒撒投。投喂时遵循"慢-快-慢"的节律。投饵量根据鱼体活动情况、鱼体数量、大小、水温及季节等确定，一般以八分饱为度。前期（<0.4kg/尾）日投饵量为鱼体总重的 3%~5%，粒径 0.5cm，分早晚两次投喂；后期（>0.4kg/尾）日投饵量为鱼体总重的 1.5%~2%，粒径 1.0cm，每天投喂 1 次。每天投饵量都应依当天的天气、水温、鱼摄食情况等作相应调整。阴雨天、风浪大、水质恶化、透明度低、水温变化过大、换网、选别时均应降低投饵量，甚至停喂。

（二）池塘养殖

1. 放养准备

放干池水、曝晒、清淤、平整池底，加固堤坝、闸门后，用生石灰、漂白粉、茶粕等清池，待药物毒性消失后即可进水。进水时间应根据当地水质条件具体掌握，北方地区必须提前 15~20d 进水施肥。进水前，应在进水闸门安装网目 20~40 目、长 8~10m 的锥形滤水网袖，网袖底部留有直径 30cm 的袖口。前期进水保持水深 60~80cm。池塘进水后即可肥水，肥料施用量每亩一般为有机肥 200~300kg，化肥 3~4kg。

2. 鱼种放养

每年 3 月份至 5 月份，当池塘水温达到 15.0℃ 以上时，鱼种即可下塘养殖，放养鱼种的规格最好全长达到 10cm 以上。放养密度根据养鱼池的水深、换水能力、是否配备增氧设备、管理水平等条件而定，一般每亩放养 600~1200 尾。为便于前期饲养管理，提高饲料效率，驯化鱼苗定点、定时摄食的习性，刚运回的鱼苗，需放于网箱或以网衣围起来的小面积养殖水域中暂养。网箱应设置于靠近进水闸门的深水区域。当鱼苗全长达到 100cm 后，再放养于养殖池中。

3. 饲养管理

饲料投喂要坚持定质、定位、定时、定量的"四定"原则。坚持早晚各巡池 1 次。在高温季节，或者天气闷热、无风、阴雨天气，都要特别注意水质的变化。根据观察水色、透明度是否正常，鱼的活力、摄食情况，以及是否有"浮头"迹象等，判断水质变化情况，配备对水的溶解氧、酸碱度、氨氮、硫化氢等常规性水质理化指标的化验设备。通过灌注新水和使用增氧机增氧来改善水质。养殖密度为每公顷 500 尾时，日平均水体交换率应在 10%~

15%；而放养密度为每公顷 1000～1500 尾时，日水体交换率应达到 20%～30%。

四、军曹鱼

（一）近海浮动式网箱养殖

1. 网箱结构

养殖军曹鱼的近海浮动式网箱渔排结构与一般浮动式网箱相同，由浮架、箱体及固定装置组成，湛江地区的浮架系统由进口硬质木材（方木）和塑料浮子（直径 50～60cm，长为 90～110cm）或泡沫浮子（直径 50cm，长为 80～100cm）加工而成，通过渔用尼龙胶丝（约 200 磅）固定于方木浮架下面，组成浮架系统（鱼排），然后将装配成型的浮架用木桩或锚固定于选择好的海区。鱼排可做成 9 箱、16 箱、25 箱或多箱等规格，网箱规格多为 2.5m×2.5m×2.5m，4m×4m×3m、3m×3m×3m 和 5m×5m×3m，上部固定于浮架上，底部用

图 12-11　近海网箱养鱼

沉子固定使网箱成型，沉子有多种多样，但目前最为实用的是用装配合饲料的编织袋装砂做成砂袋作沉子，它的优点是沉子表面光滑且较耐用，不擦、刮网衣，原材料来源广，可废物利用，可根据袋子的老化破损程度随时更换。网箱箱面高出水面 0.5m 并加盖网，网衣习惯上皆选用日本进口无结节纤维网片。但由于军曹鱼个体大、生长迅速，近海浮动式网箱需要改造后才适合于军曹鱼的生长，习惯上将的网箱改造成 3m×6m×3m、4m×8m×3m 或 5m×10m×3m 后进行成鱼养殖。近海网箱养鱼如图 12-11 所示。

2. 幼鱼培育

（1）选苗与投苗

选择游泳能力强、体表干净、体色正常、鳞片整齐、体质健壮、规格一致的同一批种苗，全长为 8～10cm 以上。投苗入箱前先做好种苗消毒工作，在活水舱内根据舱的水体积计算用药量，一般可使用含氯消毒剂、高锰酸钾或淡水消毒等进行消毒，时间为 5min 左右，然后连桶带水将幼鱼移入幼鱼培育箱内。投苗时间选择在小潮汛平潮流缓时进行。在水温较低早春季节选择晴天且无风的上午 9:00—10:00 或下午 3:00—5:00 投苗，在水温较高季节宜选择阴凉的早晚投苗。

（2）放养密度

边长 2.5m 的小网箱可放养 500～600 尾/箱；边长 3m 的鱼苗网箱可放养 600～800 尾/箱。随着幼鱼的生长逐级分箱培育。

（3）饲料与投饵

幼鱼饲料可用海水鱼配全饲料 1 号料喂养；也可用鲜杂鱼或鲜杂鱼＋配合饲料粉料加以强化培育。军曹鱼抢食速度快，消化速度快，投喂以适量多次的原则投喂，一般每天投喂 4～5 次，投料前先用手打水引诱幼鱼上游集群，通过手控制投出的数量和颗粒的大小，先量少慢投，待鱼群集中于投饵点周围时快速投喂，投饵速度与鱼群摄食速度一致，边投边观察幼鱼摄食状况，同时照顾少数体质较弱的种苗，投饵量以吃饱为准，配合饲料的投饵量为体重的 6%～8%。

（4）管理操作

由于此阶段网箱网目较小，鱼活动能力相对较弱，南方地区水温较高，应每隔 7d 左右清洗或更换网衣一次，结合换网，必要时可用淡水浸浴鱼苗，或用 0.01％福尔马林浸泡消毒。

（5）筛选分箱

幼鱼培育过程中，由于军曹鱼摄食量大，生长迅速，单位箱体载鱼量增加，个体生长开始出现分化，大小差异分化明显，投饵不足时有相残现象，不利于生长和提高成活率，一般每 15d 左右逐渐进行筛选分箱饲养，以调整合理的养殖密度和重新布箱，使同箱幼鱼规格趋于一致，促进幼鱼生长。分箱操作以不碰伤鱼体，减少幼鱼应激反应为原则，时间宜选择在小潮汛的早晨或傍晚进行。

3. 成鱼饲养

（1）鱼种放养

幼鱼经过 1 个多月的饲养，每尾可以增重 100～200g，这时可以转入较大网目的网箱进行饲养，在饲养过程中，结合鱼生长情况及时进行筛选、分箱，一般每 20～30d 一次。

（2）日常管理

军曹鱼是肉食性鱼类，250g 以下可用配合饲料或鲜杂鱼投喂，而 250g 以上目前主要用青鳞鱼、玉筋鱼和蓝圆鲹等鲜杂鱼投喂，必要时可加入相应的添加剂，成鱼的投喂量鲜杂鱼为鱼体重的 8％～10％，每天投喂 1～2 次，投喂量以饱食为准，每次投喂时应观察军曹鱼的摄食情况、活动状况和鱼体体色，若有异常，应及时找出原因并尽快解决。定期测量体长、体重等生长指标，做好水温、气温、盐度、投饵量、生长情况、病鱼发病时间、症状、用药情况等日志。普通网衣根据网衣附着物的着生和附着情况，定期更换网衣，更换时间间隔视网目大小、水温、海区水质状况、养殖密度、鱼体大小和健康状况而定，一般每 15～20d 更换网衣一次，冬季每月更换一次以保持网箱内外水流畅通，网目小、水温高时换网次数可增加。更换下的网衣可用高压水枪冲洗或经日晒后用木棍敲打干净后备用。在日常操作管理过程中，必须经常检查网衣有否破损、是否绑牢、盖网是否盖好等，台风前后尤其需要注意，常有网破鱼逃的事件发生。

（二）深海抗风浪网箱养殖

1. 网箱结构

制作深水网箱的网片材料必须具有高强度、耐腐蚀等性能，如聚乙烯、绵纶丝等，不能使用价廉的再生品；网目一般 3～5cm，无结；经济条件许可，网片最好经防污涂料处理。深水网箱箱体较大，家庭式制作难度较大，应该请有设备、有经验、具备资质的网厂制作；网箱箱体除周边配有网纲外，中间要有一定的加强筋。网纲、加强筋与网片相缝及连接处，要先有细绳穿进网目固定，再与网纲或加强筋固定，不得打滑。垂直方向的网纲、加强筋与上、下网纲连接处及网箱上、下边角处都要有加强（或双层）网片。深水网箱的安放应使

图 12-12　深海抗风浪网箱养殖

网箱底部距离海底以最低潮位计以 3m 左右为宜。深海抗风浪网箱养殖如图 12-12 所示。

2. 饲料投喂

军曹鱼优良的生长性状和高养殖经济效益，促使人们对它的研究逐步深入，现已研制出

军曹鱼的人工配合饵料，但目前对军曹鱼的养殖主要还是以冰鲜小杂鱼为主。为了减少对养殖海区的污染，增加饲料利用率，提高军曹鱼的生长速度，建议使用全价配合饲料。由于军曹鱼放养时鱼苗规格已较大，所以饲料日投喂 1～2 次即可，投喂时间在白天的平潮时，若赶不上平潮时，则应在海流的上方投喂。在生长旺季 3 月至 10 月可采用每天投喂 2 次，上午 8:00—9:00、下午 5:00—6:00 各投 1 次，小杂鱼日投饲量为体重的 6%～8%，全价配合饲料的日投饲量为 4%。在水温较低的季节 11 月至次年 2 月，鱼类摄食减少，可在中午 11:00—12:00 时投喂 1 次，投量可根据摄食情况而定。一般在鱼苗投放后第 2d 起开始投喂饵料。投喂量以基本不来摄食为度。投喂方法应掌握"慢-快-慢"的原则，即开始投喂时，应少量慢放，以诱鱼类上来摄食，待鱼群纷纷上来抢食时，则应多量快投；当部分鱼类吃饱散开时，又应该少量慢投，以让小弱鱼类也能吃饱；饲料的投喂应坚持科学的原则，做到定时、定点、定质、定量。

3. 日常管理

养殖管理对于深水网箱养殖这种集约化养殖方式来说尤为重要。为防止逃鱼，要经常对网箱进行检查。在台风过后，检查网箱有无破损，有无逃鱼现象发生。每天对水温、盐度、鱼摄食情况，死鱼情况，天气、潮流变化情况，鱼病情况等作详细的记录。深水网箱养殖军曹鱼因放养苗种较大，养殖过程中很少发病，发病也主要是机械损伤引起的鱼体表感染，一般的给药方式难以奏效。因此平时要做好预防工作，投喂时注意不能使其过于拥挤，以免相互擦伤体表引起感染。另需注意防止网衣和围网因受潮流漂移而对鱼体造成的机械损伤。

4. 放养与收获

深水网箱养殖军曹鱼，因养殖水环境好、病害少，比传统小网箱更接近野生状态，养殖出的商品鱼成色好，市场价格也高。除此之外影响商品鱼价格的主要因素还有上市季节和上市规格，上市季节和上市规格与放养收获时间有关。军曹鱼上市时间一般在 11 月前后，为避免与其他鱼大量集中上市而致低价位，适时放养与收获很重要。市场上一般 8kg/尾以上的价格相对较高，当然规格大养殖周期就长，养殖成本就会相对增大。也可放早苗或越冬苗、放大规格苗，利用深水网箱养殖生长快的特点，提前上市。

五、大黄鱼

(一) 网箱养殖

大黄鱼养成阶段的网箱深度一般在 3.5～4m 间，网眼大小在 20～50mm 间。为避免鱼体擦伤，网衣材料选择质地较软的无结节网片为好。

1. 鱼种的选择

放养的鱼种应选择体型匀称、体质健壮、体表鳞片完整、无病无伤。同一网箱中放养的鱼种规格，要求整齐一致。计划当年达到 400g 以上商品规格的，放养的鱼种规格要在 100g 左右。

2. 饲料与投喂

大黄鱼养成阶段的饲料一般以冰冻鲐鲹鱼为主，或辅以粉状配合饲料，经加工后投喂。一是用刀切成适口的鱼肉块。该方法加工方便，在水中不易溃散，缺点是不便于添加添加剂，营养较单一。二是把冰冻鱼绞成肉糜，并拌成黏性强的团状饲料，用手挤压成大小不同的块状物而投入网箱中。该方法可以混入部分粉状配合饲料，或其他鱼、贝肉等饲料，也便于添加维生素等药物，营养全面。大黄鱼养成期间一般每天早、晚各投喂一次，当天的投喂量主要根据前一天的摄食情况，以及当天的天气、水色、潮流变化，养殖鱼有无移箱等情况来决定。养成阶段生长最快的是在高温期间，这时也是网箱上最容易附生动植物的季节。要经常换洗网箱，一般每隔 30d 左右换洗一次，并进行抗菌素等淡水溶液的浸泡消毒，为保持商品鱼的金黄天然体色，在养成后期，网箱上最好加盖遮阴物。

（二）池塘养殖

池塘比海区网箱更接近于大黄鱼的自然环境条件。为此，池塘养殖的大黄鱼具有生长快，体色好，肉质嫩、饲料系数低等优点。

1. 池塘的选择

养殖大黄鱼的池塘，要求平均水深在 3m 以上，换水条件要好，每潮汛的 15d 里，要求有 12d 以上均可换水的，池塘大小以 15 亩左右为宜。池塘在放养鱼种前要进行严格的清塘与消毒。为预防池塘渗漏而引起水位下降，或小潮汛期间无法换水而引起水质恶化，要配备相应大小功率的抽水设备。

2. 鱼种的规格

为避免养殖周期过长而造成池塘底质恶化，投放的鱼种应以 100g 左右的大规格为好，且要求规格整齐，以便当年全部达到商品规格，当年上市。大黄鱼池塘养成的放养密度与鱼种的规格、池塘的深浅及换水条件有关。换水条件好的，深 3m 左右的池塘，每亩平均可放 100g 左右的鱼种 450 尾；50g 左右的鱼种 600 尾，密度太大，会影响生长，太小了会影响鱼的摄食，为清理下沉池底的残饵与带动大黄鱼抢食，可混养少量如真鲷等底层鱼类或少量虾、蟹等。

3. 池塘养成的饲料与投喂

为防止饲料的溃散而影响水质与底质，冷冻鱼饲料解冻、洗净、沥干后，以切成肉块投喂为好。若绞成肉糜，要用粉状配合饲料调成黏性强、含水分较少的团状饲料再投喂。严禁投喂变质的小杂鱼虾。池塘大黄鱼投喂应固定地点，并且最好固定在靠排水口的地方，以便把残饵排出池外。投喂的速度要慢一些，时间要长一些。若未见鱼群上浮抢食，或听不到水中摄食时发出的叫声，就不宜再投。

4. 池塘养成日常管理

每天都要换水，水质好时每天一次，反之，两次。高温季节，晚上换水最好。换水量依水质情况而定。大暴雨后应把表层淡水先排出，待海区潮位较低时再进水。定期（每 10d 左右）泼洒石灰水，以改善水质。要坚持每天的早、中、晚巡塘，尤其是在高温季节又逢小潮水换水困难时，要特别注意做好晚上与凌晨的巡塘工作。认真观察鱼的活动情况，发现问题要及时采取措施。

六、青鱼

（一）水库网箱养殖

1. 网箱设置

试验网箱采用聚乙烯有节网片制成规格 5m×8m×3m 的六面体封闭式网箱，网目大小根据鱼种规格的大小而定。用钢管扣扣住 40mm 镀锌钢管制成框架，用泡沫塑料桶作浮力，按常规浮式网箱安装固定，网箱露出水面 40cm。为了方便管理和投喂饲料，网箱串联成"一"字形。鱼种放养前 15d 将网箱安放到养殖水体中，使藻类附着于网衣，防止鱼体与网箱摩擦受伤感染疾病。

2. 鱼种投放

青鱼种要求平均规格为 0.1kg/尾，体质健壮、规格整齐、鳞鳍完整、无伤无病害，每口网箱投放 900 尾，鱼种进网箱前用聚维酮碘进行消毒，同时每口网箱内投放鲮鱼 10 尾，目的是清除附着在网衣上的藻类。合理搭配鲮鱼，其不仅起到清除网衣上附着的藻类、减少清洗网衣的作用，同时还可以增加经济效益。同时应注意投放的青鱼种规格要大、整齐。青鱼、鲮鱼平均规格均为 0.1kg/尾。

3. 饲料投喂

鱼种进箱后，尚未适应新的环境，食欲较差，应等到第 2d 后才开始对其驯化投喂。饲料采用全价鱼饲料，前期用蛋白质 36% 的小鱼料，后期用蛋白质 33% 的成鱼料；按鱼体重的 5%～8% 进行少量多次地驯化投喂，驯化 7～10d 即可正常采食，步入正常的人工喂养阶段后，苗种阶段按鱼体重的 5%～8% 投喂，成鱼阶段按鱼体重的 3%～5% 投喂，水温低和阴雨天时，鱼的吃食量小，每天的投喂量要适当减少；反之，鱼的吃食量大，投喂量也相应多些，总之使鱼吃到 8 成饱即可。在投喂饲料的过程中，坚持"定时、定量、定质"的原则和"少、多、少、慢、快、慢"的"六字"方针，每天按早、中、晚 3 次进行投喂，并根据鱼的大小调整饲料的颗粒直径。

4. 日常管理

网箱养殖日常管理围绕防病、防逃、防敌害工作而进行，坚持每天早、中、晚巡箱检查，观察鱼情、水情及网箱是否破损，发现问题及时处理；及时捞除网箱区的杂物，保持网箱水体交换畅通；管理人员每天要记录好各项工作的内容；及时换大网目网箱，当网箱中的鱼类饲养到一定时间时要调换网目较大的网箱，从而减少网箱堵塞现象，增加养殖水体氧气和改善网箱内的水体环境。应注意起捕的青鱼最小个体应不低于 4kg/尾，如果上市规格过小，则价格偏低。

（二）池塘养殖

1. 清塘消毒

冬季干塘后清除池内杂草和池底淤泥（保留淤泥 10cm 厚），修复加固塘埂，以增强保水性。清整过的池塘暴晒 15～20d 后，按 100～150kg/亩的量用生石灰加水调配成溶液趁热全池泼洒，并随即用长柄泥耙翻动底泥，使石灰浆与塘泥充分混合，以氧化底层有机物和杀灭有害生物、各种病原菌。另外，用生石灰消毒还能增加水体中钙离子含量，为青鱼的生长提供所需的钙质。

2. 培肥水质

鱼种放养前 7～10d 投施基肥，将用畜禽粪（最好是鸡粪）、生石灰、磷肥混合堆沤发酵而成的有机粪肥施入池底，用量为 200～300kg/亩，然后将水位加深到 0.8～1.0m，培育基础饵料生物；3～4d 后追施 EM 菌、单胞藻激活素等，增强培水、净水效果，1 个星期后可见池塘水体中有大量的浮游生物（主要是水蚤类），此时可选择晴好天气放养鱼种。

3. 鱼种放养

投放的鱼种要求规格整齐、体质健壮、无病无伤。大规格成品青鱼深受市场欢迎。因此，应选择投放强化培育的 2 龄鱼种进行成鱼养殖，规格为 1kg/尾左右。青鱼种的放养密度应根据塘口条件、养殖水平、饲料供应和鱼种规格等情况灵活掌握。放养密度太低，鱼池利用率不高，养殖效益也上不来；放养密度太高，则会导致青鱼生长缓慢，易引发鱼病。为充分利用池塘水层空间，可搭配放养与青鱼在食性上无冲突的草鱼、鲢鱼、鳙鱼、鲫鱼等鱼种，以增加养殖产量，提高养殖效益。鱼种应于 2 月底至 3 月初放养结束。苗种放养前用3%～5% 食盐溶液浸洗 5～10min，以杀灭鱼种体表和鳃上的寄生虫、病原菌等。

4. 饵料投喂

通常选择投喂正规厂家生产的青鱼专用颗粒饲料（粒径为 4mm，长度为粒径的 1.5～2

倍，蛋白质含量应在 35％以上）。在离池中心 3～4m 处搭建饵料台，以便于青鱼集群上浮抢食，发挥投饵机定点、定时投喂的效果。一般每日投喂 3～4 次，日投饵率为池鱼体重的 3％～6％。整个投饵过程可分为 3 个阶段：第一阶段为 4 月份至 6 月份，每日投饵 4 次，日投饵率为 2％～4％；第二阶段为 7 月份至 9 月份，每日投饵 3 次，日投饵率为 3％～6％；第三阶段为 10 月份后，每日投饵 2 次，日投饵率为 2％。在投喂配合饲料的同时，可适当投喂部分青鱼喜食的螺蛳、河蚬、幼蚌、小虾、蚕蛹等动物性饵料，以加快青鱼的生长。具体投喂时间、投喂量视天气、水温、水质和鱼的摄食、活动情况灵活掌握。

七、草鱼

（一）网箱养殖

1. 网箱结构

在网箱的选择上，一般选用长方体或正方体的网箱来进行养殖，而长方体的网箱更方便养殖。网箱的结构一般由箱体、框架和浮力装置等构件组成，网片则一般选用聚乙烯网片。草鱼养殖的网箱大小分四种类型，小型网箱的面积一般在 15m² 左右，中型网箱在 30m² 左右，大型的网箱有 60～100m² 左右，规格更大网箱面积可以达到 500～600m² 左右。在通常情况下，大型网箱虽然成本更低，但是草鱼的产量并不佳，而小型网箱所耗费的网片比较多，因此造价比较高，所以在规模不大的草鱼养殖中，多采用中型网箱来养殖。此外，在养殖的过程中，要根据草鱼的生长情况来更换网目，保证草鱼的水体交换通畅。

2. 网箱运用措施

网箱的运用措施包括两个方面，分别为网箱的固定和网箱的下水时间安排，在网箱的固定中，要把网箱上纲进行拉直，并在渔排松木板上把这个四个角的角绳进行固定，然后用聚乙烯钢绳将网箱上纲周边绕扎固定，将其固定在渔排松木板的框架边；最后在网箱的底脚挂设负重物，负重物一般为石块或者是沙袋，每一个负重物的重量保持在 3～5kg 左右。在网箱的下水时间安排中，应该在没有鱼种进箱前进行下水，这样的时间安排是为了让网箱网片上附有藻类植物，使其被藻类植物覆盖后的表面变得光滑，可以保证鱼种的表皮受到保护，避免鳞片擦伤的现象发生。

3. 鱼种选择和放养密度的安排

在鱼品种选择上，优质鱼种是保证养殖高产量的前提，鱼种的选择上尽量选择体制健壮、鳞鳍完整的鱼种，并且鱼种要满足该品种的特性，如果是在外地购置回的鱼种，那么要对鱼种采取检验检疫措施，通过这些措施来验证鱼种是否为优质鱼种。在运用网箱进行养殖时，如果自繁自养的模式来进行养殖，则一般运用在大水域的养殖中，其可以提高草鱼的成活率，也可以节约不少的成本。在草鱼的放养密度安排中，不仅要考虑鱼种情况、饲料供应，也要对水域的条件和养殖技术的水平进行考虑，根据切合实际的考虑来制定符合个体的养殖方案，对于鱼种生长到不同规格要运用不同的网目，每平方米的鱼种密度要根据鱼种生长情况来安排，鱼种为 50～100g 时，其鱼种的每平方米总重量要低于 15kg，鱼种生长到 200～250g 左右时，每平方米的总重量要低于 30kg。

4. 分箱应注意的事项

由于草鱼生长到不同规格时，要进行换箱工作，而换箱时鱼死亡的现象不少，主要是因为惊吓或者缺氧而造成鱼的死亡，因此要注意分箱时的操作。在换箱工作时，应在换箱之前进行停喂工作，停喂两天以后再使用添料喂养，添料主要使用维生素 C 粉添加到鱼饲料内，并且运用添料喂养 3d。第二要进行网箱提升工作，工作时间安排在早晨和下午，两次工作之间的时间间隔以 9h 为宜，在网箱提升工作中，要把草鱼提升到 1m 深左右的浅水层，并且保持提升1h左右，网箱提升工作持续2d以后即可进行换箱工作。在换箱时，要对鱼体进行消毒，并且对其生长规格进行再次的分类，把不同规格的草鱼放入到不同的网箱之中。

5. 草鱼饲料投喂注意事项

对于草鱼饲料的选择，应以膨化颗粒饲料为宜，饲料选择上要严格注重"两证"，即生产许可证、质量安全证，对于饲料的粒径要求则要按照草鱼的生长规格来进行改变，如200g以上的草鱼，那么投喂饲料的粒径应在3.0～3.5mm，而草鱼生长到750g以上，则要投喂粒径为4.5mm左右的饲料。在饲料投喂的数量上，应根据饲养的具体情况来考虑，要对水温、鱼类的健康程度、水质等因素进行周全的考虑，考虑的标准应以70%以上的草鱼不再抢食为准，投喂饲料的时间安排上，以早晚各一次为宜。

6. 养殖管理注意事项

在日常的养殖管理中，首先要每天对网箱进行检查，同时对草鱼的活动情况进行仔细观察，特别是对网箱的稳固程度要重点检查，做好防盗、防敌害工作。其次，应该对网箱进行定期刷洗工作，以15d刷洗一次为宜。再者，由于水位在季节的变换中会有一定的变化，那么网箱深度的调整工作应按照季节变化来执行。最后，要进行日常的养殖记录工作，对鱼情、水情、用药情况、网箱维护都要有详细的记录，从而通过制定良好的应对措施，防患于未然，保证草鱼的产量。

（二）池塘养殖

1. 池塘条件

一般面积为8～11m^2，池深为2～2.5m，长方形，池埂不渗漏，池底平坦，淤泥小于0.2m。水、电路配套，进排水畅通、排灌方便。每池配备功率为3kW的增氧机和投饵机各1台。

2. 放养前准备

冬季对池塘进行改造，修整池埂、进排水渠道，清除过多的淤泥等，曝晒池底，减少病害。鱼种放养前7～10d，每亩用生石灰75～100kg进行干法消毒，以杀灭病菌、寄生虫及野杂鱼等，改良底质。

3. 鱼种放养

鱼种放养时间宜早不宜迟，一般在2月下旬前要放养结束。同一批放养的鱼种规格要整齐，体格健壮、体形正常、无病无伤。鱼种放养前必须消毒，一般用3%～5%的食盐水浸浴5～10min。采用池塘80：20养殖技术：以草鱼为主（占80%），搭配鲢鳙鱼等滤食性鱼类或食腐屑性鱼类（占20%）。充分利用生物之间的食物链关系，不仅净化水质、改善水环境，而且还可以增加产量，提高效益。

4. 饲料投喂

以草鱼专用颗粒饲料为主，可辅喂精、青饲料，青饲料要新鲜适口，既能保证营养全面，又能满足草鱼生长的需要。坚持"四定四看"、"两头精、中间青"的投饵原则，配方饲料按吃食鱼体重的3%左右投喂，青饲料为草鱼体重的30%左右，以2h内吃完为好。日投饵3～4次，投喂量以80%的草鱼吃饱为宜。养殖前期与后期以配方饲料为主，高温季节以青饲料为主。同时，生产过程中须根据天气、水质状况以及鱼类活动觅食情况适当增减。连续阴雨天气或水质过浓，可以少投喂，天气晴好时适当多投喂；发病季节少投喂，生长正常时多喂。

5. 水质调节

经常保持水质的清新，随季节和水温不同加注新水调节水位。一般每15d一次，高温季节每7d一次，每次加水0.15～0.3m。既可为逐渐长大的鱼种增加活动空间，又可以增加水体活力，提高溶氧含量，刺激浮游生物繁殖，满足鲢鳙对饵料的需要，增强鱼类食欲，促进生长。每 15d 泼洒 1 次生石灰水，每亩 1m 水深用量为 15～20kg，以调节池水 pH 值，使之保持在 7.5～8.5 之间。适时开启增氧机增氧，以防缺氧浮头，一般晴天酌情开，阴天勤开，连续阴雨天半夜开，浮头早开。在高温季节与水质不好时，加强使用光合细菌、EM 原露等生物制剂调节水质，但要注意不得在使用杀菌药物前后 7～10d 施用。

6. 日常管理

坚持早晚和夏、秋季夜间巡塘，注意天气、水质、鱼情和设备等状况，发现问题及时采取措施，避免造成损失。定期抽测鱼体生长情况，根据测定结果，结合水温、天气状况，确定饲料的日投喂量，防止过量投喂或投喂不足，影响鱼类正常生长。做好池塘日志，每个养殖池塘必须建立档案，记录要详细，由专人负责，以便总结经验。

八、鲢、鳙鱼

(一) 池塘养殖

1. 池塘准备

(1) 清塘

干塘后暴晒池底，消除过多淤泥。鱼种放养前抽干池水，每亩用生石灰 80～100kg 全池泼洒，以达到消毒和清除野杂鱼的目的。

(2) 注水和施基肥

清塘暴晒 2～3d 后就可注水，初次注水 1m 即可，进水口要有过滤设施。注水后每亩水面用有机肥 200kg 左右，堆放在鱼池四周浅滩处，浸入水中。待池中浮游生物充分繁殖后再放养鱼种。

2. 鱼种放养

(1) 养殖品种的选择：在主养鲢鱼或鳙鱼的前提下，适当搭配放养中下层杂食性鱼类和肉食性鱼类，能提高产量。

(2) 鱼种的选择：鱼种要求无病无伤，体质健壮，经过锻炼。

(3) 放养规格和密度：一般每亩放养 800～1200 尾。

(4) 放养时间与方法：待池水毒性消失后才能放养鱼种（可用少量鱼种试水 1d，若鱼种正常，可放养）。选择晴天水温稳定在 5℃ 以上时进行放养，鱼种下池前用 2%～3% 食盐溶液消毒 2～5min，操作人员动作要轻、快。

3. 日常饲养管理

(1) 投饲

饲料投喂应掌握定时、定量、定质、定点"四定"原则。当水温达到 10℃ 以上时开始投料，使用鲢、鳙配合饲料（粉状）在上风处撒喂，日投饲量占存塘鱼体重的 1%～5%，根据水温、水质和鱼的摄食情况灵活掌握。

(2) 水质管理

中午开增氧机 1h 左右，增加底层水溶氧量。每 15d 加 1 次新水，每次加水 20cm。每隔 20d 每立方米水体用生石灰 15g 全池泼洒，保持水体呈微碱性，有利于鱼类生长和减少鱼病的发生。每天早晚巡塘，观察鱼的活动和摄食情况，及时清除杂物和剩余饲料。

(二) 湖泊、水库网箱养殖

1. 网箱规格

网箱用聚乙烯网线编制，其大小不受限制，既可选用规格为 50m×6m×3m 的较大网箱

（300m²/口），也可采用规格为 6m×5m×3m 或 7m×5m×3m 等较小的网箱，养殖户可根据实际情况选择。网箱为单层网衣，全封闭式。网目大小根据鱼种放养规格而定，以不逃鱼为准，通常网目为 3cm 以上，如投放 400～500g/尾的大鱼种，网目可达 6cm 以上，有利于网箱内外水体交换，增加鲢、鳙鱼的摄食概率。

2. 网箱设置

网箱用楠竹做框架，面积较小的网箱可以靠竹子的浮力支撑而不需加浮桶；面积较大的网箱要增加塑料浮球做浮子，箱底用石块或砖头做沉子，使箱体充分展开。在布局上，按水域自然条件将网箱多排并列，排距 20～30m，每排分多段，每段安放 10～25 口网箱，段距 15～20m，以方便船只进出。网箱箱体与水流方向垂直，网箱之间对角连接，使水流中的浮游生物能够不断地随水流进入网箱，为鲢、鳙鱼提供充足的生物饵料。由于网箱框架是楠竹，易受大风、水流、水位等因素的影响而造成网箱变形或下沉，因此在每排网箱的近岸端用钢丝绳连接且固定于岸上，并在钢丝绳上每隔一段距离加 1 个浮桶以增加浮力防止网箱下沉。离岸的远端抛锚定位且用油桶搭建 1 个平台，安装 1 台搅绳机，通过松紧钢丝绳使网箱随水位变化而升降。网箱在鱼种入箱前 7～10d 放于水中，使网箱上着生藻类，避免网衣粗糙而擦伤鱼体，同时要认真检查箱体，确定网衣无破损。

3. 鱼种放养

（1）放养品种

一般水较浅、水质肥沃的水域，浮游生物相对较多，宜网箱养殖鲢鱼。较大水域，大型浮游生物及有机腐屑量较多的水域，可养殖鳙鱼。

（2）放养规格

鱼种放养的规格一般以养成规格和养殖周期长短决定，以沅江市木梓潭网箱养殖的鳙鱼为例，若商品鱼规格要求达到 1.5kg 以上，养殖周期为 2 年，可放养 50g/尾的鱼种；如果养殖周期为 1 年，则放养 400～500g/尾的鱼种。

（3）放养密度

不同湖泊、水库饵料生物量不同，同一湖泊或水库的不同水域饵料生物量也不同，因此放养密度应根据水域饵料生物的丰度和前一年鱼的长势而定，饵料生物丰盛可多放些，否则应少放。前一年长得快些，下一年可适当多放，反之则减少放养量。一般每平方米网箱可放养鲢鱼 6～10 尾，鳙鱼 2～5 尾。网箱养殖鲢、鳙鱼可混养较大规格的鲴鱼、鳊鲂、罗非鱼等，一般 20～50 尾/箱，既可清理网箱，又可提高鱼产量。鱼种一般在 2 月至 3 月投放，放养时认真调温，逐渐将活鱼运输罐内的水温调至与湖泊或水库的水温相差在 3℃以内，鱼种用 30g/L 的食盐溶液浸泡消毒 5～10min。在鱼种过称计数过程中，做到带水操作，避免鱼种受伤。

4. 日常管理

（1）坚持巡箱查箱

鱼种入箱后的 2 周内，每天早晚巡箱 2 次，观察鱼的活动情况，看鱼是否适应新的环境，是否有鱼种死亡，做好统计以便补充新鱼种。2 周后每天巡箱 1 次，检查网衣有无破损，缝合线是否断裂，绳索及固定设施是否松动磨损，水位变化、大风暴雨时是否造成网箱变形移位等，发现问题及时采取措施。

（2）勤清洗网箱

网箱入水后，网衣会附着大量污物，水质越肥附着物越多，越容易堵塞网目。网目堵塞影响箱内外水体的交换，网箱内水体浮游生物的数量以及水体的溶解氧也会降低，不利于箱中鱼类的生长。所以，须经常人工清洗或机械冲洗网箱。

（3）吊挂节能灯

根据网箱面积的大小在其上方吊挂 1 盏或多盏节能灯，夜间开灯诱浮游生物入网箱，增加网箱内饵料量，促进鱼类生长。

九、鲫鱼

（一）鱼种放养

1. 确定主养模式

鱼种选择来源于持有《种苗生产许可证》的鲫鱼良种场。鱼种要提前购回，并集中在 1～2 个池中暂养 15～30d。采用池塘主养鲫鱼"80：20"模式，即收获时，产量的 80％为鲫鱼，20％是为其服务的"肥水性"鱼类。如搭配放养部分鳊鱼、鲢鱼和鳙鱼。即假设每亩放鲫鱼 75～100kg，则搭养每尾 20～60g 的鲢鳙鱼为 3～12kg。

2. 鱼种一次放足

当水温稳定在 10℃ 以上时即可放养鲫鱼种。放养时，应进行抽样，按照计划的数量下塘，并将规格整齐的鱼放在同一池中。池塘主养条件下，若鱼种规格在 50g/尾左右，单茬养殖，每亩放鱼种 1500～2000 尾。

3. 鱼种消毒

鱼种放养前需用 3％～5％盐水消毒 5min 左右，以杀灭病原体和寄生虫。

（二）饵料投喂

1. 准备优质饵料

4 月份至 5 月份投喂蛋白含量为 28％的颗粒料，6 月份至 7 月份投喂蛋白含量为 30％的颗粒料，8 月份至 9 月份投喂蛋白含量为 33％的颗粒料，10 月份及以后投喂蛋白含量为 30％的颗粒料。

2. 及时训食

鱼种放养后即开始训食。训食越早越好，饵料在水中停留时间越短，饵料利用率越高。

3. 饵料粒径的选择

每尾鲫鱼规格在 30～75g 时选用粒径 1.5mm 的饵料，75～100g 时选用粒径 2mm 的饵料，150～300g 时选用粒径 2.4mm 的饵料，300g 以上时选用粒径 3.2mm 的饵料。

4. 投喂方法

坚持"三看"（看天气、看水质、看鱼的摄食情况）、"四定"（定时、定位、定质、定量）投饵法，日投喂 4 次。

（三）日常管理

1. 巡池、增氧机管理

每天早晚各巡池 1 次，清除池内杂物，保持池内清洁卫生；发现死鱼、病鱼，及时捞起掩埋，并如实填写记录。适时开启增氧机，正常情况每天中午开机 2h，保持池水溶解氧 3mg/L 以上。

2. 控制水质

保持水质"肥、活、嫩、爽"的要求，保持池水透明度 25～30cm，pH 值 7.5～8.3。在水源缺乏的地方，可以通过泼洒微生态制剂控制水面的藻类，达到一池水养一池鱼的高水平。

3. 定时防治疾病

坚持"以防为主，防重于治"和"无病早防，有病早治"的方针，定期做好清洁卫生、工具消毒、食场消毒、全池泼洒药物和投喂药饵等工作，避免鱼病爆发。

4. 适时稀疏

高密度放养必然带来养殖后期密度过高，特别是 8 月，水温高，溶氧低，养殖风险增大，及时解决这一难题非常重要。在每亩产量 1000kg 的养殖模式下，可在 8 月份采用提大留小方法，稀疏量占总量的 20%～40%，这不仅能充分利用该时期鲫鱼价格高的优势，而且使鲫鱼在养殖后期快速生长，增大出池规格，提高鲫鱼的商品价格，增加单位面积收入。在每亩产量 2000kg 的养殖模式下，要从 6 月底开始每 20d 进行 1 次捕捞，直到 11 月份全部收获。

第四节　鱼类原料品质鉴定

鱼类原料的品质检验重点是鲜度鉴定，是按一定质量标准，对鱼的鲜度质量作出判断所采用的方法和行为。捕捞和养殖生产的鲜鱼在体内生化变化及外界生物和理化因子作用下，其原有鲜度逐渐发生变化，并在不同方面和不同程度上影响它作为食品、原料以至商品的质量。因此，对鱼类在生产、储藏、运销过程中的鲜度质量鉴定十分重要。鉴定方法有感官、微生物、化学和物理的鉴定方法，总的要求是准确、简便、迅速。

一、感官鉴定

感官鉴定是通过人的五官对事物的感觉来鉴别鱼类鲜度优劣的一种鉴定方法。它可以在实验室或现场进行，是一种比较准确、快速的鉴定方法，现已被世界各国广泛采用和承认。由于感官鉴定能较全面地直接反映鱼类鲜度质量的变化，故常被确定为各种微生物、化学、物理鉴定指标标准的依据。但人的感觉或认识总是不完全相同的，容易造成鉴定结果的差别，因此，对鉴定人员、环境和鉴定方法应有一定的要求。如表 12-1 所示。

表 12-1　鱼类鲜度的感官鉴定

项目	新鲜	较新鲜	不新鲜
眼球	眼球饱满、角膜透明清亮，有弹性	眼角膜起皱，稍浑浊，有时发红	眼球塌陷，角膜浑浊，虹膜眼腔被血红素浸红
鳃部	鲜红，黏液透明无异味，有海水味或淡水鱼的土腥味	淡红、深红，或紫红，黏液发酸或略有腥味	褐色、灰白色，黏液浑浊，带酸臭、腥臭或陈腐臭
肌肉	坚实有弹性，指压凹陷立即消失，无异味，肌肉切面有光泽	稍松软，指压凹陷不能立即消失，稍有腥酸味，肌肉切面无光泽	松软，指压凹陷不易消失，有霉味和酸臭味，肌肉易于骨骼分离
鱼体表面	透明黏液，鳞片完整有光泽，紧贴鱼体不易脱落	黏液多为不透明并且鱼体有酸味，鳞片光泽差，易脱落	鳞片暗淡无光泽，易脱落，表面黏液污秽而有腐败味
腹部	正常不膨胀，肛门紧缩	轻微膨胀，肛门稍突出	膨胀或变软，表面发暗色或淡绿色斑点，肛门突出

二、细菌学检验

细菌学方法是用检测鱼体表皮或肌肉细菌数的多少来判断鱼类腐败程度的鲜度鉴定方法。细菌数的增加和鱼体腐败的进程有着密切的关系，通过测定细菌数就可判断鱼体的鲜度。一般鱼体达到初期腐败时的细菌总数是：每 $1cm^2$ 皮肤为 10^6 个左右，一旦增加到 $10^7 \sim 10^8$ 个，便有强烈的腐败臭味。但是，储藏条件不同时也会有特殊的情况，有时用其他方法判断已经达到腐败的鱼发现其细菌总数却较少。如把鱼放在通气条件差的地方，鱼腐败时的细菌总数就会出现这种情况。这是因为厌氧性细菌虽然已经达到 $10^7 \sim 10^8$ 个，而测定是在好氧条件下进行的，被测定的仅仅是数量极少的好氧性细菌。细菌数检测采取平板培养测定菌落总数的方法进行，操作较繁琐，培养需要时间，故较多用于研究工作。

三、化学检验

化学方法是利用鱼类死后在细菌作用下或由生化反应生成物质的测定进行鲜度鉴定的方法。

1. 挥发性盐基氮(VBN 或 TVB-N)法

利用鱼类在细菌作用下生成的挥发性氨、三甲胺、二甲胺等低级胺类化合物，测定其总含氮量作为鱼类的鲜度指标，广泛用于判定鱼的鲜度。VBN 随着鲜度的下降而增加，在鱼体死后的前期主要是 AMP 脱氨产生的氨，接着是氧化三甲胺分解产生的三甲胺和二甲胺以及氨基酸等含氮化合物分解产生的氨和各种氨基。VBN 是对肌肉抽提液用蛋白沉淀剂除去蛋白质后再用水蒸气蒸馏法或 Conway 微量扩散法测定的。一般情况下，鱼肉的 VBN 为5～10mg/100g 属于极新鲜，15～25mg/100g 属于一般新鲜，30～40mg/100g 属于初期腐败，50mg/100g 以上属于腐败。该法不适用于含大量尿素和氧化三甲胺的板鳃类鱼肉。

2. 三甲胺(TMA)法

多数海水鱼肉中含有的氧化三甲胺在细菌腐败分解过程中被还原成三甲胺，通过测定以此作为海水鱼的鲜度指标。但不适用于淡水鱼类，因其氧化三甲胺含量很少。活鱼肌肉中一般不存在 TMA 或含量很少，它是随着细菌腐败而增加的，是鉴定海水鱼鲜度的重要指标。初期腐败的临界值因鱼种和测定人员的不同而有差异，一般为 2～7mg/100g。值得注意的是，除了淡水鱼外，加热过的鱼肉氧化三甲胺存在热分解问题，此外，新鲜鱼肉氧化三甲胺也可能存在酶促分解作用。

3. K 值法

K 值法是以腺苷酸（ATP）的分解产物次黄嘌呤核苷和次黄嘌呤作为指标的判定方法，能从数量上反映鱼的鲜度。ATP 分解过程见图 12-13。

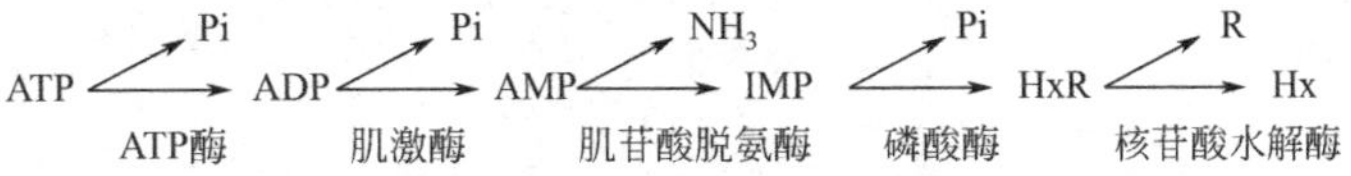

$$ATP \xrightarrow[ATP酶]{Pi} ADP \xrightarrow[肌激酶]{Pi} AMP \xrightarrow[肌苷酸脱氨酶]{NH_3} IMP \xrightarrow[磷酸酶]{Pi} HxR \xrightarrow[核苷酸水解酶]{R} Hx$$

图 12-13　鱼肉 ATP 分解

K 值表达式如下：

$$K\ 值 = \frac{[HxR]+[Hx]}{[ATP]+[ADP]+[AMP]+[IMP]+[HxR]+[Hx]} \times 100\%$$

K 值所代表的鲜度一般与细菌腐败有关的鲜度不同，它是反映鱼体初期鲜度变化和与品质风味有关的生化质量指标，也称鲜活质量指标，它比 VBN 值和 TMA-N 值更有效地反映出鱼的鲜活程度。一般采用 K 值≤20％作为优良鲜度指标（日本用于生食鱼肉的质量标准），K 值≤60％作为加工原料的鲜度标准。测定方法有高效液相色谱法、柱层析法以及应用固相酶或简易试纸等测定方法。

还有采用测定 pH 值、组胺、挥发性还原物质等鲜度检测方法，但使用不多。

4. 物理方法

物理方法是根据鱼体物理性质变化进行鲜度判断的方法。有测定鱼体硬度、鱼肉电阻、眼球水晶体浑浊度等方法，也有鱼肉压榨汁液熟度测定法。有些方法极其简便，但因鱼种、个体不同有很大差异，所以还不是普遍适用的鲜度鉴定方法。

5. 鲜度等级标准

鱼类鲜度等级标准见表 12-2。

表 12-2　鱼类鲜度等级标准

品种	挥发性盐基氮 TVB-N/(mg/g)		细菌总数/(个/g)	
	一级	二级	一级	二级
黄鱼	$\leqslant 1.3 \times 10^3$	$\leqslant 3.0 \times 10^3$	$\leqslant 1.0 \times 10^3$	$\leqslant 1.0 \times 10^5$
带鱼	$\leqslant 1.8 \times 10^3$	$\leqslant 2.5 \times 10^3$	$\leqslant 1.0 \times 10^4$	$\leqslant 10 \times 10^5$
乌贼	$\leqslant 1.8 \times 10^3$	$\leqslant 3.0 \times 10^3$	$\leqslant 3.0 \times 10^4$	$\leqslant 10 \times 10^5$
兰圆鲹	$\leqslant 1.3 \times 10^3$	$\leqslant 2.5 \times 10^3$	$\leqslant 3.0 \times 10^4$	$\leqslant 10 \times 10^5$
鲱鱼	$\leqslant 1.5 \times 10^3$	$\leqslant 1.5 \times 10^3$	$\leqslant 0.5 \times 10^4$	$\leqslant 0.5 \times 10^5$
鲑鱼	$\leqslant 1.0 \times 10^3$	$\leqslant 2.0 \times 10^3$	$\leqslant 0.1 \times 10^4$	$\leqslant 0.1 \times 10^5$
青、草、鲢、鲤、鳙鱼	$\leqslant 1.3 \times 10^3$	$\leqslant 3.0 \times 10^3$	$\leqslant 1.0 \times 10^4$	$\leqslant 10 \times 10^5$
鲐鱼	$\leqslant 1.5 \times 10^3$	$\leqslant 3.0 \times 10^3$	$\leqslant 3.0 \times 10^4$	$\leqslant 10 \times 10^5$
鲳鱼	$\leqslant 1.8 \times 10^3$	$\leqslant 3.0 10^3$	$\leqslant 1.0 \times 10^4$	$\leqslant 100 \times 10^5$
鲚鱼	$\leqslant 1.5 \times 10^3$	$\leqslant 3.0 \times 10^3$	$\leqslant 50 \times 10^4$	$\leqslant 200 \times 10^5$

注:引自农业部渔业局国家水产品质量监督检验中心《水产品标准与法规汇编》,1996年。

复习思考题

1. 石斑鱼类主要有哪些种类?

2. 我国传统的"四大家鱼"是哪几种? 它们的生态习性有哪些异同点?

3. 海水鱼和淡水鱼对与养殖环境要求的异同点有哪些?

4. 养殖海水鱼和淡水鱼分别有哪些方法? 其异同点是什么?

第十三章 贝类产品生产

> **重点提示：** 本章重点掌握我国贝类主要养殖品种、贝类养殖环境要求、贝类养殖方法等内容；通过本章的学习，能够基本了解贝类产品原料生产过程和产品质量安全控制方法，为生产优质安全的贝类产品奠定基础。

第一节　我国贝类主要养殖品种

一、牡蛎

牡蛎（图13-1）又名生蚝、蚵仔、蛎蛤、左顾牡蛎、牡蛤、海蛎子、蛎黄、鲜蚵、蚝仔、古贲、蚝白、青蚵、硴等。属牡蛎科（*Ostreidae* 真牡蛎）或燕蛤科（*Aviculidae* 珍珠牡蛎），双壳类软体动物，身体呈卵圆形，有两面壳，肉味鲜美，分布于温带和热带各大洋沿岸水域，生活在浅海泥沙。牡蛎的种类很多，世界已发现的有100余种，我国沿海有20余种，主要的养殖种类有近江牡蛎（*Crassostrea rivularis*）、褶牡蛎（*C. plicatula*）、大连湾牡蛎（*C. talienwhanensis*）、长牡蛎（*C. gigas*）、密鳞牡蛎（*Ostrea denselamellosa*）。

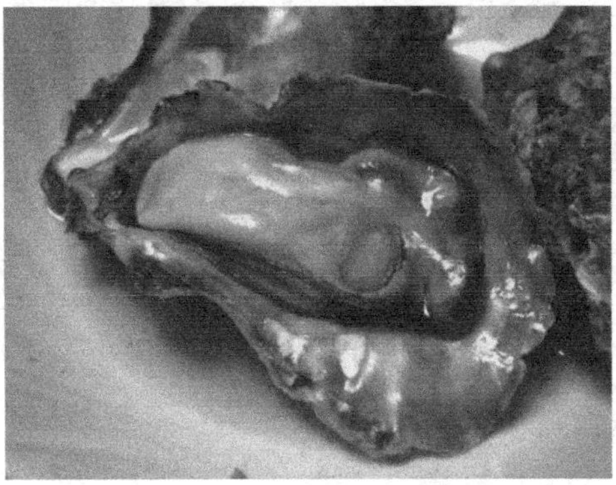

图 13-1　剖开的牡蛎

二、鲍鱼

鲍鱼，古称鳆，又名镜面鱼、九孔螺、明目鱼、将军帽等，只有半面外壳，壳坚厚，扁而宽。鲍鱼是我国传统的名贵食材，四大海味之首。鲍鱼壳是著名的中药材石决明。因只具有一枚外壳，鲍鱼在贝类分类学中被列为单壳类，在动物分类学中，隶属于软体动物门、腹足纲、前鳃亚纲、原始腹足目、鲍鱼科、鲍鱼属。目前在世界范围内已发现的鲍鱼约100种左右，全部生活在海水中，除北冰洋外，在南北两半球的海域都发现鲍鱼的存在。其中温带和亚热带地区分布的种类和数量多一些。在各大洋的分布中，以太平洋沿岸最多。开发作为增养殖种类或者可食用的经济种类有16种，主要分布在太平洋沿岸的中国、日本、朝鲜半岛、菲律宾、马来西亚、美国、澳大利亚、墨西哥、智利等国家。其中，中国有4种。这些种类大多个体较大，天然情况下数量较多。在鲍鱼的经济种类中，多数是以自然增殖，人工采捕的方式提供给市场。我国形成规模化人工养殖的种类主要是皱纹盘鲍鱼、杂色鲍鱼，以山东、广东、辽宁等地产量最多，产期为春秋两季。

三、扇贝

扇贝（图 13-2）又名海扇，隶属软体动物门，瓣鳃纲，异柱目，扇贝科，扇贝属，广泛分布于世界各海域，以热带海的种类最为丰富。扇贝肉质鲜美，营养丰富，它的闭壳肌干制后即是"干贝"，被列入八珍之一。扇贝是我国沿海主要养殖贝类之一，世界上出产的扇贝共有60多个品种，我国约占一半，目前我国扇贝主要养殖种类有栉孔扇贝 *Chlamys farreri*、华贵栉孔扇贝 *Chlamys nobilis*、海湾扇贝 *Argopecten irradians Lmarck* 和虾夷扇贝 *Patiopecten yesownsis*。上述四种扇贝

图 13-2　扇贝

均隶属于软体动物门、双壳纲、翼形亚纲、珍珠贝目、扇贝科，栉孔扇贝和华贵栉孔扇贝属锦海扇蛤属，海湾扇贝属扇贝属，虾夷扇贝属盘海扇属。

栉孔扇贝属温带性贝类，主要产于我国北方沿海地区；华贵栉孔扇贝为暖水性贝类，主要在我国东南沿海养殖；海湾扇贝是广温广盐种，在全国沿海各地均可养殖；虾夷扇贝是冷水种，养殖区域仅限于环渤海地区。栉孔扇贝盐度耐受范围 23.6～31.4（最适范围 23～24），温度耐受范围 $-2～28℃$（最适范围 15～25℃）；华贵栉孔扇贝盐度耐受范围 23～34，温度耐受范围 8～32℃（最适范围 20～25℃）；海湾扇贝盐度耐受范围 16～43（最适范围 21～35），温度耐受范围 $-1～31℃$（最适范围 8～28℃）；虾夷扇贝盐度耐受范围 24～40，温度耐受范围 5～23℃。

扇贝以足丝附着于外物上生活，左壳在上，右壳在下；环境不适时通过切断足丝来转移附着地点，栉孔扇贝和华贵栉孔扇贝营附着生活。海湾扇贝、虾夷扇贝仅在稚贝期营附着生活，成体无足丝，营底栖生活。扇贝可以急剧伸缩闭壳肌，借贝壳快速闭合的排水力量和水流力量做短距离移动。扇贝是滤食性动物，仅对食物颗粒大小有选择性，对食物种类没有选择性。主要食物有海水中的浮游生物（硅藻类、双鞭毛藻类、桡足类等）、悬浮颗粒、细菌和有机碎屑。栉孔扇贝由稚贝一年后壳高可达 5～6cm；华贵栉孔扇贝满一龄时壳高可达 7.4cm，重达 68.4g；海湾扇贝生长速度较快，从壳高5mm 的苗种养到商品贝只需 5～6 个月；而虾夷扇贝从受精卵长到壳高 11～12cm，最短时间为 1 年零 7 个月。

扇贝对海水浑浊度适应能力较差，当海水的软泥含量≥0.05％时其鳃纤毛运动即停止，摄食和呼吸将受到严重影响。有研究指出，高浓度的悬浮物对虾夷扇贝有很强的慢性致死作用。扇贝对碱性环境适应能力较大，可忍受 pH 值为 9.5 的海水，而对酸性的适应能力较差，鳃纤毛运动的临界 pH 值为 4。

栉孔扇贝、华贵栉孔扇贝及虾夷扇贝为雌雄异体；海湾扇贝是雌雄同体。在繁殖季节，雌贝性腺呈橘红色，雄贝精巢呈乳白色。2 龄的虾夷扇贝可达性成熟；华贵栉孔扇贝和海湾扇贝 5～6 个月即可性成熟；栉孔扇贝需 1 年才性成熟。扇贝体外受精，体外发育，一般雄贝排精后雌贝在其刺激下排卵。多次产卵，产卵量很大，但第一次产卵最多。据报道，虾夷扇贝一次产卵可达 1000 万～3000 万粒，华贵栉孔扇贝一次产卵量可达 300 万～1500 万粒。四种扇贝的胚胎发育存在差异。

四、河蚌(育珠蚌)

河蚌属于软体动物门，瓣鳃纲，真瓣鳃目，珠蚌科。河蚌具有左右对称的两片蚌壳，其化学成分主要是碳酸钙和少量的壳基质（或称贝壳素），起保护柔软身体的作用。紧贴在蚌壳内两个软而薄且包裹住内脏团的膜叫外套膜。外套膜由内、外两层表皮和中间的结缔组织及少数肌纤维组成。靠近内脏的一侧为内表皮，贴壳的一侧为外表皮，外表皮具有分泌珍珠质形成珍珠的机能。蚌体腹面的一个斧状肌肉质突起，称为斧足，是河蚌的运动器官。在自然环境中，河蚌生活在淡水湖泊、池沼与河流的水底，是用鳃呼吸的软体动物。目前，我国广泛用于育珠生产的河蚌主要为三角帆蚌和褶纹冠蚌。不同种类的育珠蚌对栖息环境的要求不同。三角帆蚌喜水质清、水流急、底质较硬、pH 值为 7～8 的泥沙水域；褶纹冠蚌喜在水流缓慢或静水的淤泥、pH 值为 5～9 的较肥水域中生活。三角帆蚌主要摄食易被消化的硅藻；褶纹冠蚌食性稍广些，主要滤食浮游生物和有机碎屑；摄食量的大小取决于水中饵料生物的密度和水的流动性。

第二节　贝类养殖环境要求

一、牡蛎

牡蛎栖息生长的海区，应选择风浪较平静、地势平坦的内湾。河口因海水盐度较低不宜选择做采苗区。采苗场地一般以砂泥底为好，但可根据不同养殖方法和采苗器的种类选择不同底质。采用投石养殖的，适宜于较硬的泥底或泥沙底质；棚架式养殖，以泥量较多的底质较好，因为棚架材料在砂质底容易倒伏；浮筏式和延绳式养殖对底质的要求不严。根据各种牡蛎的适应盐度范围选择不同的海区，潮流要畅通，这样能带来丰富的饵料，促进牡蛎生长，同时可避免附着器淤积浮泥。特别是有涡流的内湾，有利于蛎苗的群聚，更是采苗的好地方。水深因各种牡蛎的习性和养殖方法不同而不同。

二、鲍鱼

多数鲍鱼为狭温狭盐性贝类，栖息于风浪平缓、潮流通畅、水质清澈、海水盐度较高的海域，最好有隐蔽的礁缝或岩洞栖息，附近生有比较丰富的、适合于鲍鱼摄食的大型藻类。

(一) 底质环境

自然海区，鲍鱼大多分布在岩礁底质或者有石块散布的沙砾质海底，很少栖息于底质较软的沙质海区，泥沙底质的海区基本上无分布。皱纹盘鲍鱼等大中型种类，多栖息于岩缝、岩洞等较深的场所；杂色鲍鱼及一些中小型种类，则多见于石下或者岩洞的深处。同一个种鲍鱼，当处于不同的生长阶段或者在不同的季节，其栖息地类型也有所不同。鲍鱼趋向隐蔽环境生活的生态习性，除与其具有负趋光性的生态特点有关外，也是躲避敌害侵袭、谋求自我保护的一种生理本能。

(二) 栖息水深

在自然海区，皱纹盘鲍鱼的分布以潮下带 1～20m 的水深范围内数量最多，超过 20m 的较深水域分布量很少；杂色鲍鱼以水深 3～10m 地带分布量最多；此外，同一种鲍鱼在不同生活阶段或者处于不同的季节，其栖息水深也存在某些差别。一般情况下个体较小时栖息的水深相对较浅，个体长大以后则相对较深；春秋季节及繁殖季节其栖息水深较浅，冬夏季则相对较深。鲍鱼对栖息水深的要求，往往还与其自身对水温的要求以及饵料藻类对水温的要求相适应。

鲍鱼的种类与数量分布，受水温、盐度、水质等水环境理化因子以及饵料海藻的种类及其丰度等饵料环境因子的影响。一般理化因子适宜的地方，分布就多一些，反之就少。

三、扇贝

（一）栉孔扇贝

栉孔扇贝养殖海区应要求风浪较小，水流畅通，饵料丰富，无污染，敌害生物较少，低潮时水深8m以上，夏季水温不超过30℃，海水密度稳定在1.014～1.029g/mL之间均可。

（二）华贵栉孔扇贝

华贵栉孔扇贝养殖海区必须选择在低潮线以下、水深3m以上，泥或泥沙地质，风浪较平静的内湾或近岸浅海，水流畅通，海水水质应符合NY 5052标准的规定，透明度大于1m以上，饵料生物丰富，密度周年维持在1.020g/mL以上。特别要注意，不应选在江河出口附近或有大量淡水注入的海区，防止汛季海水相对密度突然大幅度下降，造成养殖贝大量死亡。

（三）海湾扇贝

选择水流畅通，受大风浪影响小，一般水深在8～20m之间，落潮时水深不低于5m；无工业污水流入，水质较好、盐度在16～45之间，水温最高不超过30℃，最低不低于0℃，饵料丰富、敌害较少的海区进行养殖。

（四）虾夷扇贝

虾夷扇贝养殖海区应选择在水流通畅、水质清新、无污染的海区，海区最大流速应在1m/s以内，海区水温年超过23℃不得多于30d，饵料要丰富，底质以泥沙底为最好，水深在15～30m之间。

四、河蚌（育珠蚌）

养殖河蚌的水域一般以池塘或中小型湖泊为好。水域深度应为2m左右。水质要肥，无污染，pH值为7～8，底质要有一定厚度的淤泥，有一定的微流水更好。生产实践证明，将三角帆蚌养殖在有微流水的水体中，珍珠产量和质量比在静水体中养殖的三角帆蚌的高1～2倍。

第三节　贝类养殖方法

一、牡蛎

（一）石类养殖法

1. 场地整理

在采苗期前，先要选好滩涂，清理杂物和敌害生物；并在滩涂上筑畦开沟，使畦面拱起，略向两边倾斜，不致积水和隐藏敌害生物；同时增强底质硬底，可以稳固附着器。畦的长、宽以方便管理而定，沟的深度约在30～40cm，宽为80～100cm。

2. 附着器的排列方式

一般采用散石式和行列式的附着方式。散石式是把块石均匀散投在滩涂上；行列式是把附着器排成行，有单一行也可两个附着器一起排成行，行距50～100cm。条石采用"砌屋"式，即把数块条石斜靠在一起，或砌成像多层屋形，这种方式阴面多，有利附苗。棚架式牡蛎海上养殖如图13-3所示。

图13-3　棚架式牡蛎海上养殖

3. 附着器的投放量

根据底质的软硬和水流等海况，一般每亩投石量在20～30t。

4. 养成期间管理

随着牡蛎苗种的长大，要将蛎石移到养成场或进行疏散养殖，否则因放养密度过大、水流不畅通和饵料缺乏，会影响到牡蛎的生长。

（二）棚架式养殖法

1. 养殖海区的选择

水深垂下式选择低潮线下2～3m，平挂式可以选在低潮区下部到低潮线下1～2m。水流为0.6～0.8m/s，保证场地内水体的交换，从而有丰富的饵料，促进牡蛎的生长。流速过大，容易造成棚架的倒伏。底质以泥沙底为好，表层泥沙含量为5：1，中层为2：1，1m深以下含沙量大些。

2. 棚架的设置

设置棚架的材料可以用木材、竹条、石、水泥制品，一般用木材和竹做棚柱，上面用直径3cm的聚乙烯绳在棚柱顶端横直紧连起来，四周打好锚即可，也可在棚柱上用其他材料连接。棚架的宽度一般为1.8～2m，长度可根据实际情况决定，棚架之间的距离1.5～2m，以便于操作和保持潮水畅通。

3. 养殖和管理

苗种附着生长至0.2～0.5cm左右，即可挂到棚架上养殖，平挂养殖可以把附着器两端系到棚架的左右，垂下式养殖可以单端系上，一端下垂。串距30～40cm，每亩挂吊1000串左右。日常管理是防止棚架倒伏和清理生物敌害，冲洗淤积浮泥。

（三）浮筏式、延绳式养殖法

浮筏式、延绳式养殖牡蛎的场地应选择在风平浪静、潮流畅通、水深3～10m的浅海。浮筏式养殖的浮筏是用毛竹制作。每台的面积根据海况和便于操作而定，浮筏的四周下好锚固定。延绳式与浮筏式养殖法不同的是，浮筏被用直径3cm的聚乙烯和浮球所代，浮球的数量和浮力的大小，可根据各个生产环节的需要而定，养殖和管理方法同棚架式养殖法。

二、鲍鱼

在我国，鲍鱼的养成方式主要有海上浮筏养殖、潮间带养殖、沉箱式养殖以及陆地工厂化养殖。具体采用哪种养殖方式，取决于养殖场环境条件以及资金情况。所以在确定养殖方式前首先要对海区自然情况以及水文资料进行调查和研究。如果该海区历史资料空白，有必要请研究单位定期进行调查，查阅海域历史资料，并会同相关专家进行论证，以避免由于选址不当造成的经济损失。但是也不能认为历史上某海区没有鲍鱼生长就不能从事鲍鱼的养殖。南方（如浙江、福建、广东等地）近年来的皱纹盘鲍鱼大规模养殖的成功即是有力的证明。

（一）海上浮筏养殖

海上浮筏养殖就是选择适宜的海区，架设筏子或渔排，将鲍鱼装在单层或多层的笼子中，笼子吊在浮筏或渔排上。该方法具有投资少、生产成本低、部分设施器材可以与贝类或鱼类养殖通用的优点。关键技术是选择适宜的海区、筏子或渔排的设计和安装、鲍鱼的日常管理等。

1. 海区自然条件调查

架设浮筏前需对海区进行调查，主要是海区自然情况、赤潮和附着生物等。海区自然情况包括海区底质、水深、水流、透明度、营养盐、温度、盐度、重金属离子等变化情况和气象条件变化等。

（1）底质

用采泥器或潜水员采样查看底质结构。最好为泥底，泥沙底次之。不要选在岩礁底。因为前者易于打橛子，更适合筏子或渔排的架设；而后者无法打橛子，筏子或渔排建造成本大。

（2）水深

在冬季大干潮时，海区要保持10m以上水深，原则上水越深，各种环境因子变化越不明显，海水太浅除各种因子不稳定外，在北方冬天水温过低，容易引起鲍鱼冻伤和死亡；南方夏天水温过高，容易引起鲍鱼疾病导致死亡。

（3）水流

海区流大，且为往复流最好，一般达到$0.3\sim0.5\,m/s$的流速就可以进行鲍鱼养殖。不规则流向时，鲍鱼笼吊绳容易缠绕。要准确测定流向，为以后确定浮筏架设的方向做准备。

（4）透明度

水质清澈、透明度大对大型藻类的生长是有益的。海区藻类的生长有利于净化水质，带来充足的氧，还可以提供鲍鱼生长的饵料。但透明度低，鲍鱼的活动和摄食时间加长，笼子附着生物少，透水性好，有利于鲍鱼的生长，而且减少了经常倒笼的麻烦。因此透明度的大小不是选择海区的必要条件，如果能解决鲍鱼摄食需要的饵料，透明度低也可选。另外可利用幼虫趋光和避光的特点，通过调整养鲍鱼笼的水层，达到减少附着生物幼虫附着的目的。

（5）营养盐

该指标主要影响海区藻类的生长。过于贫瘠的海区，藻类会出现生长慢、衰老、颜色变浅等特征；过于丰富的海区附着生物多、容易造成赤潮。

（6）温度

对海区水温进行周年变化的检测，判断是否适于养殖种类的生长。如皱纹盘鲍鱼，适温范围是$8\sim24℃$，$-1.8℃$是临界温度，在$-1.5\sim28℃$温度范围之外，持续时间过长，就会造成死亡。

（7）盐度

鲍鱼对盐度的变化有一定的适应性。如皱纹盘鲍鱼，适宜盐度范围是$30\sim34$，如果盐度下降到 13，可存活 48h，降到 6.5 以下，24h 内死亡。如果没有近岸淡水的流入，海区盐度通常是比较恒定的。

（8）重金属离子的变化

一般海区无机盐的变化对鲍鱼生长影响不大。但要注意工业污水带来的重金属离子的变化，对鲍鱼的生活有明显影响，严重会引起鲍鱼死亡。另外低剂量情况下，鲍鱼可能富集重金属，人食用鲍鱼后对人体也有危害。重点检测铜、铬、汞等离子是否符合国家海水养殖水质标准。

（9）气象条件的分析

主要是台风，可能对养殖设备造成损害，因此应选择受台风影响小的海域。如果仅是考虑鲍鱼苗越冬，那么只要选择冬季没有台风袭击即可，如浙江、福建沿海某些地区。因此北方主要应考虑夏季台风影响，南方主要应考虑冬季台风影响。

（10）赤潮

赤潮一般发生在春末和夏季，温度较高的时候。是夜光藻、圆海莲藻、异弯藻等过度繁殖造成的。由于这些赤潮生物的过量繁殖，造成海水溶氧降低、有毒物质浓度增加，以致引起鲍鱼的死亡。

（11）附着生物调查

附着生物主要附着在笼子、吊绳等上面。堵塞笼孔，影响笼内外水交换，造成笼内鲍鱼缺氧，代谢产物排不出去。还加重吊绳重量，造成浮筏下沉。常见的附着生物有才女虫、苔藓虫、柄海鞘、玻璃海鞘、螺旋虫、盘管虫、藤壶和贻贝等。

2. 架设浮筏

浮筏有两种形式，一种是辽宁、山东等北方地区采用的养鲍鱼筏子，另一种是福建、广东等南方地区使用的养鲍鱼渔排。鲍鱼养殖箱和浮筏如图 13-4、图 13-5 所示。

图 13-4　敞口式鲍鱼养殖箱

图 13-5　鲍鱼海上养殖浮筏

养鲍鱼筏子主要由浮绠、橛绠、橛子（石砣）、浮子、吊绳、鲍鱼笼、坠石等组成。浮绠通过架设浮力漂浮于海面，主要是用来悬挂鲍鱼笼吊辫的。风浪大的海区要采用短筏身及顺流筏。橛绠和木橛（石砣）是用以固定橛绠的一端与浮绠相连接，一端与木橛相连。水深是指满潮时从海面到海底的高度，这可用铅坠测知。橛筏间的距离是指从橛到同一端筏身顶端的距离。橛筏间距在已知水深和确定了橛缆与水深之间的比例后可用直角三角形公式（勾股定理）求得。浪大流大的海区筏身要短一些，以 30～50m 为好，而浪小流小的海区，以 60～70m 为好。打筏子时要综合考虑筏子安全、流水畅通、船只进出方便等几个要素。一般顺风或者顺流打筏子，筏间距一般设 6～8m，鲍鱼的吊绳间距为 2m，区间距不少于60m。安装的基本程序是：①打橛或者下石砣，同时绑好橛缆或砣缆，并在其上端系上浮漂；②下筏，将船摇到养殖区内，将筏子一端与橛缆连接后，顺着水流的方向将筏子推下海中，筏子另一端与另一根橛缆连接，然后将每台筏子调整整齐。

虽然在南方有些地方采用单层式浮筏笼，但北方主要采用多层式浮筏笼。该笼主要由塑料盘、网衣、钢棍或塑料支管、吊环、穿笼绳等组成。

在我国南方主要利用类似于早期养鱼用的渔排养鲍鱼，渔排的原理和结构与北方养鲍鱼台筏相似，但其结构更加紧密、操作方便、海域利用率高。其结构主要包括：行走踏板、吊挂竹竿、浮子、吊绳、橛缆、橛子、笼子、木房等，单框渔排的规格为 3m×3m、4m×4m、5m×5m 等。

渔排放置的海区一般应选在风浪较小、海流较大、水质清澈、离大陆较近、交通方便、有藻类养殖的内湾，底质最好为泥底或泥沙底。竹竿框架和踏板在海滩上制作成浮排后绑好浮子，在已选好的海区系好橛缆、打好橛子，然后在合适的天气、海况下利用涨潮时将制作好的浮排用船拖入预定海域，连接好橛缆、绑牢。然后在浮排上进行后期准备，制作木房、加固浮排、绑系吊绳等备用。

3. 鲍鱼养殖

在每年秋季和春季（南方）鲍鱼苗下海养殖前，准备养殖鲍鱼苗所必需的笼子、饵料；筏子或渔排等养殖设施制作或维修好；选择适合规格、质量的自育或准购苗种；安排好操作人员。

鲍鱼苗运输的关键是保持密度合理、温度低、时间短、不缺氧、不损伤。目前长途运输的主要方式有干运和水运两种。

鲍鱼苗运到养殖区域后，尽量在最短时间内放入自然海水中。将各种笼子打开平放，将网袋扎口解开，将鲍鱼苗快速、轻轻倒入笼子内，封好笼口后将笼子系到筏子或渔排上，放入海水中。投放密度根据鲍鱼苗规格、养殖笼型号、投苗季节等不同而大小不一。一般掌握大苗少投、小苗多投；大笼多投、小笼少投；水温高少投、反之多投的原则，可以按每层一定数量，也可按每层一定重量为准。

饵料主要为海带、裙带菜、江蓠、紫菜等鲜活品、干品或盐渍品。鲍鱼苗入笼后第一天不投饵，以后根据季节不同按不同周期投喂。应勤投少投，操作仔细。在北方多为春季投苗，饵料以鲜海带、裙带菜、盐渍海带为主。冬春季每 7～10d 投饵一次；夏秋季每 4～5d 投喂一次，每次投喂 100～1000g/层不等，以下一次投喂前有少许剩余饵料为宜。在南方多为秋季投苗，饵料以盐渍海带、干海带、江蓠、紫菜为主。由于前期水温高，水质混浊，饵料腐烂快，小环境水质差，前期少量多次，2d 一次。后期水温降到 15℃ 以下，由于饵料腐烂轻，3～4d 内投 1 次。将新鲜藻类（海带、裙带菜）切成小块投入笼内即可。盐渍海带需浸泡。首先将海带剁成小块，装入筐内，用水淘洗干净后投喂，或重新装袋挂入海中浸泡，当天浸泡的海带当天必须投完。投喂时，将笼从水中快速提起旋转 2～3 次，利用水的力量将笼内的浮泥涮掉，或用桶提水冲洗。然后将笼门打开，投入饵料。每格应投喂均匀，笼外逃跑的鲍鱼及时抓回放入笼内，关笼门时注意不要挤压鲍鱼，放笼时用手将笼使劲按入水中。

养殖过程中网笼内外容易粘挂浮泥，严重影响海水交换，对鲍鱼苗生长与存活不利。因此在每次投喂期间或间隙应清涮网笼、人工去除浮泥。该操作应在有水流时进行，以便水流将涮掉的浮泥带走。

在养殖过程中由于鲍鱼苗规格增大、重量的增加、杂藻和附着生物的附着等造成鲍鱼苗生长微环境质量下降，已不能满足鲍鱼苗正常生长的需要，并将影响鲍鱼苗的存活，同时筏子和渔排的浮力也将受到威胁。所以应在每年水温相对较低（13～15℃）且鲍鱼苗状态稳定时，彻底倒笼1~2次。其主要目的是疏散密度、分选规格、清理附着生物，以便保持鲍鱼苗生活环境良好。方法为：首先把鲍鱼笼解开，使用0.1%~2.0%醋酸（3.5%~15.0%的米醋）或2%~4%米酒的海水溶液，用喷壶对笼格喷洒，待鲍鱼扭动时，将鲍鱼磕到平铺的网衣上，以一笼为一个结束单元，剥离后的一笼鲍鱼应立即用海水将鲍鱼苗冲洗干净，然后送到操作台上分选规格，把大规格的选出来，用容量法定量装笼，每格的密度按新的规格重新投放。小的、瘦弱、畸形的鲍鱼苗进行适当淘汰。操作台或船上应搭建遮阳棚，一是避免阳光直射影响鲍鱼苗，二是改善操作环境。空笼清理掉附着生物后重新组装，晾晒3~4d后备用。

（二）潮间带养殖

早在20世纪70年代我国台湾、福建等地主要采用潮间带养殖杂色鲍鱼。近几年山东、辽宁部分养殖单位也用此种方式养殖皱纹盘鲍鱼，取得良好的效果。该方法可利用潮差自然纳水与排水，省去人工换水设备的能源消耗，养殖环境更接近鲍鱼自然生长条件，同时安全系数也比海上养殖高。目前主要采用以下几种潮间带养殖形式。

1. 围堰筑池式养殖

选择风浪影响小，水温适宜、水质优良、海底为不透水的平礁地质区围堰建池。池壁的上部（大约距池底1m左右）留有若干个进排水孔，以便于涨潮时自然纳水和落潮时排水，同时可保证低潮位时，池内留有1m左右深的海水。在向海一侧的池壁上要另建进排水闸门，用作大换水时使用，池底投放石块、水泥块、水泥板等物，建立人工鱼礁，提供鲍鱼栖息隐蔽环境。另外，人工鱼礁上生长的海藻，可提供鲍鱼生长优质饵料。该方法设施使用时间长、鲍鱼苗生长快、操作简单、节省人工，但一次性建筑投资较大、观察与采捕不方便。

鲍鱼的养殖密度与个体大小有关，皱纹盘鲍鱼壳长3~4cm的鲍鱼苗放养密度40~50个/m^2，直到养成；杂色鲍鱼壳长1.5cm的鲍鱼苗，放养密度为2500个/m^2，养殖过程中要多次疏散，至6cm时，养殖密度为250个/m^2，若养殖密度过大，会影响鲍鱼的生长。养殖过程中饵料主要以海带、江蓠等为主，一般不要投喂配合饲料，因为配合饲料会造成水质败坏。如果有条件，可在底部养殖江蓠或鲍鱼食用的藻类，这样不仅提供鲍鱼饵料，还可以增加溶氧、降低氨氮、改善水质。日常管理主要包括如下环节。

（1）勤观察

尤其是夏天高温和冬季低温季节，发现鲍鱼苗有异常现象要及时采取措施。当发现水温过高时应纳水，调节水温至鲍鱼生长的正常范围；周边海域有赤潮发生时应关闭闸门，防止赤潮污染养鲍鱼池。

（2）投喂饵料

主要以鲜、干、盐渍海带、江蓠等为主，鲜品好于盐渍品、盐渍品好于干品。投饵应以少量多次为原则。

（3）换水

以自然纳水为主，大汛潮时可进行大排大换，但冬、夏季特低和特高气温情况下应注意避免鲍鱼苗干露时间太长，造成鲍鱼苗冻、干死。特殊情况下可采用水泵抽水灌入池中以避免造成不必要的损失。

在上述养殖方式的基础上，有些养殖场（户）又进行了方法改进，如在池中放入网箱，鲍鱼苗放在网箱中养殖。该方法可防止鲍鱼逃逸及敌害侵袭，成活率明显提高，同时可集中投喂饵料，提高了饵料利用率。方法是先将上端敞开、规格为2.0m×2.0m×0.6m钢质框架的网箱放入池中，然后将石块按顺序摆入网箱底部，待移入鲍鱼苗后封闭网箱上端，并留有投饵观察口，投饵孔平时扎死，投饵观察时打开。日常管理同上。一般养殖周期为12～18个月，收获时将海水排干，解开网衣，搬动石头并取出成品鲍鱼，再将石头洗净，封好网箱以备下一周期使用。

2. 垒石罩网养殖

选择适宜的潮间带海区，用石块在海底按顺潮流方向堆放成长条形的石堆，每个石碓的底面积大约12～18m² 左右，中心高度70cm，在石碓的上面覆盖2层网片，以有效防止鲍鱼苗逃逸和敌害侵蚀。内层网片为9股的聚乙烯小网目网片，网目大小以阻止鲍鱼苗逃逸为原则。外层为90股大网目网片，它的作用是保护内层网。为防止网片松动，在石碓的周围用装砂的编织袋压牢。放养密度一般壳长1.3～3.0cm的鲍鱼苗800个/m²，当鲍鱼壳长达到5cm时放养密度为250个/m²。该方法投资少、成本低、养殖效果比较好。

（三）沉箱式养殖

本养殖方法最早在日本使用，后来我国南方也曾试验过，现在韩国南部沿海部分地区大量应用并取得良好效果。该方法的优点是养殖器材固定于海底，鲍鱼的生活环境安定，受气候变化的影响也小，鲍鱼壳表面附着生物少，壳面干净，鲍鱼生长速度快，成活率都较筏式养殖高。缺点是管理和收获不及筏式养殖方便。

1. 大型沉式网箱

网箱由钢质框架支撑，外覆尼龙网衣，规格可分为4.0m×4.0m×1.5m 和 2.0m×2.0m×1.5m 大、小2种，网箱的底部为水泥板，水泥板上放置石块等作为鲍鱼附着栖息场所。网箱顶部留有投饵口及长袖状的投饵通道，不投饵时将通道扎死。网箱底部四周要用锚链固定海底。养殖密度为1～2cm的鲍鱼苗100～800个/m²，以后随个体长大，要不断调整养殖密度。饵料以海藻类为主，7～10d 投喂一次。养殖过程中要及时清除残饵、粪便等污物，定期清除网箱上的附着生物，防止堵塞网孔，影响水交换，从而不利于鲍鱼的生长。

2. 水泥沉箱

圆柱形分为箱体与箱盖两部分，直径为1.2m，箱盖及箱体的底部、侧部留有孔，作为箱体内外水交换的通道。沉箱内一般有框架支撑的圆柱形网箱，起防止鲍鱼苗逃逸的功能。防逃网底部还放有6～7个水泥制的筒形附着器，为鲍鱼苗提供栖息隐蔽场所。沉箱在海底放置时，箱底与海底间需留有一定的间隙，利于水的上下流动和箱内废物的排出。该沉箱具有抗波性能好，箱内环境稳定、水交换好的特点。而且，由于箱内水流为上下流动，可以随时将残饵、粪便、浮泥等废物带出箱外。养殖密度与投饵和前面介绍的沉式网箱养殖基本一致。

（四）陆地工厂化养殖

陆地工厂化养殖是室内多层式水槽养殖，20世纪90年代在我国北方许多养殖单位使用这种养鲍鱼方式，具有占地少、便于集中管理、鲍鱼的生长快、生产周期短等优点，但也存在着投资大、养殖成本高、管理工作量大的缺点。

这种养殖模式的基本框架是有一栋多层养殖楼，每一层楼放置多层水槽若干个，配有滤水系统，保证日水循环量是培育水体的8～12倍。在此以日本技研共商（株）推出的年产10万个商品鲍鱼能力的成套养鲍鱼设施为代表介绍这套设备。3层式养鲍鱼楼一栋，每层设规格为6.0m×0.9m×0.45m 的2层式水槽24个，每个槽内可放0.8m×0.6m×0.4m 的网箱9个，网箱底部放1片附着板，为增大附着面积，附着板的背面多制成栅格状。每个槽日供水量30t（约等于培育水体的12倍）。滤水系统为自动反冲式快速过滤器4～6台，过滤器直径为 2.4m、高为 2.7m，滤材为微孔板，每台每小时滤量 100t，约 6～8h 自动反冲一次，每次反冲时间为 0.5h。我国辽宁、山东部分养殖单位在此基础上进行改进，厂房多为一层（少数也有 3 层），养殖水槽改为 3 层，少数 5 层以上。该方法由于其人工消耗大，能源耗费高而逐渐被淘汰。

南方有些养殖单位，利用水泥养成池进行养成，养成池规格为 6.0m×4.0m×1.8m。将硬质养鲍鱼笼密集、整齐排列于池中，流水饲养。该方法鲍鱼苗投放密度大、设备利用率高，管理集中，不受台风等影响，设施安全，产量高于渔排养成。但由于高密度的养殖方式，鲍鱼容易得病。

（五）底播增殖方法及条件

鲍鱼的底播增殖是将壳长 2.5cm 以上的鲍鱼苗撒播到条件适宜的海底，经 3～5 年的时间，鲍鱼苗自然生长到商品规格后，再回捕的一种增殖方式。由于鲍鱼的移动能力不强，一年间的移动距离一般仅数十米至数百米，若栖息条件适宜，饵料丰富，其移动范围有可能更小，所以适于底播增殖。影响底播增殖效果的因素很多，可概括为以下几点。

1. 增殖场所的条件

（1）水质条件

海水清澈，潮流畅通，受风浪影响小；附近无污染源及河川流入，水温适宜，周年最高和最低温度不会对鲍鱼成活造成影响，而且适温时间较长。常年盐度保持在 30 以上。

（2）底质条件

岩礁或者人工投放石块、混凝土构件等形成人工渔礁。

（3）饵料条件

由于不人工投饵，所以增殖场饵料条件对鲍鱼生长十分重要。饵料种类主要有：裙带菜、海带、鼠尾藻、马尾藻、鹅掌菜、孔石莼及浒苔等，数量比较多，能够保证鲍鱼常年摄食需要。

（4）水深条件

大潮干潮线下 2～4m 适宜。

2. 底播时间

一般选在水温适宜、鲍鱼苗摄食旺盛的春秋季节。以小汛期的平潮弱流时底播效果最好，在此条件下鲍鱼苗转移隐蔽快，可以免受敌害生物的吞噬，成活率高。

3. 底播密度

密度不宜太大，一般壳长 2.5～3.0cm 鲍鱼苗 4～6 个/m²，壳长 3～5cm 鲍鱼苗 3～4 个/m²。

4. 底播鲍鱼苗大小

小规格鲍鱼苗（壳长小于 2.5cm）活动能力较差，底播后很容易受到敌害生物的侵袭，对新环境的适应能力较差，温度等变化对其成活影响很大，所以最好选择壳长 3cm 以上的鲍鱼进行底播增殖。

5. 底播方法

潜水员将附有鲍鱼苗的波纹板放在礁石或海藻丛旁，放置时最好将有鲍鱼苗的一面向下，以便鲍鱼苗隐蔽；或将剥离后的鲍鱼苗盛入网袋内，由潜水员带到水下后散放到石板下或石缝中。2～5d 后鲍鱼苗大部分可自行转移。不要用直接播撒的方法，否则鲍鱼苗容易被鱼、蟹、海星等敌害生物吞食，成活率会明显降低。有条件的单位可请潜水员提前对增殖场内鲍鱼的敌害生物如海星等进行彻底清理。

三、扇贝

（一）栉孔扇贝

1. 养殖器材

浅海风浪较大，应采用延绳式笼养方式。每亩设三条主缆绳，每条主缆绳由长 80m，直径为 2cm 的聚乙烯绳构成。每条缆绳两边用竹桩固定，要求桩入泥 2m 以上，每亩共 6 支桩，顺流定置于海区。主缆绳上每隔一定间距吊浮球（泡）若干只，以能承受养殖器材重量为宜。主缆绳与主缆绳之间的间距为 5m。每条主缆绳上可均匀挂上扇贝笼 133 只，三条主缆绳可挂 400 只笼为 1 亩。扇贝笼选择 8 层笼为宜．每层间距为 13～15cm，底板为塑料圆盘，直径 29cm。扇贝笼分暂养笼和养成笼两种，暂养笼网眼小，是用 16～18 目机器网围成，养成笼网眼大，网眼长为 2.8cm 左右，用 18 股聚乙烯编织网围成，呈圆柱形。扇贝笼北方有售。

2. 养殖方法

（1）苗种运输

一般在 10 月中下旬，选择阴天或傍晚左右运输较好。尽量避开中午高温和阳光直射，严禁气温较高或较低的季节运输苗种，以免造成苗种大量死亡。

（2）养殖管理

海上管理，是扇贝养殖的关键。当苗种运到海区后，若扇贝苗壳长在 1.5cm 以内，应先放在 30 目以上网袋暂养，1.5cm 以上的苗或长到 1.5cm 以后，可直接或及时分到 16～18 目暂养笼中暂养，暂养笼每层苗数量控制在 500 粒左右，即一笼为 4000 颗。当长到 2.5cm 以上，再及时分到养成笼中养殖，养成笼每层放苗量则应控制在 40～50 粒左右，即一笼为 400 颗，太多会影响扇贝生长，太少又浪费养殖器材。整个养殖过程中，一要做到分苗及时，这是提高产量的最有效方法。分苗时要强调在遮阴场地进行，不准露天分苗，要求干露时间越短越好，分好的苗要及时挂回海区，最好干露时间不要超过 1h。二要经常洗刷笼子，清除淤泥和附着生物。三要经常添加浮子，以免贝类生长增重后主缆绳下沉，扇贝拖泥死亡。四要经常检查养殖设施，做好安全工作，并做到每日记录日常管理，定期测量贝类生长情况等。当水温偏高时，在水位较深的海区，可将养成笼吊养到 5m 以下水位，既可避暑，又可减少附着生物附着，又能起到抗风浪作用。

3. 收获

10 月份放苗到翌年 6 月份，经过 8 个月的养殖，一般扇贝可达壳长 7cm 左右，即可收获。最适的收获季节应选择在台风前 6 月中旬开始，到台风来临前全面起捕完毕。

（二）华贵栉孔扇贝

1. 养殖设施

筏架设置：每片的养殖筏架以 10 亩为宜。每 4 台为 1 亩，每台行距为 4～6m，每台朝向与潮流平行，每 40 台为 1 片，每片之间留一操作航道 8～12m。材料主要有：木桩、浮缆和浮球。养殖网笼（袋）：①幼贝育养网袋：采用 1mm、1.5mm、2.0mm 目径三种，前两种供出池幼贝使用，后一种为中间进行分苗用；②中贝养成网笼：用聚乙烯单丝 1×3，编制成网目 1.3cm 网片，缝制成直径 30cm、高 1m 圆柱形网笼，中间分隔为 7 层（每层各扎一个塑料网环）；③成贝养成网笼：用聚乙烯单丝 4mm×3mm～5mm×3mm，编制成网目 3cm 网片，缝制成直径 30cm、高 1.2m 圆柱形网笼，中间分隔为 7 层（每层各扎一个塑料网环，如图 13-6 所示）。

2.饲养分笼

（1）种苗中间育成

① 浮筏培育：当水池幼贝培育至壳长1.8~2.0cm左右时，即移入海区浮筏吊养，进行种苗培育。每个网袋放入幼贝6000~8000粒，网袋底部结附150g重卵石作为坠子，以防止网袋漂浮于水面。种苗育成阶段，吊养水层控制在60~80cm。

② 种苗疏养：幼贝下海筏式培育20~30d，一般个体已增至0.5cm以上，这时应进行1次疏养，每笼放入幼贝2000~3000

图13-6　扇贝笼

粒，经40d培育，约有30%幼贝个体增长至1.5cm以上，可作为种苗，并进行分笼疏养，余下幼贝重新装入网袋继续挂养。约再经过20d左右，又有40%个体增长至1.5~2.0cm，即进行第2次疏养。

（2）中贝养成

把1.5~2.0cm种苗疏养入网目1.3cm圆柱形网笼，每层放入种苗350~400粒，每串装苗2450~2800粒，吊养水层控制在80~100cm，冬季低温阴雨阶段（水温15℃以下），适当降低吊养水层至1~2m。种苗经海区吊养60~80d，壳长增至3~4cm即为中贝。

（3）成贝养成

壳长3~4cm的中贝，应重新换笼1次，改用网目3cm圆柱形网笼。每层放入3cm以上中贝40~45粒，直至养成不再分笼。分笼疏养过程中，将贝取出，操作上要谨慎，以免损伤足部，同时要避免过长的干露作业时间。养成期间，吊养水层控制在100~120cm，夏秋藤壶大量繁殖季节，应适当降低吊养水层至1~2m，经1年的吊养，一般壳高达6~7cm以上，即为商品贝。

3.日常管理

① 幼贝移入海区暂养期间，应适时洗刷网袋，清除淤泥堵塞网目，要特别注意检查网袋（笼）是否破碎，以防蟹类及敌害螺类进入伤害幼贝。

② 扇贝在养殖期间，由于个体不断长大，要及时添加浮力，防止浮架下沉。

③ 夏季台风季节，必须对养殖台架等设施加固，将扇贝养殖水层降低至水深2m以上。

4.收获

每年12月至翌年1月，扇贝壳高达6cm以上，个体重70g以上，即采取整串收获，集中用船运往岸上处理。运输以竹箩或编布袋装贝，采用活体干运。冬季运输时间8h以内，运输过程中，应保持车、船清洁卫生，无其他污染物，并保持贝体湿润，不得雨淋、风吹、日晒。

（三）海湾扇贝

1.养殖的主要设施

采用的是筏式笼养方法，主要设施有：底橛、埂绳、塑料浮子、暂养网袋、附着基、养成笼、沉石、套网。

2.养殖管理

将运来的贝苗装袋，立即垂吊到海区的养殖筏上。暂养10~15d。待贝苗长至0.4~0.5cm后，可入暂养笼进行分疏暂养，每袋装苗500~1000粒。每袋贝苗长至1~1.5cm时及时分苗入养成笼。养成笼垂吊间距在1m左右，上层笼的深度应掌握在水面下50~150cm

左右，最底层不能接触海底，因为触底容易引起扇贝窒息死亡。在养殖过程中，笼上往往会附着大量的低等生物及藻类，造成水流不畅、饵料减少，严重影响扇贝的生长，因此为了保持养成笼清洁，利于水体交换，要每隔半月，洗刷笼子一次。

养殖前期由于贝苗小，网笼轻，为增加其稳定性，应在网笼下加砖块，使网笼垂直。但随着贝苗的生长，加上附着物的增多，网笼加重，筏架负荷增大，为了保持合理水层，防止沉筏，应及时调整浮力，去掉砖块，增加浮球。因扇贝是适温生长，所以分苗时间宜早不宜迟，早分苗有助于增加个体重量和提高产量。一般6月下旬至7月中旬进行分苗，这时贝苗壳高已长到1cm左右。分苗方法：把贝苗从暂养网袋内洗刷到较大容器中，贝苗到一定数量时，用筛子在另一容器内进行筛选；筛苗时，筛子不要露出水面。在筛选时经常用手搅动贝苗，直到贝苗不漏为止，筛网孔径要比养成笼套网孔径大1～2mm，把筛出的大苗计数装入养成笼，一般每层笼放贝苗30～60个，并缝合笼口，套上套网，吊于养殖筏上。整个操作过程必须注意两点：一是要在阴凉场所进行，如果气温高，最好是早晚气温低时进行；二是动作要快，就是使贝苗离水时间最短，减少干露时间，防止贝苗脱水死亡。分苗后因为网笼网孔较大，为防止贝苗流失，故外面加套网（0.6～0.8cm的聚乙烯塑料拉网），但随着贝苗的生长，套网阻水影响水体交换，所以在养殖中期要扒去套网。但扒去套网的时间不宜过早，因为前期贝苗小，滤水量小，套网不影响生长；在贝苗约3cm左右时去掉套网，此时扒掉套网可带走大量附着物，利于扇贝后期的快速生长。

3. 收获

海湾扇贝的收获时间是11月中旬至12月上旬，此时肥满度最好，鲜贝出肉率为30％左右，鲜闭壳肌出品率为11％～12％。

（四）虾夷扇贝

1. 养殖设施准备

养殖用撅子应在1.5m以上，撅腿用聚乙烯大缆，筏架可用聚乙烯缆，也可使用朝鲜麻。网笼规格应在2cm以上网目，层数以20层为主，盘径为34m。

2. 筏架的设置

选择风浪小，流速适宜，海况条件相对稳定的海区布置养殖区，筏架横流设置，这样有利于虾夷扇贝生长和提高成活率，同时避免养成笼互相缠绕。

3. 养成管理

每年3月份进行1次倒笼分苗，将大规格苗种（4～5cm）按每层13～15个，分进网目3～4cm的养成笼，每笼加2～2.5kg坠石，挂入养殖区。倒笼分苗工作应在海上进行，晴天作业必须有遮阴篷，作业时间要短，动作要快，尽量减少干露时间，提高成活率。虾夷扇贝筏式养殖水层控制在5～6m，夏季可适当降低水层，以减少贻贝、牡蛎的附着。水温升至22℃以后要尽量避免海上操作，以免受到高温刺激造成大量死亡。进入10月份以后进行第2次倒笼，把虾夷扇贝（7～8cm）按每层10～11个装入新养殖笼，将原笼换掉。原笼处理掉贻贝、牡蛎、杂藻后可重新使用。随着负荷的增加，要及时添加浮力，防止沉筏。注意吊绳的绞缠和吊绳脱落现象，及时调整吊绳状态。要及时清除网笼上的贻贝、牡蛎、藻类等附着杂质，保持网笼内外水流畅通。

4. 收获

第二年6月份以后，水温升至15℃以上，肥满度最大时，可收获销售。

四、河蚌（育珠蚌）

一般以采用网笼和网夹吊养为好。育珠蚌壳长14cm以下的，采用网笼（养殖幼蚌的网笼撕掉底部薄膜即可）养殖。每只笼的放养量以每只蚌都能平铺接触笼底为宜。开始每笼可放 20 只左右，以后随着蚌体增长而逐步分稀。待育珠蚌长到 14cm 后，最好采用网夹（网夹由一根长 45cm、宽 2cm 的竹片及网袋组成。竹片两端钻孔，穿扎吊线，竹片中间用聚乙烯网片做成长方形网袋，网袋长 42cm，高 15cm）养殖。将蚌腹缘朝上，背缘向下，整齐排列，每个网袋可放蚌 3 只。后期利用网夹吊养，以控制蚌体营养生长，促进珠质分泌，提高珍珠质量。

育珠蚌吊养密度应根据水体条件确定，如果池塘水肥，可适当多吊养。一般网笼养殖阶段的吊养密度为 15000 只/hm²，网夹养殖阶段的吊养密度为 9000～12000 只/hm²。育珠蚌应吊养在饵料生物最多的水层，还应根据季节变化调节吊养深度，冬、夏季可适当深吊，春、秋季可适当浅吊。网笼与网夹吊养均可实行鱼、蚌混养，充分发挥水体的生产潜力。以育珠蚌为主的池塘应以放养草鱼为主，鱼的放养密度应比单养时少 1/2。

日常管理首要先要加强水质管理，保持水质肥爽，定期追施肥料，水体的透明度保持在 30cm。其次，要做好病害防治，当气温在 25℃ 以上时，每月用 3% 的食盐水或 0.11% 的高锰酸钾溶液浸洗蚌体 1 次，每次浸洗时间为 3～5min。同时，要经常检查，发现死蚌及时隔离；并坚持一个季度洗刷 1 次蚌体，除去蚌体上的青苔、螺蛳等附着物；捕捉蟹、虾、鳖、水老鼠等敌害，及时拔除野生草。另外，每月用生石灰 150～300kg/hm² 溶于水均匀泼洒，防止细菌性病原体危害。

第四节　甲壳类原料品质鉴定

一、感官检验

表 13-1 列举了几种贝类的感官检验描述。

表 13-1　贝类感官检验

品名	新鲜	不新鲜
煮贝肉	色泽正常有光泽，无异味，手摸有滑感，弹性好	色泽减退无光泽，有酸味，手感发黏，弹性差
赤贝	深或浅黄褐色	灰黄或浅绿色
海螺	乳黄色或浅姜黄色，局部玫瑰紫色斑点	灰白色
杂色蛤	浅乳黄色	灰白色
蛏肉	浅乳黄色	灰白色
田螺	黑白分明或呈现固有色泽	黑白部分变灰黄，白色部分变黄白色

二、理化检验

与鱼类理化检验类似，参考第十二章。

三、贝毒生物检验

目前尚无统一的可行的检测方法。我国商检采用日本官方承认的小白鼠试验法（SC/T 3023《麻痹性贝类毒素的测定生物法》，SC/T 3024《无公害食品腹泻性贝类毒素的测定生物法》），采用腹腔注射贝类提取物，可使小鼠 24h 致死的最低数量为 1Mu（mice unit）来定量计算贝类食品的 Mu 数。小白鼠试验最低检出量为 0.05Mu/g，腹泻性贝毒（DSP）对人最低致病量为 12Mu。

四、鱼贝类鲜度的保持方法

鱼贝类的特性是鲜度容易下降，腐败变质迅速，这是因为鱼贝类死后的僵硬、解僵以及自溶等一系列变化进行快；鱼贝类结缔组织少，肉质柔软，水分含量高，体内组织酶类活性强，蛋白质和脂质比较不稳定的缘故。此外，渔业生产的地区性、季节性强，品种和数量多，并受到贮藏、运输条件的限制，因此从海上、渔区到销售地的全过程中，对鱼贝类加强保鲜就显得十分重要。如果用鱼贝类作为水产加工品原料时，鲜度下降就不可能生产出好的加工产品。例如，加工干制品、腌制品时会发生干瘪、变色、而且味道不好的情况；调味加工品，则形态损伤，光泽变差；罐头制品，则罐内物发生变色和异臭；加工鱼糜制品，则弹性下降。特别是鱼贝类的脂肪含有多不饱和脂肪酸，容易自动氧化，其过氧化物分解的产物和鱼贝类鲜度下降时生成的低分子含氮物质共同作用，会产生异味、异臭，就不能作为加工原料使用。因此对水产加工来说，鱼贝类原料鲜度的保持是必须考虑的首要问题。

鱼贝类的保鲜通常是用物理或化学方法延缓或抑制生鲜鱼贝类的腐败变质，以保持其新鲜状态与品质。保持其原有的鲜度质量、食用质量与商品价值。保鲜工作中应考虑一切影响食用价值和商品价值的各种因素，包括细菌腐败、脂肪氧化、蛋白质变性、鱼体死后变化对鲜度质量的影响及其他物理和化学因素引起的鱼贝类质量变化等。鱼贝类保鲜的方法有低温保鲜、电离辐射保鲜、化学保鲜、气调保鲜等，其中使用最早、应用最广的是低温保鲜。

低温保鲜在现代人工制冷技术发明以前，主要限于寒冷地区、季节使用天然冰雪或天然冷冻来保持鱼贝类的鲜度。天然冰在水产品保鲜历史上占有突出地位。根据历史的记载，我国元朝渔民出海捕鱼，就已在船上装有天然冰。19世纪80—90年代，俄罗斯、西欧、美国开始将人工制冷的低温保鲜用于水产品的保藏运输。直到20世纪40年代，随着冷冻冷藏技术的不断改进，扩大了低温保鲜的使用规模，形成了海上生产用冰、陆上贮藏运输用冷冻的水产品保鲜体系。20世纪50年代后，世界渔业捕捞生产从近海转向远洋，直接在船上冻结已成为渔获物保鲜不可缺少的条件，并促进了岸上冷冻保鲜的发展。

现在国内装有冷冻与冷藏设施的捕捞船、加工船和运输船迅速发展，远洋渔业生产的渔货质量也能得到保证。近海作业的渔船除了带冰出海外，同时装上制冰设施和保温舱，提高了冰藏保鲜的效果。此外还在船上发展了冷海水和微陈保鲜技术，延长了渔货的保鲜期。

电离辐射保鲜和气调保鲜可用于延长非冻结贮藏鱼贝类的保鲜期。抗氧化剂等化学保鲜，可用于防止鱼贝类在冻结贮藏时脂肪的氧化变质。

复习思考题

1. 我国扇贝的主要养殖品种有哪些？
2. 鲍鱼养殖主要有哪些方法？
3. 试比较牡蛎、鲍鱼、扇贝和河蚌养殖方法的异同点。

第十四章 甲壳类产品生产

重点提示： 本章重点掌握我国甲壳类主要养殖品种、甲壳养殖环境要求和甲壳类养殖方法等内容；通过本章的学习，能够基本了解甲壳类产品生产过程和质量安全控制方法，为生产优质安全的甲壳类产品奠定基础。

第一节　我国甲壳类主要养殖品种

一、南美白对虾

南美白对虾（图 14-1）学名凡纳滨对虾（*Penaeus vannamei*），又称凡纳对虾，曾翻译为万氏对虾，除南美白对虾外还俗称白肢虾、白对虾，属节肢动物门、甲壳纲、十足目、游泳亚目、对虾科、对虾属、*Litopenaeus* 亚属，外形酷似中国对虾，平均寿命至少可以超过 32 个月。成体最长可达 24cm，甲壳较薄，正常体色为浅青灰色，全身不具斑纹。步足常呈白垩状，故有白肢虾之称。

南美白对虾是广温广盐性热带虾类，原产于南美洲太平洋沿岸海域，生长气候带热带、亚热带、暖温带、温带海域，分布于太平洋西海岸至墨西哥湾中部即主要分布秘鲁北部至墨西哥湾沿岸，以厄瓜多尔沿岸分布最为集中，生命周期一年。南美白对虾适应能力强自然栖息区为泥质海底，水深 0～72m，能在盐度 0.5‰～35‰ 的水域中生长，2～7cm 的幼虾，其盐度允许范围为 2～78‰。能在水温为 6～40℃ 的水域中生存，生长水温为 15～38℃，最适生长水温为 22～35℃。对高温忍受极限 43.5℃（渐变幅度），对低温适应能力较差，水温低于 18℃，其摄食活动受到影响，9℃ 以下时侧卧水底。要求水质清新，溶氧量在 5mg/L 以上，能忍受的最低溶氧量为 1.2mg/L。离水存活时间长，可以长途运输。

适应的 pH 值为 7.0～8.5，要求氨氮含量较低。可生活在海水、咸淡水和淡水中。刚孵出的浮游幼体和幼虾在饵料生物丰富的河口附近海区和海岸潟湖软泥底质浅海中的低盐水域（4‰～30‰）觅食生长，体长平均达到 12cm 时开始向近海洄游，大量洄游是在一个月的最低潮时，与满月和新月的时间相同。养殖条件下，白天一般都静伏池底，入暮后则活动频繁。南美白对虾壳薄体肥，肉质鲜美，含肉率高，营养丰富。在养殖上，南美白对虾具有个体大、生长快、营养需求低、抗病力强等优点，对水环境因子变化的适应能力较强，对饲料蛋白含量要求低，出肉率高达 65% 以上，离水存活时间长，是集约化高产养殖的优良品种。由中国科学院海洋研究所从美国夏威夷引进此虾，并在全国各地推广养殖，目前我国江苏、广东、广西、福建、海南、浙江、山东、河北等省或自治区已逐步推广养殖。现在该虾是世界上三大养殖对虾中单产量最高的虾种。

二、斑节对虾

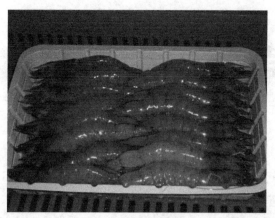

图 14-1　南美白对虾

斑节对虾（*Penaeusmonodon Fabricius*）俗称鬼虾、草虾、花虾、竹节虾、斑节虾、牛形对虾，联合国粮农组织（FAO）通称大虎虾，属节肢动物门、甲壳纲、十足目、对虾科、虾属。斑节对虾是对虾属中的大型种，在世界上分布甚广，从太平洋西南海岸至印度洋大部分区域，包括日本南部、朝鲜、菲律宾、印度尼西亚、马来西亚、新加坡、泰国及澳大利亚等，并沿着印度的沿海区域延伸，包括孟加拉、印度、肯尼亚、斯里兰卡、巴基斯坦、坦桑尼亚、南非等国。我国的台湾省、海南、广东、广西、福建、浙南部以及香港、澳门地区水域均有分布。斑节对虾个体大，是对虾中个体最大的一种，发现的最大个体长达 33cm，体重 500～600g。成熟虾一般体长 22.5～32cm，体重 137～211g，肉质细嫩，滋味鲜美，营养丰富，是人们喜欢的高蛋白、低脂肪的食品，该虾营养价值与其他主要虾类相近。其生长速度快、食性杂、养殖周期短、适应性强，可耐受较长时间的干露，故易干活运销，世界上很多国家都有开展养殖，为当前世界上三大对虾养殖品种中养殖面积和总产量最大的品种。我国南方的广东、海南、广西、福建的南部地处亚热带，气候温和，雨量充沛，滩涂辽阔，都适宜养殖斑节对虾，可以养两茬。一般天然捕获的斑节对虾，体色较为鲜艳，呈暗褐色，其背部通常有 9 条极为明晰的白色横带，有的在背部还有呈赤褐色的纵带。鱼塭及池塘养殖的斑节对虾，呈草绿色、黑褐色或黑色，上述的白色横带不明显。斑节对虾为广温广盐性虾类。据试验，在水温 26～31℃中养殖的斑节对虾，即使每小时改变水温 2℃，在 10～38℃之间仍然生活良好。在养殖中，一般水温不降至 12℃以下，斑节对虾就不会死亡，相反，在盛夏时，亦能耐高温到 33～35℃。斑节对虾在盐度 5～50 中，均能进行渗透压调节。头胸甲长 1.6～2.0mm 的后期虾苗，24h 的耐盐极限为 58，以后随着成长，耐盐性也随着增加，到了头胸甲长 4.9～7.5mm 的幼虾，耐盐性可高达 75，这个数值显示出斑节对虾比其他虾类更能适应广范围的盐度。但养殖中盐度不宜过高，否则生长缓慢，经试验，最适宜斑节对虾生长的盐度范围是 10～25，而且越接近 10，生长越快。

三、中国对虾

中国对虾（*Fenneropenaeus chinensis*）又称中国明对虾，俗称明虾或大虾，个体大，过去在北方以一对论价，因此称为对虾，是我国的特有品种。中国对虾雌雄体色不同，雌虾体长 18～23cm，体重 70～150g，最大体长达 26cm，体重 210g，成熟后体色呈青色，也称青虾；雄虾小，体长 15～20cm，体重 70～150g，体色呈黄褐色，故称之为黄虾。原天然对虾主要分布在黄海、渤海和东海北部，以及少量分布在广东珠江至阳江闸坡沿岸。近几年沿海重视中国对虾苗放流，现在我国沿岸几乎都可以捕到。它具有生长快、对盐度适应范围广、肉质鲜美等优点，是我国北方主要养殖品种，也是世界三大对虾养殖品种之一。中国对虾的耐温范围是 4～38℃，其生活区域的水温大致在 8～30℃，越冬场的最低水温有时可达 6℃左右。中国对虾的最适生长水温在 18～30℃之间，水温为 25～30℃时生长最快，水温超过 35℃时引起不适应，38℃时不能正常活动，39℃即死亡。水温降至 3～4℃时即不能游动，侧卧水底，久之便会死亡。越冬对虾的适温范围是 7～11℃，以 9～10℃ 时为最适。在人工越冬条件下，雄虾对于温度的适应能力比雌虾差。中国对虾对水温突变有较强的适应能力，把生活在 23℃ 水温中的仔虾突然移入 15℃ 水中时，仔虾可以正常存活。在缓慢降温的条件下，成虾在 2℃ 左右生活数小时后也能恢复正常。

中国对虾是广盐性水生动物，具有较强调节渗透压的能力。在自然条件下，对虾产卵、胚胎发育、幼体发育，都是在浅海中完成的，盐度一般在 20～28。仔虾则在河口附近盐度约 18 的区域觅食生长。幼虾长到 8～9cm 时，便逐渐向较深的海区移动，盐度为 30～34。中国对虾的一生，是随着不同的生长发育阶段，在不同盐度的水域中度过的。在人工条件下，对虾的耐盐范围很广，它能在盐度为 40 的盐田贮水池和盐度为 1.5 左右的低盐海水中生存和生长，在逐渐驯化的条件下，甚至可以适应更高或更低的盐度。但是，当盐度降至 0.25 时，对虾身体会很快变白，不久即死亡。在纯淡水中，中国对虾不能生存。对虾对盐度突变的适应能力较强，生存于盐度为 28.5 的仔虾，对盐度的适应范围为 5～30.6，生存于盐度为 15 的仔虾，对盐度突变的适应范围是 8.35～25。将 7～9cm 的幼虾从盐度为 31.8 的海水中直接移入盐度为 15.9 的海水中，24h 之内，即有 2/3 的个体尾部变白，陆续死亡。因此，最适生长盐度 8～25，生存盐度 1～40。食性广，适应性强，摄食量大，喜食蛋白质含量高、脂肪和糖类含量低的食物。

自然海中的中国对虾的食性和食物组成是随着生长而变化的，渤海湾中国对虾的幼体阶段是以 10μm 左右的多甲藻等浮游生物为主要食物，其中多甲藻占食物组成的 86.1%，其次为硅藻，占 13.3%。硅藻中以壳长 20～70μm 的舟形藻为多，另有少量的圆筛藻、斯氏根管藻及新月菱形藻；体长 6～9mm 仔虾食物组成中多甲藻出现率下降，而以底栖的舟形藻为主，占食物组成的 71.5%，其次是曲舟藻和圆筛藻，也见到少量的动物性饵料，如桡足类及其幼体、双壳类幼体等等；幼虾则以小型甲壳类如介形类、糠虾类、桡足类、端足类为主要食物，还摄食多毛类及软体动物的幼贝或幼体等；成虾主要以底栖的甲壳类为主，出现率在 80% 以上，另食多毛类、蛇尾类、小型双壳类及腹足类等小型动物，此外，在虾胃中还常发现少量的植物碎片及种子、砂粒等。

四、河蟹

河蟹（图 14-2），又称螃蟹、毛蟹、清水蟹、大闸蟹等，属于节肢动物门、甲壳纲、十足目、爬行亚目、方蟹科、绒螯蟹属。目前在我国养殖的主要为中华绒螯蟹（*Eriocheir sinensis*）。河蟹的身体分为头胸部、腹部和胸足三大部分。头胸部由头部和胸部愈合而成，是河蟹身体的主要组成部分。头胸部背面覆盖着一层凹凸不平的坚硬背甲，即头胸甲，俗称蟹兜。头胸甲多呈墨绿色，平均长 7cm，宽 7.5cm，腹面灰白色。身体前端长着一对眼，侧面具有两对十分尖锐的蟹齿。河蟹最前端的一对附肢叫螯足，表面长满绒毛；螯足之后有 4 对步足，侧扁而较长；腹肢已退化。河蟹的雌雄可从它的腹部辨别：雌性腹部呈圆形，雄性腹部是三角形。河蟹喜欢栖居在江河、湖泊的泥岸或滩涂的洞穴里，或隐匿在石砾和水草丛里。河蟹以掘穴为其本能，也是河蟹防御敌害的一种适应方式。河蟹掘穴一般选择在土质坚硬的陡岸，岸边坡度在 1∶0.2 或 1∶0.3，很少在 1∶（1.5～2.5）以下的缓坡造穴，更不在平地上掘穴。

河蟹食性很杂，在自然条件下以食水草、腐殖质为主，嗜食动物尸体，也喜食螺、蚌子、蠕虫、昆虫，偶尔也捕食小鱼、虾食物匮乏时也会同类相残，甚至吞食自己所抱之卵，河蟹一般白天隐蔽在洞中，夜晚出洞觅食。在陆地上，河蟹并不太摄食，往往将岸上食物拖至水下或洞穴边，再行摄食。周年中河蟹除低温蛰居暂不进食外，即使冬季洄游也照常摄

图14-2 河蟹

食。在水质良好，水温适宜，饵料丰盛时，河蟹食量很大，一昼夜可连续捕食数只螺类，刚蜕皮的软壳蟹，肢残个体，也常遭受侵害，但河蟹耐饥能力也很强，断食10d乃至半月不食，河蟹也不致饿死。在人工养殖条件下，根据河蟹生长发育所需，在投喂饵料的掌握"精-粗-精"的结构，有利于河蟹生长。天然条件下，在淡水中生长发育至成熟的河蟹（一般为1～2秋龄），近秋末冬初时便开始成群结队离开原来生长发育的栖息场所向通海的河流汇集，沿江河而下，到达河口浅海区交配繁殖，这就是河蟹生活史中的生殖洄游。我国河蟹生殖洄游的时间大致在每年的8月份至12月份，北方略早于南方，长江流域的高峰期出现在霜降前后。河蟹交配产卵的盛期集中在每年的12月份到次年的3月上中旬，海水盐度的刺激是河蟹交配产卵的必备条件。雌蟹的怀卵量因个体大小而异，一只体重在150～200g的雌蟹，第一次产卵时的怀卵量一般在40万～60万粒，有的甚至能够达到90万粒左右；但同一只河蟹在第二次和第三次产卵时，其数量明显比第一次少。

第二节　甲壳类养殖环境要求

一、南美白对虾

南美白对虾体型与中国对虾酷似，在人工养殖条件下，一般可达11～13cm。南美白对虾为广盐性热带虾类，常栖息在泥质海底，白昼多匍匐爬行或潜伏在海底表层，夜间活动频繁，喜静怕惊。养虾用水为无污染的河水或与经曝晒过的井水混合后使用，水质的主要技术指标为：pH值7.6～8.6，水温为16～35℃（渐变幅度），盐度0.5～40‰（渐变幅度），氨氮<1mg/L，溶解氧>5mg/L，其他指标应不超过国家规定的渔业水质标准。

二、斑节对虾

养虾场地应选择在潮流畅通，无工业污水污染，盐度8～30，pH值7.8～8.7，溶解氧5mg/L以上，硫化氢测不出，铜、汞、锌等有害质物质浓度合乎国家规定的渔业水质标准，饲料生物资源丰富，交通方便，电力供应正常，地势平坦，底质为泥沙，施工方便，海淡水供应充裕，排洪畅通的地方。养虾池应建成长方形，长宽之比为5∶1～8∶1，潮差式精养土池每口池面积以2/15～1hm²为宜，面积太大，不易管理，产量较低。每口虾池要设排灌水闸，闸门宽度1.0～1.5m，每个墙设三道闸槽，中间槽安装闸板，内外槽安装闸网，闸底低于池内最深处，以便排净池水，有利于清池和收虾。池水深度应保持在1.0～1.5m，若池子较浅，温度变化幅度过大，不利于斑节对虾的生长。

三、中国对虾

虾场最好建在中、高潮线或高潮线以上2～5m的海区滩涂，能排干水。海区水质无污染，盐度为8～28，场地最好选择有淡水水源，以利于虾池水质调节。每个虾池面积0.1～

14hm² 都可以进行养殖，因地制宜，以 0.34～0.67hm² 为好，面积小的虾池较易管理，养殖成功率高。对一些较大面积的虾场，其各个虾池的布局按沿着进水渠道作"非"字形排列。进水口和排水口要分开，且相隔较远。虾池一般为圆形、似圆形，或长方形，长宽比约为 3：2。虾池底质最好是沙质，较好是沙泥或泥沙或石质。池底要求平坦，无坑洼不平现象。对于排干池水后还有积水的低洼处要以新沙填平，避免使用原塘泥沙。有条件的最好在池底上铺上一层厚度 5～20cm 的沙层。这对于塘底原是碎石、烂泥的虾塘，是有效的处理方法。虾池水深设计水深为 2.5m，日常水位保持在 1.5～1.7m，应急水位增至 1.8～1.9m。在池堤的对面设置排灌渠道，排、灌分开、排水口较低，进水口较高。排、灌渠道的排灌量，是在涨退潮允许的情况下，4h 内能排、灌全池水量的 2/3 以上，而且池水可以全池排干。如果在最低潮汐退潮时不能排干池水的，则不宜作为养虾虾池。

四、河蟹

河蟹对水体水质条件的要求比鱼类高，尤其对污染的水体具有更大的敏感性，池水水质好，利于河蟹的生长发育且肉味鲜美，养蟹池水 pH 值应保持在 7～9，最适 7.5～8.5，池水溶氧保持在 5mg/L 以上，低于 5mg/L 以会影响生长，在 2mg/L 以下便会出现河蟹死亡。新开挖的池塘，水质大多呈酸性，要定期用生石灰浆泼洒改良水质，调整池水的 pH 值，这样能提高河蟹对饲料的利用率，有利于河蟹顺利蜕壳。养殖池塘要求水源充足，进排水方便，水质良好污染，选择黏土、沙土或亚沙土，通气性好，有利于水草和底栖昆虫、螺蚌、水蚯蚓等生长繁殖，老池塘要彻底清淤，淤泥不超过 20cm 为好，池塘面积不宜太小。池塘水深常年保持在 0.6～1.5m 左右，各处水深不一，最浅处 10cm，池中可造数个略高出水面的土墩，即蟹岛，岛上可移植水生植物，池塘不要太陡，坡比一般在 1：1.5 以下，否则，河蟹易掘穴，且不利于晚间爬出水面活动。也可建造人工洞穴。

第三节　甲壳类养殖方法

一、南美白对虾

（一）放养前的准备工作

放养前的准备工作包括排干养虾池、蓄水池、沟渠内的积水、清洗塘底（高压水枪）、封闸晒池（翻晒沙底式暴晒）、修护堤坝、清整沟渠、安装闸网、清淤除害、过滤进水、繁殖基础饵料以及购苗、运输等。上述工作时间性强、工作量大，需要一环紧扣一环，认真踏实做好。如果一个环节稍有疏忽，会造成以后工作的被动，甚至造成养虾生产的失败。海水虾类育苗水质要求见表 14-1。

表 14-1　海水虾类育苗水质要求

项目	指标	项目	指标
汞(Hg)/(mg/L)	≤0.00005	锌(F)/(mg/L)	≤0.005
砷(As)/(mg/L)	≤0.02	六六六/(mg/L)	≤0.0004
铅(Pb)/(mg/L)	≤0.005	马拉硫磷/(mg/L)	≤0.0005
铜(Cu)/(mg/L)	≤0.005	石油类/(mg/L)	≤0.005
镉(Cd)/(mg/L)	≤0.05	氰化物/(mg/L)	≤0.002

注：引自中华人民共和国国家标准 GB/T 21673—2008。

（二）苗种选择

苗种的选择至关重要，尽量选择规格相近、单体健壮、体色透亮、游动能力强、胃肠内食物饱满、无畸形、无附着物、无斑点的苗种。

（三）虾苗放养

虾苗放养一般选择早晚进行，避开高温或雨天等不利天气。虾苗放养前进行 1d 的暂养试验，如未出现虾苗死亡的现象，方可将虾苗苗袋放入池塘，平衡水温后放入虾苗。如果出现死苗现象，则应查清原因，采取相应措施后再行放苗。放养密度控制在 75 万尾/hm² 左右。

（四）饵料控制

虾苗的饵料分为前、后 2 个时期，前期不需人工投喂，以池塘中天然饵料为食，主要为轮虫和枝角类浮游生物，中后期才需投喂人工配合饵料，应选择营养丰富、黏合度好、粒径适当的颗粒饵料，蛋白质含量在 40% 左右为佳。采取人工投饵的饲喂方式，沿池边均匀投喂，每次投喂的量不宜过多，平均每天 4～6 次。放苗后的 1 个月之内，每天投喂 4 次即可。随着对虾的不断增长，要适量增加投饵量，投喂次数也从每天 4 次增加到 6 次，下午投喂量占全天的 60% 左右。投喂量为池虾总重量的 3%～5%，并根据天气、温度、水质的变化以及对虾的活动情况适当进行调整。

二、斑节对虾

（一）放养准备

新挖的虾池，应及早放水浸泡，待池中的 pH 值稳定后再消毒；而对于旧虾池，则在收虾后，就应将池内积水排净，封闸晒池，并清除池中污泥和杂草，再消毒。消毒前，要把池中的水尽量排出，计算出积水体积与就泼洒的面积，确定用药量。目前用于消毒的药物主要有鱼藤精、茶籽饼、生石灰、漂白粉、氨水、巴豆等。

（二）虾苗放养

1. 放养时间

基础饵料繁殖起来后，就可以放苗养殖了。放养时间应视天气而定，闷热时及大雨后不宜放养，天晴日暖时，在上午 8:00—10:00 或傍晚放苗较为适当。

2. 放苗操作

在放苗前需测定养殖池的水温和盐度，避免与育苗池的水温和盐度相差太大而引起死亡。若水温差异较大时，可将装有虾苗的袋子直接放入养殖池中，待其水温达到平衡后，再放苗；若盐度相差较大时，可将养殖池水灌入虾苗袋中，片刻后再倒出，再灌入，反复数次，直到虾苗能适应养殖池的盐度后再放苗。为安全起见，可先放出一小部分虾苗看其是否适应养殖池的水质，适应的虾苗很快就潜入池底，而不适应的虾苗则在水层表面漫游。若发现虾苗不适应时，必须驯化到适应后才能放养，以免造成损失。

（三）饲料投喂

1. 饲料种类

斑节对虾食性杂而略偏向植物性，所以早期应让其摄食天然食物如硅藻、绿藻及各种小型动物，并投喂一些补充饲料如花生麸、米糠、豆饼等，以后随着生长发育，再逐渐加投一些杂鱼、小虾或小贝类等动物性饲料。花生麸、豆饼及米糠既可直接作为饲料，吃剩的又可作培养底藻的肥料，但以适量为佳，以防底质变臭。

2.日投饲量

对虾的投饲量，大体说来，若投喂下杂鱼、小虾等天然饲料时，平均体重 0.2～1g 的虾，日投饲量为幼虾总体重的 200％左右；1～10g 的虾，投 50％左右；10～30g 时投 20％；30g 以上则投 10％左右。若投人工配合饲料，平均体重 0.2～2g 的幼虾，投以总体重 20％左右的饲料，此后投饲比例逐渐减低，至平均体重 20g 时，投以 10％左右，平均体重 30g 以上的斑节对虾，投以体重的 4％～5％即可。也可用天然饲料与配合饲料间隔投喂，以便起到营养互补作用。

3.投喂方法

饲料每天分 4 次投喂，早晨天未亮时投喂 1 次，中午前投 1 次，下午黄昏时投 1 次，21:00—22:00 投 1 次，投喂量以早晨、黄昏较多，中午和夜间可适当少投。

三、中国对虾

(一) 虾池的清整

具体的做法是，虾池收虾后及时排干池水，清淤、封闸晒池。一直晒到塘底龟裂为止，以杀死虾池中的病原体，并使池底有毒物质得到充分氧化分解。

(二) 放苗操作

虾苗运输到达虾池后，不能把苗袋里的虾苗立即放到池塘里，而是做好"兑水"工作。顺着当时的风向，在上风头的一边及左右两旁的池边，将苗袋均匀地放到池塘里，让池水浸至袋面。在下风头的池边，不放置苗袋。苗袋放置完毕后，按放袋的先后将苗袋翻转过来，目的是让袋里的水与池水的温度基本上保持一致。逐个将苗袋的口打开，向袋内缓慢加入池水直到袋内水外溢，让虾苗分散游开。要注意的是：大风、暴雨天不宜放苗。每个养殖池应一次放足同一规格的虾苗。为了观察放苗后的急性死亡情况，可在养殖池放网箱，放 100 尾虾苗观察 1～2d。网箱内可适量投饵。

(三) 饵料投喂

1.投饵量的确定

投饵量的确定较为复杂，应根据多种因素综合考虑，来确定每天或每段时间内的投饵数量。

2.饲料的加工与处理

对虾大约可以咬碎壳长为对虾体长 1/8 的肌蛤和 1/10 的蓝蛤。因此，只要对虾初期喂得较好，个体较大，投喂上述贝类一般不需要压碎，可以活着投入池内，既不污染水质，又可净化水质。相反，如果对虾初期生长较差，投喂上述贝类时就必须压碎。这样饲育效果就会大大下降。投喂蛤仔、贻贝、四角蛤等大型贝类时，必须用滚压机挤碎贝壳，经过冲洗方可向池内投放。小形鱼类和杂虾类，可以直接投入池中，但大鱼必须用切碎机或粉碎机粉碎之后，方可投喂，投喂前也应用海水冲洗，以防液汁影响水质。豆饼、花生饼等砸碎之后，经 3～5h 的浸泡，再向池内投放。

3.投喂次数及方法

在养成期间，中国对虾具有连续摄食的特点，但是，有一定的节律性，昼夜有两个摄食高峰，分别在 3:00—6:00 和 18:00—21:00，白天 9:00—15:00 摄食量最低。日投饵 6 次者比投饵 2 次的对虾生长速度加快 72％。中国对虾放苗后的第一个月，通常日投喂次数可安排 4 次，每天 6:00—7:00、10:00—11:00、15:00—16:00、20:00—21:00。以后随着对虾增长，投饲料量加大，可以增加投喂次数，每天投喂 6 次，从早 6 时到晚 22 时，大约

3h投喂一次，傍晚及黎明的投喂量约占全天投喂量的60%。蓝蛤等活贝一次可投喂数日的用量。

四、河蟹

河蟹养殖大多采用池塘、湖泊、河荡和稻田养殖。现以池塘为主作简单介绍。

（一）清塘消毒

一般在放苗前半具月用生石灰清塘消毒，用量每亩75kg。一方面可杀灭敌害生物，另一方面可改良池底，增加水体中钙离子的含量，促进河蟹蜕壳生长。纳水后要及时施肥，培育藻类和基础饵料，透明度一般保持在40~50cm为宜，如果发现有蝌蚪或蛙卵要及时清除，以免争食，危害幼蟹。

（二）放苗

苗种选购，以长江水系生产的蟹苗为佳，要求规格整齐，步足齐全，体质健壮，爬行活跃，无伤无病。放苗时要注意温差。从外地购回的苗种不能直接放入池中，应先在水中浸泡2~3min，取出入置10min，如此重复2~3次，待幼蟹逐步吸足水分和适应水温后，放入池中，可以提高成活率。大多以混养为主，特别是鱼虾蟹混养，经济效益会更高。密度可控制在1500只/亩以内，规格120~150只/kg的扣蟹。如果条件较差或以养虾为主可适当减少放苗量。

（三）饵料投喂

池塘精养的整个过程，主要靠人工投喂饵料，因此饵料的种类、优劣和多少对河蟹的生长发育有很大的影响，投饵时应坚持精、青、粗合理搭配的原则，动物性精料占40%，水草占35%，其他植物饲料占25%，饲料的种类主要有三大类。

（1）全价性：河蟹专用配合饲料。

（2）动物性：海、淡水小杂鱼，各动物尸体、螺类、蚌类、畜禽血、鱼粉、蚕蛹等。

（3）植物性：水草类、浮萍、水花生、苦草、轮叶黑藻等，商品饲料类：山芋、马铃薯、谷类、麸皮、料糠等。

河蟹的投喂方法象池塘养鱼那样，做到"四看四定"，即看季节、看天气、看水质、看蟹的活动情况，定时、定点、定质、定量。

看季节：春季幼蟹要投喂一些活口的动物饲料，河蟹生长中期特别是5月份至8月份，要适当加大动物性饲料投喂量，但以植物性饲料为主，后期河蟹需要大量营养，以满足性腺发育，应多投喂动物性饲料，这样河蟹体重加大，肉味鲜美，饲料的投喂按季节分配一般为3月份至6月40%，7月份至10月份60%，水温10℃以下，蟹的活动量少，摄食量不大，可少喂，隔日投喂一次，当水温3~5℃，可以不投喂。

看天气：天气晴朗时要多投喂，阴雨天要少喂，闷热天气，无风下阵雨前，可以停止投喂，雾天，等雾收后再投喂。

看水质：水质清，可正常投饵，水质浓，适当减少投喂，及时换水。

看蟹的活动情况：一般投喂后的第二天早晨吃光，投喂量适当，吃不光，说明河蟹食欲不旺或投喂量过多，应及时分析原因，减少投喂量，蟹在蜕壳期间要适当增加投喂量。

定时：河蟹有昼伏夜出的习惯，夜晚外出觅食，投喂分上午8:00—9:00和下午傍晚两次进行，傍晚的投喂量整天喂量的60%~70%。

定点：投喂的饲料要有固定的食物，饲料撒在饲料台或选择在接近水位线浅水处的斜坡上，以便观察河蟹吃食，活动情况，随时增减饲料。河蟹有较强的争食性，因此要多设点，使河蟹吃得均匀，避免一部分个全小或体质弱的争不到饲料而造成相互残杀。

定质：河蟹对香、甜、苦、咸、臭等味道敏感，所投喂的饲料必须具备新鲜适口和含有丰富的蛋白质。

定量："鱼一天不吃，三天不长"，河蟹也同样，这就要求根据河蟹大小、密度、不同季节、天气、活动情况来确定投喂量，一般日投喂量为存塘蟹体重的8%～10%，投喂量少只能维持生命，超过适时范围也影响生长，还增加饵料系数。

投饵时应做到动物性、植物性饲料相搭配，如上午喂草料、谷类，下午投喂蚌肉、螺类、蚕蛹等。避免长时间喂单一饲料，否则造成厌食，饲料利用率低，影响生长，出塘规格小。

第四节　虾蟹类原料品质鉴定

一、感官鉴定

虾蟹类原料鲜度的感官鉴定，以对虾和梭子蟹为例进行说明，参见表14-2、表14-3。

表14-2　对虾的感官鉴定

新鲜	不新鲜
色泽、气味正常，外壳有光泽，半透明，虾体肉质紧密有弹性，甲壳紧密附着虾体，带头虾头胸部和腹部联结膜不破裂，养殖虾体色受养殖底质的影响，体表呈青黑色，色素斑点清晰明显	外壳失去光泽，甲壳黑变较大，色体变红，甲壳与虾体分离，虾肉组织松散，有氨臭，带头虾头胸部和腹部分开，头部甲壳变红、变黑

表14-3　梭子蟹的感官鉴定

新鲜	不新鲜
色泽鲜艳，腹面甲壳和中央沟色泽洁白有光泽，手压腹面较坚实，螯足挺直	背面与腹面甲壳色暗，无光泽，腹面中央沟出现灰褐色斑点和斑块，甚至能见到黄色颗粒状流动物质，开始散黄变质，螯足与背面呈垂直状态

二、理化检验方法

1. 次黄嘌呤鲜度鉴定法

虾蟹死后ATP的降解途径与鱼类死后降解途径是一样的。除了可以采用K值鉴定其鲜度外，李燕等建立了采用次黄嘌呤（Hx）来判定虾鲜度的方法。他们研究认为ATP降解产物次黄嘌呤的含量与对虾鲜度评分具有较高的相关性，同时，发现Hx在储藏初期有快速大量积累且在后期缓慢增加的规律，当Hx积累到一定程度时，虾的质量可下降到不宜食用的程度。研究认为，鲜度质量较高的虾，Hx含量为$0\sim0.15\mu mol/g$，当Hx含量超过$0.7\mu mol/g$时就不能食用。

2. 吲哚鲜度鉴定法

吲哚是虾产品中重要的腐败代谢物。虾产品吲哚含量的增加与从新鲜到腐败的变化呈线性关系，可以采用仪器分析法（如高效液相色谱和分光光度法）测定吲哚的含量，用以判断虾产品的新鲜度。虾鲜度等级与吲哚含量的美国标准是：一级鲜度，$<25\mu g/100g$；二级鲜度，$25\sim50\mu g/100g$，三级鲜度（初期腐败），$>50\mu g/100g$。

3. 挥发性盐基氮(VBN或TVB-N)法

与鱼类鉴定相似。

复习思考题

1. 世界三大对虾养殖品种是哪些？其生态习性、养殖环境与养殖技术有哪些异同点？

2. 养殖河蟹的饵料投喂有哪些注意事项？

第十五章　投入品与动物产品质量安全

重点提示：　本章重点掌握饲料与畜禽胴体品质和肉品质、饲料与禽蛋品质、饲料与牛乳品质、投入品与水产品质量安全等内容；通过本章的学习，能够基本了解投入品对动物产品质量安全的影响与控制方法，为生产优质安全畜禽产品打下良好基础。

　　广义的动物产品品质包括 4 个方面，即感官品质、营养价值、卫生质量和深加工品质。狭义的动物产品品质主要指动物产品的感官品质。感官品质指动物产品对人的视觉、嗅觉、味觉和触觉等器官的刺激，即给人的综合感受。营养价值指动物产品的养分含量和保健功能。卫生质量指食品的安全特性，即食品中有害微生物和有毒有害物质的残留情况。深加工品质指动物产品是否适合进一步加工的品质。动物产品生产者、加工者和消费者对上述 4 个方面的追求不尽相同。对消费者而言，动物产品的安全是第一位的，是至关重要。

　　在安全的前提下，消费者又最关注动物产品的营养价值和感官品质，前者是消费者购买动物产品的动机，后者则是影响消费者是否购买动物产品的重要因素。随着生活水平的提高和对膳食与健康关系的意识增强，人们愈来愈重视动物产品的安全、感官品质和保健功能，对动物产品的追求已逐渐由数量转为质量即对品质的追求。特别是在加入 WTO 后，我国动物产品生产面临与国际接轨，因此，必须立足国际竞争和养殖业可持续发展战略的高度来重新审视动物产品质量问题，目前的形势与任务赋予优质动物产品生产以更加迫切，更加重要的意义。动物产品的品质受动物遗传特性、营养和饲料、饲养环境以及加工贮存等众多因素的影响，是一个涉及面广、影响因素复杂的问题，其中营养和饲料是影响动物产品品质的重要因素。

第一节　饲料与畜禽胴体品质和肉品质

　　胴体品质主要指胴体的重量和组成、瘦肉率、背膘厚度或腹脂量、胴体脂肪色泽和硬度，对家禽还包括皮肤和脚胫颜色等。肉品质（简称肉质）主要指瘦肉的感官品质如色泽、嫩度、多汁性和风味及营养价值。胴体品质和肉品质既有不同，又有相关。长期以来，养殖业尤其是养猪业着重追求选育瘦肉产量高、脂肪含量低的品种，对肉质带来了一些不利影响，如消费者抱怨现代猪肉肉色苍白或深暗，水分渗出或坚硬，猪肉粗糙，且缺少风味。饲料对胴体和肉品质均有较大影响。

一、饲料与胴体品质

（一）饲料对胴体组成的影响

1. 饲粮能量、蛋白质和氨基酸水平

饲粮总营养水平即相当于维持需要的倍数提高，猪生长速度加快、日增重明显增加、肥育期缩短、脂肪和蛋白质沉积增加，但蛋白质增加幅度比脂肪小；营养水平过低，对生长速度、饲料利用率和蛋白质沉积都不利。在饲粮蛋白质和氨基酸不变时，饲粮能量水平提高可增加肉鸡胴体脂肪量，对胴体蛋白质数量无影响，但胴体蛋白质比例下降（表 15-1）。提高蛋白质水平，可提高肉鸡蛋白质沉积，减少脂肪沉积，从而提高胴体蛋白质比例（表 15-2）。随饲粮粗蛋白水平提高，猪背膘厚度直线下降，眼肌面积呈二次曲线增加，猪肉大理石纹（marbling fat）呈降低趋势。提高饲粮蛋白质水平有促进蛋白质沉积和抑制脂肪沉积两方面的作用；饲粮蛋白质不足，肌肉蛋白沉积受阻，未被利用的能量以脂肪的形式沉积在肌肉及脂肪组织，从而胴体和瘦肉脂肪含量提高。

表 15-1 饲粮能量水平对肉鸡胴体组成的影响

代谢能/（MJ/kg）	胴体脂肪		胴体蛋白质	
	g	%	g	%
10.88	161a	37.5a	221	51.9c
11.72	178b	39.3b	225	50.0d
12.55	208c	42.4c	229	47.1c
13.39	211c	42.6c	230	46.9c
14.22	239d	45.6d	229	44.7b
15.06	258c	47.9c	229	42.9a

注：饲粮蛋白质、氨基酸水平保持不变；同列中具不同字母者，表示差异显著。

表 15-2 饲粮蛋白质水平对肉鸡胴体组成的影响

蛋白质/%	胴体脂肪		胴体蛋白质	
	g	%	g	%
16	252[d]	50.0[d]	202[a]	40.7[a]
20	237[c]	46.2[c]	227[b]	44.9[b]
24	210[b]	42.4[b]	233[b]	47.7[c]
28	189[a]	39.4[a]	233[b]	49.2[cd]
32	185[a]	39.2[a]	233[b]	50.3[d]
36	179[a]	38.3[a]	234[b]	50.7[d]

注：饲粮能量水平保持不变；同列中具不同字母者，表示差异显著。

饲粮氨基酸水平也影响胴体组成。猪日增重和日沉积蛋白质量随饲粮赖氨酸水平增加而增加，直到满足最大需要后，才缓慢下降；而每千克增重耗料和胴体脂肪沉积量随赖氨酸水平的增加而减少。现已证明，饲粮氨基酸组成不平衡时，肉仔鸡的胴体脂肪沉积量增加，饲粮添加赖氨酸、蛋氨酸、天冬氨酸和谷氨酸可减少肉鸡内脏脂肪沉积量。

2. 饲料添加剂

营养源在动物体内转变成动物产品的过程主要受生理调节机制控制，凡是对某一代谢调节过程有影响的因素都会影响整个代谢过程，从而影响动物产品沉积的质和量。一些饲料添加剂如 β-兴奋剂、生长激素、有机铬（酵母铬、吡啶羧酸铬）、甜菜碱等可调节动物体内的代谢过程，增加瘦肉率，降低胴体脂肪含量。但我国禁止使用 β-兴奋剂和生长激素作饲料添加剂。

（二）饲料对胴体脂肪质量的影响

1. 饲料对脂肪色泽的影响

正常畜产品的脂肪应具有特定动物品种的色泽。消费者喜爱的脂肪色泽因畜产品种类不同而异。正常猪脂肪应为白色，若为黄色，则视为异常，称为黄膘。大量采食蚕蛹或饲料脂肪被氧化变质，则可引起猪背膘变黄色。

肉鸡一般以带皮全胴体或分割形式出售，因此，肉鸡皮肤颜色的深浅已成为重要的经济指标。消费者因区域、习俗、宗教信仰等不同对肉鸡肤色的喜好程度不同，大多数消费者均偏爱黄色，被认为是肉鸡健康的象征。肉鸡皮肤的黄色来自于饲料中的类胡萝卜素即胡萝卜素的氧化产物——羟基胡萝卜素（叶黄素）在皮肤和皮下脂肪沉积而产生，最重要的黄色色素有黄体素（lutein）和玉米黄质（zeaxanthin），其最好来源是黄玉米、紫花苜蓿草粉及其加工产品。肉鸡皮肤黄色的深浅与饲料中黄色色素含量成正比。饲料种类不同，所含色素种类不同，其着色效率不同。玉米叶黄素利用率为 $84\% \sim 100\%$，苜蓿粉为 $31\% \sim 75\%$，金盏花粉的叶黄素利用率只有玉米叶黄素的 $35\% \sim 65\%$，大豆皂角叶黄素利用率只有玉米叶黄素的 $40\% \sim 60\%$。天然叶黄素的着色效果不如人工合成的叶黄素，二者配合有利于着色。因此，饲喂含黄色色素丰富的饲料并添加一定量的脂肪和抗氧化剂可改善着色效果，但不饱和程度高的脂肪易于氧化酸败，影响叶黄素的吸收。添加从万寿菊提取的天然叶黄素和人工合成的叶黄素如蛋白乙酯（apo-ethypester）、角黄素（canthaxanthin）等可显著改善肉鸡皮肤着色。

2. 饲料对胴体脂肪硬度的影响

胴体脂肪硬度取决于脂肪酸组成，随不饱和脂肪酸含量增加，脂肪硬度下降。不饱和脂肪酸含量尤其是增加亚油酸、ω-3 多不饱和脂肪酸 ω-3PUFA，如 EPA（$C_{20:5}$）和 DHA（$C_{22:6}$）含量可提高动物肉的营养价值和保健价值，可预防人类心血管疾病的产生和有助于脑发育。但不饱和脂肪酸含量增加，可使脂肪变软，影响肉品的致密性，胴体脂肪与瘦肉之间以及脂肪层之间易分离，不利于切割，降低切割肉的外观吸引力，而且脂肪氧化酸败程度增加，容易产生异味（如鱼腥味等）而降低品质。脂肪软的肉也不宜加工火腿和腌腊制品等。反刍动物体脂中饱和脂肪酸含量高，体脂硬度大，受饲料脂肪酸影响很小，其原因在于采食的不饱和脂肪酸容易在瘤胃发生氢化而成为饱和脂肪酸。

而非反刍动物可将吸收的饲料脂肪酸直接用于合成体脂肪，因此，改变饲粮脂肪种类和数量便可改变非反刍动物胴体脂肪酸组成。大量饲喂含不饱和脂肪酸高的饲料如大豆、玉米、米糠、鱼油、亚麻籽等可导致软猪肉，而含脂少或不饱和脂肪酸含量低的饲料如薯类、麦类等可提高猪体脂硬度。饲粮添加高铜（$125 \sim 250 \mathrm{mg/kg}$）可增加猪体脂不饱和脂肪酸含量，导致猪体脂变软。通过在饲料中添加鱼油、亚麻籽、海藻等可增加猪肉和禽肉的 ω-3 多不饱和脂肪酸含量，提高猪禽肉的保健价值。饲料中添加聚合亚油酸（CLA），可降低猪体脂沉积，提高瘦肉率，增加脂肪硬度，改善肉质量。

二、饲料对肉质的影响

1. 饲养水平

饲养水平直接影响畜禽的生长速度和体内蛋白质及脂肪的比例，从而影响肉质。饲养水平越高，猪肉的食用品质越高（表 15-3），对 $20 \sim 80 \mathrm{kg}$ 猪，自由采食组生长速度提高 20%，瘦肉率下降，肌肉内脂肪含量提高，猪肉品质改善，改善最明显的是肉嫩度，其次是多汁性，而对风味无改善。其机制可能是由于肌肉内脂肪增加和瘦肉快速沉积，胶原蛋白交联程度小有关。

2. 能量水平

关于能量水平对肉品质影响的研究报道较少。能量水平提高可增加体脂含量，从而可能改善肉嫩度和风味。一些研究表明，能量水平对肌肉胶原蛋白总量的影响很小，但可显著影响盐溶性和酸溶性胶原蛋白的比例及胶原蛋白的交联程度。高能饲粮可提高牛背最长肌中胶原蛋白的溶解性，提高牛肉嫩度。

表 15-3　自由采食与限食 20%对猪肉质的影响

项目	自由采食	限食 20%	项目	自由采食	限食 20%
P_2 脂肪厚/mm	12.8	11.1*	背膘 $C_{18:2}$ 含量/%	14.6	15.5*
胴体瘦肉/%	55.5	57.5*	嫩度	5.20	4.73*
肌肉内脂/%	0.85	0.75*	多汁水*	4.44	4.25*
脂肪硬度	615	590	猪肉风味评分*	4.52	4.57^NS

注：* 表明 $p<0.05$，NS 为 $p>0.05$。

3. 蛋白质水平

有关饲粮蛋白质水平对肉品质的影响研究较少。高蛋白饲粮可提高猪瘦肉率、降低肌肉内脂肪水平，肉嫩度下降（表 15-3）；低蛋白质水平可提高猪肉品质，改善肉嫩度，其原因可能是肌肉内脂肪含量的升高和低蛋白饲粮促使体内蛋白质周转加快，降低胶原蛋白数量和交联程度结构。

4. 矿物元素和维生素

饲粮添加镁可缓解猪的应激，提高肌肉终点 pH 值，增加系水力，降低 PSE 肉发生率，改善猪肉品质。添加有机镁盐（天冬氨酸镁或富马酸镁），应在屠宰前需连续 5d 添加镁 1g/kg 饲粮；添加硫酸镁应达镁 2g/kg 饲粮。饲粮中过量的铁如达 200mg/kg 时，可显著增加脂类过氧反应产物的含量。添加有机铬可以改善生产性能、瘦肉率和肉色，但对猪肉品质影响尚不清楚。在猪饲粮中添加有机硒能够显著降低猪肉滴汁损失，改善肉的嫩度和总可接受性。提高饲粮中锌和锰的水平也有助于防止 PSE 猪肉的产生。小苏打（碳酸氢钠）作为调节血液和肌肉酸碱平衡的电解质，可提高肌肉 pH 值并有缓解应激作用，提高肉质。维生素中研究较多且对肉质有显著改善作用的是维生素 E。维生素 E 一方面作为生物膜的主要抗氧化剂，可维持细胞膜的完整性，显著改善肉的保水性能；另一方面，维生素 E 能有效抑制鲜猪肉中高铁血红蛋白的形成，增强氧合血红蛋白的稳定性，从而延长鲜肉理想肉色的保存时间。猪饲粮中添加维生素 E（100~200mg/kg）能够显著降低脂类过氧化反应，延长猪肉和理想肉色的保存时间，减少滴汁损失。

5. 饲料种类

高粱对猪肉风味影响较大，而玉米、小麦、大麦等喂猪则不产生明显影响，若用 100%裸燕麦喂猪则猪肉风味浓度高于玉米喂猪时的风味浓度。用炒熟的全脂大豆或脱脂菜籽粕喂猪不影响猪肉风味，而饲粮中生大豆含量超过 9%则引起猪肉风味下降。饲喂腐败肉渣和动物下脚料会使猪肉产生不良风味。饲喂鱼粉可使猪肉和禽肉产生鱼腥味。鸡饲粮中菜籽饼、氯化胆碱水平较高时也对鸡肉风味造成不良影响，原因是鱼粉、菜籽饼、氯化胆碱等在肠道微生物的作用下产生三甲胺，产生的三甲胺超出代谢和排泄能力时，在鸡体内蓄积而产生鱼腥味、酸败味，降低鸡肉风味。至少应在宰前 2 周少喂或不喂能产生鱼腥味的饲料，可防止肉产生鱼腥味。在猪和肉鸡饲粮中添加鱼油可显著增加猪肉和鸡肉多不饱和脂肪酸含量，但增加脂肪异味和臭味，可采用肥育期停用鱼油和添加维生素 E 防止。Miller 等（1990 年）比较了在玉米豆粕饲粮中添加 10%动物脂肪、10%红花籽油、10%的太阳瓜子油和 10%Canola 油对猪肉品质的影响。结果发现，在宰前饲喂 90d 红花籽油和 Canola 油对肉嫩度、风味等肉质指标有明显影响，Canola 油的影响最大，该组猪肉产生异味的频率比其他组高 36%。

饲粮组成可影响猪肠道内容物、粪便和背膘中的粪臭素含量，而影响肉风味。饲粮中豌豆比例过高可提高猪肉中粪臭素水平，导致猪肉风味评分和总可接受程度降低；啤酒业的副产物酵母浆也提高后肠粪臭素含量，而酪蛋白则可降低后肠粪臭素含量。减少进入大肠的未消化蛋白质数量和降低大肠蛋白质的发酵，可减少微生物代谢产物（如短链脂肪酸和粪臭素），从而降低动物组织中粪臭素含量。添加容易消化的纤维或非淀粉多糖（NSP）如甜菜渣，可在大肠发酵产生挥发性脂肪酸，降低大肠 pH 值，可降低猪背膘中粪臭素含量，增加肉的总可接受程度。添加寡糖如从莫哈夫丝兰属（*Yucca schidigera*）植物中提取的含糖化合物（商品名 De-Odorase，译名除臭灵）可在大肠中与含氮化合物结合，减少粪臭素的产生，改善公猪背膘的感官评分（表 15-4），猪肉滴汁损失从 5.64% 降至 4.60%。

表 15-4　除臭灵对未阉割公猪背膘中粪臭素含量的影响

屠宰体重/kg	试验处理	粪臭素含量/(μg/g)	感官评分
95	对照	0.24	0.8
	除臭灵	0.16	0.5
105	对照	0.22	0.8
	除臭灵	0.16	0.5
120	对照	0.27	1.2
	除臭灵	0.21	1.0

注：评分范围为 0（无臭味）至 3（臭味强）。

第二节　饲料与禽蛋品质

鸡蛋品质包括鸡蛋的外部品质（蛋重、蛋壳质量、蛋壳颜色、蛋形指数等）和内部品质（蛋白和蛋黄品质，如蛋白高度、蛋黄颜色、蛋黄膜强度、化学成分、功能特性、血斑和肉斑、风味等）。生产者和消费者最关注的鸡蛋品质是蛋重、蛋壳质量、蛋黄颜色和功能特性。近年来，随着高龄社会的到来，人们保健意识的增强，强化特定营养成分的高附加值的鸡蛋受到消费者的欢迎。

一、饲料对蛋重的影响

蛋重受产蛋鸡开产体重、产蛋阶段、营养和环境等因素的影响。饲粮能量、蛋白质、氨基酸和亚油酸水平在一定程度上影响蛋重。

（一）能量

能量是控制蛋重的主要营养因素，对第一个蛋重量的影响大于蛋白质。提高开产前 2～3 周至产蛋高峰期的能量供给，可提高蛋重。对采食量低或处于热应激的鸡群，可在饲粮中添加脂肪，可保证蛋重不受影响。

（二）蛋白质和氨基酸

蛋白质和氨基酸对产蛋鸡产蛋早期的蛋重影响较小，对以后的蛋重影响较大，达最大蛋重需要的蛋白质略高于达最大产蛋率的需要。但当饲粮蛋白质供给量低于最佳摄入量时，产蛋率下降幅度大于蛋重的下降幅度，当氨基酸供给水平低于最佳摄入量的 50% 时，蛋重才下降到潜在蛋重的 90% 以下，而产蛋率已下降到潜在产蛋率的 70%。对蛋重影响最大的氨基酸是蛋氨酸。蛋鸡产蛋初期（23～35 周龄），在低蛋白饲粮中添加蛋氨酸可显著提高蛋重，如采食量为 100g，Met 水平低于 0.4%，添加 454～908g/t，可提高早期蛋重；产蛋后期（78～102 周龄），Met 摄入量由 300mg/d 减至 270mg/d 以下，不影响产蛋率，可降低蛋重。

（三）亚油酸

为获得最大蛋重所必需。提高亚油酸水平可提高蛋重。

二、饲料对蛋壳质量的影响

蛋壳质量影响商品蛋的运输、加工和种蛋的孵化率，劣质蛋壳造成重大经济损失。蛋壳主要由矿物质（大部分为碳酸钙）和少量有机质组成。有机质由蛋白质和黏多糖组成，以蛋壳膜（内膜和外膜两层）形式存在，其中，核心蛋白质是一种类角朊蛋白，含有大量的含硫氨基酸（70%～75%）和少量的骨胶原（10%）；核心蛋白质外包裹糖蛋白。碳酸钙即沉积在有机质上。

影响蛋壳质量的因素包括产蛋阶段、母鸡行为、设备、环境和营养等因素。饲料和营养因素直接影响蛋壳有机质和碳酸钙的形成，对蛋壳质量影响很大。饲粮钙水平和来源钙约占蛋壳重量的38%～40%，每个蛋约含2.2～2.4g钙，部分来自饲粮，部分来自鸡体骨骼动员。采用传统光照的母鸡，蛋形成需要25～26h，其中在输卵管停留时间占1/4，其余时间在子宫停留。子宫内壁含有丰富的蛋壳腺，为蛋壳形成的部位，通常蛋进入子宫3h后，开始形成蛋壳，因此，大部分蛋壳的形成是在黑暗中完成。在光照条件下，蛋壳形成需要的钙来自饲粮；但在黑暗期间，由于鸡不采食，蛋壳形成需要的钙来自骨骼动员。来自饲粮的钙有利于蛋壳质量，而来自骨骼的钙不利于蛋壳质量，其机理可能与血钙到达蛋壳腺的速度和骨钙动员释放出的磷有关。为了保障蛋壳质量，可采取如下措施。

（1）提供足够的饲粮钙。维持最佳蛋壳质量需要钙水平高于最佳产蛋量需要钙，每日摄入3.5g/只可满足产蛋需要，形成良好蛋壳质量则为3.75～4g。但过高水平钙并不能保证优质蛋壳。

（2）选择适宜的钙来源。适宜的钙来源有利于蛋壳质量。不同钙来源的区别主要在于颗粒大小不同，因而溶解性不同，在消化道滞留时间不同。贝壳粉的溶解度小于石灰石，有助于改善蛋壳质量。增加饲粮中的贝壳粉比例，能保证在夜晚即不采食时，胃肠道中能持续释放钙，以满足蛋壳形成需要，可改善蛋壳质量。

（3）控制饲粮磷水平。饲粮磷水平过高或能提高血磷的饲粮均会降低蛋壳质量，其机理尚不清楚，可能与电解质平衡失调有关。不断从消化道提供钙源，可防止动员骨骼缺钙，减少血磷水平；调整饲粮电解质平衡，亦可抵消高血磷的不利作用。

（4）平衡饲粮电解质。保持最佳蛋壳质量的电解质（$K^+ + Na^+ - Cl^-$）至少为180mg/kg。Ca、P含量正常的饲粮，K^+、Na^+、Cl^-的平衡降到180mg/kg以下，蛋壳质量就会急剧下降。高水平Cl和P均为酸性，不利于蛋壳质量。高Cl引起的代谢性酸性会抑制碳酸酐酶活性，妨碍碳酸盐形成，促使碳酸氢盐从肾排出；亦可抑制肾中1-羟化酶活性，妨碍25-羟基维生素D3转变成活性形式1,25-二羟维生素D3影响钙磷代谢。添加碳酸氢钠可降低血磷，改善蛋壳质量。

（5）保证足够的微量元素Zn、Cu和Mn。Zn影响碳酸酐酶活性而影响蛋壳质量。饲粮高钙一方面与锌竞争同一吸收位点，干扰锌吸收；另一方面，高钙直接抑制碳酸酐酶活性，而降低蛋壳质量。Cu和Mn缺乏影响蛋壳膜的形成、蛋壳的形态、厚度和鸡蛋产量。Mn在合成蛋白质——黏多糖过程中起着重要作用，该物质影响蛋壳钙化作用的启动。同Zn一样，Cu、Mn的吸收位点与Ca相同，因而高钙也降低Cu和Mn的吸收。在高钙饲粮中添加有机Zn和Mn，可改善蛋壳质量。

（6）在夜间饲喂可保证消化道持续释放钙，从而提高蛋壳质量。在气候炎热时，夜间饲喂可防止蛋壳质量下降。

三、饲料对蛋黄颜色的影响

（一）黄色蛋黄

颜色对鸡蛋的销售起着重要作用。消费者偏爱的蛋黄颜色介于金黄色和橙黄色之间。同肉鸡皮肤着色一样，蛋黄着色取决于饲粮中的氧化型类胡萝卜素在蛋黄中的沉积。提高蛋黄着色的方法有两种：一是添加人工合成色素或天然色素提取物；二是使用富含叶黄素的饲料原料，如黄玉米、玉米蛋白粉、草粉和苜蓿粉。影响蛋黄着色的因素有：饲粮类胡萝卜素发生分解，合成的类胡萝卜素稳定性差，饲粮存在霉菌毒素，饲粮含棉籽，鸡患内寄生虫病，饲喂了某些药物，鸡采食量低，饲粮中脂肪过低或含氧化酸败的脂肪，饲粮含钙过高等。

（二）异常色

棉籽中含有对动物有害的棉酚及环丙烯脂肪酸，尤其是棉酚的危害很大。产蛋禽饲粮中使用大量棉籽粕时，棉酚可与蛋黄 Fe^{2+} 结合形成复合物，使蛋黄色泽降低，在贮藏一段时间后，蛋黄产生黄绿色或暗红色，甚至出现斑点；据 Waldrop 和 Goodner（1973 年）报道，饲粮中含游离棉酚 50mg/kg 时，蛋黄即会变色；此外，环丙烯脂肪酸能抑制肝微粒体中的脂肪酸脱氢酶，减少鸡蛋蛋黄脂肪的不饱和脂肪酸含量，鸡蛋贮存后蛋清会变成桃红色、蛋黄变硬，鸡蛋加热后形成像海绵似的"海绵蛋"。

（三）血斑

血斑是蛋黄从卵泡释放时小血管破裂出血而沉积在蛋黄表面的血块。血块可能很小，也可能很大足以引起整个蛋黄变色。虽然血斑对蛋的营养价值没有不利影响，但消费者讨厌这种鸡蛋。影响血斑形成的主要营养因素是维生素缺乏，维生素 A 缺乏常常导致蛋血斑出现率显著增加。维生素 K 的边际缺乏可减少血斑的出现，这可能是由于在排卵时释放出的血液扩散到整个蛋中而不凝结形成小血块，因此维生素 K 的拮抗物也可减少血斑。产蛋鸡饲粮中苜蓿水平过高会增加血斑的出现率。

四、饲料对禽蛋成分的影响

禽蛋的化学成分主要是蛋白质、脂肪和水分等，这些成分的含量受饲料影响很小。而禽蛋的维生素、微量元素、脂肪酸含量受饲料影响较大，通过饲料调控可生产出高营养鸡蛋。

（一）脂肪酸

鸡蛋的脂肪主要存在于蛋黄。亚油酸、亚麻酸、二十碳五烯酸（EPA）、二十二碳六烯酸（DHA）等高度不饱和脂肪酸比较容易向禽蛋富集。给蛋鸡饲喂来源于亚麻籽或双低油菜籽（Canola 油菜籽）的 α-亚麻酸（ALA），可以强化蛋黄中的 ω-3 脂肪酸，提高鸡蛋中 ω-3 与 ω-6 脂肪酸的比例。饲喂鱼油或含 α-亚麻酸丰富的亚麻籽或双低油菜籽、海藻可用于生产 ω-3PUFA 蛋。

（二）维生素

饲粮维生素水平对鸡蛋中维生素含量影响极大。维生素由饲粮向蛋中转移的效率依次为：维生素 A（60%～80%）>核黄素、泛酸、生物素、维生素 B_{12}（40%～50%）>维生素 D_3、维生素 E（15%～25%）>维生素 K、维生素 B_1、叶酸（5%～10%）。

蛋鸡饲粮中分别添加 0～400mg/kg 的维生素 E、β-胡萝卜素和维生素 A，蛋黄中维生素的含量呈线性增加。但同时添加维生素 E 和 β-胡萝卜素，蛋黄中 β-胡萝卜含量呈线性增加，而维生素 E 含量增加，但不呈线性增加，说明 β-胡萝卜素对维生素 E 的富集存在着某种影响。

（三）微量元素

早在 20 世纪 70 年代，日本首先研制成功了高碘蛋。正常鸡蛋蛋黄每百克含碘 0.5mg，每百克高碘蛋蛋黄碘含量可增加 2.1~5.8mg。受高碘蛋的启示，人们认识到利用鸡体的生物转化功能，可将人体不易吸收利用的一些微量元素转化为生物态的微量元素浓缩到鸡蛋中，以增加鸡蛋的附加价值，拓宽鸡蛋的用途和市场。目前研制可供生产的微量元素强化鸡蛋主要有：高碘蛋、高硒蛋、高锌蛋、高铁蛋等。

（四）胆固醇

膳食高胆固醇可能会引起人动脉粥样硬化和导致冠心病。鸡蛋蛋黄含有较高的胆固醇，因此，近 30 年来鸡蛋消费在发达国家呈下降趋势。通过饲料改变来降低蛋黄胆固醇含量存在一定难度，但也有些进展。试验表明，高铜饲粮可显著降低脂肪酸合成酶、7α-胆固醇羟化酶的活性，添加 Cu^{2+} 125mg/kg，蛋黄胆固醇从 11.7mg/g 下降至 8.6mg/g，降低了 26%；添加 Cu^{2+} 250mg/kg 则蛋黄胆固醇进一步下降到 7.9mg/g。此外，增加粗饲料或添加 β-环糊精、壳聚糖、大蒜素、有机铬等均可在一定程度上降低蛋黄胆固醇含量。

五、饲料对禽蛋风味的影响

蛋的风味在很大程度上受饲料的影响。产蛋鸡摄入菜籽粕后，芥子碱的代谢产物三甲胺在蛋黄中沉积，含量达 $1\mu g/g$ 以上时即可使鸡蛋产生明显的鱼腥味。该效应对白壳蛋鸡肝、肾中有三甲胺氧化酶可将三甲胺氧化，除去腥味，但褐壳蛋鸡体内缺乏这种酶，三甲胺可直接进入蛋黄从而产生腥味蛋。鱼粉用量过多也会导致腥味蛋产生。饲粮中辣椒粉用量达到 0.4%~1.0% 时，蛋黄可能产生轻微的苦涩等味。

第三节 饲料与牛乳品质

乳汁主要由水、乳蛋白质、乳糖、脂类、无机元素、酶和维生素等组成。各种动物的乳成分含量差异较大。乳的品质包括乳成分和乳风味，二者均受饲料的影响，本节以牛乳为例，介绍饲料对牛乳品质的影响。

一、饲料对牛乳成分的影响

牛乳成分受遗传、饲料、管理、疾病等多种因素的影响。乳成分的遗传力很低，乳脂和乳蛋白质的遗传力分别为 0.17 和 0.21。非遗传因素如饲料、产犊季节、挤奶次数、疾病与药物等对乳成分影响很大。饲料对乳脂含量及脂肪酸组成影响较大，对乳蛋白的影响其次，对乳糖的影响很少。

（一）饲料对乳脂含量的影响

乳脂是衡量牛乳质量的重要指标。乳脂在乳与乳制品中具有重要作用，与乳制品的组织结构、状态和风味密切相关。乳脂脂肪酸主要由瘤胃消化吸收的乙酸和 β-羟丁酸合成而来。乳脂含量显著受瘤胃液中乙酸和丙酸比例（C_2/C_3）的影响，乳脂含量（y，%）与 C_2/C_3（x，乙酸和丙酸的摩尔比）呈线性相关，回归方程为：$y=1.019x+0.515(r=0.83)$；而饲粮粗纤维水平（x,%）与瘤胃液 C_2/C_3（y）呈线性相关，回归公式为：$y=0.195x-0.852$（$r=0.94$）。

1. 精料和粗料比例

高纤维饲粮促进乙酸生成，而低纤维饲粮则促进丙酸生成，为维持乳脂浓度，奶牛饲粮应保证足够的粗纤维，至少应含有 19%～21% 的 NDF（中性洗涤纤维）。若 NDF 与瘤胃可降解淀粉的比值小于 1，瘤胃中形成更多丙酸，乳脂含量降低。饲粮精料和粗料比例对产乳量和乳脂含量的影响见表 15-5。谷物占饲粮干物质比例超过 50%，通常会降低乳脂含量，原因在于减少脂肪酸合成的前体物（乙酸和 β-羟丁酸）及乳腺脂肪酸的合成受由丙酸生成的甲基丙二酰 CoA 抑制。

表 15-5　饲粮精料和粗料的比例对产乳量和乳脂含量的影响

考察指标	泌乳早期		泌乳后期	
	50∶50	75∶25	50∶50	75∶25
产乳量/(kg/d)	32.9	30.5	21.9	24.3
4%标准乳/(kg/d)	27.1	23.1	22.2	20.6
乳脂/%	2.87	2.37	4.21[a]	2.91[b]

注：相同泌乳阶段同行数据肩注字母不相同者，差异显著（$p<0.05$）。

2. 脂肪

添加饱和脂肪可提高能量浓度，提供脂肪酸，提高乳脂含量；添加不饱和脂肪则增加丙酸产量，导致乳脂下降。添加的脂肪或脂肪酸用钙皂、甲醛等方法保护处理可维持和提高乳脂率。饲粮脂肪水平的上限应相当于牛乳脂肪含量。如果不使用惰性脂肪，饲粮含脂肪 4%～5%，就会导致瘤胃发酵改变，降低纤维素的消化率和乙酸与丙酸的比例。

3. 缓冲剂

对常年饲喂青贮料和精料偏高的奶牛，添加缓冲剂可预防和减缓瘤胃 pH 值下降，从而提高乳脂率。缓冲剂和矿物质盐类主要有碳酸氢钠、氧化镁等。

4. 淀粉来源

与快速降解淀粉（如谷物淀粉）相比，缓慢降解淀粉（如来自去皮土豆）可提高乳脂率。

5. 维生素

维生素 B_3、维生素 B_5、胆碱在脂肪代谢中起着重要作用，可提高乳脂率；肌醇也可提高乳脂率。

（二）饲料对乳脂组成的影响

乳脂的脂肪酸大约 5% 在乳腺合成，40%～45% 来自饲粮，其余来自体脂肪组织。乳腺不具有碳链延伸酶活性，不能合成碳链长度超过 16 个碳原子的脂肪酸，因此，长链脂肪酸主要来自饲粮，以乳糜微粒或极低密度脂蛋白的形式转运至乳腺，然后在毛细血管上皮被脂蛋白脂解酶水解，产物可被结合到乳脂。中链脂肪酸即可在乳腺合成也可来自饲粮。

饲粮脂肪种类可影响乳脂组成。低熔点植物油食入过多，导致牛乳不饱和脂肪酸增多，短链脂肪酸减少，降低乳脂熔点，影响乳脂品质。选择脂肪酸组成适宜的脂肪，经保护处理后添加，可改善乳脂脂肪酸组成，增加不饱和脂肪酸含量，这种牛乳称为脂肪校正乳（fat-modified milk）。常用脂肪为油料籽实、长链脂肪酸钙盐、植物油（如亚麻油和葵花油）、颗粒化脂肪（含甘油三酯和淀粉）、经甲醛处理的蛋白质和油的复合物等。常规乳的脂肪酸比例：70% 饱和脂肪酸、28% 单不饱和脂肪酸和 2% 多不饱和脂肪酸。脂肪校正乳的脂肪酸比例分别为：51%、39%、10%。脂肪校正乳可显著降低人血浆总胆固醇和低密度脂蛋白水平（表15-6）。但脂肪校正乳的脂肪酸易发生自动氧化产生异味（off-flavors），可在乳牛饲粮添加维生素E1000IU/d来防止。

表15-6　常规牛乳及脂肪校正乳对人血浆总胆固醇及脂蛋白影响

血浆脂蛋白/(mmol/L)	常规牛乳		脂肪校正乳	
	x	SD	x	SD
总胆固醇	6.50	0.98	6.22***	0.82
低密度脂蛋白	4.49	0.90	4.25***	0.71
高密度脂蛋白	1.30	0.33	1.28	0.33
甘油三酯	1.57	0.72	1.54	0.66

注：*** 表示 $p < 0.001$。

（三）饲料对乳蛋白含量的影响

1. 能量

能量水平是影响乳蛋白含量的重要因素之一。能量不足降低瘤胃内微生物蛋白合成量，使合成乳蛋白的氨基酸被作为能源利用，导致乳蛋白含量下降。在粗料自由采食时，增加精料水平使能量摄入量增加，可提高乳蛋白含量和产量（表15-7）。

表15-7　饲粮干草和大麦比例对乳蛋白含量的影响

项　目	干草精料比（以干物质为基础）			
	100：0	80：20	60：40	37：63
乳蛋白/(g/100mL)	3.37[a]	3.50[a]	3.68[b]	3.83[b]

注：肩注不同的数据差异显著（$p < 0.05$）。

2. 蛋白质和氨基酸

饲粮蛋白质水平与乳蛋白浓度呈正相关。约70%饲粮蛋白质在瘤胃被微生物降解，再合成微生物蛋白，微生物蛋白的合成依赖于能量（可发酵有机物）供应。因此，饲粮蛋白质和能量（可发酵有机物）之间的互作以及饲粮蛋白质的降解率将影响乳蛋白含量对蛋白质摄入量的反应。蛋氨酸和赖氨酸是乳蛋白合成的限制性氨基酸。增加到达乳牛小肠的氨基酸量尤其是必需氨基酸可提高乳蛋白含量。方法之一是选用蛋白质降解率低的饲料如鱼粉、羽毛粉、血粉、肉粉、肉骨粉、玉米蛋白粉和甲醛处理豆粕等。方法之二是添加保护性氨基酸如包被蛋氨酸和赖氨酸或蛋氨酸羟基类似物。

3. 其他饲粮因素

饲粮添加脂肪可降低乳蛋白质含量，但一般不影响乳蛋白质产量，除非脂肪添加水平过高。提高饲粮B族维生素特别是维生素B_1、维生素B_2、维生素B_3、维生素B_5、维生素B_6、叶酸、维生素B_{12}水平可提高乳蛋白含量。与多年生黑麦草相比，白三叶草可提高乳蛋白含量。

（四）饲料对其他乳成分的影响

乳中脂溶性维生素含量受饲粮供给的影响，提高饲粮维生素A、维生素D、维生素E含量可提高乳中相应维生素含量。饲粮补加维生素C可提高乳中维生素C含量。乳中矿物质含量较稳定，一般受饲料的影响很小。饲粮缺钙或缺磷可降低产乳量和影响乳牛健康，但乳钙磷水平仍维持正常。提高饲粮微量元素如碘、铁、铜和锰等，乳中相应元素含量得到一定程度提高。新鲜牛乳呈白色或微带黄色，乳汁色泽受饲料中色素尤其是胡萝卜素含量的影响。含胡萝卜素少的饲料可使乳汁色泽变浅。

二、饲料对牛乳风味的影响

新鲜牛奶的风味成分如羰基化合物、脂肪酸和含硫化合物主要来自奶牛体内代谢，部分可能通过胃肠和呼吸系统吸收进入。饲料可改变牛乳风味，如芜菁、洋白菜、油菜等十字花科植物、鲜苜蓿和豆科牧草青贮料等可使乳汁产生不良风味。羽扇豆或苦艾使牛乳带有苦味。乳牛舍通风换气不良时，舍内不良气味可导致牛乳产生异常气味。

第四节　投入品与水产品质量安全

随着人民生活水平的不断提高，无污染、无残留和无公害的安全绿色食品已成为大家追求的消费时尚，人们不仅仅满足于水产品数量的增加，对水产品的鲜活度、体色、肉质、药物残留等也倍加关注。同时，全球经济一体化和我国加入WTO后，对我国水产品质量也提出了更高要求，无污染、无残留、无公害、有营养的优质水产品将成为进入国际市场的首选产品，推行无公害养殖，生产出无公害水产品是水产养殖业发展的必然趋势。

一、影响水产饲料安全的主要因素

水产饲料安全是指饲料产品（包括饲料和饲料添加剂）中不含有对养殖的水产动物健康造成实际危害，而且不会在水产品中残留、蓄积和转移的有毒、有害物质或因素；饲料产品以及利用饲料生产的水产品，不会危害人体健康或对人类的生存环境产生负面影响。近几年来，由于我国水产饲料标准、法规的不尽完善，加上有些饲料生产厂家为追求高额利润，在渔用饲料中滥用药物和饲料添加剂，造成水产品药物残留等有害成分指标超标，引起了消费者的恐慌，不仅制约渔用饲料的健康发展，同时也给水产养殖业带来不利影响，严重危害消费者的健康。

（一）饲料中天然存在的有毒有害物质

棉籽饼、菜籽饼、大豆饼（粕）、蓖麻饼（粕）等饲料，本身就含有棉酚、异硫氰酸酯、胰蛋白酶抑制剂、凝集素、光敏物质、硝基化合物等抗营养因子，这些物质轻者降低饲料消化率，重者引起鱼类中毒，并对人类健康造成潜在威胁。

（二）微生物污染

饲料及其原料在运输、贮存、加工及销售过程中，由于保管不善，容易污染上各种霉菌和细菌及其毒素，主要有致病性细菌（如沙门氏菌、大肠杆菌）、各种霉菌（如曲霉菌、青霉属、镰刀菌属等）及其毒素、病毒、弓形虫。有许多人畜共患的传染病，病原微生物通过被污染的饲料使鱼类致病，并污染水产品而危害人类健康。饲料霉变不仅会降低饲料的营养价值和适口性，更为严重的是能产生多种毒素，尤其以黄曲霉毒素 B_1 毒性最强，有很强的致畸、致癌性，急性中毒会引起水产动物死亡，更多的是慢性中毒，毒素在动物体内蓄积，影响水产品的质量，危害人体健康。

（三）饲料配制过程中的人为因素

近几年我国生产的人工水产配合饲料约为 1500 万吨，约占饲料总量的 40％；每年投喂的野杂鱼约为 400 万～500 万吨，约占饲料总量的 10％～13％。因而，随着饲料工业的迅速发展，各种各样的饲料添加剂被广泛用于配合饲料中，对促进鱼类生长和提高养殖经济效益起了重要作用，但这类物质的滥用和不按规定使用的现象还十分严重，对饲料安全构成了巨大的威胁。尤其是在广大的农村，传统的养殖模式还很普遍，投喂不营养，不科学，给养殖水产品的质量安全带来极大的隐患。

1. 非法使用违禁药品

不按规定使用药物添加剂，饲料中抗生素及一些药物添加剂容易引起药物残留，是目前影响水产品安全性的主要因素。如喹乙醇曾经是我国水产配合饲料中使用最多、最主要的促生长剂之一，对水产动物有着较强的抗菌和促生长作用。但是近年来研究发现，过量使用喹乙醇会引起水产动物抗应激能力下降，其至死亡，过量残留还会导致人们食用后的安全危害，农业部已经于2002年列为无公害水产品的禁用渔药。另外，目前使用较多的黄霉素，对其的安全性还需进一步考证，欧盟已开始逐渐禁用。

2. 有毒金属元素

饲料中的铅、汞、无机砷、镉、铬等重金属含量超过一定限度，会对水产养殖动物的生长造成危害，并且这些元素可以在鱼体内富集，其残留量过高会影响人们食用的安全。水产配合饲料中重金属的来源主要为动物性原料，如鱼粉、皮革粉等，预混料的矿物质添加剂也是有害金属的来源之一。

3. 农药

不适当地长期和大量使用农药，可使环境和饲料受到污染，破坏生态平衡，对动物健康和生产以及对人类健康造成危害。农药的种类繁多，按其化学成分可分为：有机磷制剂、有机氯制剂、有机氮制剂、氨基甲酸酯类、拟除虫菊酯类和砷制剂、汞制剂等。大部分农药化学性质稳定，不易分解，在环境中的残留期长，可在动植物体内长期蓄积，通过食物链对鱼类和人体产生中毒效应。

4. 多氯联苯

常见的多氯联苯（PCB）为三氯联苯和五氯联苯，广泛应用于工业如电器设备的绝缘油、塑料和橡胶的软化剂等。生产和使用PCB的工厂三废任意排放成为PCB的主要污染源，含PCB固体废物的燃烧以及生活污水、工业废水的挥发等也可造成污染。水产饲料中的鱼油和鱼粉极易受PCB污染。大部分海产鱼油中均含有少量PCB，添加于水产饲料后，由于养殖鱼类的不断摄食而产生累积，因其具有亲脂性，主要蓄积在脂肪组织及各脏器中，从而对鱼类产生危害。

5. 油脂酸败和组胺

鱼粉和鱼油是渔用饲料加工的主要原料，它们都含有较高的不饱和脂肪酸，极易氧化酸败。饲料脂肪氧化酸败也称饲料哈变，油脂长期储存于不适宜条件下，发生一系列化学变化，其中含有不饱和键的物质（脂肪、脂肪酸、脂溶性维生素及其他脂溶性物质）发生氧化反应产生游离脂肪酸、酮和醛等多种氧化产物，使其酸价、过氧化物值及熔点增高，并对油脂的感官性质发生不良影响的变化。长期摄入酸败油脂，会使动物体重减轻和发育障碍，器官病变。水产饲料中鱼粉用量一般都较高，若鱼粉原料不新鲜或者贮存时间过久，就会引起鲜度下降，挥发性盐基氮（VBN）和组胺含量升高。实际上使用不新鲜、腐败霉变的鱼或肉制品制作的鱼粉或肉骨粉产品，其生物胺含量一般都较高，其中主要是组胺。组胺是组氨酸的分解产物，是组氨酸在莫根氏变形杆菌、组胺无色杆菌等细菌存在的组氨缓脱羟酶作用下，脱去羟基后形成的一种胺类物质。它是一种毒素，动物摄入一定量的组胺后会引起中毒。因此，组胺含量可作为鱼粉或肉骨粉鲜度下降的重要指标。

6. 转基因饲料

转基因饲料的安全问题目前尚无最终答案，但已经大量应用于水产动物饲料中，其潜在的风险可能仍然存在。饲料的质量问题，除对动物源食品的安全有直接的影响外，还对生态环境造成影响，主要表现在：饲料中化学污染物从动物体内作为粪便排出，会对养殖水体、土壤、地表水、地下水造成污染。

7. 饲料中过量滥用高铜、高锌等添加剂

这些微量元素的吸收利用率很低，大量排到环境中会造成土壤、地表水、地下水污染，从而危害我们的生存环境。饲料中营养不平衡或某些营养成分含量过高，导致营养物质消化吸收率低，不能被利用而从粪便中排出，造成环境污染，其中氮和磷的污染是我国存在的严重问题。许多发达国家都制定有关氮和磷的排放标准，并强制执行，我国在这方面还有较大的差距。

二、投入品对养殖水产品质量安全的影响

严格地讲，养殖水产品的质量应优于捕捞水产品的质量，食用养殖水产品更安全。原因在于：一是养殖水产品的生产环境可控或可以做到可控，环境因素对养殖水产品质量的影响可排除；二是养殖生产过程可控，每个生产环节投入什么、什么时间投入，状况如何都有记录，都可追溯，一旦出现差错或意外，可以补救或纠正；三是外部因素的影响基本可控。如水源地出现环境污染，可以暂不进水，如遇到有毒粉尘污染，可以监测，产品质量有问题可以采取适当措施进行无害化处理，绝不会让产品流入市场。然而，当前人工养殖水产品质量比捕捞水产品的问题还多，主要原因如下。一是养殖者片面追求产量，养殖密度大，投喂多，自身污染严重，养殖对象容易生病，用药也增加，难免出现药物残留超标；二是少数不负责任的推销员向养殖生产者推销促生长剂和违禁药物，致使产品质量出现问题；三是不负责任的媒体过分宣传，夸大养殖水产品的质量安全问题，影响老百姓的消费取向。尽管影响养殖水产品质量安全的人为因素很多，但从实际情况分析看，主要的问题仍是养殖生产环节的投入品使用问题，某些投入品直接影响养殖水产品的质量安全，某些则是间接引起养殖水产品的质量安全问题。

（一）苗种质量问题对养殖水产品质量安全的影响

水产苗种是我国重要的渔业生产资料，是水产养殖生产中最重要的物质基础。没有优良的品种和健壮的苗种，就没有高效的水产养殖生产，就没有高质量和可持续发展的水产养殖业。科学试验和生产实践证明，优良健壮的苗种是增产增效的基础和物质保证。而由苗种引起的质量安全问题，主要是指不健康或不强壮的"问题苗种"。主要有以下几种类型。

1. 近交繁殖的苗种

近亲繁殖引起种质退化，子代生长速度慢，抗逆性差，易受病害侵袭。这类苗种抗病力比杂交良种低 50%～80%，死亡率高 30%～60%，生长速度低 40%～100%，且饲料系数高，回报率低。

2. 尾苗

繁殖季节后期产的卵孵化培育的苗种。这类苗种先天不足，体质弱，适应能力差，易得病，不但生长速度慢，而且死亡率也高。

3. 病苗

这类苗种在培育过程中染病，体质差，适应环境的能力弱，生长慢，死亡率高。全国30 个省（自治区、直辖市）的水产养殖病害监测部门对养殖品种共监测到水生动植物（养殖对象）病害 150 多种，其中病毒性疾病 14 种，细菌性疾病 90 种，真菌性疾病 4 种，寄生虫病 37 种，藻类疾病 5 种。引起养殖病害的原因很多，如养殖环境受污染、养殖方式不科

学、放养密度过大、管理不到位及基础设施差等等，但养殖对象种质退化，苗种质量差，抗病力下降是主要因素之一。如从美国引进的斑点叉尾鮰和南美白对虾就是两个很典型的例子，其子一代生长速度快，抗病能力也强，但子二代、子三代则出现明显差异，不但生长速度下降显著，且大规模感染疾病。

（二）饲料对养殖水产品质量安全的影响

我国是水产饲料生产大国，也是消费大国，最近几年水产饲料生产和饲料原料消费均为世界第一。饲料对养殖水产品质量安全的影响可以分为直接影响和间接影响，不管哪种影响，造成的结果都非常恶劣。

1. 直接影响

主要是饲料中含有有毒有害物质或违禁药物，养殖对象摄食后，有毒有害物质积聚或残留体内，使养殖水产品出现质量安全问题。

2. 间接影响

主要是指长期饲喂不按标准要求或恶意掺杂使假生产的不合格的人工饲料，导致养殖对象长期处于营养不良，体质下降，抗病能力降低，易感染病害；养殖水环境恶化，氨氮浓度升高，水体中病原体或有害微生物增加，养殖对象病害增多。最终由于饲料质量问题导致水环境问题，养殖对象出现问题，病害多发，用药频繁，药量增大，造成药物残留超标或水产品质量下降。实际上饲料质量是影响养殖生态系统、养殖对象抗病力和产品质量安全的关键因素之一，但目前其重要性远没有被广大饲料生产厂家和养殖户所了解和重视。

（三）渔药对养殖水产品质量安全的影响

绿色食品水产养殖用药坚持生态环保原则，渔药的选择和使用应保证水资源和相关生物不遭受损害，保护生物循环和生物多样性，保障生产水域质量稳定。具体情况如表 15-8。

表 15-8　绿色食品渔药使用准则

类别	成分	作用	注意事项
调节代谢生长药物	维生素 C 钠粉	预防治疗维生素 C 缺乏症	①切勿与维生素 B、维生素 K 合用，以免氧化失效 ②切勿与含铜锌离子的药物混合使用
疫苗	草鱼出血病灭活疫苗	预防草鱼出血病	①切勿冻结，冻结的疫苗严禁使用 ②使用前，先使疫苗恢复至室温并充分摇匀 ③开瓶后，12h 内用完 ④接种时，应作局部消毒处理
	鱼鳍水气单胞菌败血症灭活疫苗	预防淡水鱼类特别是鲤科鱼的鳍水气单胞菌败血症，免疫期为 6 个月	①切勿冻结，冻结的疫苗严禁使用，疫苗稀释后，限当日用完 ②使用前，先使疫苗恢复至室温并充分摇匀 ③接种时，应作局部消毒处理 ④使用过的疫苗瓶、器具和未用完的疫苗等应进行消毒处理
	鱼虹彩病毒病灭活疫苗	预防真鲷属、拟鲹的虹彩病毒病	①仅用于接种健康鱼，使用前充分摇匀，开瓶一次用完 ②本品不能与其他药物混合使用 ③对真鲷接种时，不应使用麻醉剂 ④使用麻醉剂时，应正确掌握方法和用量 ⑤接种前应停食至少 24h ⑥接种本品时，应采用连续性注射，并注意注射深度 ⑦使用过的疫苗瓶、器具和未用完的疫苗等应进行消毒处理

类别	成分	作用	注意事项
消毒用药	次氯酸钠溶液	养殖水体、器械的消毒与杀菌；预防鱼虾蟹的出血、烂鳃、腹水、肠炎等细菌性疾病	①本品受环境，因素影响较大，因此使用时应特别注意环境条件，在水温偏高、pH 值较低、施肥前使用效果更好 ②本品有腐蚀性，勿用金属容器盛装，会伤害皮肤 ③养殖水体水深超过 2m 时，按 2m 水深计算用药 ④包装物用后集中销毁
	聚维酮碘济液	养殖水体的消毒、防治水产养殖动物由弧菌、嗜水气单胞菌、爱德华氏菌等菌引起的细菌性疾病	①水体缺氧时禁用 ②勿用金属容器盛装 ③勿与强碱类物质及重金属物质混用 ④冷水性鱼类慎用
	三氯异氰脲酸粉	水体、养殖场所和工具等消毒以及水产动物体表消毒等	①勿用金属容器盛装，注意使用人员的防护 ②勿与碱性药物、油脂、硫酸亚铁等混合使用 ③根据不同的鱼类和水体的 pH 值，使用剂量适当增减
渔用环境改良剂	过硼酸钠	增加水中溶氧，改着水质	①为急救药品，根据缺氧程度适当增减用址，并配合充水，增加增氧机等措施改善水质 ②产品有轻微结块，压碎使用 ③包装物用后集中销毁
	过碳酸钠	水质改良剂用于缓解和解除鱼、虾、蟹等水产养殖动物因缺氧引起的浮头和泛塘	①不得与金属、有机溶剂、还原剂等解除 ②按浮头处水体计算药品用量 ③视浮头程度决定用药次数 ④发生浮头时，表示水体严重缺氧，药品加入水体后，还应采取冲水、开增氧机等措施 ⑤包装物使用后集中销毁
	过氧化钙	池塘增氧，防治鱼类缺氧浮头	①对于一些无更换水水源的养殖水体，应定期使用 ②严禁与含氯制剂、消毒剂、还原剂等混放 ③严禁与其他化学试剂混放 ④长途运输时常使用增氧设备，观赏鱼长途运输禁用

注：引自中华人民共和国农业行业标准 NY/T 755—2013。

目前，市场抽样中检出率较高的禁用药，一是孔雀石绿和氯霉素；二是一批没通过 GMP 审验的药厂仍在生产，或套牌，或打着非药品生产的幌子生产"三无药品"，危害很大；三是与病害相对应的有效药物（渔药）基本没有。现在多数是用人药、兽药、原药配制渔药，很难治好鱼病。渔药在水产品中残留有如下环节。

1. 苗种培育阶段用药残留

水产苗种培育的一大特点就是密度大，水环境要求高，管理要求严。因此，一旦水质条件不佳或温度波动大，苗种极易受细菌感染或出现水霉病，得病就必须用药，且管用的药只有孔雀石绿或抗生素类药物，如氯霉素等，而这些都是禁用药，孔雀石绿残留时间很长，且不易消化代谢。

2. 养殖阶段用药残留

从苗种下池养殖到商品规格出池销售，养殖时间最长，且经过高温的夏季。渔农为了提高单产，普遍增加放养密度。在流水条件养殖，病害问题并不严重，但在封闭的池塘养殖中，尤其是经过高温夏季，容易发生病害。渔农们深知一旦大规模发生鱼病，任何渔药都无济于事，因此，为了保险起见，为了减少病害的发生，渔农经常投放渔药。同时，渔农们缺乏科学用药知识，推销员推荐什么他们就用什么，往往超标超量使用，因此，屡屡出现药残超标或检测出违禁渔药。

3. 运输过程药物残留

苗种或者商品鱼运输均是在封闭的水体容器中进行，水量少而鱼虾等密度大，运输过程中个体应激反应大，相互碰撞容易受伤，体表受伤容易导致溃烂或得水霉病或寄生虫病。为了避免或防止类似疾病发生，贩运者经常在水里施放药物，如孔雀石绿、呋喃类或高锰酸钾等。因此，长途运输过程中引起的药物残留绝对不可忽视。

4. 暂养期的药物残留

暂养期是指鲜活养殖水产品进入农贸市场或大型超市的销售期暂养，时间长短取决于市场的销售能力。这一过程中，有的商家为了让待售的鲜活水产品表面鲜靓，不患皮肤病（溃烂、长水霉或寄生虫等），往往施放孔雀石绿或福尔马林（甲醛）。甲鱼（中华鳖）熬出绿汤便就是孔雀石绿作祟。

三、保障水产品质量安全的措施

我国加入世界贸易组织后，养殖水产品出口量增长迅速，养殖水产品的质量安全问题备受国内外关注与重视，水产品质量安全问题既是水产养殖业的大事，也是全社会的大事。要解决这一问题，需要全国各相关行业的密切配合，需要全社会的合力，既要着眼于现在，也要着眼于长远，必须下大力气着重抓好以下几方面的工作。

1. 规范行业标准，建立完善水产品质量标准体系

水产品质量标准体系是评价水产品质量安全的标杆，也是组织生产加工、质量检验、分等定价、选购验收、洽谈贸易的技术准则。我国目前已经形成了包括国家标准5项、行业标准99项的水产品质量标准体系，但与发达国家相比，我国的质量标准体系尚不完善。因此，有关部门应当根据我国当前水产品生产和贸易的现状，针对我国水产品质量标准短缺、不配套的实际情况，统筹考虑，着手建立具有威慑性和可执行性的标准体系，并建立相应的产品质量安全追溯制度和责任追究制度，进一步健全和完善产品质量认证体系。要突出主导产品质量标准、与产品安全和人体健康相关的质量安全标准、以及与这些产品质量标准相配套的苗种标准、生产加工标准、包装技术规程标准等，对生产者和经营者实行有效的监督，提高对水产品质量安全的监控能力，使质量责任具有可追溯性，为国内外消费者提供优质、安全、放心的水产品。

2. 加强政府指导，建立完善水产品质量安全管理体系

首先，要进一步理顺体制，设立一个专门的独立机构加强对水产品质量的监督与管理。其次，政府要以法律的形式确定水产品质量安全管理体系的重要地位，并建立相应的行政执法体系保障其有效运行。第三，政府加大科技投入，进而促进科学技术对水产品质量安全体系发展的带动作用。第四，着力建立和完善五大监控体系：①植物保护防疫体系；②动物防疫体系；③药物残留监控体系；④水产养殖捕捞海域环境监控体系；⑤水污染防治体系。

3. 加强科普技术推广，提高从业人员科学素质

据不完全统计，在我国从事水产养殖业的总人数达700万～800万人，他们当中大多数文化水平较低，科学素质较低，生产技能较低、专业技术水平较低。同时，我国的水产养殖业属于一家一户分散经营、单枪匹马闯市场的传统模式，组织化程度也不高。目前传统的养殖模式占绝大多数，"靠天吃饭"的现象还难以改变。渔民常见的做法是"养啥看邻居，喂啥靠自己，收啥在老天"。要改变目前这种状况，保护渔民的合法权益，提高渔民的职业技

能，政府应加大投入，加强政策扶持，着力抓好科普宣传和技术推广工作。利用各种渠道和宣传媒介，如广播、电视、网络、报纸、杂志等等，宣传科学健康的养殖理念，传播科学规范的用药方法，推广先进适用的养殖技术和优良品种，普及法律法规知识；各级水产推广机构应定期或不定期地组织不同类型的技术培训班，让广大养殖户能及时了解新的养殖品种、新的养殖工艺和技术方法，或定期组织科技大篷车下乡，把知识送到村边，把知识送到池塘，现场帮助养殖户解决生产中的实际问题和困难。

4. 加强投入品监管，从养殖源头抓起

水产品有毒、有害物质超标和药物残留的起因主要集中在苗种和养殖环节，此环节是水产品质量安全的源头。因此，加强水产品的质量安全控制，首先要从源头抓起。作为水产品生产者应当具有第一责任人的意识，水产品的养殖要有良好的行业自律，规范养殖中的用药行为，杜绝滥用药、用禁药的不法行为，维护良好的水产品生态环境，控制好水质。水产品加工企业也要严格技术标准，规范经营行为，严格控制生产加工过程中的安全、卫生问题，要建立健全 HACCP、ISO 等质量标准体系，切实提高企业的质量管理水平。目前，市场我国假冒或套牌生产的伪劣渔药、不合格的劣质饲料屡禁不止，严重地损害养殖户的权益，并导致严重的养殖水产品质量安全问题。因此，必须加强对水产养殖投入品的监管，加大执法力度，在生产、销售、运输等环节严格把关，严格执法。

5. 扶持经济合作组织，提升社会组织化程度

在现行体制下渔业行业主管部门的管理手段有限，面对众多企业和千家万户的分散经营生产，势必造成监管的缺位，难以解决水产养殖业发展中的林林总总问题。因此，最好的办法是政府采取扶持政策，支持水产养殖业者发展创办经济合作组织，合作组织代表组织成员对外统一采购，统一应对市场，对内统一提供种苗、饲料，统一技术指导及提供信息服务等等。这样既可以减少养殖者（成员）的生产成本，提高他们应对市场风险的能力，做到一家有难大家帮，又可以弥补政府行业主管部门管理行为的缺位，共同维护一个健康和谐的发展水产养殖的社会环境。

6. 加大科研投入，提高创新能力

目前，我国养殖的水产品种有近 200 种，大宗的主要养殖品种也有几十种，鱼、虾、贝、藻、龟、鳖、蟹五花八门，有草食性的，有肉食性的，也有杂食性的，更有滤食性的；有生活在水体底部的，有生活在水体中部的，也有生活在水体上层的，更有水陆两栖。这么庞大的阵容，这么复杂的食性，要解决它们的质量安全问题谈何容易。因此，必须加大投入，针对当前良种少、良种覆盖率低、饲料技术落后、全价人工配合饲料应用率低、高效安全低毒低残留的新型替代药物和疫苗研发滞后、有效治疗药物少等现状，加快研发工作步伐，尽快提高科研水平，尽快突破制约水产行业养殖业发展的瓶颈。

复习思考题

1. 简述饲料对胴体和肉品质的影响。
2. 简述饲料对牛奶品质的影响。
3. 简述饲料对鸡蛋品质的影响。
4. 简述投入品对水产品质的影响。

第十六章 动物福利与食品原料质量

重点提示： 本章重点掌握动物福利内涵、动物福利的意义与评价指标、动物福利发展历史、现状与趋势、动物福利实施规范要求、应激和伤害对肉品质与副产品质量的影响等内容。通过本章内容的学习，能够基本了解畜禽饲养、运输和屠宰等各个生产环节福利控制规范要点、控制方法和应急对动物源食品原料造成的影响，以增加畜禽福利意识。

第一节 动物福利内涵

动物的福利养殖方式，旨在保障动物健康生长，减少动物应激反应给人类健康带来的危害。良好农业规范（GAP）中的动物福利是提高畜禽产品质量的重要途径。动物福利是从国外引进的先进理念。目前，世界上 100 多个国家已有了动物福利立法。肯德基、麦当劳等一些著名的品牌食品企业都把动物福利列入对肉食品质量评估的内容。随着动物福利组织在世界范围内的蓬勃发展，WTO 的规则中也写入了动物福利条款，各国就动物的保护和尽一切可能保留生物的多样性已达成共识。

随着国际动物福利组织、国际环保组织及欧盟等相关国家对动物福利要求的日益提高，以及我国加入 WTO 后，畜禽产品的出口日益受到相关国家和地区关于动物福利方面新的技术壁垒，作为企业社会责任的一种重要体现形式，在畜禽养殖过程中对动物福利的关注程度，直接影响到其产品的出口、畜禽养殖业的持续发展。

一、动物福利概念

动物福利是指为了使动物能够康乐而采取的一系列行为及给动物提供相应的外部条件。动物福利是强调保证动物康乐的外部条件，而提倡动物福利的主要目的有两个方面。一是从以人为本的思想出发，改善动物福利，可最大限度地发挥动物的作用，让动物更好地为人类服务；二是从人道主义出发，重视动物福利，改善动物的康乐程度，使动物尽可能免除不必要的痛苦。由此可见，动物福利的目的就是人类在兼顾利用动物的同时，改善动物的生存状况。

动物福利是人类为满足动物正常生长、生产过程中所表现出来的生理行为和自然习性等所提供的必要的设施、设备以及最基本的需要。动物福利（animal welfare）理念建立的前提，是认为动物和人类一样，是有感知、有痛苦、有恐惧，有情感需求的。动物福利的核心内容是：不是我们不能利用动物，而是应该怎样合理、人道地利用动物，要尽量保证这些为人类做出贡献和牺牲的动物享有最基本的权利，如在饲养时给它一定的生存空间，在宰杀、运输时尽量减轻它们的痛苦，在做试验时减少它们无谓的牺牲。

二、动物福利的基本原则

为了满足动物的需求，使动物能够活得舒适，死得不痛苦，具体讲应让动物享有国际上公认的五大原则：①享有不受饥渴的自由，保证提供动物保持良好健康和精力所需要的食物和饮水，主要目的是满足动物的生命需要；②享有生活舒适的自由，提供适当的房舍或栖息场所，让动物能够得到舒适的休息和睡眠；③享有不受痛苦、伤害和疾病的自由，保证动物不受额外的疼痛，预防疾病和对患病动物及时治疗；④享有生活无恐惧和悲伤的自由，保证避免动物遭受精神痛苦的各种条件和处置；⑤享有表达天性的自由，提供足够的空间、适应的设施以及与同类动物伙伴在一起。

三、动物福利内容

1. 饲养管理方面

以欧盟为例，他们规定了畜牧业生产中动物保护的一般措施以及不同种动物的最低保护标准，如蛋鸡的最低保护标准，牛的最低保护标准，猪的最低保护标准，动物园中野生动物的最低保护标准，实验用和其他科研用动物的保护标准。

2. 运输方面

（1）对运输者的要求

在进行动物运输尤其是长途运输时，运输者必须预先考虑到动物在运输中可能受到的痛苦和不安。在出发前，需要考虑的问题有：不用外力，动物能否自己上车；在运输途中动物如果一直站立，它能否承受自己的体重；运输的时间是多少；运输工具是否合适；动物在运输途中是否得到令人满意的呵护等，以做好适当的应对措施。另外，要对负责运输的人员进行一定的培训，在运输途中要对动物进行照料和检查；驾驶员应谨慎，保持车的平稳，避免急刹车和突然停止，转弯的时候要尽可能的慢。

（2）对运输工具的要求

运输工具要达到一定的标准，如安装必要的温度、湿度和通风调节设备，地板要平坦但不光滑，车的侧面不能有锋利的边沿和突出部分，不能完全密封，地板的面积要足够大，使动物能舒服的站着或正常的休息，不至于过度拥挤；运输工具要进行消毒，动物的粪便、尿液、尸体和垃圾要及时清除，以保持运输工具的清洁卫生；并规定了最大装载密度和装载方法；运输工具上要有足够的水和饲料。

（3）运输时间方面要求

选择恰当的运输时间，高温天气容易造成动物在运输途中的高死亡率，要在凉快的清晨或傍晚甚至在晚上进行运输，尤其是运输猪的时候。并规定了最长的运输时间（休息、饮水和饲喂时间都有规定）在途时间要尽可能的短，运输时间不应超过 8h，超过 8h 的，必须将动物卸下活动一段时间等。

（4）其他要求

活畜运输者要经过登记和国家主管部门的认可；运输路线计划要经主管部门批准，禁止运输幼畜等。

3. 屠宰加工方面

动物福利除了强调"善养"，还应重视"善宰"。为了确保动物在屠宰时受到的惊吓和伤痛最小，欧盟对屠宰场、屠宰人员和屠宰方法进行了详细规定。

（1）技术人员要求

屠宰时要有兽医在场进行监督，屠宰工人必须具备熟练的技术和专业知识，经过国家有关部门的认证，并进行一定的培训。

（2）屠宰程序要求

屠宰动物时必须先将动物致昏，在很短的时间内放血。特别是反刍动物必须先致昏迷才可屠宰，昏迷和放血之间的时间要尽可能的短。宰猪时，必须隔离屠宰，不被其他猪只看到。杀猪要快，必须致昏，在猪完全昏迷后才能刺杀放血。

（3）体系执行要求

欧盟强烈要求在屠宰时采用危害分析与关键控制点体系来衡量和检测屠宰过程。危害分析与关键控制点（hazard analysis citical control point，HACCP）主要应用在肉类加工厂，并建议在致昏、放血、噪音、悬挂和电刺 5 个关键控制点进行控制。

第二节　动物福利的意义与评价指标

一、动物福利的意义

1. 有利于提高生产性能和减少疾病发生

重视动物的福利有利于生产性能的提高和发挥。饲养过程中提供舒适环境，能减少动物相互争斗，降低死亡率；提供营养完善的饲粮，可明显加快动物的生长速度，提高饲料利用率。动物在运输过程中提供良好的通风条件，运输时间适当，宰前有充分的休息和饮水，屠宰时宰杀方法适当，可明显提高其屠体品质，减少 PSE 肉的发生率。Broom（1994 年）认为动物的福利水平与健康密切相关，福利水平差，会导致肾上腺功能下降，生产性能和繁殖能力降低，生命周期缩短，长期的持续免疫抑制则会导致严重疾病，甚至引起死亡，造成损失。例如，浙江金华种猪场保育猪栏的新设计是在休息区上方 0.8m 左右处挂一些会发出声音的玩具（经消毒处理后内放小石子的易拉罐），以满足仔猪嬉闹、玩耍的行为特性，使猪在不紧张、枯燥的环境中生长。这种方法更体现动物福利和善待动物。浙江金华种猪场家系大约克核心群在 5 年多的生产实践中充分证明了这一点。

2. 有利于畜产品贸易和畜产品安全

一些国家在畜产品进出贸易中往往利用动物福利的差距来设置贸易壁垒。例如，如在屠宰方面，国外一般都是一头动物进入屠宰房后立即阻断，在一个单独的空间用高压电快速击中动物的致命部位，使动物在很短时间内失去知觉，再进行宰杀。而国内有些屠宰厂的屠宰流程是让动物排队进入屠宰场，待宰动物能亲眼看到被宰动物的惨叫、流血、分割，处于突然的恐怖和痛苦状态，肾上腺激素会大量分泌，从而形成毒素，这些毒素对食用者非常有害。目前，我国出口畜产品达标率较低的原因之一就与落后的屠宰方式有关。另外，长途运输和剧烈的屠宰手段还会诱发动物的应激反应综合征，宰后肌肉苍白、柔软，渗出水分增多，肌肉糖原分解，乳酸蓄积，pH 值下降，蛋白质变性，肉质大大降低。因此，在屠宰和运输环节，如能重视动物的福利，则有利于畜产品贸易和安全。

二、动物福利评价指标

限制环境下的动物经常表现行为规癖（behavioral stereotypy），行为规癖是一种不断重复的、在形式上表现一致并且无明显功能的行为。行为规癖的发生与动物的生存环境密切相关，存在着一定的动机基础，饲养在集约化生产方式下的家畜和家禽表现得非常显著。行为规癖与动物的行为限制有关，反映了动物处于应激或心理痛苦状态。动物的行为规癖有时会直接影响动物的生产性能和健康状况。例如，运动行为规癖造成了动物的能量损失，引起动物的代谢增加，饲料转化率降低，从而对生长不利等。在限制环境中饲养的动物，其行为规癖会导致身体与圈栏的频繁接触，这往往造成身体的损伤和疼痛。动物出现行为规癖除了给动物本身造成一定的生理损伤外，还意味着动物的行为需要没有得到满足或者正在遭受心理应激。保证动物的维持需要行为的正常表达以及避免动物遭受应激，是保障动物良好福利的必要条件，因此，行为规癖的出现标志着动物福利的恶化。动物行为规癖可作为评价动物福利状况的指标之一。

第三节　动物福利发展历史、现状与趋势

一、动物福利发展历史

早在 18 世纪初，欧洲一些学者就提出：动物和人类一样，是有感知、有痛苦、有恐惧，有情感需求的，这是动物福利思想的起源。世界上第一部与动物福利有关的法律——马丁法案于 1822 年出台，该法案虽然只适用于大型家畜，但它是动物保护史上的一座里程碑。19 世纪欧美大部分国家已完成了防止虐待动物的立法。第二次世界大战以后，这些国家又陆续制定了动物保护法及相应的管理条例和法规，并设立专门负责动物福利的部门。目前，100 多个国家已有了动物福利法，动物福利条款也写入了 WTO 的规则中，保护动物和尽一切可能保留生物的多样性已在世界各国达成共识。我国对动物福利的立法较晚，但已将动物福利条款写入《中华人民共和国畜牧法》及《野生动物保护法》等有关法律中，这是我国动物福利思想的一大进步。

二、国外动物福利发展现状与趋势

在发达国家，人们考虑到家畜与人类之间的密切关系，强调在饲养、运输和屠宰家畜过程中，应该以人道方式对待它们，尽量减少其不必要的痛苦。许多国家更是订立法律，强制执行动物福利标准。英国从 1911 年相继制定了《动物保护法》《野生动物保护法》《实验动物保护法》《狗的繁殖法案》《家畜运输法案》等。自 1980 年以来，欧盟及美国、加拿大、澳大利亚等国先后都进行了动物福利方面的立法。

例如，欧盟的福利法规中规定：需要给猪提供"玩具（稻草、干草、木头、链子等）"，否则农场主会被罚 2500 欧元。农场主可以在猪舍里放置可供操作自如的材料，来改善猪的福利。又如，为了便于消费者选择购买，从 2004 年开始，欧盟市场出售的鸡蛋必须在标签上注明来源于自由放养或笼养的母鸡所产的蛋。欧洲正逐步淘汰和废除用铁丝笼子饲养蛋鸡。

随着动物福利组织在世界范围内的蓬勃发展，WTO 的规则中也写入了动物福利条款。北欧国家挪威于 1974 年就颁布了《动物福利法》。该法规定，为使畜禽如牛、羊、猪和鸡等免遭额外痛苦，屠宰前一定要通过二氧化碳或者快速电击将其致昏，再进行宰杀。德国于 1986 年和 1998 年分别制定了《动物保护法》和《动物福利法》。这两部法律都规定，"脊椎动物应先麻醉后屠宰，正常情况下应无痛屠宰"。

2003 年，美国开始对在符合动物福利标准条件下生产的牛奶和牛肉等产品贴上"人道养殖"动物产品的认证标签。这个项目是由一个独立的非盈利组织——"养殖动物人道关爱组织"（HFAC）发起的，并得到了美国一些动物保护组织的联合支持。新的"人道养殖认

证"标签是向消费者保证，提供这些肉、禽、蛋及奶类产品的机构在对待畜禽方面符合文雅、公正、人道的标准。同时，美国还对蛋鸡行业制定了"动物关爱标准"，并使用"动物关爱标准"标志。

欧美等发达国家消费者在畜禽产品消费上首要关心的有三点：一是其产品是否安全，对消费者自身健康是否存在潜在风险；二是其产品在生产过程中是否损害环境；三是其产品的养殖场是否执行动物福利的规定。随着广大消费者越来越清楚地意识到动物福利与食品安全质量的关系，欧盟的销售企业必须能向消费者保证肉蛋奶制品的饲养、运输与屠宰过程完全符合动物福利标准的要求，否则就会被消费者拒绝。

三、国内动物福利发展现状与趋势

我国 GAP 认证对动物福利提出了明确要求。一项网上调查显示，43%的欧盟消费者会在购买肉品时考虑动物福利，而 75%的受调查者相信可以通过购买选择来影响动物福利的状况，有一半以上的消费者表示，愿意花更多的钱来购买在动物福利方面做得好的动物源性食品。目前，我国的饲养、运输和屠宰等过程都存在着一些不容忽视的问题，远远达不到发达国家制定的动物福利标准，从而在一定程度上影响了我国畜禽产品的国际贸易。我国目前关于动物福利方面的法规有《野生动物保护法》《实验动物管理条例》，动物福利方面的立法正处于研讨、立项阶段。而目前国家有关部门开展的有机产品认证、GAP 认证都对动物福利、畜禽健康提出了明确的要求。

第四节　动物福利实施规范要求

一、牛的动物福利规范要求

（一）犊牛的福利规范要求

1. 犊牛的管理福利规范要求

（1）去势

对 1 周龄之内的犊牛进行去势，需要由经过专门培训的合格畜牧技术员进行。对 2 周龄之内的犊牛进行去势，应由兽医或合格畜牧技术员进行。

（2）断尾

牛的尾巴具有驱赶蚊蝇的功能，为了方便挤奶和改善挤奶间内的卫生状况，避免奶牛在畜舍地面躺卧时乳房沾染粪便，奶牛通常要去掉尾巴。但新西兰的最新研究报告显示，断尾奶牛和不断尾奶牛在产奶量、体细胞计数、乳腺炎发病率上没有显著差异。如果断尾，体后会聚集大量苍蝇，需要不断的驱赶它们。另外，有些研究人员建议用修剪尾毛的方法来代替断尾。

（3）去角

去角通常是在局部麻醉的情况下将角及其周边敏感组织切除。对于集约化舍饲饲养的牛，去角有利于管理，减少打斗行为。常用的有苛性钾涂抹法和电烙铁法，通常在出生 1～3 周内去角，年龄小易于控制，流血少。必须注意不要损伤周围皮肤，避免雨淋以免化学药剂流到脸部和眼睛，还需要隔离数日，防止其他犊牛舔食。研究发现，犊牛的去角伴随着严重的生理和行为变化，带来巨大的疼痛和应激，在去角过程中使用局部麻醉剂盐酸普鲁卡因可以有效减少疼痛。

（4）断奶

一般不应对犊牛进行早期断奶，因为这样会增加断奶后生长停滞，从而降低对疾病的抵抗力。与7月龄断奶相比，提早断奶的犊牛会出现更多的哀叫和踱步。但如果它们能经常见到母牛，通常在断奶3d后就能趋于安静，然而当犊牛完全和母牛分离并断奶时，在断奶分离6d后，仍然有悲伤的迹象。另外，牛在转入育肥场时断奶比转入育肥场之前断奶更容易抑制牛的总体生长。

（5）标记

耳标的安装需由经过培训的技术员进行，使动物在安装时及安装后免受不必要的疼痛。安装耳标时要按照制造商提供的方法，并使用合适的涂药器。要经常保持耳标的清洁卫生。例如，有的育肥场不对存栏育肥牛只编耳号，而是直接在牛体上打烙印。引起牛的三级烫伤，这种烫伤不仅疼痛，而最重要的是应激引起采食量下降，致使牛体重下降并消瘦。

2. 犊牛的养殖福利规范要求

（1）实行犊牛群养

生活在狭窄隔栏中的犊牛，其行动受到极大限制，通常在站立，难以四肢伸展地躺卧。在隔栏中生活10d以上的犊牛，便不能自然躺卧。而且，在狭窄隔栏中饲养的犊牛，比其他方式生长的犊牛更易患病。从1998年开始，犊牛的群养已经被立法并强制在欧盟执行。犊牛单栏饲养到8周就必须转为群养，每头牛的最小空间：体重在0~150kg时为1.5m²/头；150~220kg时为1.7m²/头。单栏之间的护栏必须使得犊牛彼此看见。实行群养后，犊牛有了自由活动的空间，可以与同伴在一起，这样就有效地减少了应激，增强了免疫力，基本福利明显改善。

（2）牛舍的地面要求

给犊牛提供清洁、干燥的环境，不仅有利于防病，还能帮助犊牛保持体温，对犊牛生长十分重要。犊牛必须饲养在铺有垫料、木板或橡胶垫的地面上。现在大部分牛场主要采用在水泥地上铺橡胶垫的方法，可以减少犊牛异常的站立姿势，同时滑倒和损伤关节的现象明显降低。

（3）营养的改善

在小白牛肉生产过程中为了保持牛肉风味，用仅以乳为基础的饲粮来饲喂犊牛，不添加任何粗饲料。这样的饲料因缺乏粗纤维，会导致犊牛消化系统不能正常发育，不能正常反刍，还可导致口腔异常行为。必须给犊牛饲喂适宜的可发酵饲料，以保持其胃肠道微生物区系的平衡。饲料中应适量补充富含纤维的粗饲料，以促进瘤胃的发育，并降低异食癖。自由采食干草与代乳料相组合的饲养方式，可确保瘤胃发育，避免消化不良和肠道疾病，反刍率提高200%以上。

（二）肉牛的福利规范要求

对于饲养过程，欧盟的动物福利侧重于对饲养环境和管理的要求。其中91/629/EEC指令和2008/119/EC指令规定了育肥牛保护的最低标准，例如，牛场的设施应保证每头牛可以毫无困难地躺下、休息、站立和休整。养牛中使用的房间、牛圈和器皿必须正确清洗，并消毒，以避免生锈和病源微生物的繁殖。所有的牛应供应适合他们的年龄、体重、行为和生理需要的饮食，以促进他们的健康和维持良好的状态。肉牛不应长期待在黑暗的环境中，为了满足肉牛的行为和生理需要，应在各成员国制定相应的要求，为肉牛提供足够的自然光或者人工光源，并保证每天9:00—17:00肉牛能接触光源。

肉牛业通常是大规模饲养（200头或者更多），饲养密度至少为9m²/头，多数达到了这

图 16-1　肉牛按摩实施

个面积的 2 倍。另外，根据动物的年龄、个体大小以及饲喂频率，饲槽空间确定为每头 30～46cm。过度拥挤将限制肉牛的采食、饮水和休息空间。不合理的饲养易导致垫料变坏，造成 2 个极端：潮湿、泥泞的环境或干燥、多粉尘的环境。据报道，较差的垫料会影响肉牛的福利，潮湿、泥泞的环境导致烂蹄、蹄损伤和跛足；而干燥、多粉尘的环境容易加剧肉牛呼吸系统的问题。另外，牛舍的空气流通量、尘埃水平、温度、相对湿度和有害气体浓度都应控制在安全水平之内。例如，日本饲养的和牛，对饲料和品质控制非常严谨，每只和牛在出生时便有证明书以证明其血统。自出生后，和牛便以牛奶、草及含蛋白质的饲料饲养；一些牧场更会聘请专人为牛只按摩，或采用按摩器（图 16-1）；也有的灌饮啤酒，令肉质更鲜嫩。

（三）奶牛的福利规范要求

生产实践中，要根据奶牛的生物学特点改进奶牛的生产工艺，饲养过程尽量实行舍内散养方式，提供奶牛足够的生存和活动空间，以满足奶牛正常行为的自由表达。在国外有的动物福利组织要求通过立法废除动物的笼养舍饲体系，并采用放牧方式让奶牛在足够的生存空间里自由生长。而我国奶牛的饲养管理方式主要有拴系式饲养和舍内散养两种，特别是拴系式饲养，一牛一床采用颈枷拴住乳牛，饲喂，挤乳，限制了奶牛活动，不能保持乳牛本身的清洁行为，也不能通过舔舐、抖动、搔抓来清理背毛和皮肤，保持体表清洁卫生，一些乳牛必需的生理行为被剥夺，久而久之乳牛的健康和福利受到了影响。从我国畜牧生产实践出发就提高奶牛福利的角度而言，设计牛舍时，要有利于奶牛的自由活动空间，生产区的活动面积，每头牛应有 160～180m² 的活动空间。

饲料中的金属异物，如针、钉、细铁丝等尖锐金属物，随饲料进入牛网胃，刺损网胃导致前胃迟缓，瘤胃鼓气，并穿透网胃刺伤隔膜和腹膜，引起急性弥漫性或慢性局限性腹膜炎，乃至即发创伤性心包炎。常见于舍饲奶牛，其他家畜少见。因此，要保证饲料质量，以免影响奶牛福利。现在人们为了追求更高的效益，不断地选择育种，不断地进行管理和饲养实施方面的改进，使奶牛福利受到严重威胁，生产性能越高，福利越易遭受威胁。

产奶量在过去几十年剧增的同时，乳房炎、腐蹄病和酮病等生产疾病增加。乳房炎是造成经济损失最大的疾病，畜舍条件是诱发它的一个最主要原因，不合适的设计会影响奶牛趴卧或站立，容易导致乳头受伤。如果牛卧床（图 16-2）过短会迫使牛在牛床的边缘趴卧，加大对乳房的压力，牛床过窄会增加牛在过道上趴卧，往往因地面不清洁而导致乳房炎。另外，乳房炎可以通过挤奶器从一头奶牛传到另一头奶牛。控制乳房炎的具体办法有：保持乳房清洁；迅速确诊，治疗；良好的饲养管理；准确记录乳房炎奶牛信息；识别慢性感染的奶牛并记录；经常对挤奶机进行检查维护。为避免牛腿部的疾病，要注意合理饲养环境和饲养管理。任何饲养不当均会对蹄部的健康造成危害，奶牛产犊期间饲粮突变、产犊后采食大量的精料或饲粮中谷物含量高的都可以诱发蹄叶炎，通过有计划的饲养管理可以降低这些危险。在某些情况下，奶牛舍饲或放牧进出牛舍、采食、挤奶均易产生跛行，在泥泞的道路站立或行走均易使奶牛蹄部软化。设计不当或维护差的小围栏不利于奶牛躺卧，使其站立时间长，也会给蹄部造成过分的紧张，可造成关节的损伤。

图16-2　奶牛卧床

（四）运输中牛的动物福利规范要求

牛在运输过程中会遇到的潜在的一些福利问题：①牛只在寒冬和酷夏长途运输过程中受到的冷、热应激；②由于运载工具上尖锐的边缘突出及地板滑腻、没有用隔栏将牛只分开造成牛只机体受伤害；③长时间运输超过28h不给牛饮水、喂料引起牛只饥渴难耐和脱水，运到目的地后许多肉牛掉膘甚至死亡；④在长途运输牛的过程中，为了节省空间、减少运输费用而把牛置于拥挤的车厢里，使得牛只在运送过程中由于装载过度、互相挤踏而受到严重伤害；⑤由于路况和驾驶技能等造成车内颠簸，致使运输牛只晕车、倒卧，受到挤压致残；⑥装车和卸车过程中对牛只驱赶和棍打引起牛只疼痛和恐惧，不同圈舍中的年轻公牛混装在一起引起侵略、恐惧和伤害均可使使肉的品质下降，出现色深、坚硬和干燥的DFD肉。

因此，在运输过程中，应保证牛有充分的空间站立或者躺下；运输方式和容器能够保护动物，使其免受恶劣天气的折磨；运输空间和通风条件应当适合于所运送的动物品种的特性需要，动物的装载不影响容器的通风；在运输和处理过程中，应该保持垂直位置，并不得摇晃或者震动；在运输过程之中，应当在合理的间隔供给动物以饮食；动物无膳食和饮水的情况不能超过24h；适当延长动物卸载的时间；应将公牛单笼分开装载；驾驶员要谨慎，驾车过程中防止急刹车、突然转弯、停车，保持车的平稳。

二、羊的动物福利规范要求

1. 去势

一般在性成熟前即用于育肥上市的羔羊无需去势。如需去势应尽早进行，最好是在12周龄之前。去势方法有橡胶圈结扎、无血去势和手术法。其中，手术去势的应激最小，但是感染的危险性较高；结扎法最常用，但是该方法对羊只造成的疼痛也较大，常适用于幼龄的羊只，与2日龄的羊只相比，用于28日龄或42日龄的羊只造成的痛苦较严重。结扎法去势结合局部麻醉可以有效降低羊的疼痛（Kent，1998年）。在不实施麻醉的情况下，结扎法与去势钳法相结合对羊只造成的痛苦最小。

2. 断尾

断尾的目的是使尾部不受粪的污染，减少蚊虫的叮咬。断尾应该尽早进行，最好是在2～12周龄之间，超过6周龄断尾需要麻醉。断尾可以选择橡胶圈法、手术法和热断法，手术法的应激是最小的；热断法对羊只行为的影响小，但是容易造成羊只的慢性感染，使用受到限制；结扎法可以减少羊只的疼痛，在结扎部位进行局部麻醉也可以有效地减少羊只的疼痛。保留的尾巴的长度应能盖住母羊的外阴，公羊的长度与母羊的相似。在断尾后立即口服阿司匹林和生理盐水，可以有效减少由疼痛引起的不适行为，减少绵羊的疼痛，改善它们的

福利状况

3. 戴耳标

耳标可能造成羊只的受伤或感染。耳标形状比之耳标的材料更容易造成羊只的受伤，环状耳标可能造成更多的伤害。由韧性的聚亚安酯制作的两片式的塑料耳标可能造成的伤害最小。

4. 环境适宜

羊最显著的特征是群居性，一只羊只有在与其他同伴在一起时才能处于安乐和正常的生理状态。必须单独圈养时，应让其能与其他羊只有视觉或听觉的接触。羊的最适温度范围为 $0 \sim 30℃$，初生羔羊和刚剪毛后 $7 \sim 10d$ 内的羊易受寒。羊主要通过呼吸道的蒸发散热来降低体温，因此在高温天气时高湿可加剧羊的应激。当室内温度超过 30℃时，湿度应维持在 60%以下，可以缓解羊的热应激。同时，羊舍内要保证空气流通，光照适宜，地面排水良好，提供干燥的垫草。

5. 营养全面

羊应保证充足进食，并且需供给营养全面的饲料。羊有反刍的本能。当摄入的饲料中纤维含量低于 40%时，可能导致其行为的异常，如啃栏、咬毛等。当供给羊只高能量谷物饲粮时，应有 $10 \sim 14d$ 过渡期。羊对铜元素比较敏感，饲料中的钼含量高时，需要考虑铜和钼的平衡。公羊常常发生尿结石，在饲料中添加适量的食盐（3%～4%）可以得到有效防止，因为食盐可以增加羊只的饮水量。

6. 运输

羊只在转群或进屠宰场的运输过程，包括驱赶和装卸等都可能对羊只造成应激。羊只在运输初始期，心率和皮质醇水平达到最高，此后开始回落，在运输 9h 降到最低。心率和皮质醇浓度的升高的部分原因是由于装载造成的，装载时使用坡道或是自动提升机对羊只造成的应激相同（Parrott 等，1998 年）。如果羊只装车时过于松散，那么运输中的颠簸可能对羊只造成应激；过于拥挤的空间也加重对羊只的应激，装载相对紧凑可以减少羊只在运输中失去平衡或滑倒（Cockram 等，1996 年）。Knowles 等（1998 年）建议当进行长途运输时，应保证足够的空间以便羊只能卧倒。在运输条件较好的情况下，羊只的运输时间应控制在 24h 以内。运输车辆频繁加速和刹车加重羊只的应激，可能使羊只在此过程中失去平衡或滑倒（Hall 等，1998 年）。Knowles 等（1995 年）报道在进行长途运输时，不供给饲料和水对羊只的影响非常明显。在长途运输的终点或者在运输途中休息时供给羊只饲料和饮水对于减少运输的应激至关重要，在没有中转站的条件下，可以在运输的车辆上提供饲料和饮水。

三、猪的动物福利规范要求

（一）仔猪的福利规范要求

1. 剪牙

仔猪出生时锋利的犬牙会造成弱小仔猪的伤害、吸奶时损害母猪的乳头。犬牙一般都被剪掉，剪牙时一般从牙根部把牙剪掉，不止剪犬牙的尖锐部位，因此剪牙时可能会造成牙齿破裂，暴露牙龈，导致慢性牙痛。研究发现，当磨平而不直接剪掉犬牙时，牙齿和牙龈问题将会很少发生（Weary，Fraser，1999 年）。美国一般直接对仔猪进行剪牙，但在瑞典，农民喜欢利用电锉把犬牙锉平，避免了牙的破裂，因电锉只是锉掉犬牙的尖锐部分。欧盟新的法规在规定猪的福利时要求猪的犬牙被磨平或锉平而不是剪掉。

2. 断尾

仔猪的断尾是为了避免咬尾带来的一系列问题。咬尾起初是零散的，但一旦出现将会引发仔猪自相残杀，咬尾行为主要见于群养的生长猪。研究发现，经常有机会拱土的猪很少表现出咬尾行为（Fraser，1990 年）；在干净、干燥、卫生的环境（提供干草和其他物质以供咀嚼）中猪很少发生咬尾。许多因素会引起猪咬尾，如营养不良、气候恶劣、卫生和通风条件差等，因此，良好的饲养管理和猪舍设备设施可以预防猪咬尾的发生。断尾可以成功地预防咬尾造成的自残现象。在瑞典，法律上规定禁止对猪断尾并必须提供干净的干草。

3. 去势

仔猪在去势时，特别是在切除睾丸感觉剧烈的疼痛时会发出痛苦的尖叫声（Weary，1998 年）。研究表明，仔猪在小于 8 日龄且没有使用麻醉药时去势产生的应激反应较大。3 日龄时去势会暂时降低体增重，而在 10 日龄时去势却不会（Kielly，1999 年）。有局部麻醉时去势要比没有麻醉时去势时心率低，且叫声也更少，这表明麻醉药的使用减少了去势的应激反应。欧盟关于猪福利的新法规规定，去势应该避免痛苦，并且必须在仔猪 7 日龄前和有经验的兽医使用合适的麻醉药条件下进行。

4. 断奶

传统的养猪中，仔猪到双月龄左右时才断奶，而且母猪也只有等到合适的时机才重新配种。但当实行工业化养猪后，很小就对仔猪进行断奶，一般在 3～4 周龄时。也有些猪场还实行超早期断奶（SEW）或中早期断奶（MEW）。仔猪的早期断奶，虽然使养猪生产者获得了母猪年生产能力即年产胎数和仔猪数的极大增加，但对仔猪而言，由于消化系统和免疫系统尚未完全发育，对疾病有较大的易感性。

因此，对于早期断奶的幼猪来说，采用适口性好和消化率高的饲粮，并研究合适的饲料添加剂就显得比较必要，这些措施会较大地降低下痢和死亡的发生，并能够尽可能提高仔猪的福利。仔猪需要精心的照料，饲养时应注意：①采用无痛阉割技术；②断犬牙、打耳号应尽量减少对猪的伤害；③混群尽可能要早，断奶前最好；④平均断奶时间应与动物健康及福利权衡比较而取舍。

（二）生长肥育猪动物福利规范要求

在育肥猪的生产体系中，直接有害于生产效率的应激性状况或错误状况，如饲料营养欠佳，猪舍地表不良，圈栏设计不合理，卫生状况恶劣，或群居动物有恃强凌弱的行为，如咬耳、咬腹和咬尾等会导致猪生产性能的降低。

气候环境不良对猪的福利和生产性能的影响，饲养于温度适中区以下或以上时遭受的不良后果，可影响猪的全身舒适、采食、生长、饲料转换效率，健康和活力（Close，1987年）。营养缺乏不仅直接减少饲料摄入、降低生产性能、影响猪只存活，还可能会造成相互咬尾等恶习，如缺乏食盐（Fraser，1987 年）或过分拥挤（Blackshaw，1981 年）所引起，但这些恶习常有更为复杂的病因，是由猪所处环境中多种不良因子综合作用而引起的（English，McDonald，1986 年）。经常得到饲养管理者善待的猪，与很少得到善待的猪相比，比较易于管理，血液中皮质激素水平较低，生长较快，各个饲养者的态度和举止行为既影响动物福利，也影响这些动物的生产性能。因此生长肥育猪的饲养主要注意营养的全面、猪舍应便于分区（采食区、休息区、排粪区）来满足猪群同时侧躺所需要的空间、地面材料和结构应确保猪蹄的健康（图 16-3），当出现有明显不良行为的猪只应转离原群等。

（三）母猪的福利规范要求

1. 限位栏的使用

母猪饲养在限位栏内是为了防止母猪卧压新生仔猪的装置，并可以防止母猪的争斗，分娩栏虽保护了仔猪，但是严重限制了母猪，使其经常呈现无奈的重复行为。母猪失去了在分娩前衔草筑窝的习性和适当活动的空间，对母猪的福利和自由存在极大的妨碍，往往造成很

图 16-3　肉猪塑料地板饲养

大的应激。英国政府从 1999 年开始禁止应用这种方式。尽管限位栏可以减少仔猪死亡，但不能消除死亡。通过研究，一种既能保护仔猪，又可以提供母猪更多自由的分娩设施：非关闭式方法饲养目前在英国和其他地区得到商业性的应用。

2. 母猪群养与营养

母猪群养是为了改进采用空怀和怀孕母猪的笼架或拴系饲养，但群养可出现过度的饲料争夺，群居地位高的母猪可以获取多于其应得一份的饲粮，而胆怯和较年轻母猪刚好相反。且随着母猪的多次组群，饥饿、损伤和慢性恐惧的现象会周而复始地产生。

（四）种公猪的福利规范要求

现代人工选育提高了猪的生长速度、饲料报酬，但同时也降低了猪的福利水平，造成猪体变长、变瘦，容易发生腿病（Marbery，2001 年），并且发现猪的生长速度和成活率存在负相关（López-Serrano，2000 年）。人工选育高瘦肉率品种可能导致母猪瘦小症，从而导致不发情（Treasure，1997 年）。这些都降低了种猪的福利水平。

种猪限位栏的使用也会影响其福利。在一些工业化育种猪场，种公猪始终饲养在限位栏中，只有在刺激母猪发情和收集精液时才有运动，严重缺乏运动，造成福利水平低下。而种公猪的不良管理使得动物皮质类固醇水平高于良好管理条件下的水平，既导致了新母猪妊娠率降低，又延迟了青年公猪的性发育（Hemsworth，1991 年）。因此，可以预期，生产体系若产生较多应激而造成皮质类固醇水平升高，就会降低动物的健康状况、增高动物的死亡率、降低生长率及繁殖性能。

（五）运输中猪的动物福利规范要求

研究表明，与非运输猪相比，运输猪在上路后 5h 内的血浆皮质醇水平保持较高的水平，这说明运输应激是存在的。在装载时猪血浆中皮质醇水平达到最高峰，装载时猪的混合会进一步加剧应激反应，与非混合运输的猪相比，混合运输的猪会增加活动，增加打斗和血浆皮质醇水平（Bradshaw，1996 年）。猪在运输途中会发生诸如呕吐、咀嚼、口吐白沫，并不断呼吸空气等晕车现象。为了尽量减少运输中应激，运输前尽量避免饲喂，选择较好的路面，降低运输车震动频率和运输速度，因为这些因素会增加猪的心率（Perremans，1998 年）。猪对不同类型的应激很敏感。猪在粗糙的路途中皮质醇水平更高。例如，2002 年，几位乌克兰农场主根据合同向法国出口活猪，经过 60 多个小时的长距离运输后，他们却被法国有关部门拒之门外，原因是乌克兰农场主在长途运输中没有考虑活猪的福利问题，即这批活猪没有按照法国有关动物福利法规在途中得到充分的休息，因违反动物福利法而被拒绝入境。

四、禽动物福利规范要求

（一）蛋鸡的福利规范要求

1. 蛋鸡饲养环境的福利规范要求

（1）养殖方式

笼养对产蛋母鸡的最大损害在于能引起笼养产蛋鸡疲劳症和骨质疏松症，进而引起严重动物福利问题。早在 1991 年欧盟就禁止笼养蛋鸡。迫于日益增长的动物福利组织的压力和如何应对欧盟 1996 年和 1999 年指令,许多国家都致力于寻找蛋鸡传统笼养的替代方式。

① 自由散养。规模化的自由散养蛋鸡场需要有良好的房舍和大量的土地,土地用于种植紫花苜蓿和黑麦草等青绿饲料,供蛋鸡啄食,此外场地应该远离居民点,公用道路和有关企业。蛋鸡场需防止犬和狐等食肉兽的侵袭,在广大区域的周围用高 2m 的铁丝网围住,铁丝网还需要深入地面至少 20cm 以防食肉兽挖洞钻入鸡场。

② 丰富型鸡笼。丰富型鸡笼具有产蛋箱、栖架和垫料区,一般为 10~14 只,以形成稳定的群居次序。产蛋箱至少需要 $100~135cm^2$ 才能取得满意的效果,栖架必须注意其材质和结构,以取得较好的卫生状况,垫料用木屑较为满意。丰富型鸡笼所饲养的蛋鸡,生产性能较好,但在许多试验中,蛋的质量是个问题。

(2) 圈舍面积

不同禽类所需圈舍面积的规定应与禽类的日龄和养殖方式对应。欧盟从 2003 年起,规定必须给每只产蛋母鸡提供至少 $550cm^2$ 的笼底面积。至少 65% 的笼底面积不低于 40cm 高,笼内任何一点的高度都不低于 35cm。要给母鸡提供栖架,让母鸡在产蛋窝中产蛋。但是,英国"关心动物福利组织"对此并不满意。该组织负责人莫雷表示,应当完全禁止笼养鸡,采用谷仓圈养和自由放养的方法。在北欧的一些高福利国家如瑞士已经通过立法禁止出售和进口用笼养方法生产的鸡蛋。如今,瑞士的养鸡场为母鸡提供蒿秆或其他有机物,让母鸡在地上扒食,并且在有遮蔽的软底的产蛋窝里产蛋。美国加州新壳蛋食品安全法规要求,从 2015 年 1 月 1 日起,农场的每只蛋鸡最小占地面积由单元鸡笼中蛋鸡的数量决定。譬如:9 只或更多蛋鸡在一个单元笼子里,每只平均活动面积要达到 116 平方英寸,也就是要让蛋鸡能自如地进行 4 个动作:自由站立、卧下、转身和展翅。

(3) 温度

温度是环境要素的重要指标,试验证明,动物在不适的温度中会造成动物产生应激,并诱发疾病,这不仅不符合动物福利的要求,且对生产性能也有巨大影响,因此 5 周龄以下的禽类由于雏禽调节自身体温的能力较差,所以应根据不同禽类的习性和生理指标为其提供适宜的温度。

(4) 通风

充分的通风是动物所处环境中不可或缺的要素,当鸡舍内缺少足够的通风时,极易造成鸡舍内氨气和二氧化碳浓度超标,引起动物呼吸道疾病。澳大利亚《禽类福利示范守则》中对禽类所处环境中的通风进行了明确的规定:必须为禽类提供最大养殖密度所需的通风条件,以避免由于极端自然环境下禽类过分集中造成通风不畅;当能够闻到氨气味道时,说明氨浓度已经达到 $15mg/m^2$,应立即采取通风换气手段;硫化氢浓度应低于 $5mg/m^2$,二氧化碳浓度应低于 $3000mg/m^2$(0.3%);对不同种类的家禽应提供满足其正常生理要求的通风条件等。

(5) 照明条件

澳大利亚《家禽福利示范守则》中对禽类照明的要求较为详细,具体包括:对刚从母禽身边转移开的雏禽,在前三天应在食物和饮水投放区域进行 20lx 强度的照明,助其学习寻找食物和饮水的位置,三天以后可以降低至 2lx;应避免对禽类进行突然强光照射,以免其出现应激反应;圈舍照明强度应满足日常巡视检查需要;如果禽类无法接受自然光照射,应为其提供人工照明,每日照明时长不应少于 8h;对蛋禽的照明每天不得超过 20h。

（6）地板垫料

澳大利亚《家禽养殖示范守则》中对禽类所需的地板进行了原则性规定，要求垫料须定期更换；采用多层笼架养殖的需保证下层笼架中的动物不受上层笼架中动物的粪便等的影响；地板需为禽类的足部提供可靠的支撑等。

（7）饮水和饲喂

饮水和饲喂是影响动物生产性能的重要因素，因而也是规范动物福利的必备要素。必须为动物提供充足的饮水和饲料。

2. 蛋鸡饲养管理的福利规范要求

（1）断喙

欧盟1999年指令规定禁止所有对母鸡身体造成伤害的行为。断喙也就成为损害动物福利的一种行为而受到关注。但是该指令同时还规定，如果是为了防止啄羽和啄癖行为，允许成员国有资质的人员在10日龄前对母鸡进行断喙。英国针对断喙出台了农场动物（英国）的动物福利法规规定从2011年1月1日起，禁止对所有的鸡进行断喙。为了解决断喙给鸡造成的动物福利问题，欧盟还资助进行了一项"啄羽行为：通过理解解决"的研究。研究表明，一般的而非攻击性的啄羽行为是可以被转移的。如在笼内悬挂一条白色或黄色的聚丙烯捆扎带引起鸡的啄梳行为，可以明显减少啄羽行为。

（2）换羽

欧盟立法禁止为了强制换羽长时间的停止饲喂，规定：必须给动物饲喂卫生安全的饲粮，饲粮必须适合动物的年龄和品种，数量必须充足，能够保持动物良好的健康并满足其营养需要。美国也已经有2个州通过立法禁止强制换羽。用饲喂低能量饲粮的非停饲方法换羽可能比用常规的停饲换羽方法更有益于改善鸡的动物福利。动物福利组织也认为，这种换羽方法是一种不损害产蛋母鸡动物福利的友善的换羽方法。

（3）处死

由于产蛋结束后淘汰的母鸡销售价值低和饲养场没有相应的加工设备，产蛋母鸡产蛋结束后，常常在饲养场就地采用减少空气致死（MAK）的方法对母鸡进行无痛处死。具体方法是将母鸡从鸡笼中取出，直接放入含有二氧化碳的密封车中，随着车在鸡舍的过道驶过，母鸡被陆续投入车中接触二氧化碳，直到达到200~250只母鸡的容量。最后，将被二氧化碳窒息死亡的母鸡装入卡车运到炼油厂进行加工。这种方法使用得当时，比将活鸡直接运到加工厂进行处死更人道。因为母鸡被从鸡笼中取出几分钟内便失去知觉，死亡时不会感到痛苦。

无痛处死孵化场的淘汰鸡一般用60%~70%的二氧化碳浓度，接触5min先接触氩气使鸡失去知觉，然后再用二氧化碳，可以减轻孵化场淘汰鸡呼吸道的痛苦。直接将鸡浸入水中窒息而死也是一种对孵化场淘汰鸡进行无痛处死的可接受的方法。对少量小母鸡或产蛋母鸡，由操作熟练的人员进行颈脱位处死的方式也是适当的。二氧化碳或氩气可用于对数量大的鸡进行无痛处死。

（二）肉鸡的福利规范要求

1. 肉鸡饲养环境的福利规范要求

（1）饲养密度

对不同密度时肉鸡行为的研究表明，随着密度的增加，肉鸡的运动越来越少进而引起肉鸡的一系列疾病。为了保证鸡肉产品在欧盟共同市场内顺利运行，最近，欧盟统一了各成员国的肉鸡动物福利标准，提出了"从饲养场到屠宰场"都要保证肉鸡动物福利的要求。在

2010 年之前，肉鸡的最高饲养度为 33kg/m²，在某些条件下可以放宽到 39kg/m²，当预防疾病保持低死亡率时允许 42kg/m²；英国政府现阶段在肉鸡饲养指南中推荐的密度为小于 34kg/m²。

（2）通风

良好的通风可以把温度和湿度控制到肉鸡舒适和安全的水平。通风不良，肉鸡可能遭受热应激而死亡。合理的通风可以有效地减少热应激的产生，控制温度和湿度也是决定垫料与舍内空气质量的重要因素。通风系统的设计对肉鸡福利有重要的影响。因为它可以提供给肉鸡足够的氧气，也可以维持较好的空气流通，驱走过多的氨、一氧化碳、二氧化碳、湿气、灰尘和热量，防止肉鸡暴露在污染的环境中，从而避免污染物质的危害和降低机体抗病力。

（3）温度

近来的试验表明，密度为 40 只/m² 时的温度显著高于密度为 19 只/m² 时的舍内温度。在密度为 40 只/m² 时，肉鸡间的温度为 29℃，对于 5 周龄的成年肉鸡来说远远高于推荐温度 19～21℃。现代肉鸡舍内应能很好地控制温度，避免温度过高或过低，使肉鸡受到热应激和冷应激，从而影响肉鸡的生产性能和福利。温度控制系统必须既能够升温又能够降温，来维持肉鸡健康和福利所需的温度；设备必须提前预热来接雏，从而确保不会伤害肉鸡的福利；当 5% 或更多肉鸡表现出持续喘气时，应该迅速采取行动来降低环境温度。

（4）光照

光照较低可能降低肉鸡体增重、导致眼睛损害、增加死亡率和导致肉鸡的生理学变化。非常昏暗的光照能引起肉鸡的福利问题；光照过度对肉鸡也是有害的，肉鸡光照强度超过 150lx，就会降低体增重，增加好斗行为。因此必须有充足合适的光照来让肉鸡可以观察到同伴、熟悉环境、找到饲料和饮水；在生长期，光照可以降低到 10lx（从肉鸡头部高度测量）；在检查期间需要提高至 20lx，来刺激肉鸡适当的活动，这样可以更容易地暴露福利问题；自然或人工光照应该均匀地发布以避免过度拥挤；间歇光照或改进的光照模式可提高肉鸡的福利，在有腿病或突然死亡综合征发生的情况下更是如此。

（5）垫料

"怠惰"的肉鸡长时间卧在垫料上，其大腿和胸脯直接接触垫料，垫料如果是湿的，将导致胸部水泡、腿关节灼伤、脚垫皮炎等皮肤伤。因此必须保证垫料松软和干燥。

2. 肉鸡饲养管理的福利规范要求

（1）抓捕、转运过程中的肉鸡福利

在肉鸡的生长后期（40～49d），抓鸡、装卸与运输是主要的、涉及多因素的、强应激的生产管理事件。在抓鸡的时候，大都采用大批人员抓鸡或机械抓鸡，这使得肉鸡变得歇斯底里和异常恐惧；在转运过程中，处于货车里的肉鸡容易过热，同时外边的鸡又容易遭受严酷天气的伤害。欧盟采用新的运输规则，用卫星导航定位系统监测，用车辆运输不得超过 8h。

（2）屠宰时的肉鸡福利

运到屠宰场的肉鸡有时需要拖延很长时间才能进行卸载和屠宰，这加剧转运过程中的应激。有时肉鸡被运到目的地还会拖延一天屠宰，陪伴它们的可能是极度的饥饿、恐惧、恶劣天气（诸如极其高温或寒冷）。为此，欧盟修订屠宰场保护动物福利指令，根据科学知识和实践经验，采取适宜的击晕与屠宰方法。

（三）种鸡的福利规范要求

（1）限制饲喂

限饲在肉种鸡生产上有积极的一面，例如可以防止种鸡过肥，防止腿病、骨骼问题以及心脏疾病所引起的死亡等，但同时也给肉种鸡造成了极大的痛苦，这是肉种鸡福利遇到的两难问题。降低活体重可以减少骨骼畸形，但也引发其他变化，其中包括异常行为的增加和表现出应激症状的生理学方面的变化。种肉种鸡处于生长期时，它们的饲粮受到严格的限制，导致了慢性饥饿、沮丧和应激。这严重影响了肉种鸡的生理需求，降低了肉种鸡的福利水平。

生产者需要采取新的方法来饲喂和管理肉种鸡，以便减少残酷的限饲制度造成福利下降的后果。营养稀释可能是有利于克服肉鸡限饲的一种方法，包括在饲粮中添加低营养成分，诸如燕麦壳来填充肠道。这与肉种鸡标准饲粮限饲相比，使用这种方法时，产生的应激激素水平降低，因此肉鸡的福利有所提高。

（2）肉种鸡生殖行为涉及的福利问题

研究发现，雄性家禽在交配时对雌性有很强的进攻性和产蛋期强行交配对母鸡会产生应激和伤害，对这一行为产生关键性影响的因素是遗传而非限饲。研究还发现，公母分饲群体规模大以及饲养密度高等因素也对交配行为产生一定的影响；至少在 40 周之前降低饲养密度，有利于提高交配的成功率，减少体表损伤。

（四）水禽的福利规范要求

1. 水禽饲养环境的福利规范要求

（1）地面和垫料

地面应便于清洁、保暖、防潮、防寒、结实、平坦、安全、防滑。垫料应保暖、吸潮、可增加鹅的舒适度，且需定期更换。

（2）饲养密度和群体大小

饲养密度大会导致家禽动物福利问题，但是饲养密度受饲养管理水平的影响较大。肉鸭在舍饲条件下，垫料质量对动物福利的影响比饲养密度大得多。如果严密监控气候条件（温度和湿度）、氨气水平和垫料质量，使它们满足生产要求，生产中许多问题都可以避免。群体大小也可以影响鸭的福利，群体越大鸭就会越发神经质和恐惧，导致机体受到严重伤害，死亡率增加。德国对美洲家鸭的饲养密度为：在有垫料的情况下 $19kg/m^2$，没垫料时 $35kg/m^2$。饲养密度也可以通过增加种群的数量来调控，以使每个种群都达到适宜的生存空间（每群为 225～360 只）。对于放牧的鹅，一般 100～200 只一群，由一人放牧。也可 200～500 只一群由 2 个人放牧。中型鹅种一般为 4～5 只/m^2。

（3）光照管理

光照强度弱可以改进家禽生产性能，最低限度地减少啄羽和打斗行为，但是他们也指出这样会导致其他问题，例如跛行、损害视力发育、增加恐惧感，甚至会使家禽视觉丧失。德国对美洲家鸭光照管理为：1～7 日龄光照 23h，光照强度为 60～80lx；8～21 日龄光照 16h，光照强度为 30lx；22～84 日龄光照 15h，光照强度为 20lx。英国对北京鸭光照管理为：育雏期光照 18h，光照强度为 10lx；8～21 日龄育成期光照 23h，光照强度具体情况而变化。

（4）运动场

有研究认为，给水禽提供洗浴场所并不影响水禽的行为。美洲家鸭到户外运动可以改进羽毛的生长，但是并不影响洗澡。为北京鸭提供户外运动和洗浴场所能使其体重增加，而美洲家鸭和骡鸭只要有户外运动场所就能增加体重。这种户外活动的方法有英国（活动范围：2500～5000 只鸭/hm^2，2～4m^2/只）、德国（有机生产）和法国（红色标签产品：2m^2/只）采用。此外，法国用于生产鸭肝酱的鸭 5～12 周龄要到户外运动（3～5m^2/只），也就是转为隔离饲养填饲时期。

（5）供水禽饮水、洗浴、游泳的水域

为鸭提供开放的水域可以使它们进行与水有关的活动和行为，例如戏水、用头蘸水、洗澡、游泳。然而，这也会引起卫生问题，如弄脏饮水、粪便量增加。欧洲议会提出建议：开放的水域要使鸭能把头浸在水中，当它们甩头时再把水散播出去。图16-4为樱桃谷肉鸭舍饲饮水区设计内景。

图16-4　樱桃谷肉鸭舍饲饮水区设计内景

2. 水禽饲养管理的福利规范要求

（1）填饲系统

填饲是用水禽生产肥肝的常用方法。填饲程序是在肝用型水禽生长的最后两个星期进行，在这一时期鸭每天被强制饲喂两次，它们被强制的饲喂量要高于自由采食量，这一时期通常采用集约化饲养，直到现在，还是采用单笼饲养。动物健康和福利科学委员会向欧洲委员会提交了一份报告，介绍了肥肝生产的动物福利问题，并且由此推断填饲对家禽的动物福利有害。

（2）断喙

断喙通常是为了减少啄羽带来的伤害。根据欧洲议会建议（1999年），对北京鸭不允许断喙，而美洲家鸭和骡鸭根据特别的准则可以实施断喙。

（3）强制换羽

通过断水、断料、断光，人为地为动物施加应激因素，打乱水禽的正常生活规律，给水禽造成突然性的生理压力，激素分泌失去平衡，黄体素下降，又促使卵巢中雌激素减少，结果卵泡萎缩，引起停产和换羽。这种传统的强制换羽的方法对动物造成严重的伤害。

（4）正确使用饲料药物添加剂

为缩短动物的生长周期，许多饲养者给鸭、鹅注射生长激素，造成鸭、鹅的免疫力下降；为了获取最大利益，在饲料中添加高剂量铜、砷制剂，滥用抗生素，造成细菌、病毒的耐药性升高，危害鹅、鸭的健康。养殖场应严格执行国家相关规定，对饲料药物添加剂的适用动物、最低用量、最高用量及停药期、注意事项、配伍禁忌和最高残留量进行严格控制。

第五节　应激和伤害对肉品质与副产品质量的影响

畜牧业生产中，畜禽常常会在饲养管理、环境变化、饲料营养和运输过程中产生应激，这种应激会对畜禽的生产性能和健康造成严重影响。现代化大型养殖场越来越重视动物的应激及其控制，通过各种技术手段，减少因应激造成的对动物的生长、生产的影响和损失。但是，在大部分规模化养殖场中，由于饲养密度高，内外环境变化难以控制及畜禽自我调控能力有限，应激对动物造成的不良影响仍很严重，并使动物的生产性能和健康对环境的依赖性加大，同时还影响动物的行为等，产生应激综合征，导致疫病的发生，从而影响养殖业效益的发挥。因此如何采取必要的措施，尽量减少应激对动物的影响，已成为养殖业非常关注的问题之一。

一、应激的概述

"应激"一词的英文是"stress"，意指"紧张"、"压力"、"应力"，最早由加拿大病理生理学家 Selye 于 1936 年提出。Selye 研究发现：许多完全不同的致病因子，如温度变化、电离辐射、精神刺激、过度疲累、中毒等，在机体的特异反应中均可见到相同或相似的非特异反应；因此，他认为应激是机体对外界或内部各种非常刺激所产生非特异性应答反应的总和。从动物生产的角度讲，应激概念的通俗表述应为：动物为克服环境和饲养管理等不利影响，在生理上或行为上所做出反应的过程。因此，通常又称为"全身适应性综合征（generaladaptation syndrome，GAS）"。

二、生产中造成应激的因素

通常，我们把凡能引起机体出现全身适应综合征（GAS）的刺激因子叫做"应激源"或"应激因子"。在目前畜牧业生产中常见的应激因子主要是饲养管理应激、畜禽环境应激、饲料营养应激和运输应激等。应激因素具体包括以下几个方面。

① 物理性应激因素，如过热、过冷、强辐射、贼风、强噪声等。

② 化学性应激因素，如畜禽舍中的氨、硫化氢、二氧化碳等有毒有害气体。

③ 饲养性应激因素，如饥饿或过饱、饲粮营养不均衡、急剧变更饲粮与饲养水平、饮水不足或水质不卫生或水温过低、饲料投饲时间过长等。

④ 生产性应激因素，如饲养规程变更、饲养员更换、断奶、称重、转群、饲养密度过大、组群过大等。

⑤ 外伤性应激因素，如去势、打耳号、断尾等。

⑥ 运输应激因素，如装卸和运输行程中的不良条件及刺激等。

⑦ 兽医预防或治疗应激因素，如疫苗注射、消毒、兽医治疗等。

三、应激造成的影响和损失

在实际生产中，应激对动物的影响临床上表现为呼吸加快，狂躁不安或活动量减少，采食量减少，饮水增加；机能代谢方面表现为机体蛋白质合成减少，分解代谢增强，合成代谢减弱，出现负氮平衡，导致生长发育减缓或停滞；生产性能方面表现为生产性能下降，产品质量下降，饲料转化率降低，免疫力减弱，严重时引起死亡，给养殖业造成巨大经济损失。据艾地云等（1995 年）报道，在 28～35℃ 的高温环境下，15～30kg、30～60kg 和 60～90kg 的生长肥育猪的日增重比预期日增重分别降低 6.8%、20% 和 28%。顾宪红等（1993年）报道，环境温度自 22℃ 升至 28℃、34℃，产蛋率分别下降 15.6%、34.4%，蛋重分别下降 0.71g、5.22g，耗料量分别下降 5.8%、20.1%；同时还发现，不同的升温方式对鸡产蛋率和蛋重的影响不一，短期快速升温对产蛋率影响较大，而长期缓慢升温对蛋重影响较大。王新谋等（1993 年）研究发现，在 22～35℃ 范围内，蛋壳厚度和强度均与环境温度呈强负相关，两指标之间呈强正相关，这表明环境温度对蛋壳质量有显著影响。

四、主要应激因素对畜禽肉及副产品质量的影响

1. 物理性应激因素

热应激是指机体对其不利的热环境所产生的非特异性应答的总和。试验结果表明，猪生长发育所需要的适宜温度随体重和年龄的增加而下降，初生仔猪为 27～29℃，断奶仔猪为 21～24℃，生长育肥猪为 15～25℃，产仔和哺乳母猪为 16～18℃，猪代谢旺盛，体内产热

多，但皮下脂肪较厚，汗腺不发达。这些生物学特点决定了猪的耐热性较差。当猪的产热大于散热时，体温升高容易发生热应激反应。若外界环境超过适宜温度范围时，猪会出现相应的应激反应，使猪的呼吸变浅，呼吸频率增加进而出现热性喘息、脉搏相应加快、体温升高、胃液酸度降低、胃肠蠕动减弱、胃肠道疾病增多、饲料利用率降低。近些年大量研究结果表明，热应激会导致猪采食量下降，繁殖机能减退，饲料消化率降低，抗病能力下降。

研究结果表明：热应激会降低育肥猪胴体的肉色评分，添加抗热应激中草药能显著提高猪肉的肉色与大理石花纹的评分等。与经过热处理的鸡肉和热应激的鸡肉进行对比。研究结果发现：胸肌苍白松软渗出猪肉也有相似的变化。Dai 等在对肉鸡进行 28℃热应激处理时可使胸肌 L 值显著升高，a 值显著下降，在热应激条件下渗出至肌肉表面的水分增加而导致肌肉亮度增加进而产生了白肌肉。热应激会加速动物体内糖原酵解、乳酸蓄积，进而导致 pH 值降低，易产生 PSE 肉（45min 时，pH 值为 5.1～5.5）。

肌肉的系水力主要与肌肉内三磷酸腺苷（ATP）和乳酸的含量有关。ATP 可以与钙离子、镁离子结合，生成提高肌肉组织持水性的化合物。热应激时机体内的 ATP 大量消耗，使肌肉系水力下降，表面渗水增加，肉品质下降。pH 值对系水力的影响也很大，热应激时机体内发生糖酵解反应，使乳酸增多，pH 值下降。当 pH 值下降到蛋白质的等电点（5.3）时，维持肌原纤维结构的电荷斥力最小，此时肌肉的系水力最低（Van Lacck 等，2000 年）。

此外热应激过程会产生大量的自由基，发生脂质过氧化，导致细胞膜的流动性降低，通透性增强，细胞内液外流，而脂质氧化产物又会使蛋白质变性，使肌肉的系水力进一步降低。Kunst 等（1996 年）研究结果表明，高温可提高家禽肉的剪切力；卢庆平等（2010 年）研究结果表明，持续高温会增加猪肌肉的剪切力，这可能与高温增加肌糖原分解有关。肌糖原含量会影响肉的最终 pH 值，肌糖原减少，使肉的最终 pH 值偏高，肌肉系水力强，肌细胞内的水分过多，会使肿胀的肌纤维排列紧密，肌纤维不发生收缩而变硬，从而增加了剪切力，易导致 DFD 肉。

热应激时肾上腺皮质分泌醛固酮增加，影响机体的水盐代谢，破坏机体无机离子平衡，而无机盐是肉咸味的主要呈味物质。温热环境下动物脂肪组织更易沉积多不饱和脂肪酸，有研究结果表明，敏感猪肌肉结构性磷脂中长链的多不饱和脂肪酸含量高于抗敏感猪（Kuchenmeist 等，1999 年）。热应激时动物体内的多不饱和脂肪酸在 Fe^{3+} 的催化下发生过氧化反应，产生异味，因此降低肉的食用价值。

2. 化学性应激因素

维生素 E 改善牛肉品质的关键作用是作为有效的脂溶性抗氧化剂，改善牛肉色泽的稳定性，减少脂肪氧化，降低滴水损失。用不同年龄的日本黑和牛进行试验，结果表明，降低饲粮中维生素 A 的含量会使 21 月龄以前的黑和牛牛肉大理石花纹等级显著提高，但对 21 月龄以后的肉牛没有显著作用。还有研究表明，在屠宰前 5～10d 给牛补充维生素 D_3（75 万单位/d）可以使屠宰后 7d 的牛肉剪切力减小 7%～20%，改善了牛肉的嫩度。

谷物籽实中黄曲霉毒素的影响。给肉牛饲喂黄曲霉污染的谷物时必须检测黄曲霉毒素的含量。生长牛（体重超过 180kg 的育肥牛）和用于育肥的空怀母牛对于全饲粮黄曲霉毒素的耐受水平为 100mg/kg 饲料，所以，如果用无黄曲霉毒素的（干净）谷物稀释被黄曲霉污染的谷物。即使这样的谷物饲料中黄曲霉毒素含量稍高，仍然可以被肉牛所利用。但屠宰前 3 周的肉牛必须停止饲喂被黄曲霉污染的谷物饲料，其他种类肉牛（包括怀孕母牛、体重较轻的犊牛和泌乳母牛）饲粮中的黄曲霉毒素水平不应该超过 20mg/kg 饲料。

猪背最长肌注射氯化钙提高了肌肉的嫩度。试验证明，高镁可提高肌肉的初始 pH 值，降低糖酵解速度，减缓 pH 值下降，从而延缓应激，提高肉质。提高在饲料中铜和铁的添加量，可增强肌肉中 SOD 的活性，减少自由基对肉品的损害，从而改善肉品质量。近年来的研究结果发现，有机铬可减轻运输过程的应激而提高肉品质量。给应激牛补铬能降低血清皮质醇和提高血液免疫球蛋白水平，可使动物变得安定，降低动物在运输和屠宰场的应激，减少对肉质的不良影响。

3. 饲养性应激因素

饲粮营养水平对牛肉品质和产肉量都有显著影响。营养水平主要是通过影响脂肪的沉积量而影响肉的嫩度，若营养状态良好，肌内脂肪含量增加，胶原含量降低，使肉品嫩度提高，品质改善。高能量饲粮使牛生长快，蛋白质的合成加速，转化率提高，影响胶原蛋白的含量，从而影响到牛肉的嫩度，这可能是牛肉当中新合成的热不稳定胶原蛋白或可溶性胶原蛋白的比例增加，使肉的成熟度降低，嫩度相应提高。能量也影响牛肉的 pH 值，它不仅直接影响肉的适口性、嫩度、烹煮损失和货架时间，还与牛肉系水力和肉色等显著相关。此外，pH 值还影响牛肉风味。低营养水平下，畜禽长期处于慢性营养应激状态，肌肉中糖原的贮备较低，屠宰后糖原降解并不能使 pH 值降到蛋白质等电点，易产生 DFD 样肉。并且，低饲粮水平使得牛在经过宰前运输及禁食后血糖水平较低，牛肉最终 pH 值相对偏高。

饲养方式对牛肉的嫩度和肌内脂肪含量及组成有重要影响。研究结果表明，增加饲喂次数，延长采食时间，可使肉牛胴体皮下脂肪厚度增加，改善牛肉的嫩度及适口性。Schoonmaker（2002 年）证实随意采食的牛肌内脂肪比例较高。放牧不补饲的牛肌内脂肪比例和脂肪中胆固醇含量要比放牧后期补饲精料的牛低（Rosso 等，1999 年）。放牧牛所产牛肉的嫩度比舍饲牛差，但牛肉中 X-3 脂肪酸含量比舍饲牛高得多（Simopolous 等，1990 年）。宰前进行集中育肥有利于改善牛肉的感官性状（Schnell 等，1997 年）。增加育肥天数会增加牛肉大理石花纹、眼肌面积和产品等级（Bishop 等，2002 年）。

气候对牛肉品质有一定的影响。Thomson 等（2001 年）报道，春季的牛宰杀 2d 后肉的嫩度显著低于其他季节生产的牛肉。造成这种情况的原因可能与冬春季节牛的饲草品质较差，气候恶劣，肉牛增重、体况等较差有关。但还需更多的试验证实。

4. 生产性应激因素

断奶时间的早晚也会影响牛肉品质。Berger 等（2000 年）证实，早期断奶能生产出高品质的牛肉，并减少无用脂肪的沉积数量。McNamara 等（2003 年）报道，早期断奶的杂交阉牛沉积肌内脂肪的时间比正常断奶的阉牛要早，但断奶时间影响牛肉品质特别是脂肪代谢的机理还不清楚。

因屠宰方式不同，肉品质会有差异。Linares 等（2009 年）报道，有使用电击致晕屠宰、CO_2 致晕屠宰和常规屠宰 3 种屠宰方式。在熟化 24h 后肉品质无明显差异，在熟化 7d 后，与其他各组相比，pH 值、蒸煮损失和滴水损失在常规屠宰的肉中显著较低，红度和黄度在 CO_2 致晕屠宰组较低。剪切力值在电击致晕屠宰组随时间的变化差异极显著。Bórnez 等（2010 年）比较了不同的 CO_2 质量浓度和时间在击晕屠宰后对肉的影响（G1：80% CO_2，90s；G2：90% CO_2，90s；G3：90% CO_2，60s；G4：80% CO_2，60s），以 G5 组（电击屠宰）作对照。在宰后 24h，pH 值在各组间差异显著。屠宰 7d 后的 pH 值，滴水损失在各组间有差异，pH 值在 G4 和 G5 组有最高值，滴水损失在 G1 组有最高值，剪切力在贮藏 72h，7d 时在各组间的差异显著。

不同气候进行屠宰，会影响肉的品质。Mirandadela Lama 等报道，在冬季屠宰的绵羊背最长肌肌肉具有较深的颜色和较高的 pH 值，肉质较硬，多汁性较小。而 Kadim 等（2008 年）比较不同季节屠宰的山羊和绵羊腰大肌肌肉的品质，在炎热的季节（35℃）肌肉的肉色、pH 值和肌原纤维断裂指数显著高于凉爽的季节（21℃）。山羊肉在凉爽季节的多汁性较小。

电击和注射化学物质会影响肉的品质。Gadiyaram 等（2008 年）报道，电刺激一侧的背最长肌肌肉的 pH 值和剪切力值极显著低于对照组。向肌肉中注射猕猴桃汁、蛋白酶对肌肉都有嫩化作用。熟化的时间和温度会影响肉的品质。Muela 等（2010 年）报道，在不同温度进行冷藏，冷藏 90h 后，胴体质量损失、pH 值、肉的色调和色度随储藏温度降低而升高，亮度随储藏温度降低而下降。在 2～4℃冷藏时，韧性比在 0～2℃和 4～6℃要好。在冷藏 90h 后，较轻的胴体比较重的胴体冷藏时有较高的胴体损失和较高的 pH 值。另外，通过骨盆悬挂法拉伸肌肉可以使肌肉嫩化。

5. 外伤性应激因素

机械损伤的影响。牛通过育肥，使之脂肪增多而体重增加，加之圈养活动量少，不免引起行动迟缓不听使唤，在驱赶、装卸、运输中会不同程度地遭受棒打、鞭击及运输工具的撞击，虽然机体有一定的缓冲能力，但仍然可使皮下组织充血、出血或瘀血，严重者导致骨折，影响牛肉的品质，因此，在运输驱赶、装卸过程中应注意避免对牛体造成机械损伤。

6. 运输应激因素

运输应激（transport stress）是指在运输途中的禁食/限饲、环境变化（混群、密度、温度、湿度）、颠簸、心理压力等应激原的综合作用下，动物机体产生本能的适应性和防御性反映，是影响动物生产的重要因素之一。运输应激条件下，动物往往表现为呼吸、心跳加速、恐惧不安、性情急躁、体内的营养、水分大量消耗，并最终影响动物的生产性能、免疫水平及畜产品品质。因此，在动物福利备受关注的今天，弄清运输应激对动物的影响，采取积极的应对措施以缓解运输应激导致的动物生产性能和产品品质下降尤为重要，同时对动物福利的改善也有重要借鉴意义。

运输应激状态下，动物机体能量代谢加强，并通过糖酵解作用补充能量，使得宰后肌肉中糖原和乳酸含量变化，从而影响肉品质。猪在运输后肌肉乳酸的含量升高，其 pH 值比未经运输的猪下降得更快。过低的 pH 值引起肌肉蛋白质变性，进而影响肉的嫩度、滴水损失、肉色等。Hambrecht 等研究了驱赶、运输及持续时间对无氟烷基因的猪宰后肌肉品质影响，发现长时间运输会增加肌肉糖酵解潜力和肉中乳酸浓度、降低肌肉嫩度和肌肉亮度，增加电导率；同时该研究表明运输应激使得糖酵解型纤维居多的背最长肌宰后 24h，pH 值和系水力下降，易产生 PSE 肉；相反，氧化型肌纤维居多的冈上肌在宰后 24h，pH 值较高，易产生 DFD 肉。

运输应激也会增加食品安全的风险。弯曲杆菌（Campylobacter）是一种重要的食源性病原菌，可引起人类急性肠炎、格林巴利综合征、反应性关节炎、Reiter's 综合征等多种疾病，弯曲杆菌污染的肉类、水、牛奶等常可引发消费者发生疫病。近年有研究发现运输应激可以引起肉鸡盲肠及粪便中弯曲杆菌数量增加，使得肉鸡屠体受弯曲菌污染的风险增加，对肉品质安全和公众健康构成潜在的危害，而屠前断料和休息可以降低肉鸡粪便中弯曲菌的含量，其机理尚不清楚。

7. 兽医预防或治疗应激因素

GnRF 免疫对猪肉品质的影响。一般认为，肌肉内脂肪含量对猪肉品质影响较大，尤其是嫩度和多汁性。Ramsey 等研究表明猪背最长肌的大理石纹评分与肉嫩度存在高度相关。Bejerholm 和 Barton-Gade 研究了肌肉内脂肪含量对烤猪排嫩度的影响，结果表明：随着肌内脂肪含量的增加，嫩度也相应改善。肌内脂肪通过两方面的作用来改善肉的嫩度，一是切断了肌纤维束间的交联结构，二是有利于咀嚼过程中肌纤维的断裂。

对于优质鲜肉和腊肉来说，适当的肌内脂肪含量是必需的。Gispert 等研究结果表明，使用免疫去势疫苗后，免疫组的肌内脂肪含量相比手术去势组显著下降。Cameron 和 Enser 研究结果表明，猪肉中饱和脂肪酸及单不饱和脂肪酸的含量较高时，肌肉嫩度、多汁性、风味均较好。Pauly 等在研究中发现公猪免疫去势后，饱和脂肪酸的总含量降低，不饱和脂肪酸的总含量增加。这说明注射 GnRH 免疫疫苗后，免疫疫苗影响了背最长肌的肌内脂肪含量和皮下脂肪酸的组成。

复习思考题

1. 动物福利的概念与意义是什么？
2. 动物福利的基本原则有哪些？
3. 犊牛的养殖福利规范要求应注意哪些问题？
4. 牛运输过程中动物福利规范要求有哪些？
5. 羊的动物福利规范要求有哪些？
6. 蛋鸡饲养环境的福利规范要求有哪些？
7. 肉鸡饲养环境的福利规范要求应注意哪些？
8. 水禽饲养管理的福利规范要求有哪些？
9. 影响畜禽肉质量的主要应激因素有哪些？

第十七章 动物源食品原料安全可追溯体系

重点提示： 本章重点掌握可追溯体系的定义、分类、基本原理与内容以及实施方法等内容。通过学习，可根据可追溯体系的基本原理及应用准则对个体标识、饲养情况、免疫、疫病、饲料、用药、屠宰、分割、零售等信息做相应记录和档案保存，并根据标准规范与法令法规建立食品质量安全控制体系和追溯体系，以保障食品安全全程监督管理的实施。

第一节 可追溯体系概述

一、定义

（一）食品可追溯系统

食品可追溯系统是从"可追溯性"发展而来，目的是解决食品自生产到消费过程的质量安全问题。"可追溯性"，又称为溯源，其概念源于质量管理标准，最早在 1987 年的 ISO8402 中被描述为"通过标识来记录或跟踪某实体历史、用途及位置"。"可追溯性"的本质是信息记录和定位跟踪系统。

可追溯系统包括跟踪（tracking）和追溯（tracing）两个方面。跟踪是指从供应链的上游至下游，跟随一个特定的单元或一批产品运行路径的能力。追溯是指从供应链下游至上游识别一个特定的单元或一批产品来源的能力，即通过记录标识的方法回溯某个实体来历、用途和位置的能力。

欧盟《通用食品法》（EC 178/2002）对食品可追溯性的定义是"食品、畜产品、饲料及其原料在生产、加工，以及流通等环节所具备的跟踪、追溯其痕迹的能力"，认为"食品可追溯系统"是追踪食品从生产到流通全过程的信息系统，目的在于食品质量控制和出现问题时召回。食品标准委员会对食品可追溯性的定义是"追溯食品在生产、加工、储运、流通等任何过程的能力，以保持食品供应链信息流的完整性和持续性"。我国《质量管理和质量保证-术语》（GB/T 6582—1994）将可追溯性界定为"追溯所考虑对象的历史、应用情况或所处场所的能力"。产品的可追溯性包括原材料和零部件的来源，加工过程的历史，以及产品交付后的分布和场所。

（二）动物源食品原料安全可追溯体系

动物源食品原料安全可追溯体系就是基于动物养殖环节、动物源食品原料生产、贮运以及加工环节的可追踪性，采用现代技术建立的动物源食品原料质量追踪体系。该体系的目标是实现对动物及其产品的全程可追溯监管，该体系已成为发达国家政府优先考虑的问题，对构建食品安全体系具有重大意义。

二、分类

动物源食品原料主要包括养殖、屠宰、加工、储藏、物流等几个环节，在动物源性食品可追溯系统中，要求各阶段都能够对动物及其产品进行识别，这就需要有一套完整的检索系统。早在 2001 年 6 月，党中央、国务院就已高度重视重大动物疫病防控和食品质量安全工作，提出我国动物要实行可追溯，这就从根本上提出了保证动物源食品原料的安全性。2002年 9 月北京畜牧兽医学会举办动物产品全程监控和可追溯制度的建立研讨会，认为实施动物产品全程质量监控，建立可追溯制度是非常必要的。目前国际上用于追溯动物源食品原料来源的技术有编码技术、条码及射频技术、同位素技术等多种方法，通过信息编码、信息自动采集、信息交换等手段实现产品追溯。

（一）传统标识

传统的标识方法是采用机械方式在动物体上进行烙铁、文身、刺墨法、烙角，但随着动物福利的发展，这些方法逐渐被排斥，同时这些方法自身存在一定的缺陷，主要用于表明动物归属及满足育种需求，从而使它的应用受到了极大的限制，现在这些标记方法已逐渐被淘汰。

（二）数字编码技术

编码是将事物或概念赋予一定规律性的易于人或计算机识别和处理的符号、图形、文字等。它是人们统一认识、统一观点、交换信息的一种技术手段。数字编码就是把信息用一种易于被电子计算机和人识别的符号体系表示出来的过程。

2002 年农业部发布了《动物免疫标识管理办法》，对猪、牛和羊强制使用统一的耳标，耳标上印制统一编码，为 8 位阿拉伯数字，分上下两排。上排 6 位编码为免疫工作所在地，使用本地邮政编码，下排 2 位编码为防疫员的编号，通过耳标编码可唯一识别畜体。这预示着我国对动物疫病预防的认识提高到更高的层次，从而对动物源食品原料在疾病方面的追溯提供了依据。但是这种编码仅能靠肉眼识别，速度慢，自动化程度低，在人工判读记录过程中易发生错误。

（三）条形码技术

条形码或称条码（barcode），是由美国的 N. T. Wbodiand 在 1949 年首先提出的。条码根据其编码结构和条码性质的不同分为一维条码和二维条码，二者均用于动物性食品原料追溯体系中，其中一维条码应用于牛的耳标，二维条码应用于猪的耳标。

1. 一维条码

条码是由宽度不同、反射率不同的条和空，按照一定的编码规则（码制）编制成的，用以表达一组数字或字母符号信息的图形标识符。"条"指对光线反射率较低的部分，"空"指对光线反射率较高的部分，这些条和空组成的数据表达一定的信息，并能够用特定的设备识读，转换成与计算机兼容的二进制和十进制信息。通常对于每一种物品，它的编码是唯一的，对于普通的一维条码来说，还要通过数据库建立条码与商品信息的对应关系，当条码的数据传到计算机上时，由计算机上的应用程序对数据进行操作和处理。因此，普通的一维条码在使用过程中仅作为识别信息，它的意义是通过在计算机系统的数据库中提取相应的信息而实现的。

目前在畜产品标识中应用最广泛的一维条形码是 EAN 条形码。EAN·UCC 系统的基础是在任何供应链中用于标识物品或服务的一个明确的编码模式。采用自动数据采集技术这一编码体系成功的用于生产、运输和配销的各个阶段。目前，已有 20 多个国家和地区采用 EAN·UCC 系统，对食品的生产过程进行跟踪与追溯，获得了良好的效果。欧盟等国已经采用 EAN·UCC 系统成功地对牛肉、蔬菜等开展了食品跟踪研究。国内食品行业由于观念、资金、技术等原因，对 EAN·UCC 系统的应用目前主要在零售结算环节，远未在食品供应链的全过程应用。

（1）EAN·UCC 条码

在 EAN·UCC 系统中，条码用于为供应链中每个阶段的产品或服务的相关数据编码。这些数据可以是全球贸易项目代码（GTIN），或者任何附加的属性信息，如出生地、饲养地、加工厂等，利用扫描器读取数据并进行解码，扫描标签上的条码可以实时的采集数据。

（2）标识代码与条码

一般说来，要给每个贸易商品（例如一个包装的牛肉产品要在 POS 点零售）或一个贸易产品的集合体（例如一箱不同包装的牛肉产品从仓库运送到零售点）分配一个全球唯一的 EAN·UCC 代码，这个代码就是 GTIN。GTIN 不包含产品的任何含义，只是在世界范围内唯一的标识号码。

GTIN 可以由条码表示，经常在超市购物扫描时看到的条码是商品条码 EAN-13，见图 17-1。商品条码的数据结构见 GB 12904—2003《商品条码》。

图 17-1 中，6911234 为厂商识别代码，这个代码在全球唯一。56789 为项目代码，每个不同的贸易项目分配一个唯一的项目代码。1 为校验码，是前面的 12 位数字按照规定的计算方法计算出的结果，用于扫描条码时自动检查和校验其前面的 12 位数字的排列是否有错误，确保代码正确的组合。

图 17-1　EAN-13

（3）属性代码与条码

上面提到，GTIN 不包含产品的任何特定信息，只是用于进入数据库获取信息的关键字。除 GTIN 外，还需要产品的属性信息，如产品批号、重量、有效期等。在肉制品供应链中，EAN/UCC-128 条码符号可以标识屠宰日期、耳标号、屠宰场批准号码等信息。当采用 EAN/UCC-128 条码符号时必须采用 EAN·UCC 应用标示符（AI）。AI 决定附加信息数据编码的结构。图 17-2 是在屠宰场采用 EAN/UCC-128 条码符号表示牛肉的示例。

(01)98712345670019(3102)003725(251)NL21243857

图 17-2　EAN/UCC-128 条码

图 17-2 中，AI（01）指示后面的数据为全球贸易项目代码（GTIN）。屠宰场采用具体的 GTIN 代码 98712345670019，表示某块具体的牛肉产品，如排骨、里脊等；第一位数据 9 表示产品为变量产品，此处指重量的变化；AI（3102）指示产品的净重，此处表示产品重量为 37.25kg，AI（251）为动物来源的参考代码，此处来源是 NL21243857，即牛的耳标号码。

2. 二维条码

二维条码能在有限的空间内存储更多的信息，包括文字、图像、指纹和签名等，信息量大，条形码尺寸小，纠错能力强，保密与防伪性能好，并可脱离计算机使用。国外对二维码的技术研究开始于 20 世纪 80 年代末，主要用于外交、公安、军事等部门对各类证件的管理，海关、税务等部门对各类报表和票据的管理等方面。我国农业部于 2007 年 6 月 25 日下发了"农业部办公厅关于进一步推进动物标识及疫病可追溯体系建设工作的通知"的内部明电，要求各地积极推进动物标识及疫病可追溯体系建设，规定自 2007 年 11 月 1 日起只允许佩戴二维码耳标的牲畜进入流通，标志着我国追溯体系建设进入全面的推进阶段。

耳标（二维码畜禽标识）是动物标识及疫病可追溯体系的基本信息载体，贯穿牲畜从出生到屠宰历经的防疫、检疫、监督环节，通过识读器等终端设备把生产管理和动物卫生执法监督数据汇总到数据中心，实现从牲畜出生到屠宰全过程的数据网上记录，是追溯体系三大业务系统（畜禽标识申购与发放管理系统、动物生命周期各环节全程监管系统、动物产品质量安全追溯系统）的数据轴心。

每套耳标由主标和辅标两部分组成，主标的正面登载编码信息，编码信息由二维条码和数字编码两个部分组成。数字编码由动物种类＋区划编码＋标识顺序号组成。数字编码共 15 位，第 1 位表示畜种（1 猪、2 牛、3 羊）；第 2 至 7 位为区划代码；第 8 至 15 位为唯一编码。图 17-3 为二维码示例。

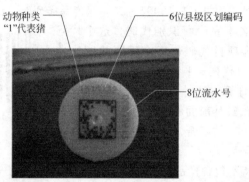

动物种类
"1"代表猪

6位县级区划编码

8位流水号

羊耳标　　　　　　　　　　牛耳标　　　　　　　　　　猪耳标

图 17-3　二维码示例

3. 射频识别技术

射频识别技术（radio frequency identification，RFID）技术是 20 世纪 90 年代开始兴起的一种自动识别技术，是通过电磁感应或电磁传播方式，使用读写设备非接触地对于电子标签进行写入或读取，实现自动识别的技术。一个完整的 RFID 应用系统主要由读写器、应答器（标签）及应用软件系统 3 部分组成。读写器由天线、耦合元件等组成，是用来读写标签信息并与后台服务器交互的设备，可以分为固定式读写器和移动式读写器，固定式读写器通常体积较大，信号强，读写距离远，而移动式读写器携带方便，易于在经常移动的环境中工作。后台系统主要是对 RFID 读写器收集到的信息进行储存与处理。在动物源性食品原料可追溯体系中，应用 RFID 技术不仅可以对畜禽个体进行识别，而且可以对供应链全过程的每一个节点进行有效的标识，从而对供应链中的原料加工、包装、贮藏、运输、销售等环节进行跟踪与追溯，及时发现存在的问题，并进行妥善处理。图 17-4 为 RFID 在生猪质量追溯系统中的应用示例。

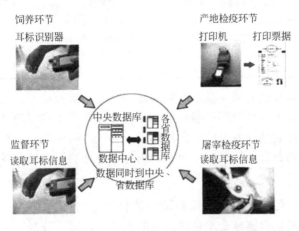

图 17-4　RFID 在生猪质量追溯系统中的应用示例

4. DNA 技术

DNA 标识是动物天生固有的条形码，在畜禽追溯中主要应用于品种、种属鉴别和大型动物个体鉴别，该技术主要基于动物个体 DNA 序列的独一无二性，可以达到 100% 的准确性。DNA 溯源技术因其易分型、重复性好、检测手段简单快捷、成本低廉等已成为目前国际上公认的最具发展潜力和应用价值的快速溯源技术。国外已经开始采用 DNA 溯源技术进行肉制品溯源，如欧盟正积极发展 DNA 溯源技术，建立了牛肉制品的溯源系统；加拿大枫叶公司在电子标签的基础上，借鉴 DNA 溯源技术，增强系统的追踪能力，建立猪肉追踪系统；日本、澳大利亚等国在屠宰时采集动物 DNA 样品，以便在后续对动物和肉制品进行追溯；美国沃尔玛将 DNA 检测技术引入肉制品掺假的检测。目前来看，DNA 溯源技术将成为以后动物和肉制品进行溯源的潮流。

第二节　可追溯体系内容与实施方法

一、动物源食品原料可追溯体系设计

动物源食品原料可追溯体系的设计原则应采用"向前一步，向后一步"原则，向前要追溯到产品的直接来源，向后要追踪到产品的直接去向。根据追溯目标、实施成本和产品特征，适度界定追溯单元、追溯范围和追溯信息。具体包括如下步骤。

（一）确定追溯单元

追溯单元是指需要对其来源、用途和位置的相关信息进行记录和追溯的单个产品或同一批次产品。该单元可以被跟踪、回溯、召回或撤回。一个追溯单元在食品链内的移动过程同时伴随着与其相关的各种追溯信息的移动，这两个过程就形成了追溯单元的物流和信息流，组织可追溯体系的建立实质上就是将追溯单元的物流和信息流之间的关系找到并予以管理、实现物流和信息流的匹配。表 17-1 是某食品企业水产原料接收过程中追溯单元确定，此过程中包括货物的移动、转化、储存和终止几个步骤。

表 17-1 水产原料接收过程追溯单元确定

水产原料接收过程	过程特点描述	过程处理	追溯单元规模
移动	追溯单元物理位置的变化	不创建追溯单元	
转化	追溯单元特性的变化	创建追溯单元,确定追溯码	以提单为单位
储存	追溯单元的保留	不创建追溯单元	
终止	追溯单元的消亡	不创建追溯单元,剔除不合格品	

此过程中，将接收到的某一批水产原料定义为一个追溯单元，则原料从无到有的过程就是转化，接受过程中不合格原料的剔除就是终止。并非操作步骤的每一个"变化"都能确定为追溯单元，动物源食品原料追溯单元具体可分为：动物源食品原料贸易单元、动物源食品原料物流单元和动物源食品原料装运单元，由存在于动物源食品原料供应链中不同流通层级的追溯单元构成。

（二）明确组织在动物源食品原料链中的位置

动物源食品原料供应链涉及动物源食品的养殖、屠宰、分割、零售等环节。组织可通过识别上下游组织来确定其在食品链中的位置。通过分析动物源食品供应链过程，各组织应对上一环节具有溯源功能，对下一环节具有追踪功能，即各追溯参与方应能对追溯单元的直接来源进行追溯，并能对追溯单元的直接接收方加以识别。各组织有责任对其输出的数据，以及其在食品供应链中上一环节和下一环节的位置信息进行维护和记录，同时确保追溯单元标识信息的真实唯一性。

（三）确定动物源食品原料流向和追溯范围

组织应明确可追溯体系所覆盖的食品流向，以确保能够充分表达组织与上下游组织之间以及本组织内部操作流程之间的关系。动物源食品原料流向包括：针对动物源食品的外部过程和分包工作；原料、辅料和中间产品投入点；组织内部操作中所有步骤的顺序和相互关系；最终产品、中间产品和副产品放行点。其中，外部追溯是供应链上游组织之间的协作行为，内部追溯主要针对一个组织内部各环节之间的联系。外部追溯按照"向前一步，向后一步"设计原则实施，需要上下游组织协商共同完成；内部追溯与组织现有管理体系相结合，以实现内部管理为目标。动物源食品原料各方追溯关系（图 17-5）。

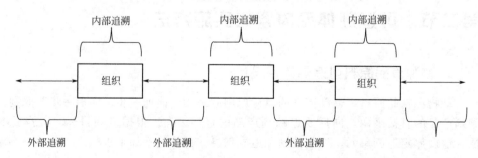

图 17-5 动物源食品原料各方追溯关系示意图

（四）确定追溯信息

组织应确定不同追溯范围内需要记录的追溯信息的完整性与真实性，以确保动物源食品原料链的可追溯性。需要记录的信息包括：个体标识、饲养情况、免疫、疫病、饲料、用药、屠宰、分割、零售等。

（五）确定标识和载体

对追溯单元及其必需信息的编码，优先采用国际或国内通用的或与其兼容的编码，如通用的国际物品编码体系（GS1），对追溯单元进行唯一标识，并将标识代码与其相关信息的记录一一对应。

二、动物源食品原料可追溯体系实施方法

（一）制定产品可追溯计划

可追溯计划是根据追溯单元特性和追溯要素的要求制定的针对某一特定追溯单元的追溯方式、对策和工作程序的文件。可追溯计划应直接或通过文件程序，指导组织具体实施可追溯体系。可追溯计划文件是可追溯体系文件的一部分，应包括：可追溯体系的目标、适用的产品、追溯的范围和程度、如何识别追溯单元、记录的信息以及如何管理数据。

（二）明确追溯人员职责

组织应成立追溯工作组，明确各成员责任，指定高层管理人员担任追溯工作管理者，确保追溯管理者的职责、权限。追溯管理者应负责三个方面的工作：向组织传达动物源食品原料链可追溯性的重要性，保持上游组织之间及组织内部的良好沟通与合作，确保可追溯体系的有效性。

（三）制订培训计划

组织应制订和实施培训计划，向参与追溯工作的人员提供充分的培训资源和科学的培训方式，并保留相关培训记录。培训主要内容包括：相应国家标准、可追溯性体系与其他管理体系的兼容性、追溯工作的职责、追溯相关技术、可追溯体系的设计和实施以及可追溯体系的内部审核和改进。

（四）建立监管方案

组织应建立可追溯体系的监管方案，确定需要监管的内容，以及确定监管的时间间隔和条件。监管方案包括：追溯的有效性、运行成本的监测、对追溯目标的满足程度、是否符合追溯适用的法规要求、标识混乱、信息丢失及产生其他不良记录的历史数据、对纠正措施进行分析的数据记录和监测结果。

（五）设立关键指标评价体系有效性

组织应设立关键指标，以确定可追溯体系的有效性。关键指标一般包括：追溯单元标识的唯一性、各环节标识的有效关联、追溯体系是否实现上下游组织间及内部间的有效链接与沟通、信息有效期内可检索。

（六）内部审核

组织应按照管理体系内部审核的流程和要求，建立内部审核的计划和程序，对可追溯体系的运行情况进行内部审核。以是否符合关键指标的要求作为体系符合性的基本标准。对不符合性的现象，要查清不符合的内容，以便后续对体系的改进。可追溯体系不符合要求的主要表现为：违反法律法规要求、体系文件不完整、体系运行不符合目标和程序的要求、设施资源不足、产品批次无法识别、信息记录无法传递等。

（七）评审与改进

对追溯体系的运行结果应进行评审，当体系运行不符合或偏离设计的体系要求时，组织

应采取适当的纠正措施和预防措施，并对纠正后的运行效果进行必要的验证，提供证据证明改进措施的有效性，保证体系的持续改进。纠正或预防措施应包括：立即停止不正确的工作方法、修改可追溯体系文件、重新梳理物料流向、增补或改进基本追溯信息、完善资源与设备、完善标识和载体、加强人员培训、加强上下游组织间交流协作与信息共享、加强组织内部交流。

第三节 可追溯体系典型案例

动物源食品原料可追溯体系的建设必须有大量的、可靠的数据。只有记载的信息丰富、真实，追溯的信息才更加全面、可靠。一般来说，个体标识、饲养情况、免疫、疫病、饲料、用药、屠宰、分割、零售等信息是必需记载的，是可追溯系统必需的数据，除此之外，动物养殖、屠宰、零售的标准规范与法令法规、档案等信息根据情况也需做相应记录。本节以澳大利亚肉类追溯系统设计、北京金维福仁牛肉产品跟踪与追溯系统和中国农业大学所设计的基于 RFID 技术的安全猪肉追溯系统等三个典型案例为例，介绍动物源食品原料质量安全可追溯系统的设计和应用。

一、澳大利亚肉类追溯系统案例分析

澳大利亚的肉类产品在全球享有盛誉，这和澳洲先进的肉类产品追溯系统是分不开的。追溯系统的实践应用已经充分表明，它不仅可以提高食品安全，防患于未然，还可以提升品牌形象，赢得顾客信赖，提高市场占有率。

（一）活畜管理

澳大利亚政府是通过一套"国家牲畜鉴定系统"简称"国家数据库"来实现对牲畜的管理的。该数据库由政府统一运作，受到国家法律保护，要求所有牲畜所有人或饲养人根据实际情况上传数据。所有的牲畜都有一个所有权代码，以便每头牲畜都有自己独一无二的身份登陆国家数据库。每头牲畜在出生的时候都会被植入一个电子耳标。牲畜的所有人负责从政府指定部门购买耳标。一旦耳标植入畜体，所有人必须把牲畜信息通过互联网上传到国家数据库中。如果在此之后，牲畜被转移到其他地点或被出售，接收牲畜的一方同样需要通过互联网上传牲畜接收信息，以便国家数据库可以获得更新信息并继续追踪此牲畜。可见，澳大利亚每头牲畜的整个生命过程都是受到严格追溯的。追溯系统是通过手持掌上电脑进行数据录入和数据上传的。

（二）牲畜到货

当牲畜运送到屠宰场时，每头牲畜都在离开卡车时接受扫描，其信息随即上传到屠宰场的追溯系统数据库中。之后，牲畜按照屠宰场要求被分别归入不同的待宰圈。屠宰场的到货信息可以上传到国家数据库中，表示该牲畜已经被屠宰场接收。在此阶段，可以收集：操作员编号、销售员姓名、寄养场名称、代理人、工作人员着装要求、待宰圈编号、畜种、品种、到货头数、到货死亡头数、洁净程度与疑病体、产品品牌、耳标识别代码、运输公司、卡车编号等信息。

（三）屠宰计划

追溯系统利用牲畜到货时所收集的信息制订屠宰计划。计划制订完成之后，系统会打印出一张屠宰计划单。同时，所有计划细节同步传送到屠宰车间的触摸终端设备。

1. 屠宰箱

在屠宰箱环节，安装有一个射频耳标读取器和一个触摸终端设备。牲畜在这一环节将被分配到一个生产线编号和一个畜体编号。这些编号将一直跟随整个生产过程并用于日后追溯。如果动物带有射频耳标（图17-6），在这一环节将予以录入。在进行这一环节之前，所有待宰动物的所有权识别编号都将上传到国家数据库网站上，所有的射频识别信息都将返回到屠宰场的追溯系统之中。因为动物耳标上的信息也在这一环节被采集录入，所以操作人员可以根据国家数据

图 17-6 佩戴双耳标的犊牛

库反馈的信息进行核对。在每日的最后，追溯系统会生成一个文件并上传到国家数据库网站上。生产商可以查询个体牲畜信息。在这个工作站收集的信息将被传入中央数据库，这样其他工作站便可以实时查询屠宰记录。

2. 去头终端

在去头工作站设有一台触摸终端设备，在这里收集动物齿系和年龄等信息。该信息实时传入追溯系统中央数据库。

3. 动物健康终端

在去内脏工作台设有一台触摸终端设备，记录动物的内脏健康状况。操作员选择有问题的内脏并选择质疑原因。这些信息将被录入追溯系统中央数据库系统，供生产商查阅牲畜健康信息。

4. 分级终端

胴体识别是一个持续的过程，畜体编号已经在前面几个环节录入系统。当畜体到达分级工作站时，系统识别畜体编号并为分级操作人员提供胴体和侧体信息。在此环节进行胴体称重，脂肪厚度测量。当全部信息（包括生产线编号）已经全部确认后，系统会打印出一张带有生产日期和畜体编号的条形码标签。这张标签包含：畜体编号、二分体/四分体、生产批号、生产日期、肉产类别、脂肪厚度、性别、齿系、后臀形状、淤伤代码、操作员编号及姓名、公司名称、市场等信息。

（四）冷冻评估

在经过一段时间的冷冻排酸之后，进入冷冻评估阶段。具有从业人员资格的冷冻评估员通过扫描射频读取器扫描胴体条形码并输入下列信息：脂肪厚度、脂肪颜色、脂肪纹理、眼肌、密实度、酸度值等。

（五）分割车间录入

胴体在进入分割车间之前会按照一定位置排列在电动钩上。在屠宰车间打印的条形码标签在这一环节被扫描，每个胴体都被分配到一条生产线上。同时，在此环节还将记录冷体重。所有这些信息都在进入分割车间之前录入中央数据库。

（六）装箱称重

在真空包装之后，切块产品在装箱称重的工作站被工作人员放入纸箱。工作站的工作人员选择生产线编号，之后便可以看到产品计划员制定的产品描述。装箱称重工作站的工作人员选择被包装产品，随后打印出一张装箱标签，标明箱内所装产品，这些信息同时传递到数

据库并更新数据库。条形码标签上的内容包括：箱号、生产日期、生产日期同时又和生产线编号相连接。

（七）装箱出载

所有需要出载的装箱产品在出载之前就已经按照系统的顺序进行排列。销售订单包含全部客户和运输的详细信息。当需要出载时，订单便传递到运输部门。装箱产品随即接受射频扫描，信息随即录入数据库。当所有产品全部扫描完毕运输完成，系统会生产一套运输总结，它会显示所运输产品的概要信息和详细信息。

在进行产品反向追溯时，顾客可以利用手中的标签信息，直接追溯到产品的源头信息。当顾客提供可疑产品时，如果装箱有标签，则记录装箱条形码具体信息，工厂工作人员可以通过条形码上面带有的生产信息查阅追溯系统数据库，探知产品的生产编号和原产地；如果装箱无标签，记录装箱中有问题的产品派送清单和问题产品编号，工厂工作人员可以查阅追溯系统数据库，探知产品的生产线编号和原产地。

在产品正向追溯时，系统可以识别胴体后，可以根据生产线编号，识别所有装箱产品。装箱条形码和订单信息相关联，如果产品仍然在仓库中，可以看到他们即将送往何处，进而可以向每一位顾客发放召回通知，确定产品问题，提出解决方案。

二、牛肉产品跟踪与追溯应用示范案例

随着我国经济的快速发展，人民的生活水平迅速提高，食品的卫生安全问题被提到了前所未有的高度。同时，随着欧盟、美国等发达国家和地区出台对肉类产品可追溯性要求的法律法规，我国肉类产品出口将面临新的挑战。因此，我国企业需要尽快采用国际通行的肉制品追溯方法，与国际接轨，对肉类产品进行跟踪与追溯。

北京金维福仁清真食品有限公司是一家集肉牛养殖、屠宰、精品加工、销售于一体的综合型民营企业。公司占地320亩、建筑面积65000m²，员工300余人。企业下属肉牛养殖小区、肉牛屠宰厂、精品牛肉加工厂、熟食加工厂各一座。该企业为中国清真食品协会的会员企业，肉牛的生产加工均按伊斯兰方法屠宰，生产的部位分割牛肉通过了北京市食用农产品安全生产体系的认证，准予使用安全食用农产品标志。

北京市质量技术监督信息研究所与中国物品编码中心经过充分的市场调研，最终选定北京金维福仁清真食品有限公司作为试点企业，采用 EAN·UCC 系统建立牛肉产品跟踪与追溯自动识别技术应用示范系统，使企业具备牛肉产品质量追溯的能力。

（一）牛肉产品追溯系统示意图

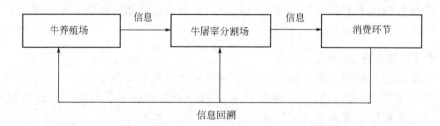

（二）系统简述

1. 系统目标

（1）养殖场对单个牛的防疫、喂料、疾病治疗等信息进行全面的记录。

（2）屠宰场对牛的检疫、准宰信息、牛耳标号进行登记。

（3）屠宰时，通过条码标识与登记的牛的基本信息产生关联。

（4）分割牛胴体时，通过扫描条码标识确定进入分割流水线的牛的耳标号码。此时，批量生成新的条码标识（用于信息追溯），并与牛的基本信息产生关联。

（5）分割后在牛肉产品的包装上粘贴用于牛肉产品追溯的条码。

（6）信息通过互联网发布。

2. 系统工作流程

详见图 17-7。

3. 系统的网络拓扑图

详见图 17-8。

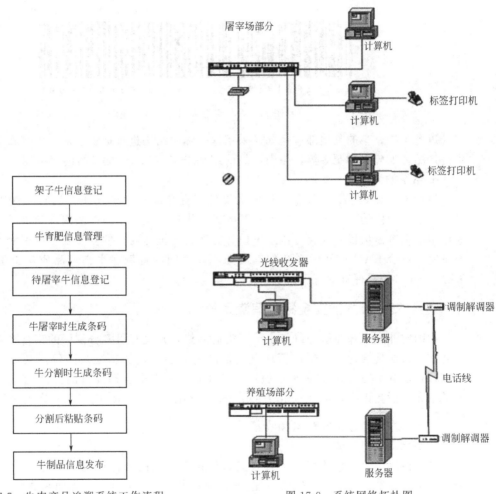

图 17-7　牛肉产品追溯系统工作流程　　　　　图 17-8　系统网络拓扑图

4. 系统的建立原则

（1）选择适合企业生产实际状况的自动识别技术。

（2）系统的可操作性应适应企业的生产设备及人员现状。

（3）企业的生产线应能根据"示范系统"建立的要求，进行适当的调整。调整幅度不宜过大。

（4）"示范系统"的作业流程应参照国际物品编码协会出版的《牛肉产品追溯指南》。

（5）"示范系统"的编码方案应完全参照 EAN·UCC 系统的标识原则。

5. 系统的编码方案

为了能与国际接轨，追溯系统决定采用 EAN·UCC 系统。牛肉产品的编码采用GTIN＋牛耳标号的结构，具体示例如下。

例如，试企业生产的一块牛里脊，其 GTIN 为 96934871510044，其牛耳标号码为100000000。这个牛里脊的追溯代码应为（01）96934871510044（251）100000000，如图17-9所示。其中（01）为应用标识符，指示后面的数据为GTIN，（251）为应用标识符，指示后面的数据为牛耳标号。

数据 96934871510044 的含义：9 表示产品为变量产品，69348715 为厂商代码，1004 为产品项目代码，4 是校验码。

图 17-9 北京金维福仁里脊肉编码

以此类推，牛的其他部位也同样采用这一编码结构进行标识。对于由多个牛的肉组成的牛肉产品，如碎肉和肥牛等，牛肉产品的编码采用 GTIN＋批号的编码结构。

6. 系统的评价

该系统于 2004 年 12 月在北京金维福仁清真食品有限公司正式运行。2004 年 12 月 17日通过了由中国物品编码中心主持召开的条码推进工程《牛肉产品跟踪与追溯自动识别技术应用示范系统》项目验收会。该系统设计方案符合国际通行的食品安全可追溯性规范，编码方案完全符合 EAN·UCC 系统的编码原则，是国内首例在牛肉产品质量追溯系统中采用EAN·UCC 编码标准的管理系统。

三、基于 RFID 技术的安全猪肉追溯系统

中国农业大学郑丽敏等以年出产万头商品猪，并设有屠宰分割厂的集合型养殖基地为研究对象，参照规模化猪场生产管理以及标准的屠宰分割加工工艺流程，采用产品电子代码（electronic product code，EPC）识别系统模式，制定出合理规范的追溯信息编码，设计完成基于无线射频识别技术（radio frequency identification，RFID）的猪肉安全追溯系统。

（一）猪的主要信息标识和收集

1. 养猪场信息采集

在养猪场中，对猪的相关信息收集，包括记录猪的个体信息（父母、出生日期、体质量、品种、性别）、饲养信息（饲料配方、饲料来源、饲料种类、添加剂的使用记录）、防疫信息（疫苗接种种类、接种时间、剂量、来源）、饲养环境信息（饲养地点、猪舍号、猪舍温湿度、空气质量等）以及猪场信息如猪场地理位置、猪场负责人、饲养员、兽医等职务人员的个人信息（姓名、联系方式、入职时间、离职时间）。

2. 屠宰分割厂信息采集

检验合格的进入屠宰线后，按照屠宰工艺流程：生猪验收（critical control point1，CCP1）→静养→淋浴→致昏→刺杀放血→吊挂→烫毛→脱毛→吊挂→燎毛→刮毛→热水冲淋（CCP2）→编号→去尾→雕肛→撬胸骨→开膛→扒内脏→去头→劈半→去蹄→摘三腺→去肾脏→撕板油→休整把关→分级→计量→有机酸喷淋（CCP3）→冷藏，追溯系统中屠宰

阶段的追溯信息包括收购信息（检疫合格证明、收购检测结果、收购时间、经手人）、待宰观察时期的信息（宰前药物使用、饲料喂养、检疫结果）、屠宰信息（屠宰时间、屠宰产品的质量、色泽、等级、屠宰班组、销售信息）、分割加工信息（时间、检疫结果、操作人员信息等）。

（二）追溯系统设计与构成

1. 追溯系统设计

（1）养殖场超高频 RFID 标签编码设计。

采用 EPC 编码系统对养殖场的个体猪进行编号，用耳标跟踪猪个体。EPC 代码包括标头、厂商识别代码、对象分类代码和序列号，其中标头和厂商识别代码有明确标准，本系统对象为猪，因此本系统不需设计前 3 个代码，只需设计编码序列号。按照猪场实际操作流程，遵循 EPC 唯一性的编码协议，将标签的 EPC 序列号编码确定为：猪类型＋出生日期＋性别＋窝号。其中窝号占序列号的 9 比特位，1～5 位为窝序列号，6～9 位为个体序列号。具体编号见表 17-2。为满足编码位数需求，采用序列号为 36 位的 EPC-96 位编码标准，其中标头号设置为 8，厂商识别代码 28，对象分类代码 24。

表 17-2　养猪场超高频 RFID 标签编码及意义

序列号编码/bit	编码意义	序列号编码/bit	编码意义
1～5	窝号	12～27	出生日期
6～9	个体	28～30	养殖省份
10	猪类型(种猪和育肥猪)	31～34	猪品种
11	性别		

（2）屠宰收购环节一维条码设计

猪在屠宰分割时，不能用耳标跟踪个体，同时考虑到产品出口需要，采用 ANCC 系统的 GS1-128 一维编码进行标识。根据猪屠宰分割后的产品资料，结合生猪标签 EPC 号码，再增加 7 位编号即可将所有产品标识，即一维编码中个体序列号为 41 位。主要记录；收购时是否有耳标、检测是否合格、收购时间；宰前检疫是否合格；屠宰基本信息、屠宰时间、屠宰部位检疫结果、胴体等级、胴体质量、分割时间、分割后部位检疫结果、药残检疫结果、出厂日期、保质期等信息。

（3）后台数据库设计

后台数据库技术采用 SQL Server 2005 存储追溯系统数据信息。数据设置 15 个表，包括基础表及信息记录表。基础表包括猪品种、猪类型、药品表、饲料配方表、屠宰部位表、分割产品明细表及用户信息表；信息记录表分别记录养殖场、屠宰分割厂、超市三类信息，其中养殖场信息表包括养殖过程中仔猪、种猪以及育肥猪等基本信息和饲料喂养、药品使用、猪舍消毒、出栏记录、注射温湿度等信息；屠宰分割表记录屠宰时间、屠宰检疫证明、屠宰分割后胴体二分体或四分体检疫信息等；超市记录包括存放检验和收购信息等。

2. 追溯系统构成

（1）系统运行环境与系统构成

系统在 Windows 环境下运行，通过 JSP 技术与 SQLSever2005 数据库实现安全猪肉追溯系统。按照猪肉生产流程分为养猪场子系统、屠宰加工子系统以及超市营销子系统三部分。系统总体结构如图 17-10 所示。

（2）养猪场子系统

输入猪个体的基本信息时，饲养员用读写器读取猪耳标号传输到服务器，同时，饲养员填写基本信息。一经存入数据库后，只可标记删除，不得修改。记录饲料喂养信息、疫苗防疫信息、猪出栏信息及猪舍消毒记录信息，都是在饲养员、兽医完成相关工作后，登记该条记录。同样写入后，当日之后不可修改。猪舍里的温湿度信息，由实时监控的温湿度传感器获取，保存到后台数据库。养殖场追溯信息传输流程如图 17-11 所示。

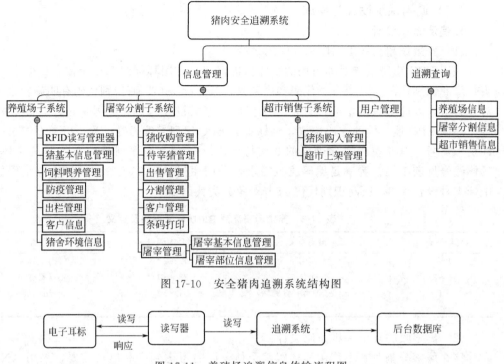

图 17-10　安全猪肉追溯系统结构图

图 17-11　养殖场追溯信息传输流程图

（3）屠宰分割厂子系统

屠宰场收购猪的来源有两个，主要是本公司养猪场出栏的猪，还有部分猪来自于其他养殖场。本公司猪场的养殖信息，通过读取猪的耳标，就能够追溯到个体养殖信息。而其他养殖场的个体猪信息，则需要批次导入到本追溯系统后台数据库中，确保追溯系统的数据完整。按照屠宰分割流程（图 17-12），收集录入本子系统信息。

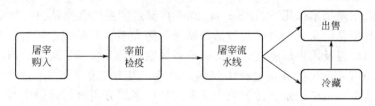

图 17-12　养猪场屠宰分割流程

（4）超市和销售子系统

超市销售是整个肉制品生产流水线的最后部分，超市销售子系统主要功能有两方面：记录购入时肉制品检验信息、购入时间、肉制品是否合格、运载工具是否消毒等信息；由销售管理员对之前的养猪场、屠宰分割、运输流程的追溯，可以检测购入的产品是否合格。按照系统流程，消费者或者监督人员可以通过超市的浏览器进行查询，从前面每个子系统中了解到自己购买的肉类产品的相关信息。这样就保障了消费者的知情权；提升了消费者对超市猪肉产品的信任度，同时也对畜产品生产和加工厂家起到监督的作用。

（5）用户管理子系统

本系统设置超级管理员、子模块管理员（养猪场：饲养员、兽医等；屠宰分割点：收购员、屠宰记录员、分割记录员等）、信息浏览员以及监督者。超级管理员具有最高权限，可以对整个系统进行操作，并授予子模块管理员权限。各个子模块管理员只能管理所在的模块，对自己负责的数据库中的表进行记录的添加、修改、删除等操作，而信息浏览员与监督者只能查询信息，不能删除和修改。

安全猪肉追溯系统按照养殖、屠宰分割、产品销售流程，利用 RFID 技术，通过 JSP＋SQLServer 2005 技术搭建而成，让消费者吃上放心肉成为可能。

复习思考题

1. 动物源食品原料可追溯体系的定义及分类？
2. 动物源食品原料追溯体系的设计方案包含哪些内容？
3. 试设计一套安全生牛乳可追溯系统。

第十八章　动物养殖过程中质量认证体系

重点提示：　本章重点掌握质量认证体系的定义、种类、基本原理以及家禽、家畜和水产品养殖的关键控制点等内容。通过本章内容的学习，能够根据 HACCP 的基本原理及应用准则，对畜禽健康养殖生产过程中的引种、孵化、饲料、兽药、疫苗、饲养管理、销售和装车等环节的关键控制点进行危害分析，建立畜禽健康养殖过程 HACCP 管理体系，为生产无公害畜禽产品提供全程质量安全控制方法。

第一节　质量认证体系概述

一、HACCP 的定义与基本原理

（一）HACCP 定义

危害分析和关键控制点（hazard analysis and critical control point，HACCP），是一种专门针对食品生产加工进行安全卫生预防控制的管理体系。HACCP 体系是 20 世纪 60 年代由美国承担开发宇航食品的 Pillsbury 公司与宇航局和美国陆军 Natick 研究所共同开发的，最初是为了制造出 100％安全的太空食品。目前该体系的原理已伸展应用到其他领域。家禽健康养殖过程中 HACCP 管理体系的建立，在许多方面需要创新和不断完善，可以说该体系的建立是家禽食品生产 HACCP 管理体系的补充或完善。

（二）HACCP 体系基本原理

HACCP 是对食品加工、运输以及销售整个过程中的各种危害进行分析和控制，从而保证食品达到安全水平。它是一个系统的、连续性的食品卫生预防和控制方法。以 HACCP 为基础的食品安全体系，是以 HACCP 的七个远离为基础的。HACCP 理论是在不断发展和完善的。1999 年食品法典委员会（CAC）在《食品卫生通则》附录《危害分析和关键控制点（HACCP）体系应用准则》中，将 HACCP 体系原理的内容确定如下。

（1）危害分析（hazard anaylsis，HA）

危害分析与预防控制措施是 HACCP 原理的基础，也是建立 HACCP 计划的第一步。企业应根据所掌握的食品中存在的危害以及控制方法，结合工艺特点，进行详细的分析。

（2）确定关键控制点（critical control point，CCP）

是能进行有效控制危害的加工点、步骤或程序，通过有效地控制，防止发生、消除危害，使之降低到可接受水平。CCP 或 HACCP 是产品加工过程的特异性决定的。如果出现工厂位置、配合、加工过程、仪器设备、配料供方、卫生控制和其他支持性计划以及用户的改变，CCP 都可能改变。

（3）确定与各 CCP 相关的关键限值（CL）

此项是非常重要的，而且应该合理、适宜、可操作性强、符合实际和实用。如果关键限值过严，即使没有发生影响到食品安全危害，而就要求去采取纠偏措施；如果过松，又会造成不安全的产品到了用户手中。

（4）确立 CCP 的监控程序，应用监控结果来调整及保持生产处于受控

企业应制定监控程序并执行，以确定产品的性质或加工过程是否符合关键限值。

（5）确立经监控认为关键控制点有失控时，应采取纠正措施（corrective actions）

当监控表明，偏离关键限值或不符合关键限值时采取的程序或行动。如有可能，纠正措施一般应是在 HACCP 计划中提前决定的。纠正措施一般包括两步：第一步纠正或消除发生偏离 CL 的原因，重新加工控制；第二步确定在偏离期间生产的产品，并决定如何处理。采取纠正措施包括产品的处理情况时应加以记录。

（6）验证程序（verification procedures）

用来确定 HACCP 体系是否按照 HACCP 计划运转，或者计划是否需要修改，以及再被确认生效使用的方法、程序、检测及审核手段。

（7）记录保持程序（record-keeping procedures）

企业在实行 HACCP 体系的全过程中，须有大量的技术文件和日常的监测记录，这些记录应是全面的，记录应包括：体系文件，HACCP 体系的记录，HACCP 小组的活动记录，HACCP 前提条件的执行、监控、检查和纠正记录。

二、GAP 定义与基本原理

（一）GAP 定义

GAP（good agriculture practice）即良好农业规范，是应用现代农业知识，科学规范农业生产的各个环节，在保证农产品质量安全的同时，促进环境、经济和社会可持续发展。它是以危害分析与关键控制点（HACCP）、良好卫生规范、可持续发展农业和持续改良农场体系为基础，避免在农产品生产过程中受到外来物质的严重污染和农事过程不当操作带来的产品危害。

（二）GAP 基本原理

1998 年 10 月 26 日，美国食品与药物管理局（FDA）和美国农业部（USDA）联合发布了《关于降低新鲜水果与蔬菜微生物危害的企业指南》。在该指南中，首次提出良好农业操作规范（good agricultural practices）概念。GAP 主要针对未加工和最简单加工（生的）出售给消费者和加工企业的大多数果蔬的种植、采收、清洗、摆放、包装和运输过程中常见的微生物的危害控制，其关注的是新鲜果蔬的生产和包装，但不限于农场，包含量从农场到餐桌的整个食品链的所有步骤。GAP 是以科学为基础，其采用是自愿的，但 FDA 和 USDA 强烈建议新鲜果蔬生产者采用。GAP 的建立是基于某些基本原理和实践的基础上，贯穿于减少新鲜果蔬从田地到销售全过程的生物危害。GAP 的八个原理简要介绍如下。

（1）对新鲜农产品的微生物污染，其预防措施优于污染发生后采取的纠偏措施（即防范优于纠偏）。

（2）为降低新鲜农产品的微生物危害，种植者、包装者或运输者应在他们各自控制范围内采用良好农业操作规范。

（3）新鲜农产品在沿着农场到餐桌食品链中的任何一点，都有可能受到生物污染，主要的生物污染源是人类活动或动物粪便。

（4）无论任何时候与农产品接触的水，其来源和质量规定了潜在的污染，应减少来自水的微生物污染。

（5）生产中使用的农家肥应认真处理以降低对新鲜农产品的潜在污染。

（6）在生产、采收、包装和运输中，工人的个人卫生和操作卫生在降低微生物潜在污染方面起着极为重要的作用。

（7）良好农业操作规范的建立应遵守所有法律法规，或相应的操作标准。

（8）各层农业（农场、包装设备、配送中心和运输操作）的责任，对于一个成功的食品安全计划是很重要的，必须配备有资格的人员和有效的监控，以确保计划的所有要素正常运转，并有助于通过销售渠道溯源到前面的生产者。

三、GMP 定义与基本原理

（一）GMP 定义

GMP（good manufacturing practice）是"良好操作规范"的英文缩写，一般是指规范食品加工企业硬件设施、加工工艺和卫生质量管理等的法规性文件。是政府强制性的食品生产、贮存卫生法规。

20 世纪 70 年代初期 FDA 为了加强、改善对食品的监管，根据美国食品药物化妆品法第 402（a）的规定，凡在不卫生的条件下生产、包装或贮存的食品或不符合生产食品条件下生产的食品视为不卫生、不安全的，特此制定了食品生产的现行良好操作规范，这一法规适用于一切食品的加工生产和贮存，随之 FDA 相继制定了各类食品的操作规范。

（二）GMP 基本原理

GMP 主要内容是对企业生产过程的合理性、生产设备的适用性和生产操作的精确性、规范性提出强制性要求。1969 年，世界卫生组织向世界各国推荐使用 GMP。我国食品行业应用 GMP 始于 20 世纪 80 年代。1984 年，为加强对我国出口食品生产企业的监督管理，保证出口食品的安全和卫生质量，原国家商检局制定了《出口食品厂、库卫生最低要求》。GMP 规定了食品生产和加工企业在厂址选择、生产环境、工厂设计和设施、生产控制、贮存、运输过程中的品质、卫生等管理需达到的基本要求，是政府食品卫生管理部门发布的强制性要求，食品企业必须达到 GMP 所规定的全部要求，否则其生产和加工的食品不得上市销售。GMP 所规定的内容是食品生产企业必须达到的最基本条件，是覆盖全行业的全局性规范。各工厂和生产线的情况都各不相同，涉及许多具体的独特的问题，这时，国家为了更好地执行 GMP 规范，允许食品生产企业结合本企业的加工品种和工艺特点，在 GMP 基础上制定自己的良好加工的指导文件，HACCP 就是食品生产企业在 GMP 的指导下采用的自主的过程管理体系，针对每一种食品从原料到成品，从加工场所到加工设备，从加工人员到消费方式等各方面的个性问题而建立的食品安全体系，企业生产中任何因素发生变化，HACCP 体系就会相应调整更改，真正做到具体问题具体分析。GMP 与 HACCP 构成了一般与个别的关系，GMP 为 HACCP 明确了总的规范和要求，具有良好的指导作用。

四、SSOP 定义与基本原理

（一）SSOP 定义

SSOP（sanitation standard operation procedures）是卫生标准操作程序的简称。是食品企业为了满足食品安全的要求，在卫生环境和加工要求等方面所需实施的具体程序，是食品企业明确在食品生产中如何做到清洗、消毒、卫生保持的指导性文件。SSOP 和 GMP 是进行 HACCP 认证的基础。

（二）SSOP 基本原理

1995 年 2 月颁布的《美国肉、禽产品 HACCP 法规》中第一次提出了要求建立一种书面的常规可行程序——卫生标准操作程序（SSOP），确保生产出安全、无掺杂的食品。同年 12 月，美国 FDA 颁布的《美国水产品的 HACCP 法规》中进一步明确了 SSOP 必须包括的八个方面及验证等相关程序，从而建立了 SSOP 的完整体系。其基本工作原理如下。

SSOP 是由食品加工企业帮助完成在食品生产中维护 GMP 的全面目标而使用的过程，尤其是 SSOP 描述了一套特殊的与食品卫生处理和加工厂环境的清洁程度及处理措施满足它们的活动相联系的目标。在某些情况下，SSOP 可以减少在 HACCP 计划中关键控制点的数量，使用 SSOP 减少危害控制而不是使用 HACCP 计划。实际上危害是通过 SSOP 和 HACCP 关键控制点的组合来控制的。一般来说，涉及产品本身或某一加工工艺、步骤的危害是由 HACCP 来控制，而涉及加工环境或人员等有关的危害通常是由 SSOP 来控制。在有些情况下，一个产品加工操作可以不需要一个特定的 HACCP 计划，这是因为危害分析显示没有显著危害，但是所有的加工厂都必须对卫生状况和操作进行监测。

建立和维护一个良好的"卫生计划"（sanitation program）是实施 HACCP 计划的基础和前提。如果没有对食品生产环境的卫生控制，仍将会导致食品的不安全。美国 21CFRpart110GMP 中指出："在不适合生产食品条件下或在不卫生条件下加工的食品为掺假食品（adulterated），这样的食品不适于人类食用"。无论是从人类健康的角度来看，还是食品国际贸易要求来看，都需要食品的生产者在建立一个良好的卫生条件下生产食品。无论企业的大与小、生产的复杂与否，卫生标准操作程序都要起这样的作用。通过实行卫生计划，企业可以对大多数食品安全问题和相关的卫生问题实施最强有力的控制。事实上，对于导致产品不安全或不合法的污染源，卫生计划就是控制它的预防措施。

在我国食品生产企业都制定有各种卫生规章制度，对食品生产的环境、加工的卫生、人员的健康进行控制。

为确保食品在卫生状态下加工，充分保证达到 GMP 的要求，加工厂应针对产品或生产场所制定并且实施一个书面的 SSOP 或类似的文件。SSOP 最重要的是具有八个卫生方面（不限于这八个方面）的内容，加工者根据这八个主要卫生控制方面加以实施，以消除与卫生有关的危害。实施过程中还必须有检查、监控，如果实施不力，还要进行纠正和记录保持。这些卫生方面适用于所有种类的食品零售商、批发商、仓库和生产操作。

五、ISO14001 的定义与主要特点

（一）ISO14001 定义

ISO14001 是环境管理体系认证的代号。ISO14000 系列标准是由国际标准化组织制定的环境管理体系标准。是针对全球性的环境污染和生态破坏越来越严重，臭氧层破坏、全球气候变暖、生物多样性的消失等重大环境问题威胁着人类未来的生存和发展，顺应国际环境保护的发展，依据国际经济贸易发展的需要而制定的。在 ISO14000 系列标准中，以 ISO14001 标准最重要。它是站在政府、社会、采购方的角度对组织的环境管理体系提出的共同要求，以有效地预防和控制污染并提高资源与能源的利用效率为目的。ISO14001 是组织建立与实施环境管理体系和开展认证的准则。

（二）ISO14001 环境管理体系的主要特点

ISO14001 国际标准化组织（ISO）第 207 技术委员会（TC207）从 1993 年开始制定的

一系列环境管理国际标准，它包括了环境管理体系（EMS）、环境管理体系审核（EA）、环境标志（EL）、生命周期评价（LCA）、环境绩效评价（EPE）、术语和定义（T&D）等国际环境管理领域的研究与实践的焦点问题，向各国政府及各类组织提供统一、一致的环境管理体系、产品的国际标准和严格、规范的审核认证办法。主要具有以下特点。

（1）强调法律法规的符合性

ISO14001标准要求实施这一标准的组织的最高管理者必须承诺符合有关环境法律法规和其他要求。

（2）强调污染预防

污染预防是ISO14001标准的基本指导思想，即应首先从源头考虑如何预防和减少污染的产生，而不是末端治理。

（3）强调持续改进

ISO14001没有规定绝对的行为标准，在符合法律法规的基础上，企业要自己和自己比，进行持续改进，即今天做得要比昨天做得好。

（4）强调系统化、程序化的管理和必要的文件支持

（5）自愿性

ISO14001标准不是强制性标准，企业可根据自身需要自主选择是否实施。

（6）可认证性

ISO14001标准可作为第三方审核认证的依据，因此企业通过建立和实施ISO14001标准可获得第三方审核认证证书。

（7）广泛适用性

ISO14001标准不仅适用于企业，同时也可适用于事业单位、商行、政府机构、民间机构等任何类型的组织。

六、ISO9001的定义与主要特点

（一）ISO9001定义

ISO9001是由全球第一个质量管理体系标准BS5750（BSI撰写）转化而来的，ISO9001是迄今为止世界上最成熟的质量框架，全球有161个国家/地区的超过75万家组织正在使用这一框架。ISO9001不仅为质量管理体系，也为总体管理体系设立了标准。

（二）ISO9001质量管理体系的主要特点

ISO9001用于证实组织具有提供满足顾客要求和适用法规要求的产品的能力，目的在于增进顾客满意。通过推行ISO9001国际质量标准，可以进一步提升企业的管理水平，为企业步入市场、参与竞争奠定良好的基础。企业要想进行ISO9001质量体系认证，就必须对它的特点了如指掌。ISO质量认证具有以下特点。

（1）认证的对象是供方的质量体系

质量体系认证的对象不是该企业的某一产品或服务，而是质量体系本身。当然，质量体系认证必然会涉及该体系覆盖的产品或服务，有的企业申请包括企业各类产品或服务在内的总的质量体系的认证，有的申请只包括某个或部分产品的质量体系认证。尽管涉及产品的范围有大有小，而认证的对象都是供方的质量体系。

（2）认证的依据是质量保证标准

进行质量体系认证，往往是供方为了对外提供质量保证的需要，故认证依据是有关质量保证模式标准。为了使质量体系认证能与国际做法达到互认接轨，供方最好选用ISO9001：

2008 标准。

（3）认证机构是第三方质量体系评价机构

要使供方质量体系认证能有公正性和可信性，认证必须由与被认证单位（供方）在经济上没有利害关系，行政上没有隶属关系的第三方机构来承担。而这个机构除必须拥有经验丰富、训练有素的人员、符合要求的资源和程序外，还必须以其优良的认证实践来赢得政府的支持和社会的信任，具有权威性和公正性。

（4）认证获准的标识是注册和颁发证书

按规定程序申请认证的质量体系，当评定结果判为合格后，由认证机构对认证企业给予注册和发给证书，列入质量体系认证企业名录，并公开发布。获准认证的企业，可在宣传品、展销会和其他促销活动中使用注册标志，但不得将该标志直接用于产品或其包装上，以免与产品认证相混淆。注册标志受法律保护，不得冒用与伪造。

（5）认证是企业的自主行为

质量体系认证主要是为了提高企业的质量信誉和扩大销售量，一般是企业自愿，主动地提出申请，是属于企业自主行为。但是不申请认证的企业，往往会受到市场自然形成的不信任压力或贸易壁垒的压力，而迫使企业不得不争取进入认证企业的行列，但这不是认证制度或政府法令的强制作用。

第二节　家禽养殖与运送关键控制点

如果以流程图表示整个生产过程，家禽养殖企业与食品加工其他类型企业相比，最主要的差别就是生产环节较少，生产流程相对简单。然而，不论是良种繁育还是育肥、产蛋阶段都不是几天之内能够完成的，每一生产环节周期都较长。所以，在家禽的养殖过程中推行HACCP体系拥有显著的行业特点。可以从舍内饲养关键控制点、家禽的室外饲养、家禽的来源、种蛋收集与净化、孵化厂、饲喂和供水、设备维护、家禽的健康、残留监控、应急程序、员工素质与职责、装运等方面建立关键控制点。由于篇幅有限，下面以"家禽的健康"和"残留监控"关键控制点为例分别说明 HACCP 体系在家禽养殖中的设计方法与内容。

一、家禽健康养殖关键控制点

1. 休药期

对于已经接受药物治疗的未屠宰家禽，应规定一个休药期。如果在休药期内出售，应提供给买方一份关于用药情况的书面声明。接受药物治疗的家禽应能够被清楚地辨认。

家禽屠宰前一段时间是不能饲喂含药物的饲料的。已经接受药物治疗或采食的饲料中添加过预防性药物的家禽，经过了规定的休药期，动物体内的药物可以代谢掉，不会对人体健康造成危害。

建议记录内容：①未屠宰家禽的饲养管理；②药物使用记录。

2. 药物治疗

（1）员工应能识别健康和非健康的家禽。

（2）家禽发病时，如果员工不能有效处理，应能够尽快获得专家或兽医的建议。

（3）计量或给药的器具应清洁卫生并维护良好。

（4）饲喂和治疗时不应添加激素类药品或官方兽医部门规定的其他禁用药品。

建议记录内容：①员工培训记录；②药品计量器具的清洁、校准及维护记录；③药品的使用记录。

3. 家禽健康计划

（1）兽医专家应根据家禽场的类型确定检查频率。

（2）健康或福利问题应在家禽健康计划中得到体现。

（3）家禽饲养场在饲养后期应监控跛行，使跛行家禽数量减少到最小。

（4）下列与家禽健康计划有关的健康参数应得到记录并且通过主管部门的检查：①每天的死亡和淘汰记录；②群体生产性能（如生长速度）；③屠宰家禽的判定等级和类型；④关节和爪部疾患（加工厂监控：从加工厂追溯到家禽场）。

（5）家禽健康计划应规定死亡率，群体生产性能和跗关节受伤发生率的最低限度。如果超过最低限度，应能够立刻告知主管兽医。这种限度应能够根据现有的情况进行必要的修订。

（6）如果每日的死亡率有大的波动（超过0.5%），应对死亡率增加的原因进行调查。

（7）应按照主管兽医的处方和认可的治疗程序用药。要求所用兽药应当是由兽医出具的处方，防止乱用药、用不符合规定的药，甚至使用禁用药。药物的使用应遵照《兽药管理条例》、农业部168号公告《饲料药物添加剂使用规范》、176号公告《禁止在饲料和动物饮用水中使用的药物品种目录》、193号公告《食品动物禁用的兽药及其化合物清单》及220号公告《饲料药物添加剂使用规范公告的补充说明》。

（8）在家禽健康计划中，对于环境受控制的家禽舍，应保存温度的最大和最小值的记录。

（9）在家禽健康计划中，对于环境受控的家禽舍，应保存空气污染物的记录。

（10）家禽舍的环境和设施应有利于家禽的健康，如果出现问题，应能够及时调查，主管兽医和家禽场应能够采取有效的措施来解决问题。

（11）应有书面的规章制度。包括以下内容：死亡家禽的处理，病死家禽的处理，粪便、污物的处理，害虫控制，来访人员控制，培训制度，通风制度，冷热应激处理程序，光照制度，防疫免疫程序，清洗消毒制度，用药规定。

（12）家禽场发现家禽一类传染病或疑似一类传染病时，应立即向主管部门报告。

建议记录内容：①跛行家禽、异常行为、外部和内部生虫感染、媒介传播对安全影响的记录；②健康计划有关的健康参数记录；③死亡率和死亡原因记录；④群体生产性能和关节受伤发生率记录；⑤兽医处方和治疗用药记录及用药管理记录；⑥治疗中发生断针的标识和记录；⑦环境受控家禽舍的温度和空气污染物记录；⑧改善环境和设施的方案和记录；⑨参加和通报法律要求的疾病记录；⑩死亡家禽处理记录。

4. 细菌的监控

（1）应采集环境细菌进行检测。细菌的检测应在认可的试验室里进行。

（2）肉禽应在21～28d，生长缓慢的家禽群应在屠宰前10～14d进行沙门氏菌检测。

（3）已被确认感染的家禽应在加工厂屠宰的最后阶段进行屠宰。

（4）如果一个家禽群已确认感染了沙门氏菌，家禽舍应进行彻底的清洗消毒处理。

（5）后续存栏的家禽群应饲养在确认已无沙门氏菌的家禽舍里。

建议记录内容：①环境细菌进行检测的试验室结果记录；②沙门氏菌检测记录；③最后屠宰感染家禽的记录；④已感染沙门氏菌家禽舍的消毒、清洗记录。

5. 卫生和害虫的控制

（1）同一家禽场的家禽应能够实施"全进全出"饲养制度。

（2）应有家禽舍、用具、水箱和饲料仓库的清洗消毒程序。消毒剂的类型和稀释度应有规定。消毒用的设备使用前后也应被彻底清洗消毒。这些程序应有效可行。

（3）禁止猫、狗或其他宠物进入家禽舍。

（4）员工不应私自饲养或接触其他家禽类和鸟类。

（5）家禽场应有书面的规章制度控制来宾、车辆和原材料进入，应包括：①来宾的防护服和鞋靴；②来宾、进入家禽场的车辆和原材料的记录；③消毒剂的供应和其他防疫措施的规定；④禁入区和危险区的标识；⑤家禽进入家禽场的隔离观察天数；⑥进入家禽场的人员、运输工具和设备、饲料、垫料和其他供应材料的风险分析；⑦家禽离开家禽场时的卫生处理。

（6）家禽场应有更衣、消毒设施和消毒剂。进出家禽舍的员工和来宾应洗手和消毒。

（7）员工进入家禽舍，应进行鞋靴消毒。消毒剂应合格有效。

（8）家禽场的车辆应保持清洁。进出家禽场时，车辆应消毒。

（9）有家禽或蛋的区域应禁止吸烟，指定吸烟区除外。

（10）家禽场应有虫鼠害控制措施和记录。

建议记录内容：①第一批进场和最后一批出场家禽的纪录；②空家禽舍彻底清洗消毒的详细记录；③来宾、车辆和原材料记录；④养殖场虫鼠害监控计划执行记录。

二、家禽装运关键控制点

（1）家禽应在安静、清洁、可以得到休息的状态下被运送到屠宰场。

（2）参加捕捉、运送家禽的员工应经过培训，并有书面的职责规定。

（3）家禽的装卸应该在有关人员的监督下进行。

（4）屠宰场应评定捕捉造成伤害的程度，伤害程度异常高时，应通知监管人员。

（5）家禽装车屠宰前，至少禁食12h，禁水1h。

（6）捕捉时应调整灯光亮度，降低家禽的应激反应。

（7）不适宜运输的家禽或死亡家禽不应被启运。

（8）应采取正确的方式抓提家禽。

（9）为家禽或家禽蛋提供清洁、整齐、卫生良好的装卸区域。

（10）由管理者或员工负责出栏装运，确保家禽适于运输。

建议记录内容：①员工培训记录；②家禽装卸监管人员记录；③动物伤残记录。

第三节　家畜养殖与运送关键控制点

目前，国内大型食品加工企业大都建立起了 HACCP 体系，将 HACCP 体系体现到农场，成为研究的热点。在家畜生产中实施 HACCP 体系可以确保动物产品安全。但 HACCP 体系的建立要在建立和完善养殖过程的卫生标准操作规范基础之上的，并且 HACCP 体系的建立不是一劳永逸的，它的实施应结合实际，并在实践中不断完善和补充。现将家畜养殖关键点控制技术总结如下。

一、家畜健康养殖关键控制点

1. 饲料生产与加工环节

关键控制点是具有相应的控制措施，使饲料危害被预防、消除或降低至可接受的一个点、步骤或过程。在饲料生产与加工过程中可把几方面作为控制点。

（1）植物性饲料生产的产地选择，供给饲料营养的施肥和灌水，预防和治理饲料病虫杂草危害的喷洒农药，收获饲料的时期和方法等。

（2）配合饲料原料验收和贮藏。配合饲料原料有能量饲料、蛋白质饲料、矿物质饲料、添加剂饲料等，种类多样，产地不同，品质各异，半成品原料加工方法不一致，价格有差异。要按照饲料质量标准做好原料入厂控制和原料投入使用前的控制。

（3）配合饲料加工工艺中饲料粉碎、配料、混合，监控粉碎粒度、称量准确度、混合均匀度等。

（4）成品检验，加工生产线上被检产品是否按照饲料配方配合加工，能否达到产品的营养指标。

（5）配合饲料成品的包装、贮藏、运输等。

2. 卫生与防疫环节

《动物防疫条件审核管理办法》中所列的动物防疫条件，如动物饲养场的选址、布局、无害化处理设施、消毒设施、配种站和胚胎生产场所的种用动物的健康状况等，从 HACCP 原理的角度来看，这些都是关键控制点。通过对这些关键控制点的控制，可预防、消除潜在的危害或者降低到可以接受的水平。在定点屠宰场，为了保证进行屠宰的动物是健康无害的，必须对动物的来源和健康情况进行调查，因此，查验动物检疫合格证明和耳标这个工作环节就是关键控制点。可以依据以下几个原则来进行危害分析并确定关键控制点。

（1）预防污染

如在生产、屠宰、加工和试验的过程中能够有效的执行已经制定的防疫措施；有效执行良好的操作规范和个人卫生制度和习惯。

（2）杀灭或清、消除病原微生物

如在生产环节中消毒、人员的消毒以及污染物和废弃物的消毒和无害化处理。

（3）防止病原微生物的繁殖

如通过控制生产场所的温度、湿度、pH 值等因素来限制微生物的繁殖。

3. 家畜肉制品加工与流通环节

（1）要求进入肉类加工企业的猪、牛、羊及其产品必须持有动物检疫合格证明和瘦肉精类违禁品检测报告，并由肉类加工企业对进入企业的动物及其产品进行瘦肉精类违禁品自检，动物卫生监督机构按比例进行监督抽检。

（2）要求进入肉品交易市场、超市、配送中心、冷库、宾馆、饭店等流通环节的动物产品必须持有动物检疫合格证明和屠宰企业的自检报告；无动物检疫合格证明和瘦肉精类违禁品检测报告的产品不准进入市场。市场开办者或主体单位责任人再按最低 3% 的比例进行自检，动物卫生监督机构按比例进行监督抽检，做到上市动物产品检疫合格证明必须附屠宰企业瘦肉精自检合格报告。

4. 家畜的疾病防治与用药环节

（1）牛

① 奶牛应无结核病、布病及影响乳分泌的疾病，使用保质期内合格兽药，根据兽医处方给药，避免挤奶时给药，做好用药记录，用过药的牛应做好标识。② 对患结核病、布病奶牛及时淘汰；隔离、评估、处置患病奶牛及其产的奶。③ 不合格药品予以封存、隔离、销毁；隔离评估、处置用药奶牛及其产的奶。

（2）猪

在生猪养殖过程中，用来预防和治疗疾病的某些兽药，如金霉素、土霉素、磺胺类药物等抗生素，伊维菌素等驱虫药，由于超剂量或长时间应用，以及在屠宰前未能按规定停药，都有可能导致兽药残留在猪肉产品中。特别是在生猪养殖过程中滥用生长激素，如盐酸克仑特罗、莱克多巴胺等的情况时有发生，猪肉产品安全依然十分严峻。

（3）羊

药物预防是定时定量的在饲料或饮水中加入药物，是对某一些没有疫苗的疾病进行预防性的措施。绵羊每年在春季羊剪毛后10d左右要进行药浴。具体注意如下问题。

①有些药物对妊娠母羊或羔羊不能用，所以在预防用药时要有选择性，并严格按照使用说明操作，以防发生意外。②长期使用抗菌药，会破坏瘤胃中的正常微生物生态平衡，影响消化功能，引起消化不良。一般连用5~7d为宜。尤其成年羊口服广谱抗生素，例如土霉素等，常会引起严重的菌群失调其至动物死亡的危险，故不宜在成年动物中应用广谱抗生素。③长期使用某一种抗菌素或化学药物，容易产生耐药菌株，影响药物的防治效果。因此，要经常进行药敏试验，选择高度敏感的药物用于防治。

5. 养殖场环境环节

本着总量控制及减量化、无害化、资源化和因地制宜的原则，首先倡导"请勿分流"、"粪尿分离"，减少污染物排放。将雨水和养殖场冲洗废水利用不同的管道分别进行收集和传输，并倡导采用干清粪工艺，以减少污染物的排放总量，降低污水中的污染物浓度；其次改善饲粮结构，采用营养调制措施，提高饲料利用率，降低氮、磷排放量。

二、家畜装运关键控制点

1. 运输前准备

① 运输车辆在装运前必须进行清扫、洗刷和消毒，经动物检疫部门检查合格，取得《动物及动物产品运载工具消毒证明》后方可起运。②饲养、经营或运输单位，必须到动物检疫部门申报运输动物检疫，涉及出县、出市、出省运输的，应当取得相应级别动物检疫部门的检疫证明。③司机本人要带好各种必需证件外，押运人员应当带好经营单位营业执照、税务证、卫生合格证、车辆消毒证等有关证明，以防漏带某一证件，而被路途检查站阻止通行，延长运输时间。生产、经营、运输、接受单位应当提前派业务员衔接调运计划及价格，并签订合同或协议书，以便运到目的地，做到随到随收，缩短收购时间，减少经济亏损。

2. 待运动物的管理

①无论是自繁还是收购的动物，在运输前2d不能停料停水，运输前的最后一餐要求不能喂得过饱（7~8成饱即可），过饱极易引起运输中途死亡。②待运的动物要进行严格的检疫挑选，对一些瘦弱、病残动物就地处理，以免运输中死亡造成经济损失。运输的前2d，要求将待运动物根据车辆容量大小分栏分群饲养管理，以便陌生的混合动物建立新的群体序列，减轻运输中的应激。③有条件的地方，可在装车前给待运动物使用适量的镇静剂，可有效地减轻路途应激反应，避免严重的掉膘或死亡。

3. 检查好运输工具

① 装车前必须先认真检查好运输车辆，如车厢底板是否有突出的铁钉，四周护栏是否牢固，车辆动力机械运转是否正常等。②根据季节气候，要随时配备各种用具，如汽车要配备顶篷。在寒冷的冬季，车的前面及两侧都要有遮挡物；在炎热的夏季，要备有水桶，以便路途喷湿车体及猪身，以防中暑。③消毒先用清水冲洗好车厢底板、顶篷、四周护栏及车轮，待自然干燥后，再用1%~2%的烧碱溶液喷洒消毒60min，或0.05%~0.50%的过氧乙酸喷洒消毒40min，最后用清水冲洗干净。笼子等装载设备也要做好消毒工作。

4. 装车时

① 根据当天气候状况决定是否可以调运，刮风、下雪、下雨，特别炎热或特别寒冷的天气，不宜长途运输动物。②不要暴力驱赶，以防增加运输应激，造成路途死亡或残肢跛

行。③运输大牲畜，车厢底板最好能垫一层已消毒好的稻草或锯木屑（车厢底板是木板可以不垫），以防牲畜站立打滑，造成残肢或跛行。多层架子的车厢，每层要分成小栏。装完车后，要仔细检查车尾门及两侧护栏是否稳妥，以防路途出现意外。

5. 运输途中

①司机驾驶车辆要平稳，转弯、上下坡要减速，途中尽量少停车和不急刹车。押运员随时仔细观察动物运输状况，若发现互相挤压或其他问题，要立即采取措施解决。②炎热的夏天运输，要注意车体加快散热。寒冷的要注意篷布封严，需要驳船运载的，要注意船舱内部空气流通顺畅。③若运输时间超过 24h 才能到达目的地，停车后要仔细的逐头观察动物有无挤压、卡住或其他异常现象。起运前同样要仔细观察后才可继续行驶。④运输途中，不准在疫区、城镇和集市停留、饮水和饲喂；禁止沿途乱丢废弃物。

6. 到达目的地后

① 卸车时不要暴力鞭挞，要轻赶慢放。动物经长途运输，四肢乏力，行走不协调，若暴力驱赶，极易引起残肢或跛行。②对于需要继续饲养的幼畜或种畜等动物，要避免马上暴饮暴食，可适当添加预防药物。③动物被运到目的地后，应隔离观察 30～45d。经兽医检查确定为健康合格后，方可供繁殖、生产使用。

第四节　水产品养殖与加工关键控制点

自从 HACCP 认证体系引入我国以来，越来越多的水产企业，特别是水产品进出口企业获得了 HACCP 认证，很大程度地提高了产品质量，但是由于成本原因，国内水产养殖企业通过 HACCP 体系认证的还很少。现将水产品健康养殖关键点控制技术总结如下。

一、水产品健康养殖关键控制点

1. 场地周边环境及养殖环境

（1）场地周边环境根据国家大气污染物的浓度标准（GB 3095—1996），将我国空气质量分为三级和三类地区，一类区执行一级标准，属自然保护区、风景名胜区和其他需要特殊保护的地区；二类区执行二级标准，属商业交通居民混合区、文化区、一般工业区和农村地区；三类区执行三级标准，属特定工业区。

（2）养殖环境评价

水质检测项目中，其质量分指数均小于 1，完全符合无公害淡水养殖用水水质标准。其中挥发酚和六六六、滴滴涕、甲基对硫磷、马拉硫磷、乐果等 5 种农药低于检出下限（即<DL），汞、镉、铅、铬等重金属均低于检出限，砷、铜、氟化物、总大肠杆菌和石油类均远低于标准值，正常情况下超标的风险很低。

养殖场底质情况重金属项目和农残项目均符合无公害水产品产地环境要求（GB/T18407.4），各项的质量分指数（Q_j）都小于 1。由于底质环境相对稳定，因此，因雨水冲刷或扩散渗透作用将底质中有毒有害物质带入养殖池内的风险相对较小。

2. 苗种质量

建立幼、稚水产品的质量鉴定标准，首先要考虑其有无细菌性、病毒性传染病史，还要进行抽样检疫，看产品个体是否含有细菌和病毒等传染性病原体。其次，选择时，要从外观上鉴定，看个体是否肥壮，外形完整，反应灵敏性等，具有这些特征者是最佳苗种。反之，如果苗种个体消瘦，身有残疾，体有病灶，体色发黑而无光泽，有时有充血点或损伤，活动能力差，反应迟钝，这些都是劣质苗种的体征，不能引进。同时不间断地进行水产品良种选育，保证养殖良种化，所有苗种都来自国家级水产良种场，从亲本、种苗、直到养成各个阶段，制定相应的饲养操作技术规范，建立水产品健康生长参数，完善健康养殖技术。

3. 饲料质量

饲料投喂使用优质的全价配合饲料可以提高水产品的生长速度和饲料转化率，增强机体抵抗力，保持良好的水质环境，减少病害，节约成本。喂养饲料严格按《饲料和饲料添加剂管理条例》生产，其中水产品配合饲料要按照企业标准进行备案。对原材料中有害物、有毒物、重金属、农药进行检测，对不合格的原材料禁止使用，严禁添加抗生素、促生长素等，从投入品上杜绝外源危害成分的进入。

4. 疾病防治及诊断控制

应对水产品疾病的方法主要包括预防、治疗两方面。应当制定并实施鱼病防治书面计划，每年进行审核、修订，内容包括疾病预防、治疗计划、主要病害、环境治理措施、防治方案。相关人员应熟悉病害防治工作，并按照分工进行相应操作。鱼病诊断包括群体检查、个体检查2种。群体检查主要检查鱼类群体的游动状态、摄食情况及抽样存活率等是否正常；个体检查通过外观检查、解剖检查、显微镜检查等方法进行检查。无论是鱼病的防治、诊断、治疗都应该合理用药，尽量减少水产品中药物残留，确保水产品质量安全，同时对病死动物采取相应的处理措施。鱼病防治、诊断控制中可参考如下标准：GB/T 20014.13—2008《良好农业规范第13部分：水产养殖基础控制点与符合性规范》、NY 5070—2002《无公害食品水产品中鱼药残留限量》、NY 5071—2002《无公害食品渔用药物使用准则》。

二、水产品加工环节关键控制点

水产加工品是指水产品经过物理、化学或生物方法加工如加热、盐渍、脱水等，制成以水产品为主要特征配料的产品。目前我国水产品加工质量安全涉及的危害因素主要包括生物性危害、化学性危害、物理性危害。

1. 水产品加工原料品质安全控制

检验检疫机构依据法律、行政法规、国家质检总局规定以及我国与输出国家或地区签订的双边检验检疫协议、议定书、备忘录等，对进境水产品实施检验检疫，必要时组织实施卫生除害处理，可参考如下标准：《进出境水产品检验检疫管理办法》《食品安全国家标准预包装食品标签通则》。

2. 鱼药、添加剂安全控制

鱼病控制主要包括以下几点：鱼药说明、鱼药领取、鱼药抽检、鱼药使用、疫苗使用、鱼药残留。检查鱼药名称是否属于禁用药物、批准文号是否被撤销、生产许可证是否合格。鱼药不能危害鱼（虾、蟹）的健康，不能对人类健康产生影响，可参考如下标准：《兽药标签和说明书管理办法》《撤销禁用兽药产品批准文号目录》《兽药管理条例》《食品动物禁用的兽药及其他化合物清单》NY/T 472—2006《绿色食品兽药使用准则》。

3. 水产品包装安全控制

水产品包装安全控制包括包装名称、规格、标记等方面。包装材料必须是经国家批准可用于食品的材料。所用材料必须清洁卫生，存放在干燥通风的专用库内，内外包装材料分开存放。直接接触水产品的包装、标签必须符合食品卫生要求，应不易褪色，不得含有有毒有害物质，不能对内容物造成直接或间接污染，包装标签必须符合规定。所有用于原料处理及可能接触原料的设备、用具应用无毒、无害、无污染、无异味、不吸附、耐腐蚀且可重复清洗、消毒的材料制造。

1. 质量认证体系的种类有哪些?
2. HACCP 体系的定义及基本原理是什么?
3. 指出家禽健康养殖的关键控制点有哪些?
4. 简述家畜装运的关键控制点。

第十九章 人畜共患病与食品原料卫生安全

重点提示： 本章重点掌握主要动物人畜共患病的概念、分类、流行病学、传染源、疫病防治、动物活体检疫、动物宰后检疫等内容，通过本章的学习能够基本了解人畜主要共患病与食品原料卫生安全的相互关系，并基本掌握人畜共患病控制方法和活体检疫技术，为畜禽食品原料选择奠定基础。

第一节　人畜共患病与食品卫生安全

一、人畜共患病的概念和分类

1. 人畜共患病概念

人畜共患病是指由同一种病原体引起，流行病学上相互关联，在人类和动物之间自然传播的疫病。其病原包括病毒、细菌、支原体、螺旋体、立克次氏体、衣原体、真菌、寄生虫等。

2. 人畜共患病分类

人畜共患病的分类方法很多，总的来讲，可以根据病原、流行环节、分布范围、防控策略等需要分类。按病原分为三类：①病毒性人畜共患病，如口蹄疫、狂犬病等；②细菌性人畜共患病，如布鲁氏菌病、结核病等；③寄生虫性人畜共患病，如血吸虫病、钩端螺旋体病等。

3. 人畜共患病种类

世界上已证实的人畜共患病约有 200 种。较重要的有 89 种（细菌病 20 种、病毒病 27 种、立克次体病 10 种、原虫病和真菌病 5 种、寄生虫病 22 种、其他疾病 5 种）。炭疽、狂犬病、结核病和布鲁氏菌病就是重要的人畜共患病。

常见的人畜共患病主要有口蹄疫、流行性乙型脑炎、狂犬病、禽流感、炭疽、结核病、布鲁氏菌病、链球菌病、破伤风、肉毒梭菌中毒病、猪丹毒、李氏杆菌病、钩端螺旋体病、囊尾蚴病、血吸虫病、猪肉孢子虫病、肝片吸虫病等。

4. 人畜共患病的危害

人畜共患病主要对人类健康、畜牧业安全生产、畜产品安全和公共卫生造成重大危害，从而造成巨大的经济损失，导致人类大批死亡、残疾和丧失劳动能力，带来生物灾害，影响社会稳定。

二、人畜共患病的流行病学特征与传染源

1. 人畜共患病特征

人畜共患病的特征主要有群发性、职业性、区域性、季节性和周期性五大特征。人畜共

患病的传染源主要有病畜、病禽等患病动物、带菌动物和病人等。其中，绝大部分以动物为传染源。人作为其传染源的病很少，主要的有结核、炭疽等。

2. 人畜共患病的传播途径

人畜共患病主要是经呼吸道、消化道、皮肤接触和节肢动物传播。如通过飞沫、飞沫核或气溶胶的形式传播结核、布鲁氏菌病等；通过污染的饮水和食品可以传播链球菌病、钩端螺旋体病等；通过接触污染的土壤可以感染破伤风、炭疽等；通过蚊、蝇、蟑螂、蜱、虻、虱和蚤等节肢动物的叮咬可以传播流行性乙型脑炎等。

3. 人与家畜对人畜共患病的易感性

人畜共患病对人和家畜都有侵袭力。但是，人和家畜有不同程度的易感性，感染后所表现的临床特征也不同。有相当多的人畜共患病，动物感染后仅呈隐性感染，而人则不然，常表现出明显的临床症状。易感性的高低与病原体的种类、毒力强弱和易感机体的免疫状态等因素有关。

4. 自然疫源性

有些疾病的病原体在自然条件下，即使没有人类或家畜的参与，也可以通过传播媒介（主要是吸血节肢动物）、感染宿主（主要是野生脊椎动物）造成流行，并且长期在自然界循环延续其后代。人和家畜的感染流行，对其在自然界的保存来说不是必要的，这种现象称为自然疫源性。

三、常见主要人畜共患病防治

（一）结核病

结核病是由结核分枝杆菌引起的人和动物共患的一种慢性传染病。临床特征是病程缓慢、渐进性消瘦、频咳、呼吸困难及体表淋巴结肿大。

1. 病原学

结核分枝杆菌为细长略带弯曲的杆菌，分3个型，即牛型、人型和禽型。分枝杆菌属的细菌细胞壁脂质含量较高，约占干重的60%，特别是有大量分枝菌酸包围在肽聚糖层的外面，近年发现结核分枝杆菌在细胞壁外尚有一层荚膜。

2. 流行病学

病畜是主要传染源，通过分泌物、排泄物、粪便、乳汁等传播。家畜中以牛（特别是奶牛）最易感，次为黄牛、牦牛、水牛、猪和家禽也可发病，而绵羊、山羊较少发病。本病主要经呼吸道和消化道感染，也可通过交配感染。

3. 临床症状

牛结核病常表现为肺结核、乳房结核、淋巴结核。病牛初期有短而干性咳嗽，随后加重且日渐消瘦、贫血，体表淋巴结肿大。当纵膈淋巴结受侵害肿大时，压迫食道出现慢性嗳气、膨气；乳房感染时，泌乳减少；出现肺空洞时，有脓性鼻漏，检查痰细菌阳性；犊牛多发消化道结核，出现消化不良，顽固性下痢；生殖系统结核见性机能紊乱，性欲亢进，频繁发情，屡配不孕，流产、睾丸肿大等；脑膜结核出现癫痫症状，运动障碍。

禽结核病早期感染看不到明显的症状。病情进一步发展，可见到病鸡不活泼，易疲劳，精神沉郁，病鸡出现明显的进行性的体重减轻。全身肌肉萎缩，胸肌最明显，胸骨突出，变形如刀，脂肪消失。病鸡羽毛粗糙，蓬松零乱，鸡冠、肉髯苍白，严重贫血。病鸡的体温正常或偏高。若有肠结核或有肠道溃疡病变，可见到粪便稀，或明显的下痢，长期消瘦，最后衰竭而死。患有关节炎或骨髓结核的病鸡，可见有跛行，一侧翅膀下垂。肝脏受到侵害时，可见有黄疸。脑膜结核可见有呕吐、兴奋、抑制等神经症状。淋巴结肿大，可用手触摸到。

肺结核病时病禽咳嗽、呼吸粗、次数增加。

4. 病理变化

牛结核病严重时纵膈淋巴结肿大,胸膜、心外和脑膜均可见结核结节。结节从粟粒大至豌豆大,甚至互相融合,变成大的干酪样坏死。浆膜结核由于大小相似,形如珍珠,俗称珍珠肿。肠和气管黏膜结核多形成溃疡。乳房结核是细菌通过血行蔓延的结果,表现为干酪样坏死。

禽结核病病变的主要特征是在内脏器官,如肺、脾、肝、肠上出现不规则的、浅灰黄色、从针尖大到1cm大小的结核结节,将结核结节切开,可见结核外面包裹一层纤维组织性的包膜,内有黄白色干酪样坏死,通常不发生钙化。有的可见胫骨骨髓结核结节。

5. 诊断

根据流行病学、症状和病变可诊断。确诊需作组织涂片、抗酸染色,镜检见红染杆菌;畜群可用结核菌素作变态反应。进行细菌分离培养、动物接种。

6. 防治

严格执行综合防疫措施,防止疫病传入。种畜应严格隔离、检疫。牛群每年春、秋两季用结核菌素检疫,阳性者淘汰。病牛所产犊牛,吃完三天初乳后,应找无病的保姆牛喂养或喂消毒奶;于1月龄、6月龄和7.5月龄三次检疫,阳性者淘汰,假定健康牛,每隔3个月检查一次。加强消毒工作,每半年一次。

消灭禽结核病的最根本措施是建立无结核病鸡群。淘汰感染鸡群,废弃老场舍、老设备,在无结核病的地区建立新鸡舍;引进无结核病的鸡群。对养禽场新引进的禽类,要重复检疫2～3次,并隔离饲养60d;对全部鸡群定期进行结核检疫(可用结核菌素试验及全血凝集试验等方法),以清除传染源。

7. 公共卫生学

人结核病多由牛型分歧杆菌所致,特别是引用带菌牛奶而感染,因此引用消毒牛奶是预防人患结核病的一项重要措施。人体感染结核菌后不一定发病,当抵抗力降低或细胞介导的变态反应增高时,才可能引起临床发病。若能及时诊断,并给予合理治疗,大多可获临床痊愈。大约75%的活性结核病个案是肺结核。肝结核最常见的症状为发热和乏力。肺结核患者的病征可分为全身性症状、呼吸道症状以及胸部X光的异常。全身性症状如消瘦、厌食、疲乏、微热以及夜间盗汗(即不是因为体温高而出汗)。呼吸道症状最常见的是咳嗽(持续超过三星期)、吐痰、咳血、胸痛。

(二) 布鲁氏菌病

布鲁氏菌病是由布鲁氏菌引起的人畜共患的慢性传染病。家畜中羊、牛、猪最常发生,临床特征表现为生殖器官、胎膜及多种器官组织发炎、坏死和肉芽肿的形成,引起流产、不孕、睾丸及关节炎等症状。

1. 病原学

布鲁氏菌是一种革兰氏阴性、细胞内寄生菌,为小球杆状菌,无鞭毛,不形成芽孢,一般无荚膜,毒力菌株可有菲薄的荚膜。初次分离时多呈球状,球杆状和卵圆形,该菌传代培养后渐呈短小杆状。

2. 流行病学

羊在国内为主要传染源,其次为牛和猪,患病动物的分泌物、排泄物、流产胎儿及分泌物、乳汁等含有大量病菌。传播途径包括皮肤黏膜、消化道、呼吸道、昆虫叮咬等。成年动物尤其是青年动物处于妊娠期时对该菌的易感性最高。人群对布鲁菌普遍易感。流行区在发病高峰季节（春末夏初）可呈点状爆发。

3. 临床症状

临床表现主要为流产，怀孕母牛的流产多发生于妊娠 6～8 月，怀孕母羊多发生于妊娠 3～4 月，母猪多在妊娠第 3 个月发生流产。公畜发生睾丸炎、附睾炎，猪比牛羊明显。病畜发生关节炎。

4. 病理变化

可见胎儿败血症变化，组织器官（子宫、乳房、胎衣、睾丸及附睾）的炎性反应（渗出、坏死、化脓或干酪化）及细胞增生形成肉芽肿（结节由上皮样细胞及巨噬细胞组成）至瘢痕化。

5. 诊断

布鲁氏菌病的诊断主要是依据流行病学、临床症状和实验室检查。微生物学检查：可从流产母畜的子宫、阴道分泌物、血液、脏器及流产胎儿胃内容物、肝、脾、淋巴结、血液取材作微生物检查（染色镜检、分离培养、动物接种）；免疫血清学诊断：血清凝集试验、补体结合试验、红平板凝集试验、抗球蛋白试验等。

6. 防治

非疫区加强饲养、卫生管理、疫情监视、检疫等工作，防止布鲁氏菌病传入；疫区应搞好定期检疫、隔离、消毒、杀虫、灭鼠、处理病畜、培育健康幼畜和免疫接种等工作。人对布鲁氏菌病易感，应加强预防。

7. 公共卫生学

人群对布鲁菌普遍易感，患病羊、牛、猪是主要传染源。传染途径是食入、吸入或皮肤和黏膜的伤口，动物流产和分娩之际是感染机会最多的时期。

亚急性及急性感染者临床表现为发热、多汗、乏力、关节炎、睾丸炎等。慢性患者表现为夜汗、头痛、肌痛及关节痛为多，还可有疲乏、长期低热、寒战、胃肠道症状等，多数出现睾丸炎、附睾炎、卵巢炎、子宫内膜炎等症状。

（三）猪囊尾蚴病

猪囊尾蚴病是由猪带绦虫的幼虫——猪囊尾蚴寄生于中间宿主猪肌肉中引起一种人畜共患的寄生虫病。

1. 病原学

囊尾蚴是带科带属绦虫的囊状期幼虫。猪囊尾蚴体呈卵圆形，在白色的囊内含有囊液和一个凹入的头节，头节上有 4 个吸盘和 1 个顶突，顶突上有两圈角质钩。

猪带绦虫呈白色带状，全长为 2～4m，有 700～1000 个节片。虫体分头节，颈部和节片 3 个部分。头节圆球形，头节前端中央为顶突，顶突上有 25～50 个小钩，大小相间或内外两圈排列，顶突下有 4 个圆形的吸盘。生活的绦虫以吸盘和小钩附着于肠黏膜上。体节根据生殖器官的发育程度可分为未成熟节（幼节）、成熟节（成节）和孕卵节（孕节）3 个部分。

2. 流行病学

猪囊尾蚴呈全球性分布，我国东北、内蒙古、华北、河南、山东、广西等地区常发生。人是猪带绦虫的唯一终末宿主，人吃到生的或半生的含猪囊尾蚴的猪肉而受感染。猪囊尾蚴病的唯一感染来源是猪带绦虫的患者。

3. 临床症状

猪囊尾蚴对猪的危害一般不明显。重度感染时，可导致营养不良、贫血、水肿、衰竭，胸廓深陷肩甲之间，前肢僵硬，发音嘶哑呼吸困难。大量寄生于脑时，引起严重的神经扰乱，特别是鼻部触痛，强制运动，癫痫，视觉扰乱和急性脑炎，有时突然死亡。

4. 病理变化

猪囊尾蚴在机体内引起的病理变化过程有 3 个阶段：激惹组织产生细胞浸润；发生组织结缔样变化，胞膜坏死及干酪性病变等；宿主组织出现钙化现象。

5. 诊断

猪囊尾蚴病的诊断主要是依据流行病学、临床症状和实验室检查。血清免疫诊断法如酶联免疫吸附试验（ELISA）和间接血球凝集试验检出率可达 90％以上。

人脑囊虫病诊断，除根据患者临床症状外可采用皮试、IHA、ELISA 等免疫学诊断方法，必要时可做 CT，基本可确诊。

6. 防治

加强肉品卫生检查，大力推广定点屠宰，集中检疫，检出的阳性猪肉严格按照国家规定进行无害化处理；在囊尾蚴病流行区，采用包括免疫学诊断在内的综合检验方法对猪群进行普查，查出阳性病猪全部治疗；在本病流行区，对人群进行猪带绦虫检查，阳性者给予及时驱虫，消灭传染源；进行健康教育，提高群众自我防护能力，把好"病从口入"关。对猪囊尾蚴和人脑囊尾蚴均可用吡喹酮或丙硫咪唑治疗。

7. 公共卫生学

人作为猪带绦虫的终宿主，成虫寄生人体，使人患绦虫病；当其幼虫寄生人体时，人便成为猪带绦虫的中间宿主，使人患囊尾蚴病。人感染猪囊尾蚴的途径和方式有两种：一是猪带绦虫的虫卵污染人的手、食物，被误食后感染；二是猪带绦虫的患者自身感染（内源性感染）。

猪带绦虫用其头节固着在人体肠壁上，可引起肠炎，导致腹疼、肠痉挛，同时摄取大量养分。猪囊虫对人体的危害取决于寄生的部位和数量。寄生于脑时引起癫痫、头痛，有时有记忆力减退和精神症状或偏瘫、失语等神经受损症状，严重时可引起颅内压增高，导致呕吐、视力模糊、视神经乳头水肿，乃至昏迷等。寄生于眼内可导致视力减弱，甚至失明；寄生于肌肉皮下组织，使局部肌肉酸疼无力。

（四）口蹄疫

口蹄疫俗名"口疮"、"辟癀"，是由口蹄疫病毒（FMDV）引起偶蹄兽的一种急性、发热性、高度接触性传染病，属一类传染病。其临诊特征为口腔黏膜、蹄部和乳房等处皮肤发生水疱和溃烂。

1. 病原学

口蹄疫病毒属小 RNA 病毒科，口蹄疫病毒属，病毒粒子直径为 20～30nm，呈圆形或六角形。该病毒有 O、A、C、SAT1、SAT2、SAT3（即南非 1、2、3 型）和 Asia1（亚洲 1 型）7 个血清型。各型的抗原不同，不能相互免疫。每个类型内又有多个亚型，共有 65 个亚型。O 型口蹄疫为全世界流行最广的一个血清型，我国流行的口蹄疫主要为 O、A、C 三型及 ZB 型（云南保山型）。

2. 流行病学

口蹄疫病毒能侵害多种（33 种）动物，以偶蹄兽的易感性最高。牛对口蹄疫病毒最易感，骆驼、绵羊、山羊次之，猪也可感染发病。病畜和潜伏期动物是最危险的传染源。该病毒可经同群动物进行直接传播，在大群放牧与密集饲养条件下最常见；也可通过各种传播媒介进行间接接触传播，如病畜的水疱、唾液、乳汁、粪便、尿液、精液等分泌物和排泄物，被污染的饲料、褥草以及接触过病畜人员的衣物传播，口蹄疫通过空气传播时，病毒能随风散播到 50～100 公里以外的地方。该病传播无明显的季节性。在不同的地区，口蹄疫的流行表现为不同的季节性，如在牧区的流行特点往往表现为秋末开始，冬季加剧，春季减轻夏季基本平息，在农区这种季节性表现不明显。

3. 临床症状

各种动物感染口蹄疫的潜伏期不完全一样。牛的潜伏期为 2～4d，最长达 1 周；猪的潜伏期为 1～2d；羊的潜伏期为 7d 左右；以牛为例，前驱期主要表现为食欲不振，精神沉郁，体温略高，产奶量下降；明显期表现为皮肤形成水泡，一般 12～36h 后水泡破裂形成红色糜烂；良性口蹄疫经 1 周即可痊愈，若蹄部有继发病变则可延至 2～3 周以上，死亡率在 3% 以下，但在水疱愈合过程中，有些病畜病情突然恶化，全身衰弱、肌肉震颤，心脏麻痹而突然死亡。

4. 病理变化

除口腔和蹄部病变外，还可见到食道和瘤胃黏膜有水疱和烂斑；胃肠有出血性炎症；肺部呈浆液性浸润；心包内有大量混浊而黏稠的液体。恶性口蹄疫可在心肌切面上见到灰白色或淡黄色条纹与正常心肌相伴而行，如同虎皮状斑纹，俗称"虎斑心"。

5. 诊断

口蹄疫病变典型易辨认，结合临床病学调查即可初步诊断。其诊断要点为：发病急、流行快、传播广、发病率高，但死亡率低，且多呈良性经过；大量流涎；口蹄疮定位明确（口腔黏膜、蹄部和乳头皮肤），病变特异（水泡、糜烂）；恶性口蹄疫时可见虎斑心；为进一步确诊可采用动物接种试验、血清学诊断及鉴别诊断等。

6. 防治

发生疫情时的措施：立即报告兽医机关，在疫区严格实施封锁、隔离、消毒、治疗的综合措施。发病畜群扑杀后要无害化处理，工作人员外出要全面消毒，病畜吃剩的草料或饮水，要烧毁或深埋，畜舍及附近用 2% 烧碱溶液、二氯异氰尿酸钠、2% 福尔马林喷洒消毒，以免散毒。对疫区周围牛羊，选用与当地流行的口蹄疫毒型相同的疫苗，进行紧急接种，用量、注射方法、注意事项须严格按疫苗说明书执行。

治疗病初，即口腔出现水泡前，用血清或耐过的病畜血液治疗。对病畜要加强饲养管理及护理工作，每天要用盐水、硼酸溶液等洗涤口腔及蹄部。要喂以软草、软料或麸皮粥等。口腔有溃疡时，用碘甘油合剂（1：1）每天涂搽 3～4 次，用大酱或 10% 食盐水也可。蹄部病变，可用消毒液洗净，涂甲紫溶液（紫药水）或碘甘油，并用绷带包裹，不可接触湿地。

7. 公共卫生学

人对口蹄疫病毒具有一定的易感性，主要由于饮食病乳、挤奶、处理病畜接触感染，创伤也可感染。人患病后，体温升高，口腔发热、发干，唇、齿龈和颊部黏膜潮红，发生水泡，舌面、咽喉、指尖、指甲基部、手掌、足趾、鼻翼和面部等皮肤和黏膜也出现水泡。有病人出现头疼、晕眩，四肢和背部疼痛胃肠痉挛呕吐，咽喉疼，吞咽困难等症状。小儿发生胃肠卡他，严重者可因心肌麻痹而死亡。

（五）流行性乙型脑炎

流行性乙型脑炎简称"乙脑"，又名日本脑炎，是由乙型脑炎病毒导致的脑实质炎症，为主要病理改变的急性中枢神经系统传染病。该病病原体于 1934 年在日本被发现，因此命名。

1. 病原学

流行性乙型脑炎病属于黄病毒科黄病毒属。该病毒呈球状，直径约 40nm，核酸为单链

RNA，外层具包膜，包膜表面有血凝素。低温条件下，能自下而上较长时间，在动物、鸡胚及组织培养细胞中均能增殖。

2. 流行病学

传染源主要来自于动物宿主，猪为主要传染源。蚊虫、鸟类、蝙蝠、家畜均可感染。蚊虫可携带病毒过冬，并经过卵代传，为重要储存宿主。该病的传播途径以蚊虫叮咬为主，蚊虫叮咬宿主后，乙型脑炎病毒进入蚊虫体内繁殖，随后移行入唾液腺，大量分泌到唾液中，叮咬易感宿主时可导致传播。该病的发生和流行具有严格的季节性，热带地区全年发生，亚热带和温带地区多为 7～9 月。

3. 临床症状

不同日龄的动物都可感染，多数呈现隐形感染状态。以猪为例，人工感染潜伏期为 3～4d，自然感染潜伏期为 2～4d。猪感染乙脑时，体温升至 40～41℃，稽留热，病猪精神萎靡，食欲减少，粪干呈球状，表面附着灰白色黏液；有的猪后肢呈轻度麻痹，步态不稳，关节肿大，跛行；有的病猪视力障碍；最后麻痹死亡。妊娠母猪突然发生流产，产出死胎、木乃伊和弱胎。公猪常发生睾丸肿大，阴囊皱襞消失、发亮，有热痛感，约经 3～5d 后肿胀消退，有的睾丸变小变硬，失去配种繁殖能力。

4. 病理变化

猪的病理变化表现为睾丸实质充血、出血和小坏死灶；睾丸硬化者，体积缩小，与阴囊粘连，实质结缔组织化。流产胎儿脑水肿，皮下血样浸润，肌肉似水煮样，腹水增多；木乃伊胎儿从拇指大小到正常大小；肝、脾、肾有坏死灶；全身淋巴结出血；肺淤血、水肿。子宫黏膜充血、出血和有黏液。胎盘水肿或见出血。

人的病理变化表现为脑膜充血、脑水肿、切面见大脑皮质深层、基底核、视丘等部位针尖至粟粒大小境界清楚的半透明软化灶，弥散或聚集分布。镜下观察：血管高度扩张、充血，管腔内血流明显淤滞，血管周围间隙增宽；炎症细胞围绕血管周围形成血管套，偶见环状出血；神经元变性、坏死；软化灶形成，胶质细胞增生。

5. 诊断

临床诊断主要依靠流行病学资料、临床表现和试验室检查的综合分析，确诊有赖于血清学和病原学检查。

6. 防治

根据该病发生和流行的特点，灭蚊和免疫接种是预防该病的重要措施。在流行地区猪场，在蚊虫开始活动前 1～2 个月，对 4 月龄以上至两岁的公母猪，应用乙型脑炎弱毒疫苗进行预防注射，第二年加强免疫一次，免疫期可达 3 年，有较好的预防效果。

保护易感人群：接种乙脑疫苗。

7. 公共卫生学

带毒猪是人乙型脑炎的主要传染源，人潜伏期为 10～15d，多呈无症状的隐性感染，仅少数出现中枢神经系统症状，表现为高热、意识障碍、惊厥等，初期体温急剧上升至 39～40℃，伴头痛、恶心和呕吐，部分病人有嗜睡或精神倦怠，并有颈项轻度强直，病程 1～3d。极期表现为体温持续上升，可达 40℃以上。重症患者可出现全身抽搐、强直性痉挛或强直性瘫痪，严重患者可因脑实质类（尤其是脑干病变）、缺氧、脑水肿、脑疝、颅内高压、低血钠性脑病等病变而出现中枢性呼吸衰竭，表现为呼吸节律不规则、双吸气、叹息样呼吸、呼吸暂停、潮式呼吸和下颌呼吸等，最后呼吸停止。恢复期体温逐渐下降，精神、神经系统症状逐日好转。重症病人仍可留在神志迟钝、痴呆、失语、吞咽困难、颜面瘫痪、四肢强直性痉挛或扭转痉挛等，少数病人也可有软瘫。少数重症病人半年后仍有精神神经症状，称为后遗症，主要有意识障碍，痴呆，失语，及肢体瘫痪，癫痫等，积极治疗可有不同程度的恢复。

（六）狂犬病

狂犬病即疯狗症，又名恐水症，是由狂犬病病毒引起人和动物的一种接触性传染病。

1. 病原学

狂犬病病毒属弹状病毒科狂犬病病毒属。病毒外形呈弹状或试管状，直径75～80nm，一端纯圆，另一端平凹，有囊膜，内含衣壳呈螺旋对称。核酸是单股不分节负链RNA。狂犬病病毒仅一种血清型，但其毒力可发生变异。用血清学方法可将狂犬病毒属分为4个血清型，Ⅰ型病毒有CVS原型株、古典RV、街毒和疫苗株，血清Ⅱ型、Ⅲ型及Ⅳ型病毒为狂犬病相关病毒，其原型株分别为Lagosbat、Mokola和Duvenhage病毒。

2. 流行病学

该病毒感染的宿主范围非常广泛，所有温血动物包括人类，都可能被感染。患病动物和带毒者是该病的传染源。人主要被病兽或带毒动物咬伤后感染，一旦受染，如不及时采取有效防治措施，可导致严重的中枢神经系统急性传染病。

3. 临床症状

不同动物潜伏期差异很大。以犬为例，潜伏期2～8周，有时可达一年或数年。初期病犬精神沉郁，躲于暗处，情绪反常；食欲反常或废食，吞咽时颈部伸长，性欲亢进；口不闭合，唾液增多，有大量黏稠唾液流出。随后病犬常出现狂暴症状，有的狂乱攻击人畜或自咬，有的无目的的逃窜，易咬伤人畜，给病犬喂水，可引起狂暴发作。后期喉头、下颌下垂，后躯麻痹无力，流涎，张口，舌伸出口外，吞咽困难，很快病犬由头部、后躯局部麻痹发展四肢全身麻痹，并常在1～2d内死亡。

4. 病理变化

常见尸体消瘦，体表有伤痕，口腔和咽喉黏膜充血或糜烂，胃内空虚或有异物，胃肠道黏膜充血或出血。内脏充血、实质变性。硬脑膜充血。

5. 诊断

对狂犬病的诊断可以通过临床症状或者试验室检验。临床诊断主要是根据临床症状诊断；试验室诊断分为脑组织内基小体检验、荧光免疫方法检查抗体、分泌物动物接种实验、血清学抗体检查和逆转录PCR方法检查病毒RNA。

6. 防治

根据狂犬病的危害程度和流行特点，狂犬病的控制措施包括：加强动物检疫；防止从国外引进带毒动物和国内转移发病和带毒动物；建立并实施有效的疫情检测体系；认真贯彻执行所有防止和控制狂犬病的规章制度；加强对犬、猫等动物狂犬病疫苗的强制性免疫。

目前狂犬病患病动物仍然无法治愈，发现患病动物或可疑动物时应尽快捕杀。若人被患病动物咬伤，用消毒剂如双氧水、碘酊或肥皂水充分清洗伤口，较深伤口冲洗时，用注射器伸入伤口深部进行灌注清洗。清洗伤口之后就应该注射狂犬病疫苗。

7. 公共卫生学

人患狂犬病主要是被患狂犬病的动物咬伤所致。潜伏期（平均1～3个月）感染者没有任何症状；前驱期感染者开始出现全身不适、发烧、疲倦、不安、被咬部位疼痛、感觉异常等症状；兴奋期患者各种症状达到顶峰，出现精神紧张、全身痉挛、幻觉、谵妄、怕光怕声怕水怕风等症状，故狂犬病又称恐水症，患者常常因为咽喉部的痉挛而窒息身亡；患者如能渡过兴奋期，就会进入昏迷期，患者深度昏迷，最终衰竭而死。

（七）炭疽

炭疽是由炭疽杆菌引起的一种人畜共患的急性、热性、败血性传染病。人因接触病畜及其产品及食用病畜的肉类而发生感染。

1. 病原学

炭疽杆菌属需氧芽孢杆菌属，菌体粗大，两端平截或凹陷，是致病菌中最大的细菌。其排列似竹节状，无鞭毛，无动力，革兰氏染色阳性，为兼性需氧菌，该菌在氧气充足、温度适宜（25～30℃）的条件下易形成芽孢。

2. 流行病学

患病动物和因炭疽而死亡的动物尸体以及污染的土壤、草地、水、饲料都是本病的主要传染源，炭疽杆菌一旦接触空气，就可形成炭疽芽孢，具有极强抵抗力，被污染的土壤、水源、场地可形成持久疫源地。该病呈地方性、季节性流行，多发生在吸血昆虫多、雨水多、洪水泛滥的季节。接触感染是本病流行的主要途径，皮肤直接接触病畜及其皮毛最易受染，吸入带大量炭疽芽孢的尘埃、气溶胶或进食染菌肉类，可分别发生肺炭疽或肠炭疽。食草动物最易感，其次是肉食动物，人中等敏感，主要发生于与动物及畜产品加工接触较多及误食病畜肉的人员。

3. 临床症状

根据临床表现可分为最急性型、急性型和亚急性型，不同动物的临床表现有一定差异性。本病主要呈急性经过，多以突然死亡、天然孔出血、血呈酱油色不易凝固、尸僵不全、左腹膨胀为特征。

牛：体温升高常达41℃以上，可视黏膜呈暗紫色，心动过速、呼吸困难。呈慢性经过的病牛，在颈、胸前、肩胛、腹下或外阴部常见水肿；皮肤病灶温度增高，坚硬，有压痛，也可发生坏死，有时形成溃疡；颈部水肿常与咽炎和喉头水肿相伴发生，致使呼吸困难加重。急性病例一般经24～36h后死亡，亚急性病例一般经2～5d后死亡。

羊：多表现为最急性（猝死）病症，摇摆、磨牙、抽搐、挣扎、突然倒毙，有的可见从天然孔流出带气泡的黑红色血液。病程稍长者也只持续数小时后死亡。

4. 病理变化

严禁在非生物安全条件下进行疑似炭疽动物、炭疽动物的尸体剖检。死亡患病动物可视黏膜发绀、出血；血液呈暗紫红色，凝固不良，黏稠似煤焦油状；皮下、肌间、咽喉等部位有浆液性渗出及出血；淋巴结肿大、充血，切面潮红；脾脏高度肿胀，达正常数倍，脾髓呈黑紫色。

5. 诊断

根据患病动物的临床表现及流行病学资料通常能提出炭疽的疑似诊断，在未排除炭疽前不得剖检死亡动物，防止炭疽杆菌遇到空气后形成芽孢，应采集发病动物的血液送检。检查步骤主要为：涂片镜检，分离培养，动物接种再进行涂片镜检和分离鉴定。此外，炭疽的诊断还有间接血凝法、ELISA法、酶标-SPA法、荧光免疫法等。

6. 防治

实行炭疽病计划免疫，使用无荚膜炭疽芽孢苗，每年秋季对牛、绵羊、猪免疫一次，注射无荚膜炭疽芽孢疫苗后，部分家畜可能有1～3d的体温升高反应，注射部位发生核桃大的肿胀，3～10d可消失。

发现疑似疫情时，养殖户应立即将发病动物隔离，并限制其移动，对病死动物尸体，严禁进行开放式解剖检查，对环境实施严格的消毒措施，防止病原污染环境，形成永久性疫源地。并按规定进行采样，进行确诊。

确诊为炭疽后，本病呈零星散发时，对患病动物作无血扑杀处理，对病死动物及排泄物、可能被污染饲料、污水等按要求进行无害化处理；对可能被污染的物品、交通工具、用具、动物舍进行严格彻底消毒。疫区、受威胁区所有易感动物进行紧急免疫接种。当暴发疫情时立即启动应急预案，对疫点、疫区、受威胁区按规定采取封锁、隔离、扑杀、销毁、消毒、无害化处理、紧急免疫接种等强制性处置措施。在疫点内所有动物及其产品处理完毕20d 时间后解除封锁。

7. 公共卫生学

人炭疽病潜伏期 1～5d，最短仅 12h，最长 12d，临床分为以下 5 种类型。

皮肤炭疽：主要是畜牧兽医工作者和屠宰场职工，接触患病动物及其产品，经皮肤伤口感染。临床表现为感染处形成丘疹或斑疹，再变成浆液性或血性水疱，最后形成暗红色痂皮。周围组织红肿，有非凹陷性水肿，发病 1～2d 后出现发热、头痛、局部淋巴结肿大及脾肿大等。

肺炭疽：大多为原发性，由吸入炭疽杆菌芽孢所致，多发生于羊毛、鬃毛、皮革等工厂工人。临床表现为寒战、高热、气急、呼吸困难、喘鸣、发绀、血样痰、胸痛等，有时在颈、胸部出现皮下水肿，救治不及时引起死亡。

肠炭疽：常因食患病动物肉、乳所致。临床表现为呕吐、腹泻、血水样便、腹胀、腹痛等，腹部有压痛或呈腹膜炎征象。

脑膜型炭疽：大多继发于伴有败血症的各型炭疽，原发性偶见。临床症状有剧烈头痛、呕吐、抽搐，明显脑膜刺激征。病情凶险，发展特别迅速，患者可于起病 2～4d 内死亡。脑脊液大多呈血性。

败血型炭疽：多继发于肺炭疽或肠炭疽，由皮肤炭疽引起者较少。可伴高热、头痛、出血、呕吐、毒血症、感染性休克、DIC 等。

第二节　动物活体检疫

一、宰前检疫的概念和意义

宰前检疫是指对宰前畜禽进行的检疫，是屠宰检疫的重要组成部分。它是畜禽生前最后的一次检疫，是防止患病动物进入屠宰加工环节的重要手段。

宰前检疫可及时的发现病畜禽，实行病健隔离，病健分宰，减少肉品污染，提高肉品卫生质量，防止疫病扩散，保护人体健康。它能检出宰后检验难以检出的疫病，如流行性乙型脑炎、口蹄疫、破伤风、狂犬病、李氏杆菌病和某些中毒性疾病等。有的因宰后一般无特殊病理变化，有的因解剖部位关系宰后检验常有被忽略或漏检，而其临诊症状明显典型，不难作出生前诊断。同时，通过宰前验证，可促进动物产地检疫，防止无证收购、无证宰杀。

二、宰前检疫的程序和方法

（一）宰前检疫的程序

对接受检疫的畜禽，首先要检查产地兽医防疫机构签发的有效期内的检疫证明、预防接种证明或非疫区证明。然后核对畜禽种类和头（只）数，了解产地疫情和运输途中及进场后有无病死情况。若了解产地有严重疫情或在途中、进场后有病的和死亡的多，或发生国家规定的恶性传染病时，则应将这批畜禽立即输入检疫隔离圈，另作处理。对经过查询和核对初步认为没有问题的畜禽，在经适当休息、饮水后，经临床或必要的实验室诊断后进行屠宰。

（二）宰前检疫的方法

宰前检疫，通常采用群体观察和个体检查的方法。

1. 群体观察

群体检查时按静态、动态，饮食状态三大环节进行。通过群检，从中剔出可疑病畜禽，然后作个体详细检查。

2. 个体检查

对在群体检查中，被剔出的病畜禽和可疑的病畜禽进行个体检查，一般以临床检查为主、有时还可进行变态反应或血清学检查。

宰前个体检疫的着眼点

（1）精神状态

患病的畜禽精神沉郁，闭眼低头，体态异常，喜好躺卧，有的步行困难，跛行等；还有的表现迟钝或敏感。迟钝常见于各种疾病的重度期。

（2）呼吸状态

检查要注意呼吸数、节律、呼吸是否正常，有无呼吸困难等异常表现。腹式呼吸见于胸腔有疼痛性疾病，如急性胸膜炎、胸壁外伤等。呼吸次数增加及呼吸困难，常见于热性疾病。

（3）脉搏状态

检查脉搏需在牲畜安静状态下进行。触检畜体浅在动脉；检查脉搏数及脉搏性状。

（4）可视黏膜

主要检查眼结膜、鼻黏膜、口腔黏膜和肛门黏膜的颜色分泌物性状、肿胀及病变等情况。其中检查眼结膜是观察全身性疾病血行状态的重要部位和方法。

（5）被毛及皮肤

检查被毛光泽、清洁度、完整性；以及皮肤弹性、颜色、湿度、温度、硬度、敏感性及活动性。皮肤变化是诊断某些疾病的重要依据。

（6）体表淋巴结

利用触摸和看的方法，主要检查淋巴结的大小、形态、硬度、温度、活动性及压痛等。

（7）粪尿检查

有无腹泻、便秘、排粪失禁等异常表现，注意观察粪便的硬度、颜色、性状、气味等。

第三节　动物宰后检疫

一、宰后检疫的概念和意义

宰后检疫是指动物被屠宰后，对其胴体及各部组织、器官依照法规及有关规定所进行的疫病检查。

宰后检疫是宰前检疫的继续和补充，宰前检疫只能剔除一些具有体温反应或症状比较明显的病畜，对于处于潜伏期或症状不明显的病畜则难以发现，往往随同健畜一起进入屠宰加工过程。这些病畜只有经过宰后检验，在解体状态下，直接观察胴体、脏器所呈现的病理变化和异常现象，才能进行综合分析，做出准确判断，例如猪慢性咽炭疽、猪囊虫病等。所以宰后检疫对于检出和控制疫病、保证肉品卫生质量、防止传染等具有重要的意义。

二、宰后检疫的要求及宰后检疫程序

（一）宰后检疫的要求

1. 对检疫环节的要求

检疫环节应密切配合屠宰加工工艺流程，不能与生产的流水作业相冲突，所以宰后检验常被分作若干环节安插在屠宰加工过程中。

2. 对检疫内容的要求

应检内容必须检查。严格按国家规定的检疫内容、检查部位进行。不能人为地减少检疫内容或漏检。每一动物的肉尸、内脏、头、皮在分离时编记同一号码，以便查对。

3. 对剖检的要求

为保证肉品的卫生质量和商品价值，剖检时只能在一定的部位，按一定的方向剖检，下刀快而准，切口小而齐，深浅适度。不能乱切和拉锯式的切割，以免造成切口过多过大或切面模糊不清，造成组织人为变化，给检验带来困难。肌肉应顺肌纤维方向切开。

4. 对保护环境的要求

为防止肉品污染和环境污染，当切开脏器或组织的病变部位时，应采取措施，不沾染周围肉尸、不掉地。当发现恶性传染病和一类检疫对象时，应立即停宰，封锁现场，采取防疫措施。

5. 对检疫人员的要求

检疫员每人应携带两套检疫工具，以便在检疫工具受到污染时能及时更换。被污染的工具要彻底消毒后方能使用。检疫人员要做好个人防护。

（二）宰后检疫的程序

动物宰后检疫的一般程序是：头部检疫→内脏检疫→胴体检疫三大基本环节；在猪增加皮肤和旋毛虫检验两个环节时，猪的宰后检验程序，即头部检验→皮肤检验→内脏检验→旋毛虫检验→胴体检验五个检验环节。家禽、家兔一般只进行胴体和内脏两个环节的检疫。

三、宰后检疫的方法

以剖检方式来进行感官检查是宰后检疫的基本方法，即运用感觉器官，通过视检、触检、嗅检和剖检等方法，对胴体和脏器进行病理学诊断，必要时辅以病理组织学、微生物学、血清学等方法检查。

（一）感官检疫

1. 视检

观察皮肤、肌肉、胸腹膜、脂肪、骨骼、关节、天然孔及各种脏器的外部色泽、形态大小、组织性状等是否正常。如喉颈部肿胀，应注意检查炭疽和巴氏杆菌病。

2. 触检

用手直接触摸，以判定组织、器官的弹性和软硬度有无变化。这对发现深部组织或器官内的硬结性病灶具有重要意义。如在肺叶内的病灶只有通过触摸才能发现。

3. 嗅检

对某些无明显病变的疾病或肉品开始腐败时，必须依靠嗅觉来判断。如屠宰动物生前患有尿毒症，肉中带有尿味；药物中毒时，肉中则带有特殊的药味；腐败变质的肉，则散发出腐臭味等。

4. 剖检

借助检疫器械切开并观察胴体或脏器的隐蔽部分或深层组织的变化。这对淋巴结、肌肉、脂肪、脏器疾病的诊断是非常必要的。

(二) 化验检疫

1. 病原检疫

采取有病变的器官、血液、组织用直接涂片法进行镜检，必要时再进行细菌分离、培养、动物接种以及生化反应来加以判定。

2. 理化检疫

肉的腐败程度完全依靠细菌学检疫是不够的，还需进行理化检疫。可用氨反应、联苯胺反应、硫化氢试验、球蛋白沉淀试验、pH 值的测定等综合判断其新鲜程度。

3. 血清学检疫

针对某种疫病的特殊需要，采取沉淀反应、补体结合反应、凝集试验和血液检查等方法，来鉴定疫病的性质。

复习思考题

1. 人畜共患病的概念和分类。
2. 人畜共患病特征。
3. 动物福利的意义有哪些？
4. 简述结核病、布鲁氏菌病和猪囊尾蚴病的病原和流行病学特征。
5. 简述宰前检疫的概念和意义。
6. 宰前检疫的方法有哪些？
7. 宰后检疫的要求有哪些？

第二十章 实验实习

实验实习一　不同畜禽肉识别与品质鉴定

【目的】　通过实验掌握不同畜禽肉识别的知识和技术，并学会其品质鉴定方法。

【材料和用具】

材料：猪胴体、正常（健康）畜禽肉、注水畜禽肉、米猪肉、病死畜禽肉、PSE猪肉、不同新鲜度鲜牛肉、不同新鲜度冻牛肉。

用具：手术刀、不锈钢盘、塑料案板、纸巾或卫生纸、打火机、酒精灯、刻度尺、带插入式刀的 HANNApH 计、塑料袋、冰箱、烧杯、微波炉、天平、MinoltaCR-200 色度计。

【实验内容和步骤】

一、注水肉的识别

注水肉是人为加了水以夸大重量增加牟利的生肉。注水肉会降低肉的品质，易造成病原微生物的污染，对人的潜在危害大。各种肉的自然（基准）含水量，可用国标法事先测定出来，如猪肉约 62.1%，牛肉约 63.3%，羊肉约 63.1%，鸡肉约 60.9%。按照国家规定，畜禽肉水分限量标准猪肉、牛肉、鸡肉含水量＞77%，羊肉含水量＞78%，既可判为注水肉，或含水量超标。下面为注水肉识别的简单方法。

（一）眼观

1. 合格的猪（牛、羊、家禽）肉上市销售时，在胴体上要盖有畜牧部门的紫色检疫验讫印章和附有检疫合格证明。这判断新鲜畜禽肉经检疫检验后是合格的，不是注水肉或病死肉；否则，即为不合格肉品（可能是注水肉或病死肉）。

2. 新鲜、正常的猪（牛、羊、家禽）肉外观色泽正常，呈嫩红色，有光泽。切割后无渗出物溢出。注水后的猪（牛、羊、家禽）胴体的瘦肉部分色泽变淡红，脂肪部分苍白无光，切割后切口流出大量淡红色血水。

（二）触摸

正常的畜禽肉切口部位有极少的油脂溢出，用手指肚紧贴肉的切口部位，然后离开时，有一定的粘贴感，感觉油滑，无异味；注水肉因含有大量的水分，在触摸时有血水流出。无粘贴感。

（三）燃烧

这是最简单，最有效的识别方法。当怀疑是注水肉时，可取一小块未用的纸巾或卫生纸贴在切开的猪（牛、羊、家禽）肉的切口部位的肉上，放置 5~15s，待纸巾湿透后取下，然后用火点燃，如能完全燃烧的，则是正常的肉；如不能燃烧或燃烧不全，即可判定为注水肉。

二、米猪肉的识别

米猪肉，即患有囊虫病的病或死猪肉。猪的腰肌是囊虫包寄生最多的地方，囊虫包呈石榴粒状，多寄生于肌纤维中。这种肉对人体健康危害性极大，不可食用。

米猪肉识别的主要方法是观察其瘦肉（肌肉）切开后的横断面，是否有囊虫包存在。用手术刀在肌肉上切割，一般厚度间隔为 1cm，连切四、五刀后，在切面上仔细观察，如发现肌肉中附有石榴籽（或米粒）一般大小的水泡状物，即为囊虫包，呈白色、半透明，可断定这种肉就是米猪肉。

三、健康畜禽肉和病死畜禽肉的识别

病死的畜禽有很多传染病菌是人畜共患，若是中毒死亡的畜禽很可能引起人食物中毒。健康畜禽肉属于正常的优质肉品，病死、毒死的畜禽肉属劣质肉品，禁止食用和销售。这些畜禽肉人吃了会对健康极其不利。下面为健康畜禽肉和病死畜禽肉识别的感官方法。

（一）色泽识别

健康畜禽肉——肌肉色泽鲜红或浅红，脂肪洁白（牛肉为黄色），具有光泽。

病死畜禽肉——肌肉色泽暗红或带有血迹，脂肪呈桃红色。

（二）组织状态识别

健康畜禽肉——肌肉坚实，不易撕开，用手指按压后可立即复原。

病死畜禽肉——肌肉松软，肌纤维易撕开，肌肉弹性差。

（三）血管状况识别

健康畜禽肉——全身血管中无凝结的血液，胸腹腔内无淤血，浆膜光亮。

病死畜禽肉——全身血管充满了凝结的血液，尤其是毛细血管中更为明显，胸腹腔呈暗红色、无光泽。

四、PSE 猪肉的品质鉴定

PSE 猪肉，是指猪肉灰白、松软、汁液渗出。这种肉的品质鉴定方法如下。

（一）感官品质鉴定

1. 色泽　后腿肌肉和腰肌肉呈淡红色或灰白色，脂肪缺乏光泽。

2. 组织　肉质松软，缺乏弹性，手触不易恢复原状。

3. 切面　用手术刀切开，肉的切面上有浆液流出。

4. 煮熟　将肉煮熟后食之，感到肉质粗糙，适口性差。

（二）客观品质鉴定

PSE 猪肉的品质鉴定标准：$L_{24h}^{*}>60$；$pH_{45min}<6.0$；$pH_{24h}\leqslant5.3$；滴水损失 $>5\%$。

1. pH_{45min} 值、pH_{24h} 值测定　分别取猪宰后 45min、24h 背最长肌，用带插入式刀的 HANNApH 计直接插入肉中测定 pH 值，每个样品 3 次，取均值。

2. L_{24h}^{*} 值测定　取猪宰后 24h 背最长肌，修整去除可见的皮下脂肪和结缔组织，在空气中暴露 60min 后，用 Minolta CR-200 色度计测定样品 L^{*} 值，每个样品测定 5 个位点，取均值。

3. 滴水损失测定　取宰后 24h 背最长肌上 1cm×1cm 肉块，精确称重，每肉块吊挂在充气塑料袋中置于 4℃保持 24h；去掉塑料袋，再称重。前后重量之差占初始重量的百分值即为滴水损失。

根据以上鉴定标准判断是否是 PSE 猪肉。

五、鲜、冻牛肉新鲜度感官鉴定

（一）鲜牛肉新鲜度感官鉴定

1. 色泽鉴定

良质鲜牛肉——肌肉有光泽，红色均匀，脂肪洁白或淡黄色。次质鲜牛肉——肌肉色稍暗，用刀切开截面尚有光泽，脂肪缺乏光泽。

2. 气味鉴定

良质鲜牛肉——具有牛肉的正常气味。次质鲜牛肉——牛肉稍有氨味或酸味。

3. 黏度鉴定

良质鲜牛肉——外表微干或有风干的膜，不粘手。次质鲜牛肉——外表干燥或粘手，用刀切开的截面上有湿润现象。

4. 弹性鉴定

良质鲜牛肉——用手指按压后的凹陷能完全恢复。次质鲜牛肉——用手指按压后的凹陷恢复慢，且不能完全恢复到原状。

5. 煮沸后肉汤鉴定

良质鲜牛肉——牛肉汤，透明澄清，脂肪团聚于肉汤表面，具有牛肉特有的香味和鲜味。次质鲜牛肉——肉汤，稍有混浊，脂肪呈小滴状浮于肉汤表面，香味差或无鲜味。

（二）冻牛肉新鲜度感官鉴定

1. 色泽鉴定

良质冻牛肉（解冻后）——肌肉色红均匀，有光泽，脂肪白色或微黄色。次质冻牛肉（解冻后）——肌肉色稍暗，肉与脂肪缺乏光泽，但切面尚有光泽。

2. 气味鉴定

良质冻牛肉（解冻后）——具有牛肉的正常气味。次质冻牛肉（解冻后）——稍有氨味或酸味。

3. 黏度鉴定

良质冻牛肉（解冻后）——肌肉外表微干，或有风干的膜，或外表湿润，但不粘手。次质冻牛肉（解冻后）——外表干燥或有轻微粘手，切面湿润粘手。

4. 组织状态鉴定

良质冻牛肉（解冻后）——肌肉结构紧密，手触有坚实感，肌纤维的韧性强。次质冻牛肉（解冻后）——肌肉组织松弛，肌纤维有韧性。

5. 煮沸后肉汤鉴定

良质冻牛肉（解冻后）——肉汤澄清透明，脂肪团聚于表面，具有鲜牛肉汤固有的香味和鲜味。次质冻牛肉（解冻后）——肉汤稍有混浊，脂肪呈小滴浮于表面，香味和鲜味较差。

【思考题】

1. 对注水肉如何进行识别？

2. 如何对 PSE 猪肉进行品质鉴定？

3. 列举鲜、冻牛肉新鲜度的感官鉴定步骤。

4. 查阅文献，列举更多畜禽肉识别与品质鉴定的方法。

5. 写出实验报告，并结合所学知识进行分析和讨论。

实验实习二　蛋的构造和品质测定

【目的】　了解蛋的构造并掌握蛋品质的测定方法。

【材料和工具】

（1）新鲜鸡蛋若干枚，保存 4 周以上的陈旧鸡蛋若干枚，煮熟的新鲜鸡蛋若干枚。

（2）照蛋器、电子秤、粗天平、培养皿、放大镜、剪子、手术刀、镊子、液体比重计，配制好的不同相对密度的盐溶液。

（3）蛋白高度测定仪、蛋壳强度测定仪、蛋形指数测定仪、蛋白蛋黄分离器、罗氏（Roche）比色扇、游标卡尺、光电反射式色度仪、蛋品质测定仪。

【实验内容和步骤】

1. 蛋的构造

（1）壳上膜（胶护膜）：即蛋壳外面的一层透明保护膜。

（2）蛋壳：蛋壳上有无数个气孔，用照蛋器可以清楚地看到气孔的分布。

（3）蛋壳膜：蛋壳膜分为两层，紧贴蛋壳的叫外壳膜，包围蛋的内容物叫蛋白膜，也叫内壳膜，外壳膜和内壳膜在蛋的钝端分离开而形成气室。

（4）蛋白：由外稀蛋白（约占 23%）、浓蛋白（约占 57%）、内稀蛋白（约占 17.3%）、系带浓蛋白（约占 2.7%）组成。

（5）系带：在蛋黄的纵向两侧有两条相互反向扭转的白带叫做系带。

（6）蛋黄：包括蛋黄膜、浅淡黄、深蛋黄、蛋黄心和胚盘（或胚珠）。胚盘或胚珠位于蛋黄的表层。胚盘在蛋黄中央有一直径 3～4mm 的里亮外暗圆点，而胚珠此圆点不透明且无明暗之分。

2. 蛋的品质测定测定方法有很多种，常用外观法、透视法、剖检法、仪器测定法等。下面仅介绍仪器测定法。

（1）蛋重：用电子秤或粗天平秤蛋重（图 20-1）。鸡蛋的质量为 40～70g，鸭蛋 70～100g，鹅蛋 120～200g。

（2）蛋壳颜色：用光电反射式色度仪测定。颜色越深，反射测定值越小；反之，则越大。用该仪器在蛋的大头、中间和小头分别测定，求其平均值。一般情况下，白壳蛋蛋壳颜色测定值为 20～30，褐壳蛋为 60～80，浅褐壳蛋为 40～50，而绿壳蛋为 50～60。

（3）蛋形指数：蛋形是由蛋的长径与短径比例即蛋形指数来表示。蛋形指数是蛋的质量的重要指标，与受精率、孵化率及运输有直接关系。用游标卡尺测量蛋的长径和短径，以 mm 为单位，精确度为 0.1mm。正常鸡蛋蛋形指数为 1.32～1.39，标准为 1.35。如用短径比长径则在 0.72～0.76 之间，标准为 0.74。鸭蛋蛋形指数在 1.20～1.58（或 0.63～0.83）之间。

（4）蛋的相对密度：蛋的相对密度不仅能反映蛋的新鲜程度，也与蛋壳的致密度有关。通常使用盐水漂浮法测定。测定方法是在每 3000mL 水中加入不同质量的 NaCl，配制成不同浓度的溶液，用液体比重计校正后使每份溶液的相对密度依次相差 0.005，详见表 20-1。测定时先将蛋浸入清水中，然后依次从低相对密度向高相对密度溶液中通过，当蛋悬浮于液体中即表明其相对密度与该溶液相对密度相等。鸡蛋的适宜相对密度为 1.080 以上；鸭蛋为 1.09 以上；火鸡蛋相对密度为 1.080 以上；鹅蛋相对密度为 1.110 以上。

表 20-1　不同相对密度的食盐溶液配制表

溶液相对密度	1.060	1.065	1.070	1.075	1.080	1.085	1.090	1.095	1.100
加入食盐量/g	276	300	324	348	372	396	420	444	468

注：3000mL 水中加入的食盐量，亦可水和盐量减半；用液体比重计校正各溶液相对密度，使其依次相差 0.005.

（5）蛋壳强度：是指蛋对碰撞和挤压的承受能力，是蛋壳致密坚固性的重要指标。将蛋垂直放在蛋壳强度测定仪上，钝端向上，测定蛋壳表面单位面积上的承受的压力（图 20-2）。

（6）蛋白高度和哈氏单位：将蛋打在蛋白高度测定仪的玻璃板上，用测定仪测量蛋黄边缘与浓蛋白边缘的中点的浓蛋白高度（避开系带）（图 20-3），测量呈正三角形的三个点，求均值（单位为 mm）。根据蛋重和蛋白高度两项数据，用下列公式计算出哈氏单位值。也可用"蛋白品质查寻器"查出哈氏单位及蛋的等级。新鲜蛋哈氏单位在75～85之间，蛋的等级为AA。商业分级：AA级＞72，A级60～72，B级31～60，C级＜31，B级以下不能够用于整蛋加工。

计算公式如下

$$HU=100\log(H-1.7W^{0.37}+7.6)$$

式中，H 为蛋白高度，mm；W 为蛋重，g；HU 为哈氏单位。

图 20-1　蛋品质测定仪测定蛋重

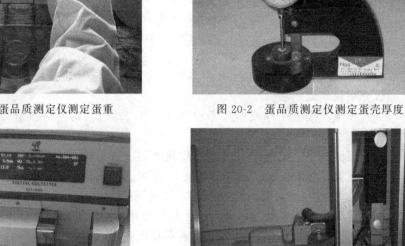

图 20-2　蛋品质测定仪测定蛋壳厚度

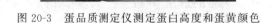

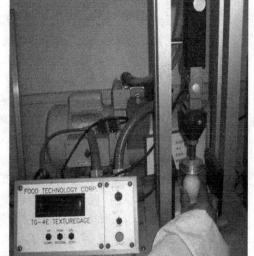

图 20-3　蛋品质测定仪测定蛋白高度和蛋黄颜色　　　　图 20-4　蛋品质测定仪测定蛋壳强度

（7）蛋壳厚度：指蛋壳的致密度。用蛋壳厚度测量仪在蛋壳的大头、中间、小头分别取样测量，求其平均值（图20-4，单位为 μm）。注意在测量时去掉蛋壳上的内、外壳膜为蛋壳的实际厚度，一般在330μm。如果未去掉蛋壳上内、外壳膜，则为表现厚度，一般在370μm。

（8）蛋黄颜色：比较蛋黄色泽的深浅度。用罗氏比色扇取相应值，一般在7～9之间。

（9）血斑与肉斑：是卵子排卵时由于卵泡小血管破裂的血滴或输卵管上皮脱落物形成。血斑与肉斑与品种有关。

（10）使用多功能蛋品质测定仪对蛋品质进行测定：需严格按照以下操作规程进行，该测定仪所能检测的蛋品质指标包括：蛋重、蛋白高度、哈氏单位、蛋黄颜色及蛋的等级共5个指标（表20-2）。

表 20-2　蛋品质测定仪测定蛋品质各项指标

测定指标	测定数据与等级	
质量	51.2g(蛋重)	001(测量的蛋数)
高度	7.4mm(蛋白高度)	
比色	12(蛋黄颜色)	
哈氏单位	95.3(哈氏单位)	AA(蛋的等级)

① 接通电源（用电压转换器将 220V 的电压转换为 110V 交流电），打开 POWER 键，预热 30min 以上。

② 将称重盘放在测蛋口上，将无样品的测量盘放置在输送盘上。若输送盘是关闭的，按下 O/C 键打开此盘。测量盘放置在输送盘上后，按下 O/C 键关闭输送盘。

③ 按下 START 键，进行调零。没有放样品时会被记忆。

④ 将禽蛋放在称重盘上，大约 2s 后称出质量并在屏幕上显示蛋重数据。

⑤ 称重完成后，输送盘自动打开。

⑥ 当输送盘完全打开后，将鸡蛋从称重盘上取下，打破，将鸡蛋内容物倒在输送盘的测量盘里。注意将鸡蛋较长的一侧面对测试者。

⑦ 按 O/C 键。输送盘关闭后，测定仪自动测量蛋白高度、蛋黄颜色、哈氏单位及蛋的等级。测量完毕后，按 O/C 键打开输送盘。测量数据显示在显示屏上。

⑧ 哈氏单位与蛋的等级的对应关系见表 20-3。

表 20-3　哈氏单位与蛋的等级对应关系

哈氏单位值	蛋的等级	哈氏单位值	蛋的等级
HU<31	C	72≤HU<130	AA
31≤HU<60	B	130≤HU	OVER
60≤HU<72	A		

3. 观察蛋的构造

（1）气室：用照蛋灯观察气室变化，并观察气孔分布。新鲜蛋气室相对较小，一般直径为 0.9cm，高度为 2mm。

（2）层次：将煮熟的蛋剥壳后用刀纵向切开，观察蛋白层次、蛋黄深浅层及蛋黄心。

（3）剖检

① 将蛋平放于培养皿上，用刀或手术剪在蛋壳的平面上开一个洞，用镊子扩大洞口观察胚盘或胚珠。

② 将蛋打入培养皿内，观察鸡蛋的构造及内容物，用剪刀将浓蛋白剪开，可发现内稀蛋白流出，并仔细观察两条系带。

③ 用蛋白蛋黄分离器将蛋白蛋黄分离开，分别称蛋重、蛋壳重、蛋白重、蛋黄重，计算各部分占蛋重的比例。

【作业】

1. 绘出蛋的纵剖面图并注明各部分名称。

2. 每组测定 2～3 枚鸡蛋，并将测定结果填入蛋品测定表 20-4。

3. 将剖检后蛋的各部分质量占全蛋重的百分率填入表 20-5。

4. 写出实验报告，并结合所学知识进行分析和讨论。

表 20-4 蛋的品质测定记录（一）

测定人：

蛋号	蛋重/g	蛋壳颜色				蛋形指数			气室直径/cm	相对密度	蛋壳强度/Pa	蛋白高度/mm		
		大	中	小	均值	短径/mm	长径/mm	比值				1	2	均值
1														
2														
3														

测定日期：　　　年　　月

表 20-5 蛋的品质测定记录（二）

哈氏单位	等级	血斑	肉斑	蛋黄比色	蛋壳厚度/μm				蛋白		蛋黄		蛋壳		备注
					大	中	小	均值	质量/g	占全蛋重百分率/%	质量/g	占全蛋重百分率/%	质量/g	占全蛋重百分率/%	

实验实习三　原料乳中掺假快速鉴别

一、原料乳奶中掺尿素鉴别

【目的】

原奶收购厂商对原料乳实行"按质论价"时往往以蛋白质含量为主要检测指标，部分不法奶商会在原料乳中加入尿素、水解动物蛋白粉或哺乳动物尿等物质来提高蛋白质含量。通过实验学会并掌握掺入尿素、水解动物蛋白或哺乳动物尿的掺假异常乳的鉴别方法。

【原理】

尿素与亚硝酸盐在酸性条件下反应生成 CO_2 气体逸出，而亚硝酸盐可与格里斯试剂发生偶氮反应生成紫红色染料，掺入尿素的牛奶由于亚硝酸盐的消耗不会显色，而正常牛奶则显紫红色。

【仪器及试剂】

（1）新鲜生牛乳：刚挤出的牛奶 0～4℃保存。

（2）格里斯试剂：称取 8.9g 酒石酸、1g 对氨基苯磺酸、0.1g 盐酸萘乙二胺，在研钵中研磨混匀后装入棕色瓶备用。

（3）0.05％亚硝酸钠溶液：称取 50mg 亚硝酸钠溶解于 100mL 蒸馏水中，置棕色瓶中保存备用。

（4）其他试剂：98％浓硫酸、尿素。

（5）玻璃器皿：大试管 2 支、研钵 1 个。

【测定方法】

取被检牛奶样品 3mL 放入大试管中，加入 0.05％亚硝酸钠溶液 0.5mL，加入浓硫酸1mL，将胶塞盖紧摇匀，待泡沫消失后向试管中加入 0.1g 格里斯试剂。充分摇匀，25min

后观察结果。

【结果判定】

如牛奶样不变色，则含尿素，判定为异常乳；如牛奶样变为紫红色，则不含尿素，判定为合格乳。

【说明】

本方法灵敏度为 0.01%。因此被检测奶样不低于 2.5mL。实验中与正常牛奶作对照试验，结果会更为准确。

二、原料乳中掺水解动物蛋白鉴别

【目的】

通过实验学会并掌握掺入水解动物蛋白的掺假异常乳的鉴别方法。

【原理】 用硝酸汞沉淀方法出去乳酪蛋白，保留下来的水解蛋白与饱和苦味酸溶液产生沉淀。

【仪器及试剂】

（1）新鲜生牛乳：刚挤出的牛奶 0～4℃保存。

（2）除蛋白试剂：硝酸汞 14g，加入 100mL 蒸馏水，加浓硫酸 2.5mL，加热至试剂全部溶解，蒸馏水定容至 500mL。

（3）饱和苦味酸溶液：称取苦味酸 3g，加蒸馏水 200mL。

（4）玻璃器皿：250mL 锥形瓶 2 个，500mL 容量瓶 1 个。

【测定方法】

取 5mL 牛奶样，加除蛋白试剂 5mL 混匀，过滤，沿滤液试管壁缓慢加入饱和苦味酸溶液 0.6mL，形成环状接触面。

【结果判定】

按环层颜色变化判定结果：环层颜色漂亮，说明不含水解动物蛋白，判定为合格乳；环层呈白色环状，说明含水解动物蛋白，判定为异常乳。

【说明】

（1）水解蛋白粉是用废皮革、毛发等下脚料加工提炼而成，在制作过程中含有大量对人体有危害的重金属。

（2）原料乳中掺入水解动物蛋白粉越多，该实验的白色环状越明显。

（3）该实验最低检出量为 0.05%。

三、原料乳中掺哺乳动物尿鉴别

【目的】

通过实验学会并掌握掺入哺乳动物尿的掺假异常乳的鉴别方法。

【原理】

哺乳动物尿中的肌酐与碱性苦味酸作用，生成红色的苦味酸肌酐复合物。

【仪器及试剂】

（1）新鲜生牛乳：刚挤出的牛奶 0～4℃保存。

（2）饱和苦味酸溶液：称取苦味酸 3g，加蒸馏水 200mL。

（3）氢氧化钠。

（4）玻璃器皿：试管。

【测定方法】

取奶样 3mL，加 10%氢氧化钠 4 滴，混匀，加饱和苦味酸 0.6mL，放置 5min 后观察现象。

【结果判定】

奶样呈黄色，说明不含哺乳动物尿，判定为合格乳；奶样呈红色，判定为掺入哺乳动物尿，判定为异常乳。

【说明】

(1) 该方法掺尿量越多，显色越快，颜色越明显。

(2) 该方法最低检出量为 2%。

四、原料乳中脂肪含量掺假鉴别

【目的】

通过实验学会并掌握掺入哺乳动物尿的掺假异常乳的鉴别方法。

【原理】

植脂末和油脂粉是由棕榈油和糊精或饴糖及稳定剂等生产而成，而糊精和饴糖中含有葡萄糖成分。本实验可利用葡萄糖遇尿糖试纸显色的原理进行检测。也可用加热冷却法直接观察。

【仪器及试剂】

(1) 新鲜生牛乳：刚挤出的牛奶 0～4℃保存。

(2) 医用尿糖试纸条。

(3) 电炉、玻璃培养皿、烧杯。

【测定方法及判定】

(1) 尿糖试纸法：取玻璃培养皿，量取 10mL 奶样注入平板中，取尿糖试纸一条浸入奶样中 2s 后取出，迅速观察结果。如尿糖试纸颜色发生变化，则判定含有植脂末或油脂粉，且随着添加量的增多，试纸条颜色由淡蓝→浅黄色→黄绿色→黄色。如尿糖试纸呈棕红色则添加了葡萄糖粉。

(2) 加热冷却法：取奶样 100mL 于 250mL 烧杯中，加热煮沸后冷却至室温，观察现象。若奶样表面有油脂漂浮物，则说明该原料乳中掺入了植物油脂，属掺假异常乳。

五、原料乳中掺蔗糖鉴别

【目的】

掺假白砂糖可以善原料乳口感。通过实验学习并掌握原料乳中掺假蔗糖的鉴别方法。

【原理】

间苯二酚法：蔗糖在强酸性条件下加热，可分解成葡萄糖和果糖，果糖可与间苯二酚反应生成红色的糖醛衍生物。

【仪器及试剂】

(1) 新鲜生牛乳：刚挤出的牛奶 0～4℃保存。

(2) 浓盐酸、间苯二酚。

(3) 酒精灯、试管。

【测定方法】

取 1∶1 盐酸 2mL 于试管中，滴加 5 滴被检奶样，再加入少量间苯二酚，在酒精灯上加热 2～3min，观察现象。

【结果判定】

按奶样颜色变化判定：奶样不变色或颜色较浅，说明不含蔗糖，判定为合格乳；奶样迅速变为深褐色，说明含蔗糖，判定为异常乳。

【说明】

(1) 该方法最低检出量为 0.2%。

（2）本方法中不加间苯二酚或时间大于 3min 也由此现象，因此必须在 2～3min 内观察记录。

六、原料乳中掺胶体类物质鉴别

【目的】

不法奶农向牛奶中添加豆浆、淀粉或米汤等胶体类类物质以增加牛奶的黏度，使牛奶没有稀薄感，同时又可掩盖各种能增加比重的各类掺杂物质。通过实验学习并掌握原料乳中掺假豆浆、淀粉或米汤类物质的鉴别方法。

【原理】

豆浆中含有皂素，皂素可溶于热水或热酒精，并可与氢氧化钠反应生成黄色化合物，以此来鉴别是否添加豆浆。米汤、面粉中含有淀粉，利用淀粉遇碘变蓝色，来检测牛奶中是否添加淀粉类物质。

【仪器及试剂】

（1）新鲜生牛乳：刚挤出的牛奶 0～4℃保存。

（2）乙醇、乙醚、氢氧化钠。

（3）碘化钾、碘。

（4）玻璃器皿：锥形瓶、容量瓶。

【测定方法及判定】

（1）掺假豆浆鉴别：取样品 20mL，放入三角瓶中，加入（1∶1）乙醇-乙醚混合液 3mL 及 25% NaOH 溶液 5mL，摇匀静置 5min 后观察，如混合液呈黄色，说明样品中掺有豆浆，如呈暗白色则为合格乳。采用上述方法，需同时作空白对照试验。本方法灵敏度不高，当豆浆掺入量大于 10% 时才呈阳性反应。

（2）掺假淀粉类物质鉴别：取被检乳样 5mL 于试管中，稍稍煮沸，加入数滴碘液（用蒸馏水溶解碘化钾 4g，碘 2g，移入 100mL 容量瓶中，加蒸馏水至刻度），如有上述物质加入，则出现蓝色或蓝青色反应，并出现沉淀物。含糊精则呈现紫红色。正常牛乳无显色反应。

七、原料乳中掺碱类物质鉴别

【目的】

为掩盖牛奶的酸败现象，降低牛乳的酸度，防止牛乳因酸败而发生凝结，不法奶商可能向已酸败的牛乳中加入碳酸钠（苏打）或碳酸氢钠（小苏打）。加碱后的牛乳不仅滋味不佳，而且细菌易于生长繁殖，对人体健康有害。通过实验学习并掌握牛奶中产碱的鉴别方法。

【原理】

碱类物质可使指示剂溴麝香草酚蓝变蓝色。溴麝香草酚蓝（亦称为溴百里香酚蓝）是一种酸碱指示剂，pH 值变化范围在 6.0～7.6。颜色由黄变蓝，加碱的生牛乳氢离子浓度发生了变化，因而使溴麝香草酚蓝显示出与正常牛乳不同的颜色，同时根据颜色的不同，还可判断其加碱量的多少。

【仪器及试剂】

（1）新鲜生牛乳：刚挤出的牛奶 0～4℃保存。

（2）0.04% 溴麝香草酚蓝溶液。

（3）95% 乙醇溶液。

（4）玻璃器皿：100mL 容量瓶、试管、吸管、洗瓶。

【测定方法】

现用洗瓶冲洗试管，然后取生牛乳样 5mL 于试管中，将试管保持倾斜，沿管壁小心加入 0.04%溴麝香草酚蓝乙醇溶液 5 滴后，将试管轻轻斜转 2～3 回，使其更好接触，然后将试管垂直放置，2min 后根据环层指示剂颜色变化判定检验结果。同时用未掺碱的正常生鲜牛乳作空白对照（表 20-6）。

【结果判定】

表 20-6　原料乳中掺碱类物质鉴别

环层颜色	含碱量/%	结果判定
黄色	无碱	合格奶
黄绿色	0.03	异常奶
淡绿色	0.05	异常奶
绿色	≥0.1	严重异常奶

八、原料乳中掺食盐鉴别

【目的】

牛奶中掺水后相对密度下降，为增加相对密度，掺假者可能会向牛奶中掺假食盐。通过实验学习并掌握牛奶中掺假食盐鉴别方法。

【原理】

CrO_4^{2-}、Cl^- 均可与 Ag^+ 反应生成难溶性沉淀，但二者溶度积不同，Ag_2CrO_4 沉淀遇一定浓度的 Cl^- 而褪色，Ag^+ 与 Cl^- 作用生成 $AgCl$ 沉淀，褪色程度与 Cl^- 含量成正比，$AgCl$ 白色沉淀因 CrO_4^{2-} 的存在而呈黄色。

【仪器及试剂】

（1）新鲜生牛乳：刚挤出的牛奶 0～4℃保存。

（2）0.009mol/L $AgNO_3$ 溶液：称取 1.533g $AgNO_3$ 溶于少量蒸馏水，然后定容至 1000mL，避光保存。

（3）10% K_2CrO_4 溶液：称取 K_2CrO_4 10g，用少量蒸馏水溶解，定容至 100mL。

（4）玻璃器皿：容量瓶、试管、吸管。

【测定方法与判定】

吸取 $AgNO_3$ 溶液 5mL 于试管中，滴加 K_2CrO_4 溶液 2 滴，混匀，试管呈红褐色，再取奶样 1mL 于试管中，充分摇匀，如红褐色消失变为黄色，说明奶样中 Cl^- 含量超过 0.16%，折合成 NaCl 为 0.26%以上，可断定奶样中有 NaCl 掺入，该奶样为异常乳，反之为合格乳。

九、原料乳中掺硫氰酸盐鉴别

【目的】

牛奶中加入硫氰酸钠可以有效抑制微生物的生成，起到防腐保鲜的作用。硫氰酸盐对人体的危害主要表现在和血液中的细胞色素氧化酶中的三价铁离子结合，抑制该酶的活性，使组织发生缺氧。国家卫生部已经明确将硫氰酸盐列为乳及乳制品中的违禁添加物。通过学习并掌握牛奶中掺假硫氰酸盐鉴别方法。

【原理】

牛奶经过沉淀滤除去蛋白等干扰物质，滤液中的硫氰酸根遇铁盐反应生成血红色的硫氰酸铁，通过分光光度计在 450nm 下测其吸光值，从而测定原料乳中含有硫氰酸盐（以硫氰酸根含量计）的含量。

【仪器及试剂】

（1）新鲜生牛乳：刚挤出的牛奶 0～4℃保存。

（2）硫氰酸盐标准溶液（1000mg/L）：准确称取 1.418g 硫氰酸钠，蒸馏水溶解并定容至 1L，冷藏保存。

（3）三氯乙酸（200g/L）：称取 20g 三氯乙酸，蒸馏水溶解并定容至 100mL。

（4）硝酸铁溶液（16g/L）：称取硝酸铁 1.6g，蒸馏水溶解并定容至 100mL。

（5）分光光度计、锥形瓶、容量瓶、滤纸。

【测定方法与判定】

（1）取 20mL 奶样于锥形瓶中，加入 5mL 三氯乙酸溶液，边加边混，混合均匀后静置 20min。

（2）用定量滤纸过滤于干净干燥的锥形瓶中，取过滤后的乳清液 4mL 于干净干燥的试管中，加入 2mL 硝酸铁溶液，混匀。

（3）水溶液 4mL 直接加 2mL 硝酸铁溶液，混匀做空白。

（4）用 10mm 比色杯，在 450nm 下测吸光值，以空白调零。通过标准曲线计算出样品中含硫氰酸根浓度。

（5）标准曲线制作：分别配置 0mg/L、2mg/L、5mg/L、10mg/L、15mg/L、20mg/L、30mg/L 的硫氰酸钠标准溶液，按照上述步骤制作标准曲线。

（6）将样液测得吸光值代入曲线方程，直接计算出样品的硫氰酸根浓度，结果保留至小数点后 2 位。

【说明】

（1）本方法检出限为 1.0mg/L。

（2）重复条件下获得的两次独立测定结果的绝对差值不超过算数平均值的 20%。

【作业】

1. 原料乳中掺尿素、水解动物蛋白和哺乳动物尿鉴别原理和方法？

2. 原料乳中掺棕榈油、植脂末或油脂粉的鉴别原理和方法？

3. 间苯二酚法鉴别原料乳中掺蔗糖的原理？

4. 原料乳中掺碱类物质有何目的？如何鉴别？

5. 原料乳中掺食盐的鉴别方法？

6. 硫氰酸盐掺入原料乳中有何利弊？如何鉴别？

7. 写出实验报告，并结合所学知识进行分析和讨论。

实验实习四　鱼贝类鲜度的感官评定

【目的】

熟悉各种水产品的感官评定指标，掌握鱼贝类、虾蟹类及藻类的感官评定方法。

【材料和用具】

材料：不同鲜度的鱼、贝、虾、梭子蟹，不同品级的盐渍裙带菜、淡干海带、淡干紫菜。

用具：托盘，镊子等。

【实验内容和步骤】

一、鱼类鲜度的感官评定

鱼类原料的品质检验重点是鲜度鉴定，是按一定质量标准，对鲜鱼的鲜度质量作出判断所采用的方法和行为。捕捞和养殖生产的鲜鱼在体内生化变化及外界生物和理化因子作用下，其原有鲜度逐渐发生变化，并在不同方面和不同程度上影响它作为食品、原料以至商品的质量。因此，对鱼类在生产、储藏、运销过程中的鲜度质量鉴定十分重要。鉴定方法有感官、微生物、化学和物理的鉴定方法，总的要求是准确、简便、迅速。

感官鉴定是通过人的五官对事物的感觉来鉴别鱼类鲜度优劣的一种鉴定方法。它可以在实验室或现场进行，是一种比较准确、快速的鉴定方法，现已被世界各国广泛采用和承认。由于感官鉴定能较全面地直接反映鱼类鲜度质量的变化，故常被确定为各种微生物、化学、物理鉴定指标标准的依据。但人的感觉或认识总是不完全相同的，容易造成鉴定结果的差别，因此，对鉴定人员、环境和鉴定方法应有一定的要求（表 20-7）。

表 20-7　鱼类鲜度的感官鉴定

项目	新鲜	较新鲜	不新鲜
眼球	眼球饱满、角膜透明清亮,有弹性	眼角膜起皱,稍浑浊,有时发红	眼球塌陷,角膜浑浊,虹膜眼腔被血红素浸红
鳃部	鲜红,黏液透明无异味,有海水味或淡水鱼的土腥味	淡红,深红或紫红,黏液发酸或略有腥味	褐色、灰白色,黏液浑浊,带酸臭、腥臭或陈腐臭
肌肉	坚实有弹性,指压后凹陷立即消失,无异味,肌肉切面有光泽	稍松软,指压凹陷后不能立即消失,稍有腥臭味,肌肉切面无光泽	松软,指压凹陷后不易消失,有霉味和酸臭味,肌肉易于骨骼分离
鱼体表面	透明黏液,鳞片完整有光泽,紧贴鱼体不易脱落	黏液多为不透明并且鱼体有酸味,鳞片光泽差,易脱落	鳞片暗淡无光泽,易脱落,表面黏液污秽而有腐败味
腹部	正常不膨胀,肛门紧缩	轻微膨胀,肛门稍突出	膨胀或变软,表面发暗色或淡绿色斑点,肛门突出

二、贝类鲜度的感官评定

表 20-8 列举了几种贝类的感官检验描述。

表 20-8　贝类感官检验

品名	新鲜	不新鲜
煮贝肉	色泽正常有光泽,无异味,手摸有滑感,弹性好	色泽减退无光泽,有酸味,手感发黏,弹性差
赤贝	深或浅黄褐色	灰黄或浅绿色
海螺	乳黄色或浅姜黄色,局部有玫瑰紫色斑点	灰白色
杂色蛤	浅乳黄色	
蛏肉	浅乳黄色	
田螺	黑白分明或呈现固有色泽	黑白部分变灰黄,白色部分变黄白色

三、虾蟹类鲜度的感官评定

虾类原料鲜度的感官鉴定，以对虾为例，参见表 20-9。

表 20-9　对虾的感官鉴定

新鲜	不新鲜
色泽、气味正常,外壳有光泽,半透明,虾体肉质紧密有弹性,甲壳紧密附着虾体 带头虾头胸部和腹部联结膜不破裂 养殖虾体色受养殖底质的影响,体表呈青黑色,色素斑点清晰明显	外壳失去光泽,甲壳黑变较大,色体变红,甲壳与虾体分离,虾肉组织松散,有氨臭 带头虾头胸部和腹部分开,头部甲壳变红、变黑

蟹类原料鲜度的感官鉴定，以梭子蟹为例，参见表 20-10。

表 20-10　梭子蟹的感官鉴定

新鲜	不新鲜
色泽鲜艳,腹面甲壳和中央沟色泽洁白有光泽,手压腹面较坚实,鳌足挺直	背面与腹面甲壳色暗,无光泽,腹面中央沟出现灰褐色斑点和斑块,甚至能见到黄色颗粒状流动物质,开始散黄变质,鳌足与背面呈垂直状态

四、藻类的鲜度评定

以盐渍裙带菜（表20-11）、干海带、干裙带菜、紫菜为例。

海带裙带菜淡干品以深褐色或褐绿色、叶长宽而肥厚、不带根、表面有微白色粉末状甘露醇反出、含砂及杂质少的质量最好；叶短狭肉薄、黄绿色、含砂多的质量差。紫菜则以片薄、表面光滑、紫褐色或紫红色有光泽、口感柔软有芳香味、清洁无杂质的为质量最好；片张厚薄不均一且光泽差、呈红色并夹杂绿色、杂藻多的质量差。

表 20-11　盐渍裙带菜感官检验

项目	盐渍熟裙带菜叶		盐渍熟裙带菜茎	
	一级品	二级品	一级品	二级品
外观	叶面平整,无枯叶,无病虫食叶,无红叶,无花蕾,半叶基本完整	无枯叶,无红叶	茎条整齐,无边叶、茎叶,不带无茎部	茎条宽度不限,允许带边叶
边茎宽	≤0.2cm	—	—	—
色泽	均匀绿色,有光泽	绿色或绿褐色或绿黄色或三种颜色同时存在	均匀绿色	绿色或绿褐色或绿黄色或三种颜色同时存在
气味	海藻固有气味,无异味	无异味	无异味	
叶质	有弹性		脆嫩	较脆嫩无硬纤维质

【作业】

1. 如何对鱼类的鲜度进行感官识别？
2. 如何对贝类进行品质鉴定？
3. 列举虾、蟹类鲜度的感官鉴定步骤。
4. 查阅文献，列举更多水产品鲜度的评定方法。
5. 写出实验报告，并结合所学知识进行分析和讨论。

实验实习五　家禽的屠宰测定与内脏器官观察

【目的】

(1) 学习家禽屠宰方法和步骤，掌握屠宰率测定及计算方法。
(2) 了解家禽体内各器官的相互关系和解剖结构。

【材料和工具】

公、母鸡若干只，解剖刀，手术剪，镊子，解剖台，台秤，电子秤，温度计，瓷盘，骨剪，胸角器，游标卡尺，皮尺，粗天平，吊鸡架，盛血盆和记录表格。

【实验内容和步骤】

（一）鸡的屠宰测定

1. 宰前准备

(1) 家禽屠宰前必须先禁食12～24h，只供饮水，这样既可节省饲料还可使放血完全，保证肉的品质优良和屠体美观。

(2) 屠宰前为避免药物残留，应按规定程序停止在饲料中添加药物。

(3) 称活体重。

2. 放血

(1) 颈外放血法：左手握鸡两翅，将其颈向背部弯曲，并以左手拇指和食指固定其头，同时左手小指钩住鸡的一脚。右手将鸡耳下颈部宰杀部位的羽毛拔净，用刀切断颈动脉或颈静脉血管，放血致死，血接于盛血盆中。

（2）口腔内放血法：将鸡两腿分开倒悬于吊鸡架上，左手握鸡头于掌中并用拇指及食指将鸡嘴顶开，右手将解剖刀的刀背与舌面平行伸入口腔，待刀伸入至左耳部时将刀翻转使刀口朝下，用力切断颈静脉和桥形静脉联合处，然后再将刀抽出转向硬腭处中央裂缝中部斜刺延脑，破坏脑神经中枢。此法使屠体没有伤口，外表完整美观，放血完全，死亡快。

以上两种方法待血流尽后立刻称体重求血重。此外，还可用电刺法，适用于火鸡、鹅等体重大的家禽。

3. 拔毛

（1）干拔毛：采用口腔内放血宰杀的家禽可用干拔法，在血放尽后，将羽毛拔去。注意勿损伤皮肤。

（2）湿拔法：在血放净后，用 $50 \sim 80℃$ 的热水浸烫，让热水渗进毛根，因毛囊周围肌肉的放松而便于拔毛。注意水温和浸熨时间要根据鸡体重的大小、季节差异和鸡的日龄而定，不宜温度太高和浸熨太久。一般以能拔下毛而不伤皮肤为准。拔毛顺序为：尾—翅—颈—胸—背—臀—两腿粗毛—绒毛。拔完羽毛后沥干水，称屠体重并求毛重。

4. 屠体外观检查

检查屠体表面是否有病灶、损伤、淤血，如鸡痘、肿瘤、胸囊肿、胸骨弯曲、大小胸、脚趾瘤、外伤、断翅或淤血块等。

5. 基本测量

（1）胸角宽：测量胸角宽常以胸角度表示，理想的胸角度应在 $90°$ 以上。用胸角器在胸骨前的吻突向下垂直，不要过紧夹住胸肌，自然夹角形成的角度数即为胸角宽度。

（2）皮下脂肪厚：从尾根部切线向上沿脊椎剥离两侧皮肤，用游标卡尺测量此处的皮脂厚。游标卡尺应轻轻卡住，不要用力挤压。

（3）肌间脂肪宽：将胸部的皮掀开，在胸骨侧突的部位用游标卡尺测量脂肪带的宽度。

6. 分割、去内脏

割除头、颈、脚。脚从踝关节分割并剥去跖部的表皮和爪的角质层，头从枕寰关节处割下，颈部从肩胛骨处割下。

为防止屠体污染，开腹前应先挤压肛门，使粪便排出。在胸骨剑突与泄殖腔之间横切一刀，掏出内脏，仅留肺和肾。

7. 屠宰测定项目

（1）宰前体重：鸡宰前禁食 $12h$，鸭、鹅宰前禁食 $6h$ 后称活重，以克（g）为单位记录。

（2）放血重：禽体放血后的质量。

（3）屠体重：禽体放血、拔毛后的质量（湿拔法需沥干）。

（4）胸肌重：从屠体剥离下的胸肌的质量（图20-5）。

（5）腿肌重：将禽体腿部去皮、去骨的肌肉质量（图20-6）。

（6）半净膛重：屠体重去气管、食管、嗉囊、肠、脾、胰腺和生殖器官，留下心、肝（去胆）、肺、肾、腺胃、肌胃（去除内容物及角质膜）和腹脂的质量（图20-7）。

（7）全净膛重：半净膛重去心、肝、腺胃、肌胃、肺、脂肪及头、脚的质量（鸭、鹅保留头、颈、脚）。去头时，在第一颈椎骨与头部交界处连皮切开；去脚时，沿跗关节处切开（图20-8）。

（8）脂肪重：包括腹脂（板油）及肌胃外脂肪。

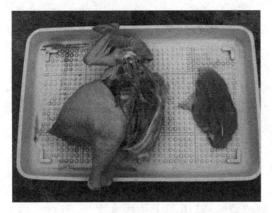

图 20-5　胸肌分割部位与要求

图 20-6　腿肌分割部位与要求

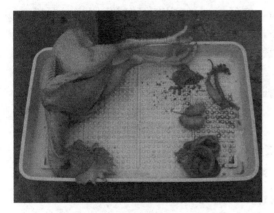

图 20-7　半净膛分割部位与要求

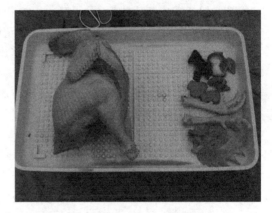

图 20-8　全净膛腿肌分割部位与要求

（9）翅膀重：从肩关节切下翅膀称重。分割翅分为三节：翅尖（腕关节至翅前端）、翅中（腕关节与肘关节之间）和翅根（肘关节与肩关节之间）。

（10）根据实验要求有时要称脚重、肝重、心重、肌胃重、头重等。

8. 计算项目

（1）屠宰率＝屠体重/宰前体重×100％

（2）半净膛率＝半净膛重/宰前体重×100％

（3）全净膛率＝全净膛重/宰前体重×100％

（4）胸肌率＝两侧胸肌重/全净膛重×100％

（5）腿肌率＝两侧腿净肌肉重/全净膛重×100％

（6）腹脂率＝（腹脂重＋肌胃外脂肪重）/全净膛重×100％

（7）瘦肉率（鸭）＝（两侧胸肌重＋两侧腿肌重）/全净膛重×100％

（8）胴体重＝全净膛重－头重－脚（蹼）重

（二）泌尿生殖系统和消化系统的观察

1. 准备

（1）屠宰方法、屠体外观检查同前述。

（2）切开胸侧壁与大腿间的皮肤，用力掰开髋关节让其脱臼。这样屠体可稳定地呈现仰卧姿势。

（3）在胸骨剑突下方横切一刀，切口伸向腹部两侧，再从切口下缘沿腹部中线纵向切开腹腔，露出腹腔脏器。

（4）从腹壁两侧，沿椎骨肋与胸骨肋结合的关节处，纵向向前剪开至肩关节处，再用骨剪剪断锁骨和乌喙骨。稍用力向上掀开整个胸壁，露出胸腔脏器。

2. 观察：总体观察胸腔、腹腔各脏器位置，并观察气囊。

（1）生殖器官

母鸡：①卵巢，识别卵泡、卵泡囊外的血管和卵泡带（破裂缝）以及排卵后的卵泡膜；②输卵管，观察输卵管的漏斗部（包括伞部、腹腔口、颈部）膨大部（蛋白分泌部）、峡部、子宫部、阴道部和输卵管在泄殖腔的开口等部分的位置、形态及分界处。

公鸡：睾丸、附睾和输精管的形态、位置（观察公鸡生殖器官应在观察消化系统之后）。

（2）消化系统：首先摘除母鸡输卵管，然后剪开口腔，露出舌和上颌背侧前部硬腭中央的腭裂（位于相对于两眼位置，为斜刺延脑位置）。从上至下依次观察：①口腔（喙、舌、咽）；②食管和嗉囊（鸭为纺锤形的食道膨大部）；③腺胃（切开露出腺胃乳头突起）；④肌胃（切开露出角质膜）；⑤小肠（十二指肠、空肠、回肠）以及胰腺、胆囊、肝脏；⑥大肠（盲肠、直肠）以及盲肠扁桃体；⑦泄殖腔。

（3）泌尿系统：摘除消化器官，露出紧贴于鸡腰部内侧的泌尿系统，包括肾脏、输尿管和泄殖腔。

（4）其他脏器：观察心脏、肺脏、脾脏、法氏囊、胸腺、坐骨神经和卵黄柄遗迹（又称卵黄囊憩室或美克耳氏憩室）等。

【作业】

1. 每小组屠宰 1～2 只肉鸡，要求屠体放血完全、无伤痕，并按屠宰测定顺序将结果填入表 20-12，要求数据准确、完整。另外，对鸡体各内脏器官进行认真辨认。

表 20-12　肉鸡屠宰测定记录汇总

测定周龄：　　　　测定时间：　　　年　　月　　日　　　　　测定人

品种编号	性别	活重/g	血重/g	毛重/g	屠体		胸角宽	半净膛		全净膛	
					质量/g	屠宰率/%		质量/g	半净膛率/%	质量/g	全净膛率/%

品种编号	头颈重/g	脚重/g	翅重/g	腿肌		胸肌		腹脂		心、肝、肌胃重/g	皮下脂肪厚/mm	备注
				质量/g	腿肌率/%	质量/g	胸肌率/%	质量/g	腹脂率/%			

注："备注"栏中可记录：胸腺肿为 0，脚趾瘸为△，外伤为×，胸骨弯曲为 S；伤残分级：一般为＋，中等为＋＋，严重为＋＋＋至＋＋＋＋。

2. 写出实验报告，并结合所学知识进行分析和讨论。

参 考 文 献

[1] 邱祥聘. 家禽学. 第3版. 成都：四川科学技术出版社，1994.

[2] 中国家禽品种志编写组. 中国家禽品种志. 上海：上海科学技术出版社，1986.

[3] 陈育新等. 中国水禽. 北京：中国农业出版社，1990.

[4] 曾凡同等. 养鸭全书. 第2版. 成都：四川科学技术出版社，1999.

[5] 蔡辉益等译. 家禽营养需要. 第九次修订版. 北京：中国农业科技出版社，1994.

[6] 杨宁. 家禽生产学. 北京：中国农业出版社，2010.

[7] 王宝维. 特禽生产学. 北京：科学出版社，2013.

[8] 王宝维. 中国鹅业. 济南：山东科学出版社，2009.

[9] 陈国宏，王继文，何大乾，王宝维. 中国养鹅学. 北京：中国农业出版社，2013.

[10] 杨公社. 猪生产学. 北京：中国农业出版社，2002.

[11] 张彦明. 我国动物性食品安全存在的问题及控制对策. 中国畜牧兽医学会2009学术年会论文集（上册）. 2009.

[12] 王华，王君玮，吕艳，王志亮. 浅谈动物性食品安全问题与公共卫生. 第二届全国人畜共患病学术研讨会论文集. 2008.

[13] 高庆军. 四川畜产品质量安全及对策研究. 成都：四川农业大学，2004.

[14] 崔慧霄. 农产品质量安全问题及其法律保障研究. 北京：中国农业大学，2005.

[15] 艾启俊. 食品原料安全控制. 北京：中国轻工业出版社，2006.

[16] 杨洁彬等. 食品安全性. 北京：中国轻工业出版社，1999.

[17] 重要广，刘长江. 我国食品安全现状与对策. 农产食品科技，2008.2（1）：3-5.

[18] 高英卫. 鸡蛋的安全性控制及发展趋势. 中国家禽，2005（15）：38-43.

[19] 张雨，黄桂英，刘志杰. 我国食品安全现状与对策. 山西食品工业，2004（4）：39-41.

[20] 马长路，赵晨霞. 我国食品安全现状及发展对策. 北京农业职业学院学报，2006（7）：23-27.

[21] 郑家利. 浅谈出口食品原料安全控制. 中国检验检疫，2007（8）：30-31.

[22] 蒋爱民，赵丽芹. 食品原料学. 南京：东南大学出版社，2007.

[23] 牟朝丽，陈锦屏. 食品安全的影响因素探讨. 食品研究与开发，2004（12）：13-15.

[24] 方洪波. 农药及其危害. 农村实用科技信息，2009（9）：19.

[25] 杨同洲. 优质猪肉生产技术. 北京：中国农业大学，2011：280-281.

[26] 李铁坚. 生态高效养猪技术. 北京：化学工业出版社，2013：163-164.

[27] 胡成就. 东莞市猪肉质量安全现状和监控对策. 肉品监督，2009，26（4）：21-23.

[28] 徐萌. 保障肉类产品质量安全. 前沿. 2010（5）：30-32.

[29] 曲芙蓉，孙世民，宁芳蓓. 论优质猪肉供应链中超市的质量安全行为. 农业现代化研究，2010，31（5）：553-556.

[30] 高彬文，张素霞. 猪肉中氯霉素残留的生物素-亲和素放大免疫检测方法. 中国兽医杂志，2010，46（7）：54-56.

[31] 冯学慧，黄素珍. 肉类产品兽药残留的危害与对策. 肉类研究，2010，5：3-7.

[32] 崔超，吴林海，李冰冰. 中国猪肉供应现状及产业发展前景. 安徽农业科学，2008，36（22）：9550-9551.

[33] 韩文成，孙世民，李娟. 优质猪肉供应链核心企业质量安全控制能力评价指标体系研究. 流工程与管理，2010（9）：92-94.

[34] 付海燕，张俊宝. 猪肉生产链的监管漏洞. 动物食品安全，2010（8）：53.

[35] 杨再，陈佳铭，解美华等. 建立生猪肉食产业安全链的若干问题. 猪业科学，2010（8）：62.

[36] Francesca Patrignani, Lucia Vannimi, Fausto Gardini. Variability of the lipolytic activity in Yarrowia lipolytica strains on pork fat. 2011, 88 (4): 689-693.

[37] 马飞，刘沈齐. 几种常见猪肉病毒病寄生虫的特点和预防. 肉类工业，2006（2）：39-40.

[38] 赛麒，王锡昌，刘源等. 猪肉中有害微生物的研究进展. 食品工业科技，2009，30（8）：332-335.

[39] 李孝君，李兰，马洁. 电化学免疫法测定猪肉组织中青霉素的研究. 化学传感器，2009，29（1）：25-31.

[40] Dorota Wojtysiak, Urszula Kaczor. Effect of polymorphisms at the hrelin gene locus on carcass, microstructure and physicochemical properties of longissimus lumborum muscle of polish Landracepigs. 2011, 89 (4): 514-518.

[41] 李强，雷赵民，张浩. 日粮中添加沼渣对猪肉肌内脂肪酸含量的影响. 湖南农业科学，2009，（7）：134-136.

[42] 周洪娟，崔淑华，许美玲等. 三种方法检测克伦特罗确保猪肉食用安全. 畜牧兽医科信息，2010（11）：21-22.

[43] 许云贺，苏玉虹，刘显军等. 微量元素铬对猪肉质性状的影响. 食品工业科技，2010，31（8）：92-94.

[44] 付海燕，张俊宝. 浅谈当前猪肉生产链中"瘦肉精"的监管问题. 河南畜牧兽医，2009，30（9）：30.

[45] 商爱国，李秉龙，乔娟. 基于质量安全的检疫人员对生猪及猪肉检疫的认知与行为分析. 食品安全，2008，44（20）：22-27.

[46] 李建国，曹玉凤. 肉牛标准化生产技术. 北京：中国农业大学出版社，2003：275-297.

[47] 覃智斌，左福元. 肉牛热应激研究进展. 现代畜牧兽医，2007（9）：52-54.

[48] 郭立永，刘继军，王美芝等. 喷雾冷风机降温对肉牛舍热环境指标及肉牛增重的影响. 中国畜牧杂志，2009，45（23）：64 -67.

[49] 王锋，周宗长. 两种育肥牛舍环境参数测定. 新疆畜牧业，2005（2）：33-37.

[50] 曹立强. 高寒阴湿地区半开放型暖棚牛舍冬季内环境监测评价. 中国牛业科学，2007，33（3）：11-14.

[51] 崔杰，薛冰，张庆治. 牛舍的环境控制. 辽宁畜牧兽医，2003（4）：14-15.

[52] 李如治. 家畜环境卫生学. 北京：中国农业出版社，2004：74-76.

[53] 洪永亮. 牛场的环境综合治理措施. 中国奶牛，2001（6）：20-22.

[54] 李建国，李英. 肉牛快速育肥技术讲座 第五讲 育肥牛的科学管理. 河北畜牧兽医，2011（3）：59-65.

[55] 曹炜烛，郑丽敏，朱虹等. GS1牛肉全程质量追溯系统框架研究卟食品科学，2010，31（3）：302-306.

[56] 昝林森，郑同超，申光磊等. 牛肉安全生产加工全过程质量跟踪与追溯系统研发. 中国农业科学，2006，39（10）：2083-2088.

[57] 刘先德，段启甲，余锐萍. 我国目前HACCP应用存在的问题和对策. 食品科学，2007，28（5）：369.

[58] 辛盛鹏. 我国动物产品质量安全体系的研究与HACCP在生产中的应用. 北京：中国农业大学动物医学院，2004：1-197.

[59] 周韵笙. HACCP与ISO9001的融合介绍ISO151612001标准. 世界标准化与质量管理，2005（5）：56-60.

[60] ISO22000：2005（E）. Food safety management system Requirements for any organization in the food chain.

[61] 潘超. 冷却牛肉卫生质量控制及不同等级牛肉品质的比较研究. 南京：南京农业大学，2006：1-63.

[62] 杰氟里，佐贝. 生物化学. 曹凯鸣译. 上海：复旦大学出版社，1992.

[63] 潘春玲. 我国畜产品质量安全的现状及原因分析农业经济. 农业经济，2004（9）：46-47.

[64] FAO/WHO（1997b）. Hazard analysis critical control point（HACCP）system and guidelines for its application in food hygiene basic texts，p. 33，Annex to CAC/PCP 1-1968，Rev. 3.

[65] FDA：Final Rule：Hazard analysis critical control point（HACCP）：procedures for the safe and sanitary processing and importing of juice. Federal Register，2001，66（13）：6137-6202.

[66] Barker J, Mckenzie A. Review of HACCP and HACCP-based food control systems. Fish inspection, Quality Control and HACCP. Virginia, USA. Mav 19-24, 1996.

[67] 张卫民，徐娇. 畜禽制品HACCP的应用. 中国食品卫生杂志，2009，21（4）：367-371.

[68] 申光磊，昝林森，段军彪. 牛肉质量安全可追溯系统网络化管理的实现. 农业工程学报，2007，23（7）：170-173.

[69] 周洁红. 消费者对蔬菜安全的态度、认知和购买行为分析——基于浙江省城市和城镇消费者的调查统计. 中国农村经济，2004，11：44-52.

[70] 杨金深. 安全蔬菜生产与消费的经济学研究. 北京：中国农业出版社，2005.

[71] 王可山. 消费者对畜产食品质量安全的意愿支付价格研究. 中国物价，2006，12：10-15.

[72] 周振明，郭望山，王雅春等. 借鉴澳大利亚牛肉追溯建设经验推动我国牛肉追溯系统建设. 中国畜牧杂志，2007，43（21）：62-65.

[73] 冯维祺. 肉羊高效益饲养技术. 北京：金盾出版社，2009.

[74] 李金泉，张燕军. 肉羊安全生产技术指南. 北京：中国农业出版社，2012.

[75] 岳春旺，红芳. 肉羊养殖新概念. 北京：中国农业大学出版社，2010（12）.

[76] 岳文斌. 现代养羊. 北京：中国农业出版社，2008.

[77] 薛慧文. 无公害羊肉的生产技术规范与管理. 中国畜牧兽医学会养羊学峰会. 中国草食动物（全国养羊生产与学术研讨会议论文集）. 兰州：中国草食动物杂志社，2003：91-93.

[78] 初晓娜. 药物饲料添加剂在畜牧业应用时注意的问题. 中国动物保健，2006（12）：44-46.

[79] 王建军，胥世洪，周小平. 饲料添加剂质量监控与发展方向. 中国动物保健，2009（7）：106-112.

[80] 黎祖福，陈刚，宋盛宪等. 南方海水鱼类繁殖与养殖技术. 北京：海洋出版社，2006.

[81] 徐敏娴，丁理法. 大口径海水网箱养殖鲈鱼技术. 科学养鱼，2014，30（1）：45-46.

[82] 蔡敏. 鲈鱼池塘养殖注意事项. 中国水产, 2002, (9): 42-43.

[83] 贝维全, 古荣锋, 贾志军. 石斑鱼新型网箱健康养殖技术. 河北渔业, 2010, (9): 10-11, 22, 25.

[84] 余德光, 王广军, 谢骏. 石斑鱼池塘健康养殖技术. 科学养鱼, 2010, (1): 35-37.

[85] 陈文金, 钟全福. 关于几种海水鱼类的养殖技术之一: 美国红鱼海水网箱养殖技术. 中国水产, 2001, (6): 49-50.

[86] 陈刚, 张健东, 施钢. 近海浮动式网箱的军曹鱼养殖技术. 中国农村科技, 2005, (5): 35-36.

[87] 梁海鸥, 赵丽梅, 张旭娟. 深水网箱养殖军曹鱼的技术要点. 水产科技, 2009, (1): 24-26.

[88] 苏永全, 张彩兰, 王军等. 大黄鱼养殖. 北京: 海洋出版社, 2004.

[89] 肖友红. 大黄鱼人工养殖技术概述. 中国水产, 1998, (7): 30-31.

[90] 黄松. 青鱼水库网箱养殖技术. 现代农业科技, 2013, (11): 302.

[91] 刘爽. 青鱼池塘高效养殖技术. 科学种养, 2013, (1): 45.

[92] 王振国. 草鱼网箱养殖技术要点. 农民致富之友, 2013 (7): 146-147.

[93] 杨金林, 刘树俊. 草鱼池塘生态健康养殖技术. 渔业致富指南, 2011 (13): 34-35.

[94] 李聪林. 鲢、鳙成鱼池塘养殖技术. 科学种养, 2011 (5): 38-39.

[95] 柳富荣. 鲢、鳙鱼网箱生态养殖法. 科学种养, 2008 (3): 37.

[96] 丁德明. 名优鲫鱼健康养殖技术. 湖南农业, 2014 (1): 32.

[97] 詹建雄. 牡蛎高产高效养殖技术. 福建农业, 2005 (5): 30-31.

[98] 李霞, 王琦, 刘明清等. 鲍鱼健康养殖实用新技术. 北京: 海洋出版社, 2010.

[99] 寇凌霄. 我国四个主要扇贝品种介绍及养殖发展对策. 河北渔业, 2012 (6): 56-59.

[100] 陈清建, 周友富. 栉孔扇贝养殖技术. 科学养鱼, 1998 (12): 23-24.

[101] 黄富钦. 华贵栉孔扇贝人工育苗及养成技术. 渔业现代化, 2004 (3): 12-14.

[102] 吴志广, 郑良银, 吴宏伟. 海湾扇贝养殖技术. 河北渔业, 2001 (6): 15-16.

[103] 王尊清, 朱延晓, 范卫星. 虾夷扇贝筏式养殖技术. 齐鲁渔业, 2008, 25 (12): 23.

[104] 刘孝华. 河蚌的生物学特性及人工育珠技术. 安徽农业科学, 2008, 36 (35): 15524-15525, 15624.

[105] 麦贤杰, 黄伟健, 叶富良等. 对虾健康养殖学. 北京: 海洋出版社, 2009.

[106] 冯晓, 宋瑞强, 崔达铭等. 南美白对虾池塘高密度养殖技术. 现代农业科技, 2013, (23): 283, 287.

[107] 郑忠明, 李晓东, 陆开宏等. 河蟹健康养殖实用新技术. 北京: 海洋出版社, 2008.

[108] Aberle, E. D. et al. Palatability and muscle characteristics of cattle with controlled weight gain: time on a high energy diet. J. Anim. Sci. 1981, 52 (4): 757-763.

[109] Cameron, N. D. and Enser M. B. Fatty acid composition of lipid in longissimus dorsi muscle of Duroc and British Landrance pigs and its relationship with eating quality. Meat Sci. 1991, 29: 295-307.

[110] Chang S. S. and Peterson J. R. Symposium: the basis of quality in muscle foods: recent developments in the flavor of meat. J. Food Sci. 1977, 42 (2): 298-305.

[111] Goerl et al. Pork characteristics as Affected by Two porpulations of swine and six Gucle Protein levels. J. Anim. Sci. 1995 (73): 3621-3626.

[112] John, J. Kennelly and David R. Glim. The biological potential to alter the composition of milk. Can. J. Anim. Sci. 1998, 78 (suppl.): 23-56.

[113] Miller M. F. Etal. Determination of the alteration in fatty acid profiles, sensory characteristics and carcass traits of swine fed elevated levels of monounsaturated fats in the diet. J. Anim. Sci. 1990, 68: 1624-1631.

[114] Warriss, P. D. Meat Science: An Introductory Text. CABI Publishing. 2000.

[115] Wood et al. The influence of the manipulation of carcass composition on meat quality. In "The control of fat and lean deposition", ed. Boorman et al. (Butterworth-Heinermann Ltd.). 1992.

[116] Wu et al. Nutritional effect sonbeef collagen characteristics and palatability. J. Anim. Sci. 1981, 53 (5): 1256-1261.

[117] 李康然, 刘禄. 禽肉风味概述. 中国家禽, 2002, 24 (5): 29-31.

[118] 刘振华. 猪肉肉质特性生物化学研究进展. 国外畜牧科技, 1996, 23 (6): 37-40.

[119] 何娣, 薛梦晶. 动物福利对我国国际贸易的影响及对策. 对外经贸实务, 2003: 819-12.

[120] 王永康, 徐新红. 未来蛋鸡笼养的发展趋势和动物福利问题. 中国家禽, 2003, 20: 1-4.

[121] 陈焕生. 欧美国家动物福利法剖析. 中国牧业通讯, 2005 (2): 52-54.

[122] 张学松.浅谈动物的福和问题.Guide to Chinese poultry（专题报道），2003，20（12）：41-43.

[123] 李长乐.增强动物福利观念善养善宰确保肉品安全.肉品卫生，2005（2）：32-33.

[124] 刘金才，康京丽.关注欧盟动物福利提前进人战备状态.动物科学与动物医学，2003：3-5.

[125] 朱其太，于维军.直面中国动物福利.山东家禽，2003：10-13.

[126] 牛瑞燕，孙子龙，李候梅.动物福利的现状与对策.动物医学进展，2006，27（2）：108-111.

[127] 王建军，本钐.海产品鲜味物质及其应用.中国调味品，1991（10）：2-4.

[128] Shahidi F，李洁，朱国斌.肉制品与水产品的风味.北京：中国轻工业出版社，2001.

[129] 刘承初.海洋生物资源综合利用.北京：化学工业出版社，2006.

[130] 李兆杰.水产品化学.北京：化学工业出版社，2007.

[131] 鸿巢章二，桥本周久.水产利用化学.北京：中国农业出版社，1994.

[132] 王朝谨，张饮江.水产生物流通与加工贮藏技术.上海：上海科学技术出版社，2007.

[133] 陈正霖等.褐藻胶.青岛：青岛海洋大学出版社，1989.

[134] 范晓等.海藻化学与海藻工业资料汇编.北京：农牧渔业部水产总公司，1985.

[135] 段蕊，张俊杰，赵晓庆，薛婉方.鲤鱼鳞胶原蛋白性质的研究.食品科技，2006（9）：291-295.

[136] 赵玉红，孔保华，张立钢，王祎，历夏.鱼蛋白水解物功能特性的研究.东北农业大学学报，2001，32（2）：105-110.

[137] 杨宏旭，衣庆斌，刘承初，王愷，骆肇尧.淡水养殖鱼类死后生化变化及其对鲜度质量的影响.海水产大学学报，1995（1）：1-9.

[138] 邓德义，陈舜胜，程裕东，袁春红.鲢肌肉在保藏中的生化变化.上海水产大学学报，2004（4）：319-323.

[139] 张利民，王富南 鱼体僵硬指数及其应用. 齐鲁渔业，1994（6）：35-36.

[140] 刘承初，王愷，王莉平，骆肇尧.几种淡水养殖鱼死后僵硬的季节变化.水产学报，1994（1）：1-6.

[141] 邓德义，陈舜胜，程格东，袁春红.鲢在保藏中的鲜度变化.上海水产大学学报，2001（1）：38-43.

[142] 周光宏.畜产品加工学.北京：中国农业出版社，2011.

[143] 韩剑众.肉品品质及其控制.北京：中国农业科学技术出版社，2005.

[144] 马俪珍等.羊产品加工新技术.北京：中国农业出版社，2002.

[145] GB 2760—2011，食品安全国家标准 食品添加使用标准.

[146] GB/T 27643—2011，牛胴体及鲜肉分割.

[147] 陆东锋，刘太宇.影响原料奶质量的因素与分析.郑州牧业工程高等专科学校学报，2008（04）：23-26，28.

[148] 李胜利.我国原料奶质量现状、影响因素及其控制措施.中国畜牧杂志，2008，16：32-37.

[149] 任发政，韩北忠，罗永康等.现代乳品加工与质量控制.北京：中国农业大学出版社，2006.

[150] 李晓东.乳品工艺学.北京：科学出版社，2011.

[151] 陈历俊.原料乳生产与质量控制.北京：中国轻工业出版社，2008.

[152] 赵新淮，于国萍，张永忠.乳品化学.北京：科学出版社，2007.

[153] 章建浩.食品包装大全.北京：中国轻工业出版社，2003.

[154] 马美湖.现代畜产品加工学.长沙：湖南科学技术出版社，2007.

[155] 司伟达，韩兆鹏，刘旭明等.鲜禽蛋分级和质量控制技术研究现状.中国家禽，2013，35（8）：44-48.

[156] 陈金泉，任奕林，任祖方，等.禽蛋加工技术与装备的研究现状及发展趋势.湖北农机化，2010，（3）：55-57.

[157] 陆昌华，王立方，胡肆农，白云峰，白红武，王冉.动物及动物产品标识与可追溯体系的研究进展.江苏农业学报，2009，01：197-202.

[158] 李瑾，马明远，秦向阳，李健楠.畜产品质量安全控制及追溯技术研究进展.农业工程学报，2008，S2：337-342.

[159] 张成海.食品安全追溯技术与应用.北京，中国标准出版社，2012.12.

[160] 朱长光.动物标识及疫病可追溯体系.兽医导刊，2011，09：12-14.

[161] 金玉胜，凡强胜，文美英，陈亚平.肉牛养殖及屠宰加工可追溯体系的应用.肉类工业，2013，03：28-29.

[162] 程雪，周修理，李艳军.射频识别（RFID）技术在动物食品溯源中的应用.东北农业大学学报，2008，10：140-144.

[163] 王虎虎，徐幸莲.畜禽及产品可追溯技术研究进展及应用.食品工业科技，2010，08：413-416.

[164] 赵金石，栾汝朋，郭凯军，孙芳，李洪根，孟庆翔.基于RFID和条码技术的肉牛屠宰场追溯管理系统设计.中国畜牧业协会.第三届中国牛业发展大会论文集.中国畜牧业协会，2008：7.

［165］ 贾银江，苏中滨，沈维政．肉牛养殖信息可追溯系统设计．农机化研究，2014，08：185-188.

［166］ 格兰特·豪根．澳大利亚肉类追溯系统案例分析．中国畜牧业协会．第二届中国牛业发展大会论文集．中国畜牧业协会，2007：3.

［167］ 王鹏鹏，吴平，郑丽敏，任发政．基于RFID技术的安全猪肉追溯系统设计．肉类研究，2011，10：15-18.